テキスト 理系の数学 9
確率と統計

道工 勇 著

泉屋周一・上江洌達也・小池茂昭・徳永浩雄 編

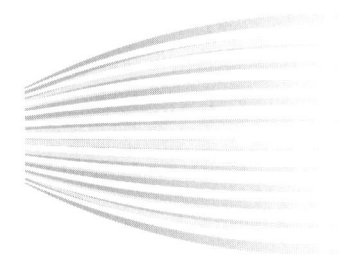

数学書房

編集

泉屋周一
北海道大学

上江洌達也
奈良女子大学

小池茂昭
東北大学

德永浩雄
首都大学東京

シリーズ刊行にあたって

　数学は数千年の歴史を持つ大変古くから存在する分野です．その起源は，人類が物を数え始めたころにさかのぼると考えることもできますが，学問としての数学が確立したのは，ギリシャ時代の幾何学の公理化以後であると言えます．いわゆるユークリッド幾何学は現在でも決して古ぼけた学問ではありません．実に二千年以上も前の結果が，現在のさまざまな科学技術に適用されていることは驚くべきことです．ましてや，17世紀のニュートンの微積分発見後の数学の発展とその応用の広がり具合は目を見張るものがあります．そして，現在でも急速に進展しています．

　一方，数学は誰に対しても平等な結果とその抽象性がもたらす汎用性により大変自由で豊かな分野です．その影響は科学技術のみにとどまらず人類の社会生活や世界観の本質的な変革をもたらしてきました．たとえば，IT技術は数学の本質的な寄与なしには発展しえないものであり，その現代社会への影響は絶大なものがあります．また，数学を通した物理学の発展はルネッサンス期の地動説，その後の非ユークリッド幾何学，相対性理論や量子力学などにより，空間概念や物質概念の本質的な変革をもたらし，それぞれの時代に人類の生活空間の拡大や技術革新を引き起こしました．

　本シリーズは，21世紀の大学の理系学部における数学の標準的なテキストを編纂する目的で企画されました．理系学部と言っても，学部の名称が多様化した現在では理学部，工学部を中心にさまざまな教育課程があります．本シリーズは，それらのすべての学部で必要とされる大学1年目向けの数学を共通基盤として，2年目以降に理系学部の専門課程で共通に必要だと思われる数学，さらには数学や物理等の理論系学科で必要とされる内容までを網羅したシリーズとして企画されています．執筆者もその点を考慮して，数学者ばかりではなく，物理学者の方たちにもお願いしました．

　読者のみなさんには，このシリーズを通して，現代の標準的な数学の理解のみならず数学の壮大な歴史とロマンに思いを馳せていただければ，編集者一同望外の幸せであります．

2010年1月　　　　　　　　　　　　　　　　　　　　　　　　　　　　編者

は　じ　め　に

　本書は，大学各学部の 1, 2 年生を対象とした確率・統計の入門書である．通年科目のテキストとして，あるいは前期に確率 (第 1 章〜第 7 章)，後期に統計 (第 8 章〜第 11 章) と 2 つに分けて，半期 2 単位用の教科書あるいは参考書として使用することを念頭に書かれている．大学に入学してくる学生諸君の多くは「確率」の名称や概念にはある程度**免疫** (メンエキ) があっても，「統計」となるとほとんどあるいは全く知らない状態であろう．しかも統計の考え方になじめず，拒否反応を示す場合も少なくない．本書はこのようなことを念頭に，初学者向きに統計学の基本的な考え方をわかりやすく解説することを心掛けて書かれたものである．そのため，本書はつぎのような特徴をもっている．

(1) 基本的な概念の説明に重点をおいている．したがって，具体的な題材を例題に取り入れ，その問題を解くことによりその理解が深まるように留意した．

(2) 統計学の内容をより深く理解できるように題材の配列，提示の仕方に工夫を凝らした．従来の数理統計学の分類にはとらわれずに，シチュエーションを先に与えて，問題解決型導入方式により，前提条件や仮定の違いにより使われる統計手法がどのように変化するのか，という全体の流れを重視した．また公式を与えてそれに当てはめる作業より，その公式そのものの成り立ち，導出過程もできるだけわかるように記述し，初心者によく理解できるように配慮した．

(3) 読者の興味のシチュエーションから自由に学習できるように，説明や式の導出の重複や記述の冗長さはいとわない方針で執筆した．したがって，無駄を省き，論理の構造上定まる形式的順序に則り効率良く学習を進めることよりも，興味本位に好きな所からつまみ食いしながら楽しく学べるように，初学者の学習の便を優先する方針をとった．

　たとえば，　学生は年少のころより塾や予備校から配布される成績評価・判定基

準などの膨大な受験資料にさらされているし，社会人はニュース，新聞，雑誌，アンケート，市場調査，あるいは業務成績，販売実績，報告書などを通して毎日浴びるほどの統計データの中で過ごしている．現代ほど統計資料が氾濫している時代はないであろう．その一方で，普段なにげなく直面する様々な自然・社会現象を統計的に見たらどうなるかについては無関心な場合が多く，そのギャップがこれほど著しい時代も他に類をみないのではないか．

現代はモノの仕組みが全く見えないか或いは見えにくい社会である．モノの中味の仕組みを知らなくても，便利なら使ってトクをすればよいという考えが当たり前になっている．統計にしても例外ではあるまい．そのことが却って，統計の中味の本質的理解ばかりでなく，統計の利用自体をも遠ざける結果になっているのではないか．また逆に統計の活用に積極的な人の中には，十分にその中味(＝前提条件や適合条件)をよく吟味しないまま，気づかずに誤用や乱用に至る場合も少なくない．また統計ソフトなどのように，データを入力しさえすれば，あとはボタンひとつで何らかの答えが出てきてしまうのも，乱用を助長している要因の一つであろう．統計は本来，易しいとか難しいとか云うものではなく奥深いものであり，その取り扱いには細心の注意が必要であること，しかしその使い方のちょっとしたコツさえ一旦会得したなら，その利用価値は数倍にも広がることを喚起したい．

本書では統計のユーザーの立場に視点を置き，医療統計，生物統計，工業統計，教育統計，心理統計などからできるだけ広範囲に題材をとるように注意し，使用される統計技法を入門レベル，初級レベル，中級レベルと段階を経て発展的に紹介するように心掛け，合わせて統計的手法の効用と限界についても言及した．本書の隠されたもう1つの意図は単なる「統計学への入門」ではなく，見えないモノを見えるように，理解しにくいモノを理解できるようにして，データに隠された諸事実を明らかにし，よりよく説明するために統計学の知識を活用したい人が最初に超えるべきハードルへの道案内を目指している．それぞれの各専門分野において，数字と統計を使って何かモノを主張したいと考えている人に，必要な基礎知識とその使い方および使用の際の注意事項を伝えることが主な目的である．つまり本書はあくまでも統計技法に関する初学者が最初に接するべき基本的マニュアルにすぎないので，さらに詳しい知識や実践的な使い方を習得し実績を挙げたいと考えている人は，必ずより高度な専門書に自ら当たっていただきたい．読者が本書を足掛かりに確率・統計に興味をもたれ，自ら専門書に挑戦されることを切に期待している．

最後に，テキスト理系の数学の一巻として執筆をお勧め下さった埼玉大学理学部数学教室(当時)の小池茂昭教授(現 東北大学大学院教授)に対し深く感謝の意を表したい．また本書を刊行するに当たっていろいろとお世話くださった数学書房の編集部の諸氏，特に横山 伸氏に深く感謝する次第である．

目　　　次

シリーズ刊行にあたって　　　　　　　　　　　　　　　　　　　i

はじめに　　　　　　　　　　　　　　　　　　　　　　　　　iii

第1章　確率　　　　　　　　　　　　　　　　　　　　　　**1**
  1.1　事象と確率 . . . . 　1
  1.2　離散型確率モデル 11
  1.3　条件付き確率 15
  1.4　独立性 21
  1章の演習問題 24

第2章　確率変数　　　　　　　　　　　　　　　　　　　　**27**
  2.1　確率変数と確率分布 27
    2.1.1　確率変数の定義 27
    2.1.2　離散型確率変数 30
    2.1.3　連続型確率変数 31
  2.2　分布関数 33
  2.3　多次元分布関数 38
    2.3.1　2次元確率ベクトルの場合 38
    2.3.2　n次元確率ベクトルの場合 47
  2章の演習問題 53

第3章　確率変数の変数変換　　　　　　　　　　　　　　　**56**
  3.1　離散型確率変数の変数変換 57
  3.2　連続型確率変数の変数変換 60
  3章の演習問題 63

第4章　確率変数の期待値と分散　　64

4.1　期待値 64
 4.1.1　離散型確率変数の平均値 64
 4.1.2　連続型確率変数の平均値 66
 4.1.3　スチルチエス積分と期待値 70
4.2　分散 73
 4.2.1　離散型確率変数の分散 73
 4.2.2　連続型確率変数の分散 75
4.3　共分散と相関係数 76
4章の演習問題 85

第5章　母関数と特性関数　　88

5.1　確率母関数 88
5.2　積率母関数 91
5.3　特性関数 99
5章の演習問題 105

第6章　いろいろな分布　　107

6.1　離散型分布の例 107
 6.1.1　2項分布 107
 6.1.2　ポアソン分布 110
 6.1.3　幾何分布 115
 6.1.4　負の2項分布 116
 6.1.5　超幾何分布 118
 6.1.6　多項分布 121
6.2　一様分布 122
6.3　指数分布 124
6.4　正規分布 128
 6.4.1　正規分布の基礎事項 128
 6.4.2　応用例 131
 6.4.3　偏差値について 135
 6.4.4　2項分布の正規近似 137

6.5	ガンマ分布	140
6.6	カイ 2 乗分布	142
6.7	スチューデントの t 分布	145
6.8	エフ分布	151
6.9	その他の連続型分布	157
6.9.1	ベータ分布	157
6.9.2	コーシー分布	162
6.9.3	ワイブル分布	164
6.9.4	対数正規分布	165
6.9.5	ロジスティック分布	167
6.9.6	パレート分布	168
6 章の演習問題		170

第 7 章　極限定理　　　　　　　　　　　　　　　　　　　176

7.1	確率収束と分布収束	176
7.2	連続定理	183
7.3	大数の法則	190
7.3.1	チェビシェフの不等式	190
7.3.2	大数の弱法則	192
7.3.3	大数の強法則	195
7.4	中心極限定理	201
7.4.1	ド・モアブル＝ラプラスの中心極限定理	201
7.4.2	中心極限定理	205
7 章の演習問題		211

第 8 章　標本と基本統計量　　　　　　　　　　　　　　　　214

8.1	母集団と標本	214
8.2	統計データの処理	215
8.3	2 次元データの整理	221
8 章の演習問題		224

第 9 章　点推定と推定量　　　　　　　　　　　　　　　　　226

9.1	点推定	226

9.2	最尤法と最尤推定量	227
9.3	モーメント法	233
9.4	各種の統計量	235
9.5	他の種類の推定量	244
	9章の演習問題	257

第10章 区間推定   259

10.1	正規母集団の母平均の区間推定	259
	10.1.1 分散既知のケース	260
	10.1.2 分散未知のケース	263
10.2	正規母集団の母分散の区間推定	269
	10.2.1 母平均既知のケース	269
	10.2.2 母平均未知のケース	272
10.3	母比率の区間推定	276
	10.3.1 大標本のケース	277
	10.3.2 小標本のケース	280
10.4	2標本の場合の区間推定	285
	10.4.1 2標本正規母集団の母平均差の区間推定	286
	10.4.2 2標本2項母集団の母比率差の区間推定	297
	10章の演習問題	299

第11章 仮説検定   303

11.1	検定の考え方	303
	11.1.1 仮説検定の基本的な考え方	303
	11.1.2 仮説検定の例	304
11.2	母平均の検定	309
	11.2.1 母分散既知のケース	310
	11.2.2 母分散未知のケース	314
11.3	母平均差の検定	318
	11.3.1 母分散既知のケース	318
	11.3.2 母分散未知：等分散のケース	321
	11.3.3 母分散未知：非等分散のケース	324

11.3.4	対をなす2標本の場合の検定	328
11.4	分散比の検定	331
11.5	母分散の検定	334
11.5.1	母平均既知のケース	334
11.5.2	母平均未知のケース	337
11.6	母相関係数の検定	340
11.6.1	正規母集団の母相関係数の検定	341
11.6.2	無相関の検定	344
11.7	母比率の検定	348
11.7.1	大標本のケース	348
11.7.2	小標本のケース	351
11.7.3	母比率差の検定のケース	353
11.8	適合度の検定	356
11.8.1	単純仮説のケース	356
11.8.2	複合仮説のケース	359
11.9	独立性の検定	363
11.9.1	$\ell \times m$ 分割表による検定	363
11.9.2	2×2 分割表による検定	367
11.9.3	フィッシャーの直説法による検定	372
11.10	検出力とネイマン・ピアソンの定理	374
11.10.1	検出力	374
11.10.2	一様最強力検定	380
11.10.3	ネイマン・ピアソンの定理	384
11章の演習問題		387

付章　Appendix　393

A.1	積分公式の証明	393
A.1.1	(その1)・微分可能性定理に基づく証明	393
A.1.2	(その2)・フビニの定理に基づく証明	395
A.1.3	(その3)・複素関数論におけるコーシーの積分定理に基づく証明	397
A.2	7.1節および7.2節の諸結果の証明	399

- A.2.1 ルベーグの収束定理 399
- A.2.2 命題 7.2 (一意性定理) の証明 400
- A.2.3 定理 7.2 (ヘリーの定理) の証明 401
- A.2.4 定理 7.3 (プロホロフの定理) の証明 402
- A.2.5 Key Lemmas の証明 403
- A.3 簡単な補題集 404
- A.4 重要な公式集 405

演習問題の略解とヒント 409

参考文献および引用文献 435

付録：数表 438
- 1. 2 項分布表 438
- 2. ポアソン分布表 439
- 3. 正規分布表 441
- 4. カイ 2 乗分布表 442
- 5. スチューデントの t 分布表 443
- 6. エフ分布表 444
- 7. z 変換表 447

あとがき 448

索引 450

第 1 章
確率

1.1 事象と確率

　サイコロ投げやコイン投げのように，実際に行ってみなければ，その結果が予測できずわからないような実験を**確率実験**あるいは**試行実験** (probability trial) という．このような確率実験によって起こる可能性のある結果の全体を Ω で表す．Ω を**標本空間** (sample space)，その要素 (あるいは元) $\omega\ (\in \Omega)$ を**標本** (sample) という．たとえばサイコロ投げの例でいえば，1 から 6 の目が出るという 6 つの現象の全体が Ω に相当する．実際の確率実験モデルを解析するときには，$\omega\ (\in \Omega)$ や Ω の部分集合 A の起こりやすさを問題にすることが多い．その起こりやすさの指標を与えるのが「確率」である．

　標本空間 Ω の部分集合 A を**事象** (event) といい，1 点 $\omega\ (\in \Omega)$ からなる集合 $\{\omega\}$ を**基本事象**という．要素が何もない空集合 $\emptyset$ も事象と考えて**空事象**という．Ω 自身は Ω の部分集合でもあるが，これを**全事象**という．Ω の部分集合 A の要素 ω が実際に現象として出現するとき，事象 A が起こるといい，事象 A が起こる確率を $P(A)$ で表すことにする．サイコロ投げにおいては，投げる前にはどの目が出るかは全くわからないが，公平なサイコロの場合，どの目も同じ程度の頻度で出ることが予想される．つまりサイコロを n 回投げたとき，i の目が出た回数を $n(i)$ で表すとすると，相対頻度 $n(i)/n$ は n を大きくすれば $1/6$ という値に近づく．すなわち

$$\lim_{n\to\infty} \frac{n(i)}{n} = \frac{1}{6} \quad (i = 1, 2, \cdots, 6)$$

が成り立つと予想される．$1/6$ は i の目が出るという現象の起こりやすさを表す 1 つの量であると考えて，この $1/6$ を i の目が出る確率とみなす．このサイコロ投げの例のように，確率を相対頻度の極限として定義することも可能である．確率実験を n 回行ったとき，事象 A が起こった回数 $n(A)$ に対して，その極限が存在する

として $\lim_{n\to\infty} n(A)/n$ を事象 A が起こる確率 $P(A)$ と定義するのである．この考えに従った確率は**統計的確率**とも**実験的確率**とも呼ばれることがある．

上記以外にも確率の導入には**算術的確率**や**幾何的確率**などいろいろな方法があるが，近代確率論の出発点でもあるコルモゴロフ (A.N. Kolmogorov, 1903–1987) の公理主義的確率論における**公理的定義**を紹介しよう．この定義から出発することにより測度論など様々な現代数学を用いることが可能となり，各種の確率現象の解明に寄与できることになりその後の大きな発展へとつながったのである．

事象の族 $\mathfrak{F}$ で性質：

(C1) $\Omega \in \mathfrak{F}$

(C2) $A \in \mathfrak{F}$ ならば，$A^c \in \mathfrak{F}$

(C3) $A_i \in \mathfrak{F}$ $(i=1,2,\cdots)$ ならば，$\bigcup_{i=1}^{\infty} A_i \in \mathfrak{F}$

を満たすものを Ω の σ-**集合族**という．集合の集まりのことを集合族のように「…族」という用語を用いて表現する．また A^c は集合 A の補集合の意味で，**余事象**といい，A に属さない基本事象の全体を表す．つまり A^c は差集合 $\Omega \setminus A$ に同じである．以下，本書では主に $\mathfrak{F}$ を事象族と呼ぶことにする．

定義 1.1 $\mathfrak{F}$ 上で定義された実数値関数 P がつぎの 3 条件を満たすとき，P を**確率測度** (probability measure) あるいは**確率** (probability) という．

(P1) $P(\Omega) = 1$

(P2) $0 \leqslant P(A) \leqslant 1$, $A \in \mathfrak{F}$

(P3) 事象 $A_1, A_2, \cdots \in \mathfrak{F}$ が排反事象であるとき，すなわち，$A_i \cap A_j = \emptyset$ $(i \neq j)$ を満たすとき，

$$P\left(\bigcup_{i=1}^{\infty} A_i\right) = \sum_{i=1}^{\infty} P(A_i)$$

上で定義された 3 つ組 $(\Omega, \mathfrak{F}, P)$ を**確率空間** (probability space) あるいは**確率モデル** (probability model) という．解析学における測度論やルベーグ積分論では，事象族 $\mathfrak{F}$ を完全加法族あるいは σ-加法族，$(\Omega, \mathfrak{F})$ を可測空間，また $(\Omega, \mathfrak{F}, P)$ を測度空間という．なお解析学との関係が気になる諸氏は本シリーズ「テキスト 理系の数学」第 11 巻の長澤壯之：「ルベーグ積分」を参照されたい．

注意 1.1 (C1) は何かが起こる確率を考えることが可能であることを示唆している．(C2) は事象 A が生起する確率が意味をもつなら，余事象 A^c が生起する確率 (つまり A が生起しない確率) も意味をもつことを示唆している．また (C3) の条件がなければ，確率の定義の (P3) 式を考えることができないことに注意しよう．

事象に関する集合演算についての有用な公式を以下にまとめておく．適宜利用されるとよい．

事象の基本公式 I

(1) $A \cup A = A, \quad A \cap A = A$ （ベキ等律）

(2) $A \cup B = B \cup A, \quad A \cap B = B \cap A$ （交換律）

(3) $(A \cup B) \cup C = A \cup (B \cup C)$
$(A \cap B) \cap C = A \cap (B \cap C)$ （結合律）

(4) $A \subset B, B \subset C \Rightarrow A \subset C$

(5) $\emptyset \subset A \subset \Omega$

(6) $A \cup \emptyset = A, \quad A \cap \emptyset = \emptyset$

(7) $A \cup \Omega = \Omega, \quad A \cap \Omega = A$

(8) $(A^c)^c = A$

(9) $\Omega^c = \emptyset, \quad \emptyset^c = \Omega$

問 1.1 等式 (1) $A \cup A^c = \Omega$, (2) $A \cap A^c = \emptyset$ が成り立つことを示せ．

さらに，つぎの基本関係が成り立つ．

事象の基本公式 II

(10) $(A \cup B) \cap C = (A \cap C) \cup (B \cap C)$
$(A \cap B) \cup C = (A \cup C) \cap (B \cup C)$ （分配律）

(11) $(A \cup B)^c = A^c \cap B^c, \quad (A \cap B)^c = A^c \cup B^c$
（ド・モルガンの法則）

事象の基本公式 (10), (11) はさらにつぎのように一般化される．

---------- 分配律 ----------

(12) 有限個の事象 $A_1, A_2, \cdots, A_n \in \mathfrak{F}$ と $B \in \mathfrak{F}$ に対して
$$\left(\bigcup_{i=1}^{n} A_i\right) \cap B = \bigcup_{i=1}^{n} (A_i \cap B), \quad \left(\bigcap_{i=1}^{n} A_i\right) \cup B = \bigcap_{i=1}^{n} (A_i \cup B)$$

(13) 無限個の事象 $A_1, A_2, \cdots, A_n, \cdots \in \mathfrak{F}$ と $B \in \mathfrak{F}$ に対して
$$\left(\bigcup_{i=1}^{\infty} A_i\right) \cap B = \bigcup_{i=1}^{\infty} (A_i \cap B), \quad \left(\bigcap_{i=1}^{\infty} A_i\right) \cup B = \bigcap_{i=1}^{\infty} (A_i \cup B)$$

---------- ド・モルガンの法則 ----------

(14) 有限個の事象 $A_1, A_2, \cdots, A_n \in \mathfrak{F}$ に対して
$$\left(\bigcup_{i=1}^{n} A_i\right)^c = \bigcap_{i=1}^{n} A_i^c, \quad \left(\bigcap_{i=1}^{n} A_i\right)^c = \bigcup_{i=1}^{n} A_i^c$$

(15) 無限個の事象 $A_1, A_2, \cdots, A_n, \cdots \in \mathfrak{F}$ に対して
$$\left(\bigcup_{i=1}^{\infty} A_i\right)^c = \bigcap_{i=1}^{\infty} A_i^c, \quad \left(\bigcap_{i=1}^{\infty} A_i\right)^c = \bigcup_{i=1}^{\infty} A_i^c$$

問 1.2 上の分配律 (12), (13) が成り立つことを示せ．

問 1.3 上のド・モルガンの法則 (14), (15) が成り立つことを示せ．

つぎに確率 P の性質についてみてみよう．

定理 1.1 (確率 P の基本的性質)　確率 P はつぎを満たす．

(1) $P(\emptyset) = 0$

(2) $A, B \in \mathfrak{F}$ かつ $A \subset B$ ならば，$P(A) \leqslant P(B)$　　(単調性)

(3) 事象 $A, B \in \mathfrak{F}$ が互いに排反 ($A \cap B = \emptyset$) ならば，
$$P(A \cup B) = P(A) + P(B)$$

(4) n を自然数とする．事象 $A_1, A_2, \cdots, A_n$ が互いに排反，すなわち，$A_i \cap A_j = \emptyset \ (i \neq j)$ ならば，
$$P\left(\bigcup_{i=1}^{n} A_i\right) = \sum_{i=1}^{n} P(A_i) \quad \text{(有限加法性)}$$

(5) $A \in \mathfrak{F}$ ならば，$P(A^c) = 1 - P(A)$

定理 1.1 の証明 （1） 事象の基本公式 I の (6), (7) より $\Omega = \Omega \cup \emptyset \cup \emptyset \cup \cdots$ が成り立つことに注意して，確率の定義1.1 の (P3) を適用すると

$$P(\Omega) = P(\Omega) + P(\emptyset) + P(\emptyset) + \cdots$$

が得られる．ここで上の両辺から $P(\Omega)(=1)$ を引き算すると，$P(\emptyset) = 0$ となることが従う．

（3） つぎの主張 (4) で $n=2$ の特別の場合だから，(4) が成立すれば自動的に得られる．

（4） 無限の事象列 $A_1, A_2, \cdots, A_n, \emptyset, \emptyset, \cdots$ を考えて，

$$A_1 \cup A_2 \cup \cdots \cup A_n \cup \emptyset \cup \cdots \cup \emptyset \cup = A_1 \cup A_2 \cup \cdots \cup A_n$$

であることに注意すれば，確率の定義 (P3) と上で示した (1) の結果より直ちに主張が従う．実際

$$P\left(\bigcup_{i=1}^{n} A_i\right) = P(A_1) + \cdots + P(A_n) + P(\emptyset) + \cdots + P(\emptyset) + \cdots$$
$$= P(A_1) + \cdots + P(A_n).$$

（2） $A \subset B$ であるから，$B = (B \setminus A) \cup A$ が成り立つので，(3) の結果と確率の定義の (P2) の正値性より

$$P(B) = P(B \setminus A) + P(A) \geq P(A). \qquad \square$$

問 1.4 定理 1.1 の主張の (5) が成り立つことを示せ．

つぎに加法定理 (addition theorem) と呼ばれている確率の基本公式を紹介する．

定理 1.2 (加法定理) 事象 $A, B \in \mathfrak{F}$ に対して，等式
$$P(A \cup B) = P(A) + P(B) - P(A \cap B)$$
が成り立つ．

定理 1.2 の証明 事象の基本公式 I, II に述べられた性質を用いて，事象 A, B と和事象 $A \cup B$ をそれぞれつぎのように互いに排反な事象の和の形に分解して考える．すなわち

$$A = A \cap \Omega = A \cap (B \cup B^c) = (A \cap B) \cup (A \cap B^c),$$
$$B = \Omega \cap B = (A \cup A^c) \cap B = (A \cap B) \cup (A^c \cap B),$$
$$A \cup B = (A \cap B^c) \cup (A^c \cap B) \cup (A \cap B).$$

つぎに定理 1.1 の確率の基本的性質 (3), (4) を適用すると

$$P(A) = P(A \cap B) + P(A \cap B^c),$$
$$P(B) = P(A \cap B) + P(A^c \cap B),$$
$$P(A \cup B) = P(A \cap B^c) + P(A^c \cap B) + P(A \cap B).$$

これら 3 つの式から直ちに

$$P(A \cup B) = \{P(A) - P(A \cap B)\} + \{P(B) - P(A \cap B)\} + P(A \cap B)$$
$$= P(A) + P(B) - P(A \cap B)$$

を得る. □

つぎの定理は定理 1.2 で述べられた加法定理の一般化に相当するものである.

定理 1.3 (包除原理) n を自然数とする. 事象列 $A_1, A_2, \cdots, A_n \in \mathfrak{F}$ に対して
$$P\left(\bigcup_{i=1}^{n} A_i\right) = \sum_{i=1}^{n} P(A_i) - \sum_{1 \leqslant i < j \leqslant n} P(A_i \cap A_j)$$
$$+ \sum_{1 \leqslant i < j < k \leqslant n} P(A_i \cap A_j \cap A_k) - \sum_{1 \leqslant i < j < k < \ell \leqslant n} P(A_i \cap A_j \cap A_k \cap A_\ell) +$$
$$\cdots + (-1)^{n-1} P\left(\bigcap_{i=1}^{n} A_i\right)$$
が成り立つ.

注意 1.2 n を自然数とする. n 個の事象 $A_1, A_2, \cdots, A_n \in \mathfrak{F}$ を対象として, $1 \leqslant i \leqslant n$ とする. いま $A_1, A_2, \cdots A_n$ の中から相異なる事象を i 個 $A_{k_1}, A_{k_2}, \cdots, A_{k_i}$ 取り出して, それらの共通事象 $A_{k_1} \cap A_{k_2} \cap \cdots \cap A_{k_i}$ を考える. この共通事象の個数は全部で ${}_nC_i$ (n 個の中から i 個を取り出す組合せの数) 個ある. これらの共通事象の確率たち

$$P(A_{k_1} \cap A_{k_2} \cap \cdots \cap A_{k_i})$$

の総和を S_i で表すことにする．簡単のため，$i=3$ の例で考えてみると，$A_1, A_2, \cdots, A_n$ の中から相異なるものを 3 個 (A_i, A_j, A_k) 取り出すことになり，i, j, k はそれぞれ $1 \leqslant i < j < k \leqslant n$ である．これら 3 個の共通事象 $A_i \cap A_j \cap A_k$ の確率 $P(A_i \cap A_j \cap A_k)$ はその引数 (i, j, k) の組合せの個数 ${}_nC_3 = n!/(3!(n-3)!)$ だけある．これらすべての確率の総和が S_3 である．これを記号で簡潔に

$$S_3 = \sum_{1 \leqslant i < j < k \leqslant n} P(A_i \cap A_j \cap A_k)$$

と表している．同様に考えて

$$S_2 = \sum_{1 \leqslant i < j \leqslant n} P(A_i \cap A_j), \quad S_1 = \sum_{1 \leqslant i \leqslant n} P(A_i) = \sum_{i=1}^{n} P(A_i)$$

となる．定理 1.3 での「包除原理」とは，等式

$$P\left(\bigcup_{i=1}^{n} A_i\right) = S_1 - S_2 + S_3 - \cdots + (-1)^{i-1} S_i + \cdots + (-1)^{n-1} S_n$$
$$= \sum_{i=1}^{n} (-1)^{i-1} S_i$$

が成り立つことを主張するものである．

問題 1.1 定理 1.3 の包除原理が成り立つことを証明せよ．

例題 1.1 n を自然数とし，$A_1, A_2, \cdots, A_n \in \mathfrak{F}$ とする．このとき，確率 P に関する**有限劣加法性**

$$P\left(\bigcup_{i=1}^{n} A_i\right) \leqslant \sum_{i=1}^{n} P(A_i)$$

が成り立つことを導け．

解答 n に関する数学的帰納法による．$n=1$ のときは自明．$n \geq 2$ のときに示す．$n=2$ のときは，定理 1.2 の加法定理より

$$P(A_1 \cup A_2) = P(A_1) + P(A_2) - P(A_1 \cap A_2)$$

が成り立っているが，確率の正値性 $P(A_1 \cap A_2) \geq 0$ より直ちに

$$P(A_1 \cup A_2) \leqslant P(A_1) + P(A_2)$$

が得られる．$n=k$ のとき，有限劣加法性が成立すると仮定する．$n=k+1$ のとき，

$$\bigcup_{i=1}^{k+1} A_i = \left(\bigcup_{i=1}^{k} A_i\right) \cup A_{k+1}$$

と 2 つの集合の和事象に分解して考えて，上の $n=2$ のときの結果を利用する．
$$P(\bigcup_{i=1}^{k+1} A_i) \leqslant P\left(\bigcup_{i=1}^{k} A_i\right) + P(A_{k+1}).$$
この右辺の第 1 項に対して，帰納法の仮定を使って書き換えると
$$P\left(\bigcup_{i=1}^{k+1} A_i\right) \leqslant \sum_{i=1}^{k} P(A_i) + P(A_{k+1}) = \sum_{i=1}^{k+1} P(A_i)$$
が導かれ，$n=k+1$ のとき有限劣加法性が成立することがわかる．以上のことから，数学的帰納法により任意の n に対して主張が正しいことが導かれる． □

この有限劣加法性も，他の確率 P に関する性質と同様に無限個の和の場合にも拡張される．それは**完全劣加法性**と呼ばれる．

命題 1.1 (完全劣加法性) 可算無限個の事象列 $A_1, A_2, \cdots A_n, \cdots \in \mathfrak{F}$ に対して
$$P\left(\bigcup_{i=1}^{\infty} A_i\right) \leqslant \sum_{i=1}^{\infty} P(A_i)$$
が成り立つ．

問題 1.2 上の命題 1.1 の完全劣加法性が成り立つことを証明せよ．

例題 1.2 n を自然数とする．事象 $A_1, A_2, \cdots, A_n \in \mathfrak{F}$ に対して，**ボンフェローニの不等式**
$$\sum_{i=1}^{n} P(A_i) - \sum_{1 \leqslant i < j \leqslant n} P(A_i \cap A_j) \leqslant P\left(\bigcup_{i=1}^{n} A_i\right)$$
が成り立つことを示せ．

解答 数学的帰納法による．$n=2$ のときは加法定理により，等式
$$P(A_1) + P(A_2) - P(A_1 \cap A_2) = P(A_1 \cup A_2)$$
として成立する．$n=3$ のとき，$A_1 \cup A_2$ を 1 つの集合と考えて，再び加法定理を適用すると

$$P(A_1 \cup A_2) + P(A_3) - P((A_1 \cup A_2) \cap A_3) = P((A_1 \cup A_2) \cup A_3) \tag{1.1}$$

となり，さらに左辺は

$$P(A_1) + P(A_2) + P(A_3) - P(A_1 \cap A_2) - P((A_1 \cup A_2) \cap A_3) \tag{1.2}$$

と書き換えられる．一方，分配律と加法定理を併用することにより

$$P((A_1 \cup A_2) \cap A_3) = P((A_1 \cap A_3) \cup (A_2 \cap A_3))$$
$$= P(A_1 \cap A_3) + P(A_2 \cap A_3) - P(A_1 \cap A_2 \cap A_3) \tag{1.3}$$

が得られる．したがって (1.2) と (1.3) 式を (1.1) に代入して，最終的に

$$P(A_1 \cup A_2 \cup A_3) = \sum_{i=1}^{3} P(A_i) - P(A_1 \cap A_2) - P(A_2 \cap A_3)$$
$$- P(A_3 \cap A_1) + P(A_1 \cap A_2 \cap A_3)$$
$$\geq \sum_{i=1}^{3} P(A_i) - \sum_{1 \leq i < j \leq 3} P(A_i \cap A_j)$$

を得る．ただし，上式の最後の不等式では確率の非負性を用いた．したがって $n = 3$ のとき不等式は成立する．つぎに $n = k$ のとき ボンフェローニの不等式が成立することを仮定して，$n = k+1$ の場合を考える．実際，加法定理と分配律を用いて

$$P\left(\bigcup_{i=1}^{k+1} A_i\right) = P\left(\left(\bigcup_{i=1}^{k} A_i\right) \cup A_{k+1}\right)$$
$$= P\left(\bigcup_{i=1}^{k} A_i\right) + P(A_{k+1}) - P\left(\left(\bigcup_{i=1}^{k} A_i\right) \cap A_{k+1}\right)$$
$$= P\left(\bigcup_{i=1}^{k} A_i\right) + P(A_{k+1}) - P\left(\bigcup_{i=1}^{k} (A_i \cap A_{k+1})\right) \tag{1.4}$$

(1.4) 式の右辺の第 1 項に帰納法の仮定を適用して

$$\sum_{i=1}^{k} P(A_i) - \sum_{1 \leq i < j \leq k} P(A_i \cap A_j) \leq P\left(\bigcup_{i=1}^{k} A_i\right)$$

またさらに有限劣加法性により

$$P\left(\bigcup_{i=1}^{k} (A_i \cap A_{k+1})\right) \leq \sum_{i=1}^{k} P(A_i \cap A_{k+1})$$

が成り立つので，(1.4) 式をさらに下から評価できて

$$P\left(\bigcup_{i=1}^{k+1} A_i\right) \geq \sum_{i=1}^{k} P(A_i) + P(A_{k+1}) - \sum_{1 \leq i < j \leq k} P(A_i \cap A_j)$$

$$-\sum_{i=1}^{k} P(A_i \cap A_{k+1})$$
$$= \sum_{i=1}^{k+1} P(A_i) - \sum_{1 \leqslant i < j \leqslant k+1} P(A_i \cap A_j).$$

ゆえに $n = k+1$ のとき不等式が成立する．かくして数学的帰納法により，$n \geq 2$ なるすべての自然数に対してボンフェローニの不等式が成立する． □

問題 1.3 n を自然数とする．事象列 $A_1, A_2, \cdots, A_n \in \mathfrak{F}$ に対して，不等式
$$P\left(\bigcap_{i=1}^{n} A_i\right) \geq 1 - \sum_{i=1}^{n} P(A_i^c)$$
が成り立つことを示せ．

つぎの定理は「確率 P の連続性」と呼ばれる性質についての主張である．たとえば下記の (1) の主張について考えてみることにしよう．事象列 $A_1, A_2, \cdots$ が単調増大であるから，$\bigcup_{i=1}^{n} A_i = A_n$ となることに注意して，(1) の等式の左辺は
$$P\left(\bigcup_{n=1}^{\infty} A_n\right) = P\left(\lim_{n \to \infty} \bigcup_{i=1}^{n} A_i\right) = P\left(\lim_{n \to \infty} A_n\right)$$
と書き換えられる．結局，等式
$$\lim_{n \to \infty} P(A_n) = P\left(\lim_{n \to \infty} A_n\right)$$
が成り立つことがわかる．この上式の意味で確率 P は連続性をもつということを主張するものである．

定理 1.4 (確率 P の連続性) 事象 $A_1, A_2, \cdots \in \mathfrak{F}$ を考える．

(1) 事象列 $\{A_n\}_n$ が単調増大であるならば，すなわち，$A_n \subset A_{n+1}$ ($\forall n \geq 1$) であれば，等式
$$P\left(\bigcup_{n=1}^{\infty} P_n\right) = \lim_{n \to \infty} P(A_n)$$
が成り立つ．

(2) 事象列 $\{A_n\}_n$ が単調減少であるならば，すなわち，$A_n \supset A_{n+1}$ ($\forall n \geq 1$) であれば，等式
$$P\left(\bigcap_{n=1}^{\infty} A_n\right) = \lim_{n \to \infty} P(A_n)$$
が成り立つ．

定理 1.4 の証明 （1） 事象 $A_1, A_2, \cdots$ は単調増大であるから，これらから互いに排反な事象列 $\{B_n\}_n$ をつぎのようにして作る．

$$B_1 = A_1, \quad B_2 = A_2 \setminus, \quad \cdots\cdots$$
$$B_n = A_n \setminus A_{n-1}, \quad (\forall n \geq 2)$$

このとき異なるペアは排反となり，$B_i \cap B_j = \varnothing \quad (i \neq j)$ であって，$A_n = \bigcup_{i=1}^{n} A_i = \bigcup_{i=1}^{n} B_i$ が成り立ち，特に

$$\bigcup_{n=1}^{\infty} A_n = \bigcup_{n=1}^{\infty} B_n$$

であることに注意しよう．したがって，確率の完全加法性により

$$P\left(\bigcup_{n=1}^{\infty} A_n\right) = P\left(\bigcup_{n=1}^{\infty} B_n\right) = \sum_{n=1}^{\infty} P(B_n)$$
$$= \lim_{n \to \infty} \sum_{i=1}^{n} P(B_i) = \lim_{n \to \infty} P\left(\bigcup_{i=1}^{n} B_i\right) = \lim_{n \to \infty} P(A_n)$$

となって結論が従う． □

問題 1.4 定理 1.4 の主張 (2) を証明せよ．（ヒント：事象 A_n の余事象をとり，(1) の結果を適用することを考えよ．）

1.2　離散型確率モデル

確率 P に続いて，つぎの節で条件付き確率について議論する前に，ここでは離散的な確率モデルについて若干触れておくことにする．標本空間 Ω が有限個あるいは可算無限個の標本点から構成されていて，事象族 $\mathfrak{F}$ が Ω のすべての部分集合からなるような確率モデル $(\Omega, \mathfrak{F}, P)$ を**離散的モデル**と呼び，そのモデルは離散的 (discrete) であるという言い方をする．$\Omega = \{\omega_1, \omega_2, \cdots, \omega_n, \cdots\}$ のとき，任意の事象 $A \in \mathfrak{F}$ に対して

$$P(A) = \sum_{i : \omega_i \in A} P(\{\omega_i\}) \tag{1.5}$$

が成り立つ．このことは確率の定義 1.1 の (P3) より容易に導かれる．また逆に $\sum_{i=1}^{\infty} p_i = 1$ を満たす正数の組 $p_1, p_2, \cdots, (p_i \geq 0, i = 1, 2, \cdots)$ を与えたとき，標本

空間 Ω が可算無限個の標本 $\{\omega_i\}$ からなり，$P(A) = \sum_{i:\omega_i \in A} p_i$ として P を定めると，この P が確率になることもわかる．

離散的な確率モデルで標本空間が有限個からなる場合を考察する．すなわち，$\Omega = \{\omega_1, \omega_2, \cdots, \omega_N\}$ とする．すべての基本事象 $\{\omega_i\}$ の生起する確率が相等しいとき，つまり

$$P(\{\omega_i\}) = \frac{1}{N} \quad (i = 1, 2, \cdots, N)$$

のとき，確率 $P(A)$ は

$$P(A) = \frac{A \text{ に含まれる基本事象 } \{\omega_i\} \text{ の数}}{N}$$

となる．

例 1.1 公平なサイコロ投げの確率実験 (試行) を考える．k の目が出るという基本事象を ω_k で表す．このとき

$$\Omega = \{\omega_1, \omega_2, \omega_3, \omega_4, \omega_5, \omega_6\} \quad \text{であり，}$$
$$P(\{\omega_i\}) = \frac{1}{6} \quad (i = 1, 2, 3, 4, 5, 6)$$

となる．たとえば，奇数の目が出る事象 A は $\{\omega_1, \omega_3, \omega_5\}$，5 以上の目が出る事象 B は $\{\omega_5, \omega_6\}$ であり，

$$P(A) = \frac{3}{6} = \frac{1}{2} \quad \text{また} \quad P(B) = \frac{2}{6} = \frac{1}{3}$$

となる．

例題 1.3 (復元抽出法) 袋の中に N 枚のカードが入っている．N 枚のうち m 枚が黒で残りが赤である．この中から何枚かのカードを抜き出す確率実験を行うが，抜き出す際は一旦抜き出したカードを元に戻してから，つぎのカードを抜き出すという方法をとることにする．この方法を復元抽出という．このとき n 枚のカードを抜き出すとして，そのうち k 枚が黒である確率を求めよ (図 1.1 参照).

解答 標本空間 Ω は全部で N^n 個の基本事象からなり，これら基本事象はすべ

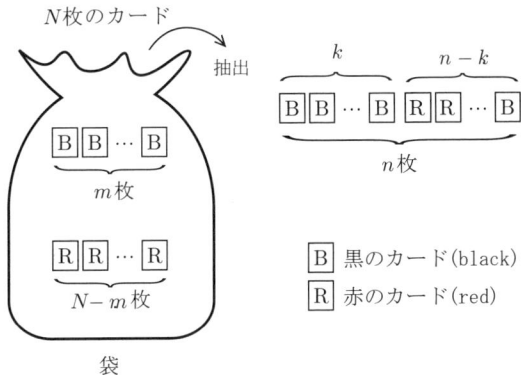

図 1.1 例題 1.3 の図

て等確率で生起すると考える．抜き出した n 枚中 k 枚が黒であるという事象は，基本事象何個分に当たるかを考えることにする．n 回カードを抜き出すとき，そのうち k 回が黒であるというのは，何回目に黒のカードが出るかについて $_nC_k$ 通りの場合が考えられる．つぎに各ケースについての黒のカードの選び方は全部で m^k 通りあり，赤のカードの選び方は全部で $(N-m)^{n-k}$ 通りあることになる．したがっていま考えている場合の基本事象は

$$_nC_k\, m^k\, (N-m)^{n-k}$$

個である．ゆえに求める確率は，全基本事象中に占める対象となる基本事象の個数の比であると考えて

$$\frac{_nC_k\, m^k\, (N-m)^{n-k}}{N^n}$$

である． □

注意 1.3 上の例題には別解がある．この問題はつぎのように考えてもよい．復元抽出において，1 回の抜き出しで黒のカードが選ばれる確率は m/N であり，赤のカードが選ばれる確率は $(N-m)/N$ である．各回の抜き出しで選ばれるカードはつねに黒か赤のどちらかである．n 枚のカードを抜き出すということは，上と同じ確率の下で n 回抜き出しを行うことで，そのうち k 回は黒のカードが選ばれるということは $(n-k)$ 回は赤のカードが選ばれるのだから，n 枚中黒が k 枚である確率は単純に考えて

$$\left(\frac{m}{N}\right)^k \left(\frac{N-m}{N}\right)^{n-k} \tag{1.6}$$

となる．しかし実際は n 回の抜き出し中 k 枚のカードが出現するのは，そのうち何回目と何回目であるかを考えると，実は n の中から k 個取ってくる組合せの数分の通りがあるわけだから，求める確率はすべての可能な通りに関して (1.6) 式の和の形で与えられることになる．したがって答えは

$$ {}_nC_k \left(\frac{m}{N}\right)^k \left(\frac{N-m}{N}\right)^{n-k} $$

となる．当然のことながら例題 1.3 の解答と一致する． □

今度は上と同じ設定で，一旦抜き出したカードは元の袋の中に戻さないで抜き出しを続ける場合を考えてみよう．このような抜き出し方を**非復元抽出**と呼んでいる．

例題 1.4 (非復元抽出法)　袋の中に N 枚の 2 種類のカードが入っていて，そのうち m 枚が黒，残りが赤である．この中からカードを抜き出す確率実験を行うが，抜き出したカードは元に戻さないものとする．いま n 枚のカードを抜き出すとき，そのうち k 枚が黒である確率を求めよ．

解答　復元抽出と非復元抽出の違いを考える上で好例を与えている問題なので，読者の演習とする．下記の問 1.5 を参照のこと．

問 1.5　上の例題 1.4 に解答せよ．(ヒント：非復元抽出の場合での基本事象の個数

$$ n(n-1)(n-2)\cdots(n-k+1) $$

に引き続き，黒のカードが抜き出されるという事象の基本事象が全部でいくつあるかを考えるとよい．)

答えは

$$ \frac{{}_mC_k \cdot {}_{N-m}C_{n-k}}{{}_NC_n} $$

となる．

問 1.6　壺の中に 18 個の玉が入っている．そのうち赤玉が 7 個，青玉が 2 個で，残りはすべて白玉である．この壺の中からランダムに 5 個の玉を元に戻さずに抜き取る試行 (trial) を考える．

（ⅰ）抜き取った 5 個の玉すべてが赤である確率を求めよ．

（ii）抜き取った 5 個の玉すべてが白でない確率を求めよ．

（iii）抜き取った 5 個の中に 3 種の色の玉が少なくとも 1 個は含まれている確率を求めよ．

1.3　条件付き確率

ある事象があらかじめ起こった結果をもとにして，他の結果の起こる確率を考えることは多くの分野においてしばしば必要となることである．この節ではこの種の確率について考える．このような場合，最初の試行の結果が何であったかによって，つぎの試行の結果の確率が変わってくることが普通である．つぎのくじの例を考えてみよう．

例 1.2 (くじの例)　くじ棒 10 本中のうち 3 本が当たりくじであるくじを考える．白いくじ棒を 1 本ずつ引いていき，くじ棒の先端部分が赤くなっていると「当たり」で，そうでない白いままの場合が「はずれ」である (図 1.2 参照)．

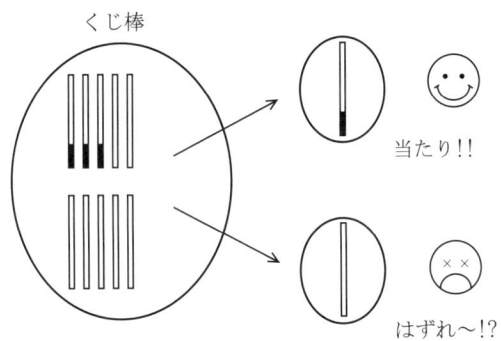

図 1.2　例：くじ棒の図

一度引いたくじ棒は元には戻さないものとする．このくじで最初にくじを引いた人が当たりくじを引く確率は $\frac{3}{10}$ である．では 2 番目にくじを引く人が当たりになる確率はどうなるだろうか？　以下の 2 つのケースが考えられる．

（1）最初の人が当たりであった場合

（2）最初の人がはずれであった場合

まず (1) の場合，このくじでは非復元抽出であるから，当たりくじ 2 本，はずれくじ 7 本の合計 9 本のくじ棒を引くことになる．したがって，つぎにくじを引く人が当たりになる確率は

$$P = \frac{2}{2+7} = \frac{2}{9}$$

となり，最初の人が当たりくじを引く確率よりも低い確率となっている．つぎに (2) の場合を考えてみよう．このとき当たりくじは 3 本，はずれくじは 6 本残っていて合計 9 本からくじを引くことになるが，今度は 2 番目の人が当たりくじを引く確率は

$$P = \frac{3}{3+6} = \frac{3}{9} = \frac{1}{3}$$

となり，最初の人が当たりになる確率よりも高い確率であることがわかる．以上の考察から明白なように，このくじでは最初の人が当たりであったかどうかで，2 番目の人が当たりになる確率が変わってしまう．この例のように一般に，最初の試行の結果に応じて，つぎの試行の結果が起こる確率が変わってくることは，日常生活の中ではよく見受けられることである．そこではじめに事象 B が生起したとして，つぎの試行で事象 A が起こる確率を以下のように提案する．$P(B) > 0$ を満たす事象 $B\,(\in \mathfrak{F})$ と事象 $A\,(\in \mathfrak{F})$ に対して

$$P(A|B) = \frac{P(A \cap B)}{P(B)} \qquad (1.7)$$

で定義された値 $P(A|B)$ を考える．その定義式から明らかに $0 \leqslant P(A|B) \leqslant 1$ を満たす．実際につぎの定理が成り立つ．

> **定理 1.5** 上の (1.7) 式で定義された $P(\cdot|B)$ は可測空間 $(\Omega, \mathfrak{F})$ 上の確率測度である．

定理 1.5 の証明 確率の定義 1.1 の (P1), (P2) および (P3) を確かめればよい．これらは定義式 (1.7) の右辺の分子の確率 $P((\cdot) \cap B)$ の性質から明らかである．□

この $P(A|B)$ を事象 B が与えられたときの A の**条件付き確率** (conditional probability) といい，$P(\cdot|B)$ を事象 B が与えられたときの**条件付き確率測度**という．この定式化においては，$P(B) = 0$ のときは条件付き確率を定義しないことに

注意しよう．この条件付き確率の直感的解釈とその定義の妥当性はつぎの相対頻度の考察から容易に推測される．試行実験を n 回繰り返したとき，事象 A が起こる回数を $n(A)$ と表すと，比 $\dfrac{n(A \cap B)}{n(B)}$ は n 回の確率実験のうち B が起こった場合だけを取り出して調べていったときの A の生起する相対頻度を表している．値 $\dfrac{n(A \cap B)}{n(B)}$ の $n \to \infty$ の極限を B が与えられたときの A の条件付き確率と定義してもよいと思われる．しかし実際に

$$\lim_{n \to \infty} \frac{n(A \cap B)}{n(B)} = \lim_{n \to \infty} \frac{\frac{n(A \cap B)}{n}}{\frac{n(B)}{n}} = \frac{\lim_{n \to \infty} \frac{n(A \cap B)}{n}}{\lim_{n \to \infty} \frac{n(B)}{n}} = \frac{P(A \cap B)}{P(B)}$$

であるから，条件付き確率を (1.7) のように定義するのは自然であると考えられる．

命題 1.2 （1） (**積の公式**) $P(B) > 0$ なる事象 B と任意の事象 A に対して

$$P(A \cap B) = P(B)P(A|B)$$

が成り立つ．

（2） (**全確率の公式**) 事象 $B_1, \cdots, B_n$ は互いに排反で (i.e., $i \neq j$ ならば，$B_i \cap B_j = \emptyset$)，$\Omega = \bigcup_{i=1}^{n} B_i$, $P(B_i) > 0$ を満たすとする．このような事象列 $\{B_i\}_i$ は全事象 Ω の分割と呼ばれる．分割 $\{B_i\}_i$ が与えられたとき，任意の事象 A に対して

$$P(A) = \sum_{i=1}^{n} P(B_i) P(A|B_i)$$

が成り立つ (図 1.3 参照)．

証明 （1） 条件付き確率の定義から

$$P(B)P(A|B) = P(B) \cdot \frac{P(A \cap B)}{P(B)} = P(A \cap B)$$

（2） $\{B_i\}$ が Ω の分割なので，事象列 $\{A \cap B_i\}_i$ が互いに排反であることに注意して集合演算の分配律を用いて

$$P(A) = P(A \cap \Omega) = P\left(\bigcup_{i=1}^{n}(A \cap B_i)\right)$$

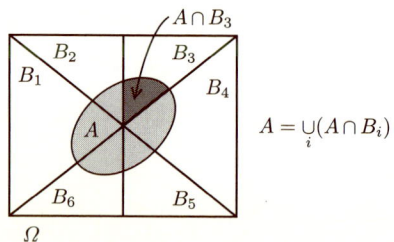

図 **1.3** 全確率の公式における事象分割

$$= \sum_{i=1}^{n} P(A \cap B_i) = \sum_{i=1}^{n} P(B_i) P(A|B_i)$$

最後の等式では (1) の積の公式を適用した. □

上の積の公式は，条件付き確率 $P(A|B)$ の値を $P(A \cap B)$ から求めるのではなくて，逆に $P(A|B)$ が先にわかっていて，確率 $P(A \cap B)$ を計算したい場合に使える式である．

問 1.7 (乗法公式)　事象 $A_i \in \mathfrak{F}$ $(i=1,2,\cdots,n)$ に対して $P\left(\bigcap_{i=1}^{n-1} A_i\right) > 0$ であるとき，

$$P\left(\bigcap_{i=1}^{n} A_i\right) = P(A_1) P(A_2|A_1) \cdots P(A_n|A_1 \cap \cdots \cap A_{n-1})$$

が成り立つことを示せ．(ヒント：命題1.2 (1) の積の公式を用いて

$$\begin{aligned} P\left(\bigcap_{i=1}^{n} A_i\right) &= P\left(\bigcap_{i=1}^{n-1} A_i\right) P\left(A_n \middle| \bigcap_{i=1}^{n-1} A_i\right) \\ &= P\left(\bigcap_{i=1}^{n-2} A_i\right) P\left(A_{n-1} \middle| \bigcap_{i=1}^{n-2} A_i\right) P\left(A_n \middle| \bigcap_{i=1}^{n-1} A_i\right) \end{aligned}$$

が導かれる．)

問 1.8 (全確率の公式)　互いに排反な事象列 $\{A_i\}$ が $\bigcup_{i=1}^{\infty} A_i = \Omega$, $P(A_i) > 0$ ($\forall i$) を満たすとき，任意の事象 A に対して

$$P(A) = \sum_{i=1}^{\infty} P(A_i) P(A|A_i)$$

が成り立つことを示せ．(ヒント：事象列 $\{(A \cap A_i)\}_i$ は集合 A の分割を与える．)

例題 1.5 ある国に住む子ども 2 人の家庭だけを対象とする．子どもの性別を問題にし，第 1 子と第 2 子を区別すると，全対象はつぎのように構成される．
$$\Omega = \{(男子, 男子), (男子, 女子), (女子, 男子), (女子, 女子)\}$$
いまある 1 世帯をランダムに選んだとき，Ω の中のどの構成の家庭も選ばれる確率は $\frac{1}{4}$ であるものとする．選ばれた家庭の中に女児が 1 人いることがわかったとして，その家族の残りの子も女児である確率を求めよ．

解答 選ばれた 1 家庭の中に女児が 1 人いる事象を B で表す．すなわち
$$B = \{(男子, 女子), (女子, 男子), (女子, 女子)\}$$
である．またその家庭の残りの子どもも女児である事象を A とすると
$$A = \{(女子, 女子)\}$$
であるから，その共通事象 $A \cap B = \{(女子, 女子)\}$ に注意して，確率を計算すると
$$P(B) = \frac{3}{4}, \qquad P(A \cap B) = \frac{1}{4}$$
したがって，条件付き確率の定義より求める確率は
$$P(A|B) = \frac{P(A \cap B)}{P(B)} = \frac{\frac{1}{4}}{\frac{3}{4}} = \frac{1}{3}$$
である． □

つぎに有名なベイズ (Bayes) の公式を紹介する．

定理 1.6 (ベイズの公式) 事象列 $B_1, \cdots, B_n$ を全事象 Ω の分割とする．このとき $P(A) > 0$ なる任意の事象 A に対して
$$P(B_k|A) = \frac{P(B_k)P(A|B_k)}{\sum_{i=1}^{n} P(B_i)P(A|B_i)} \tag{1.8}$$
が任意の $k = 1, 2, \cdots, n$ に対して成り立つ．

注意 1.4 上の定理に出てくる 2 種類の条件付き確率に気を付けて，式 (1.8) を注意深く眺めて欲しい．$P(B_i)$ は**事前確率**，$P(B_i|A)$ は**事後確率**と呼ばれるものである．このベイズの公式は，事後確率を事前確率から求めることができることを主張している．式の右辺と左辺では条件付き確率に現れる条件事象 A と B_i が逆転していることに気づくだろう．$P(A|B_i)$ の情報を知って $P(B_i|A)$ の情報が得られるという逆転公式としての意味合いがある．

定理 1.6 の証明 条件付き確率の定義式に積の公式を用いれば

$$P(B_k|A) = \frac{P(B_k \cap A)}{P(A)} = \frac{P(B_k)P(A|B_k)}{P(A)}$$

と書き換えられるから，分母に全確率の公式を適用すれば，(1.8) 式を得る． □

このベイズの公式は先の全確率の公式同様 (問 1.8 参照) つぎのように一般化される．

問 1.9 事象列 $\{B_i\}$ が条件

$$\bigcup_{i=1}^{\infty} B_i = \Omega, \quad B_i \cap B_j = \emptyset \quad (i \neq j), \quad P(B_i) > 0$$

を満たすとき，$P(A) > 0$ なる任意の事象 A に対して，ベイズの公式

$$P(B_k|A) = \frac{P(B_k)P(A|B_k)}{\sum_{i=1}^{\infty} P(B_i)P(A|B_i)}$$

を示せ．

例題 1.6 ABO 式の血液型は，染色体中の 1 対の遺伝子座に A, B, O の 3 つの遺伝子のうちのどの組合せが存在するかによって決まる．A, B は優性で，O は劣性である．これにより遺伝子の組合せ (遺伝子型) は 6 通りであるが，血液型 (表現型) は A, B, AB, O の 4 通りである．子どもは両親から 1 つずつ遺伝子をもらうが，各親のもっている 2 つの遺伝子のうち片方をもらう確率はともに $\frac{1}{2}$ である．日本人の場合，両親の血液型の組合せが O × A の場合に，最初に生まれた子どもの血液型が A 型だったとしたら，A 型の親の遺伝子型が AO である確率はいくらか求めよ．表 1.1 の百分率表 (平凡社世界大百科事典による) は日本人のおおよその頻度を表している．

表 1.1　日本人の ABO 式血液型の構成と頻度

遺伝子型	AA	AO	BB	BO	AB	OO
頻度 (%)	8	31	3	19	10	29
表現型	A 型	同左	B 型	同左	AB 型	O 型
頻度 (%)	39	-	22	-	10	29

解答　O 型は劣性であるから，子が A 型ということは A 型の親から A 遺伝子をもらう必要がある．表 1.1 より AA, AO の頻度分布から親は

$$P(AA) = 0.08 \qquad P(AO) = 0.31$$

としてよい．AA の親からは A の遺伝子を確率 1 でもらうので，AA の親の下で子が A 型になる確率は条件付き確率を用いて，$P(A|AA) = 1$ と書くことができる．一方，AO の親の下では $P(A|AO) = 0.5$ である．子が A 型のとき，親の 1 人が AO 型である事後確率はベイズの公式を用いて

$$P(AO|A) = \frac{P(A|AO)P(AO)}{P(A|AO)P(AO) + P(A|AA)P(AA)}$$
$$= \frac{0.5 \times 0.31}{0.5 \times 0.31 + 1 \times 0.08} = 0.659574468\cdots \approx 0.66$$

を得る．　□

1.4　独立性

この節では事象の独立性について考える．まず事象が独立であることの定義を与えよう．

定義 1.2 (事象の独立性)　事象 $A, B(\in \mathfrak{F})$ に対し

$$P(A \cap B) = P(A)P(B) \tag{1.9}$$

が成立するとき，事象 A と B は**互いに独立**であるといい，記号で $A \perp\!\!\!\perp B$ と表す．

ここで上の定義がどうして事象の独立性の概念を与えているのかを考えてみることは有益である．前節の条件付き確率 $P(A|B)$ の定義を思い起こしてみよう．いま事象 A と B が互いに独立だとすると (1.9) 式から

$$P(A|B) = \frac{P(A \cap B)}{P(B)} = \frac{P(A)P(B)}{P(B)} = P(A) \tag{1.10}$$

が得られる．この (1.10) 式の両端の項を見比べると，B で条件を課した下での事象 A の起こる確率 $P(A|B)$ は条件を課さない事象 A 単独の起こる確率と同じであると主張している．事前に事象 B が起こっても起こらなくても A の起こる確率には影響がない．言い換えれば，事象 A の生起する確率には事象 B は関係ないという訳だから，事象 A と B が互いに独立とはこういうことかと理解していただけるであろう．実際につぎの主張が成立する．

> **定理 1.7** 事象 $A, B\ (\in \mathfrak{F})$ に対して，つぎが成り立つ．
> (1) $P(B) > 0$ のとき，事象 A, B が互いに独立であるための必要十分条件は
> $$P(A|B) = P(A)$$
> が成り立つことである．
> (2) つぎの 3 条件は同値である．
> (i) $A \perp\!\!\!\perp B$ (ii) $A \perp\!\!\!\perp B^c$ (iii) $A^c \perp\!\!\!\perp B^c$

定理 1.7 の証明 (1) 条件付き確率の定義より明らかである．(1.10) 式前後の議論も参照せよ．
(2) $A \perp\!\!\!\perp B$ とする．このとき

$$P(A \cap B^c) = P(A) - P(A \cap B) = P(A)\{1 - P(B)\}$$
$$= P(A)P(B^c)$$

よって $A \perp\!\!\!\perp B^c$．逆は明らか．つぎに $A \perp\!\!\!\perp B \Rightarrow A^c \perp\!\!\!\perp B^c$ はド・モルガンの法則と加法定理を用いて

$$P(A^c \cap B^c) = 1 - P((A^c \cap B^c)^c) = 1 - P(A \cup B)$$
$$= 1 - P(A) - P(B) + P(A \cap B)$$

$$= 1 - P(A) - P(B) + P(A)P(B)$$
$$= \{1 - P(A)\}\{1 - P(B)\} = P(A^c)P(B^c)$$

と変形できることより従う．逆も明らか． □

つぎに 3 個以上の事象の独立性について考える．3 個の事象 A, B, C が互いに独立であることを

$$P(A \cap B \cap C) = P(A)P(B)P(C) \tag{1.11}$$

が成り立つことであると定めてやれば，一見良さそうに見えるが実はそうではないのである．3 個の事象 A, B, C に関して，$A \perp\!\!\!\perp B$, $A \perp\!\!\!\perp C$, $B \perp\!\!\!\perp C$ だとしても，上の (1.11) 式は必ずしも成り立たないし，逆に (1.11) 式が成立していても，$A \perp\!\!\!\perp B$, $A \perp\!\!\!\perp C$, $B \perp\!\!\!\perp C$ は必ずしも成り立たないのである．あとで例題により不成立の反例を見ることにする．そこで 3 個の事象の独立性はつぎのように定義してやる必要がある．

定義 1.3 3 個の事象 $A, B, C \, (\in \mathfrak{F})$ に対して
$$P(A \cap B) = P(A)P(B), \quad P(A \cap C) = P(A)P(C),$$
$$P(B \cap C) = P(B)P(C), \quad P(A \cap B \cap C) = P(A)P(B)P(C)$$
が成り立つとき，**事象 A, B, C は互いに独立である**という．

例題 1.7 $\Omega = \{\omega_1, \omega_2, \omega_3, \omega_4\}$ とし，$\mathfrak{F}$ を Ω のすべての部分集合の全体とする．また $P(\{\omega_k\}) = \dfrac{1}{4}$ $(k = 1, 2, 3, 4)$ とする．このとき，集合
$$A = \{\omega_1, \omega_2\}, \quad B = \{\omega_2, \omega_3\}, \quad C = \{\omega_1, \omega_3\}$$
の独立性について調べよ．

解答 $P(A \cap B) = P(\{\omega_2\}) = \dfrac{1}{4}$ である．また
$$P(A)P(B) = \{P(\{\omega_1\}) + P(\{\omega_2\})\}\{P(\{\omega_2\}) + P(\{\omega_3\})\}$$
$$= \frac{2}{4} \times \frac{2}{4} = \frac{1}{4}.$$

したがって，等式 $P(A\cap B) = P(A)P(B)$ が成り立つ．同様にして
$$P(A\cap C) = P(A)P(C), \quad P(B\cap C) = P(B)P(C)$$
も成立する．つまり $A \perp\!\!\!\perp B, A \perp\!\!\!\perp C, B \perp\!\!\!\perp C$ である．しかし，$P(A\cap B\cap C) = P(\emptyset) = 0$ であり，
$$P(A)P(B)P(C) = \frac{1}{2} \times \frac{1}{2} \times \frac{1}{2} = \frac{1}{8} \neq 0$$
となるので，$P(A\cap B\cap C) \neq P(A)P(B)P(C)$．ゆえに事象 A, B, C は互いに独立ではない． □

最後に一般の事象列 $A_1, A_2, \cdots, A_n$ に対する独立性の定義を与えてこの節を終えることにする．

定義 1.4 (一般の事象の独立性)　事象 $A_1, A_2, \cdots, A_n \, (\in \mathfrak{F})$ の任意の部分列 $A_{i_1}, A_{i_2}, \cdots, A_{i_k} \, (1 \leqslant k \leqslant n)$ が
$$P(A_{i_1} \cap A_{i_2} \cap \cdots \cap A_{i_k}) = P(A_{i_1})P(A_{i_2})\cdots P(A_{i_k})$$
を満たすとき，事象 $A_1, A_2, \cdots, A_n$ は互いに独立であるという．

---

1 章の演習問題

[1]　実数集合 $\mathbb{R}$ の 2 つの部分集合
$$A = \{x \in \mathbb{R} \mid 1 \leqslant x \leqslant b\}, \quad B = \{x \in \mathbb{R} \mid a \leqslant x \leqslant 8\}$$
について，(1) $A\cup B$，(2) $A\cap B$，(3) $(A\cup B)\cap(A\cap B)^c$ を求めよ．ただし，a, b は $1 < a < b < 8$ なる実数とする．

[2]　全体集合 G を 10 未満の自然数からなる集合とする．G の 3 つの部分集合
$$A = \{2,4,6,8\}, \quad B = \{3,6,9\}, \quad C = \{2,5,7\}$$
を考える．このときつぎの集合を求めよ．

(1)　$A\cup B$ 　　(2)　$B\cup C$ 　　(3)　$A\cap B$
(4)　$A\cap C$ 　　(5)　$B\cap C$ 　　(6)　$A\cap(B\cup C)$
(7)　$A\cap B\cap C$ 　　(8)　$F = (A\cup B)\cap C$ 　　(9)　$F\cap(A\cap B)^c$

[3] $\Omega = A \cup B$ なる事象 A, B に対し，$P(A) = 0.7, P(B) = 0.7$ であるとき，$P(A \cap B)$ を求めよ．

[4] 事象 A, B に対して，$P(A) = \dfrac{1}{3}, P(A \cup B) = \dfrac{1}{2}, P(A \cap B) = \dfrac{1}{4}$ であるとき，$P(B)$ を求めよ．

[5] 事象 A, B, C について，それ自身と2つの共通事象(積事象)と3つの共通事象 $A \cap B \cap C$ を用いて，$P(A \cup B \cup C)$ を表せ．

[6] ある計算機センターでは最新の高速コンピュータを導入している．その1台のコンピュータが1週間の間に故障する確率は 0.01 であるという．同型コンピュータを n 台同時に1週間使用するとして，顧客へのサービスの観点から少なくとも1台は故障しない確率 P を極めて高く維持する必要がある．いま $P \geq 0.9999$ とするためには，何台以上同時に使用したらよいか．

[7] (1) M 個の異なるボールを n 個の異なる箱に入れる方法は全部で何通りあるか求めよ．ただし，M, n は $n > M$ を満たす正整数とする．
(2) M 個の互いに区別のつかないボールを n 個の異なる箱に入れる方法は全部で何通りあるか求めよ．ただし，1つの箱には最大1つしかボールが入らないものとし，M, n は上の (1) と同じとする．

[8] A, B 2種類の袋があり，A の袋には赤いカード2枚，黒いカード2枚が入っており，B の袋には赤いカード3枚，黒いカード1枚が入っている．袋は全部で5袋で，A が2つ，B が3ある．ランダムに選んだ袋から順に3枚のカードを取り出しては色を調べて元に戻すという復元抽出を行った結果，黒・赤・黒の順にカードが取り出された．このとき選んだ袋が A であった確率を求めよ．

[9] 3つの工場 A, B, C である部品を製造している．各工場での生産量は A, B, C の順にそれぞれ 20%, 30%, 50% である．また不良品の出る割合は各工場ごとにそれぞれ 3%, 2%, 1.6% であるという．このとき1つの部品を無作為に取り出したら不良品であったとき，その部品が工場 A の製品である確率はいくら求めよ．

	工場 A	工場 B	工場 C
生産量の割合	20 %	30 %	50 %
不良率	3 %	2 %	1.6 %

[10] 新しく開発された簡易検査薬は肺ガン患者に対しては85%，そうでない人に対しては10%の割合で陽性反応を示すという．ある総合病院から無作為に1人患者を選んでこの検査薬を投与したところ陽性反応が見られた．この病院における入院患者全体の中に占める肺ガン患者の割合は2%である．このとき選ばれた患者が肺ガン患者である確率を求めよ．

[11] $\Omega = \{\omega_1, \omega_2, \omega_3, \omega_4\}$ とし，$\mathfrak{F}$ を Ω のすべての部分集合の全体とする．
$$P(\{\omega_1\}) = \frac{\sqrt{2}}{2} - \frac{1}{4}, \quad P(\{\omega_2\}) = \frac{3}{4} - \frac{\sqrt{2}}{2},$$
さらに $P(\{\omega_k\}) = \dfrac{1}{4}$ $(k = 3, 4)$ とする．このとき，集合
$$A = \{\omega_1, \omega_2\}, \quad B = \{\omega_2, \omega_3\}, \quad C = \{\omega_2, \omega_4\}$$
の独立性について調べよ．

第 2 章
確率変数

　ここでは確率統計における基本用語である確率変数の定義を述べ，確率分布および分布関数についてごく簡単に述べる．統計の第一歩は，統計解析のキーワードが「分布」であることを知ることである．その意味でも分布の理解は重要である．

2.1 確率変数と確率分布

2.1.1 確率変数の定義

　1個のサイコロを投げるという試行において，「1の目が出る」から「6の目が出る」までの6つの事象のどれか1つが実際に観測される結果である．この6つの事象のすべてを標本点とする集合を Ω で表す．すなわち，$\Omega = \{1, 2, 3, 4, 5, 6\}$ である．このように，ある試行によって起こる可能性のある事象すべての集合 Ω がその試行の標本空間である．一般に事象 A は標本空間 Ω の部分集合である．このことを $A \subset \Omega$ と表す．Ω で定義された実数値をとる関数 $X = X(\omega)$ が確率変数であるというのをつぎのように定義する．

> **定義 2.1**　空間 Ω 上の実数値関数 X がつぎの条件を満たすとき，X は**確率変数**であるという．
> 　"任意の実数 a に対し，$\{\omega \in \Omega \,;\, X(\omega) \leqslant a\}$ は事象である"

　上のサイコロ投げの例で考えると，$X = X(\omega)$ を出る目の数として，$x < 1$ の場合

$$\{\omega \,;\, X(\omega) \leqslant x\} = \varnothing \in \mathfrak{F}$$

が成り立ち，$1 \leqslant x < 2$ の場合

$$\{\omega; X(\omega) \leqslant x\} = \{1\} \in \mathfrak{F}$$

が成り立つ．同様に $2 \leqslant x < 3$ の場合

$$\{\omega; X(\omega) \leqslant x\} = \{1,2\} \in \mathfrak{F}$$

$3 \leqslant x < 4$ の場合

$$\{\omega; X(\omega) \leqslant x\} = \{1,2,3\} \in \mathfrak{F}$$

$4 \leqslant x < 5$ の場合

$$\{\omega; X(\omega) \leqslant x\} = \{1,2,3,4\} \in \mathfrak{F}$$

$5 \leqslant x < 6$ の場合

$$\{\omega; X(\omega) \leqslant x\} = \{1,2,3,4,5\} \in \mathfrak{F}$$

$6 \leqslant x$ の場合

$$\{\omega; X(\omega) \leqslant x\} = \{1,2,3,4,5,6\} = \Omega \in \mathfrak{F}$$

が成り立つ．ゆえに任意の x に対し，$\{\omega; X(\omega) \leqslant x\} \in \mathfrak{F}$ が成立するので，定義からこの X は確率変数であるということができる．この X は普通の変数と異なり，その変数のとりうる値 x とその x をとる確率 p とが同時に定められていることに注意しよう．確率変数 X の値域が高々可算であるか，ある区間にわたるかに応じて，X は離散型である，または連続型であるという．次節で詳しく扱う．

集合の記号は省略して使うことが多い．たとえば，$\{\omega \in \Omega; X(\omega) \leqslant a\}$ の代わりに $\{X \leqslant a\}$ を用いる．$\{\omega \in \Omega; X(\omega) = a\}$ や $\{\omega \in \Omega; a \leqslant X(\omega) < b\}$ などは，$\{X = a\}$ や $\{a \leqslant X < b\}$ などと書かれる．また2つの確率変数 X, Y の積事象

$$\{\omega \in \Omega; X(\omega) \geq a\} \cap \{\omega \in \Omega; Y(\omega) > b\}$$

は $\{\omega \in \Omega; X(\omega) \geq a, Y(\omega) > b\}$ あるいは単に $\{X \geq a, Y > b\}$ と書かれる．ここで X, Y の間にあるコンマ「,」は論理演算の「かつ」を表す約束になっている．

事象 A が生起する確率を $P(A)$ で表す．確率変数 X が値 a をとる事象 $A = \{X = a\}$ が起こる確率は $P(X = a)$ となる．X が閉区間 $[a,b]$ に値をとる事象 $\{a \leqslant X \leqslant b\}$ が起こる確率は $P(a \leqslant X \leqslant b)$ と書かれる．一般に実数 $\mathbb{R}$ の部分集合 F に値をとる事象 $\{X \in F\}$ が起こる確率は $P(X \in F)$ である．今 X が実数 $\mathbb{R}$ のいろいろな部分集合に値をとる事象すべてを考えるとき，それら全部の事象が

起こる確率の全体 $\{P(X \in F); F \subset \mathbb{R}\}$ は，X のとりうる値に対する確率の分布状態を定めると考えられる．これが確率変数 X の確率分布 (あるいは簡単に分布) である．平たくいうとつぎのようになる．

定義 2.2 確率空間 $(\Omega, \mathfrak{F}, P)$ において，特に $\Omega = \mathbb{R}$ であるとき，確率 P を**確率分布**とか，簡単に**分布**という．

つぎに確率変数 X の分布について定義を与える．

定義 2.3 確率変数 X によって実数空間 $\mathbb{R}$ 上に誘導される (確率) 分布 P_X を確率変数 X の**分布** (distribution) または**法則** (law) という．
すなわち
$$P_X(A) = P(X \in A) = P(\{\omega \in \Omega; X(\omega) \in A\}), \quad A \subset \mathbb{R}$$

ここで X により誘導された分布 P_X はいわば $\mathbb{R}$ 上の確率のことである．また $X^{-1}(A)$ で確率変数 X によって集合 A 内に写される標本空間 Ω の要素 ω の全体 $\{\omega \in \Omega; X(\omega) \in A\}$ を表すとすると，

$$P_X(A) = P(X^{-1}(A)) = (P \circ X^{-1})(A), \quad \forall A \subset \mathbb{R}$$

と書くこともできる．これら確率論の基本的枠組みに関する事項については，たとえば笠原勇二：「明解・確率論入門」数学書房 (2010) に明解な記述がなされているので，是非一読をお勧めする．

例題 2.1 X が確率変数であるとき，X^2 も確率変数になることを示せ．

解答 X は確率変数であるから，任意の実数 x に対し $\{X \leqslant x\} \in \mathfrak{F}$ である．$x \geq 0$ のとき，
$$\{X^2 \leqslant x\} = \{-\sqrt{x} \leqslant X \leqslant \sqrt{x}\}$$
$$= \{X \leqslant \sqrt{x}\} \cap \{X < -\sqrt{x}\}^c$$

と変形できる．集合演算において，$(A^c)^c = A$ が成り立つこととド・モルガンの法

則により $(A^c \cup B^c)^c = A \cap B$ であることに注意すれば，第 1 章の事象族 $\mathfrak{F}$ の性質から

$$\{X^2 \leqslant x\} \in \mathfrak{F}$$

が成り立つ．一方，$x < 0$ のときは，直ちに $\{X^2 \leqslant x\} = \varnothing \in \mathfrak{F}$ となり，X^2 も確率変数であることがわかる． □

問題 2.1 X が確率変数であるとき，$Y = e^X$ も確率変数であることを示せ．

2.1.2 離散型確率変数

確率変数 X が可算個の値のみを取るとき，X を**離散型確率変数**という．この場合，

$$P(X = x_i) = p_i \quad (i = 1, 2, \cdots)$$

$$p_i \geq 0, \quad \sum_{i=1}^{\infty} p_i = 1$$

これを**離散型確率分布**という．特に

$$p(x) := P(X = x), \quad (x = x_1, x_2, \cdots)$$

を確率変数 X の**確率関数** (frequency function) という．

たとえば，1 個のサイコロ投げの試行において，X を出た目の数に値をとる確率変数と定め，その分布を表にまとめるとつぎのようになる．簡単のため，$p = P(X = k)$ と置く．

k	1	2	3	4	5	6
p	$\frac{1}{6}$	$\frac{1}{6}$	$\frac{1}{6}$	$\frac{1}{6}$	$\frac{1}{6}$	$\frac{1}{6}$

例 2.1 確率変数 X の確率分布が

$$P(X = k) = e^{-\lambda} \frac{\lambda^k}{k!} \quad (k = 0, 1, 2, \cdots)$$

(ここで $\lambda > 0$ は定数) で与えられるとき，この分布を**ポアソン** (Poisson) **分布**という．

問 2.1 上の例 2.1 で定められる X が離散型確率変数であることを確かめよ．
(ヒント：$\sum_{k=0}^{\infty} P(X=k) = 1$ を示せばよい．)

2.1.3 連続型確率変数

まず連続型確率変数の定義を与えよう．

定義 2.4 確率変数 X の取る値が連続量となる場合に，その X のことを**連続型確率変数**という．このとき，非負関数 $f(x)$ が存在して，任意の区間 $A \subset \mathbb{R}$ に対して
$$P(X \in A) = \int_A f(x)dx$$
なる関係が成り立つ．この確率分布を**連続型確率分布**といい，この $f(x)$ を確率変数 X の**確率密度関数**あるいは略して単に密度関数という．

確率変数 X がある分布 B に従っているとき，記号で簡単に $X \sim B$ と表す．X が連続型の場合には，確率密度関数と呼ばれる正値の普通の関数 $f(x)$ が対応する．この関数には秘密がある．実は $y = f(x)$ のグラフと x-軸とによって囲まれる部分の全面積は 1 になっている．つまり全確率が 1 に対応していることを意味する．積分を用いて式で表現すれば，つぎのようになる．

$$\int_{-\infty}^{\infty} f(x)\mathrm{d}x = 1. \tag{2.1}$$

ここで簡単な問いを考えてみよう．確率変数 X が分布 B に従っているとき，確率 $P(a \leqslant X \leqslant b)$ はどう表されるか？ この確率と確率密度関数との間にはどういう関係が成り立っているか？ 答えは簡単である．上の定義から

$$P(a \leqslant X \leqslant b) = \int_a^b f(x)\mathrm{d}x \tag{2.2}$$

である．つまりこの確率を求めることは図 2.1 のように $y = f(x)$ のグラフと $x = a$ および $x = b$ とによって囲まれた面積を求めることで得られる仕組みになっている．

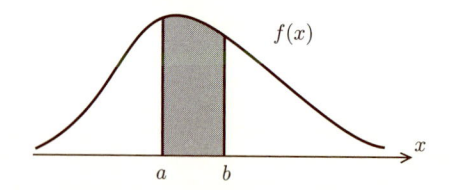

図 2.1　X の確率密度関数 $f(x)$ のグラフ

例題 2.2　連続型確率変数 X の確率密度関数 $f(x)$ がつぎのように与えられている．
$$f(x) = \begin{cases} 6(x - x^2) & (0 \leqslant x \leqslant 1) \\ 0 & (x < 0,\ x > 1) \end{cases}$$
この $f(x)$ が密度関数であることを確かめよ (図 2.2 参照).

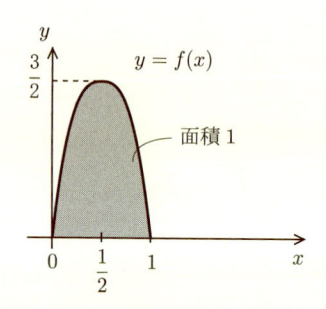

図 2.2　X の確率密度関数 $f(x)$ のグラフ

解答　$f(x)$ は $0 \leqslant x \leqslant 1$ の範囲で明らかに非負であるから，全面積が 1 になることを確かめればよい．
$$\int_{-\infty}^{\infty} f(x)dx = \int_0^1 6(x - x^2)dx = 6\left[\frac{1}{2}x^2 - \frac{1}{3}x^3\right]_0^1$$
$$= 6\left(\frac{1}{2} - \frac{1}{3}\right) = 1.　\square$$

2.2 分布関数

確率変数 X に対して，X の (確率) 分布関数 F をつぎのように定義する．

$$F(x) \equiv F_X(x) = P(X \leqslant x) = P(\{\omega \in \Omega ; X(\omega) \leqslant x\}), \quad (-\infty < x < \infty) \quad (2.3)$$

ここで F の添え字 X は F が「確率変数 X の分布関数である」ことを強調するために書かれている．したがって，文脈から明らかなときは省略してよい．この分布関数は統計学ではしばしば**累積分布関数**とも呼ばれる．確率変数 X は離散型のときは，2.1.2 小節の記号を用いて，X の分布関数は

$$F(x) = \sum_{i:\, x_i \leqslant x} p_i$$

と表される．また連続型確率変数 X の場合は，その密度関数 $f(x)$ との間に

$$F(x) = \int_{-\infty}^{x} f(t)dt$$

という関係が成立する．連続型確率変数 X がただ 1 つの値 x を取る確率は 0 であることに注意しよう．すなわち，$P(X = x) = 0$ となり，面積が 0 であるという意味である．

一般に分布関数 $F(x)$ はつぎの性質をもっている．

定理 2.1 （1） $F(x)$ は非減少関数である．
（2） $\displaystyle\lim_{x \to -\infty} F(x) = 0, \qquad \lim_{x \to \infty} F(x) = 1$
（3） $F(x)$ は右連続である．

定理 2.1 の証明 （1） 任意の $x < y$ に対して，

$$F(y) - F(x) = P(X \leqslant y) - P(X \leqslant x)$$
$$= P(x < X \leqslant y) \geq 0.$$

（2） 直接計算により示すことができる．実際，n を自然数として

$$\lim_{x \to -\infty} F(x) = \lim_{x \to -\infty} P(X \leqslant x) = \lim_{n \to \infty} P(X \leqslant -n)$$
$$= P(\lim_{n \to \infty} \{X \leqslant -n\}) = P(\bigcap_n \{X \leqslant -n\})$$

$$= P(\emptyset) = 0.$$

上述の式変形で 3 番目の等式において確率の連続性 (第 1 章参照のこと) を用いた. 残りについては読者の演習とする. □

問 2.2 定理 2.1 の (2) の 2 番目の式を導出せよ. (ヒント:確率の連続性を用いよ.)

問 2.3 定理 2.1 の (3) を証明せよ. (ヒント:確率の性質を用いて,分布関数の差 $F(x+h) - F(x)$ の $h \to 0+$ の極限を直接計算せよ.)

例 2.2 (コイン投げ試行) 均質なコインを投げて,表が出たら $X = 1$ とし,裏が出たら $X = 0$ とする. この確率変数 X は離散型の典型例である. 確率変数 X の確率分布表はつぎのようになる.

コイン投げ	裏	表
実現値 x	0	1
確率関数 $p(x) = P(X = x)$	0.5	0.5

定義からこの確率変数 X の分布関数 $F_X(x)$ はつぎのようになる.

$$F_X(x) = \begin{cases} 0 & (-\infty < x < 0) \\ \dfrac{1}{2} & (0 \leqslant x < 1) \\ 1 & (1 \leqslant x < \infty) \end{cases}$$

この分布関数のグラフ $y = F_X(x)$ を描けば図 2.3 のようになる.

問 2.4 上で述べたコイン投げ試行の場合と同じ確率変数 X に対して,新たな関数を $G(x) = P(X < x)$ ($-\infty < x < \infty$) と定めることにする. (1) $G(x)$ は左連続であることを示せ. (2) $y = G(x)$ のグラフを描け.

問 2.5 2.1.2 小節で述べたサイコロ投げの試行を考える. X を出た目の数に値をとる確率変数とする. $\Omega = \{\omega_k; k = 1, 2, \cdots, 6\}$ で,$X(\{\omega_k\}) = k$ である. (1) この離散型確率変数の分布関数 F_X のグラフ $y = F_X(x)$ を描け. (2) $H(x) = P(X < x)$ ($\forall x$) と定義するとき,$y = H(x)$ のグラフを描け.

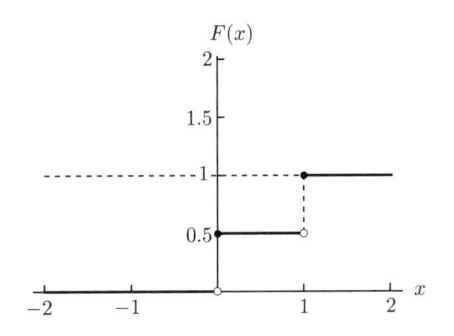

図 **2.3** コイン投げ試行の分布関数のグラフ

例 2.3 連続型確率変数 X の典型例として，正規密度関数

$$f(x) = \frac{1}{\sqrt{2\pi}} \exp\left(-\frac{x^2}{2}\right), \quad -\infty < x < \infty$$

をもつ場合がある．対応する確率分布は標準正規分布と呼ばれ，記号で $N(0,1)$ と書かれる．正規密度関数のグラフは図 2.4 のように左右対称で，均整のとれた釣鐘形をしている．

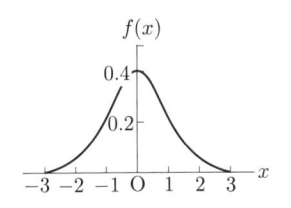

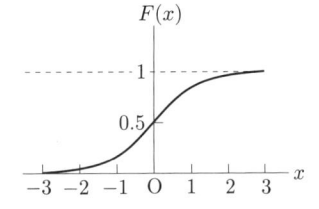

図 **2.4** 正規確率密度関数 $f(x)$ のグラフ

図 **2.5** 正規分布関数のグラフ

このときの分布関数はつぎの関係で与えられる．すなわち

$$F_X(x) = P(X \leqslant x) = \int_{-\infty}^{x} f(t)dt, \quad -\infty < x < \infty$$

この標準正規分布の分布関数のグラフは図 2.5 のようになる．

例題 2.3 連続型確率変数 X の例で以下の一様密度関数 $f(x)$ をもつ場合を考える．この分布は一様分布と呼ばれ，$U(0,1)$ と表される．

$$f(x) = \begin{cases} 1, & (0 \leqslant x \leqslant 1), \\ 0, & (x < 0, \text{ or } x > 1) \end{cases}$$

（1） $f(x)$ が密度関数であることを確かめよ．
（2） この確率変数 X の分布関数 $F_X(x)$ を求めて，そのグラフ $y = F_X(x)$ を描け．

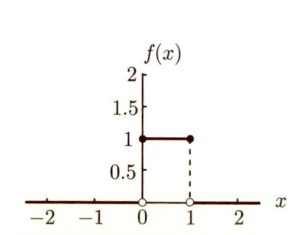

図 2.6 一様密度関数 $f(x)$ のグラフ

解答 （1） 全面積 = 1 を示せばよい．積分してもよいが，図 2.6 の一様密度関数のグラフから明らかである．
（2） 分布関数と確率密度関数の関係から

$$F_X(x) = \int_{-\infty}^{x} f(t) dt$$

であるから，一様密度関数 $f(x)$ の定義式より区間ごとに積分して

$$F_X(x) = \begin{cases} 0, & (x < 0) \\ x, & (0 \leqslant x \leqslant 1) \\ 1, & (x > 1) \end{cases}$$

を得る．分布関数のグラフ $y = F_X(x)$ は図 2.7 のようになる． □

問題 2.2 X がつぎの指数密度関数 $f(x)$ をもつ連続型確率変数の場合を考える (図 2.8 参照)．

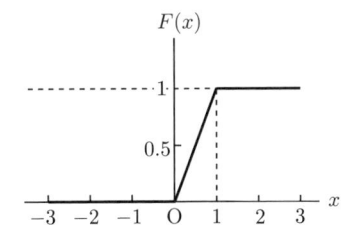

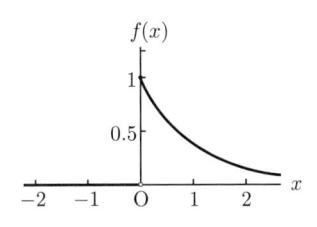

図 2.7 一様分布関数のグラフ　　図 2.8 指数密度関数 $f(x)$ のグラフ

$$f(x) = \begin{cases} e^{-x}, & (x \geq 0) \\ 0, & (x < 0) \end{cases}$$

このとき，X の分布関数 $F_X(x)$ を求め，そのグラフ $y = F_X(x)$ を描け．

例題 2.4　X は例題 2.3 で与えられたものと同じ一様密度関数 $f_X(x)$ をもつ連続型確率変数とする．このとき新たに確率変数 Y を
$$Y = X^n \quad (n \in \mathbb{N})$$
と定義する．確率変数 Y の確率密度関数 $f_Y(y)$ を求めよ．

解答　確率変数 Y も連続型である．まず確率変数 Y の分布関数 $F_Y(y)$ を求める．$0 \leqslant y \leqslant 1$ に対して
$$F_Y(y) = P(Y \leqslant y) = P(X^n \leqslant y) = P(X \leqslant y^{1/n})$$
$$= F_X(y^{1/n}) = y^{1/n}$$

を得る．ただし，上の最後の等式では例題 2.3 (2) で求めた X の分布関数 F_X に関する結果を用いた．分布関数と密度関数の関係
$$F_X(x) = \int_{-\infty}^{x} f_X(t)dt$$

から直ちに $\dfrac{d}{dx}F_X(x) = f_X(x)$ が得られるから，求める密度関数は上の $F_Y(y)$ を y に関して微分して求めることができる．実際，$\dfrac{d}{dy}F_Y(y) = \dfrac{1}{n}y^{1/n-1}$．ゆえに

$$f_Y(y) = \begin{cases} \dfrac{1}{n} y^{-(n-1)/n} & (0 \leqslant y \leqslant 1) \\ 0 & (y < 0 \text{ or } y > 1) \end{cases}$$

2.3 多次元分布関数

2.3.1 2次元確率ベクトルの場合

同じ確率空間 $(\Omega, \mathfrak{F}, P)$ 上で定義された2つの確率変数 X, Y を考える．このとき，点 $(X, Y) \equiv (X(\omega), Y(\omega))$ が2次元平面 $\mathbb{R}^2$ 上の任意の区間 $I = \{(x, y) \in \mathbb{R}^2; a < x \leqslant b, c < y \leqslant d\}$ に入るような $\omega \in \Omega$ の全体は $\mathfrak{F}$ に属する．実際，変形すれば

$$\{\omega; (X(\omega), Y(\omega)) \in I\} = \{\omega; a < X(\omega) \leqslant b\} \cap \{\omega; c < Y(\omega) \leqslant d\} \in \mathfrak{F}$$

となることからわかる．組 (X, Y) を $(\Omega, \mathfrak{F}, P)$ 上の **2次元確率ベクトル**という．任意の点 $(x, y) \in \mathbb{R}^2$ に対して

$$\begin{aligned} F(x, y) \equiv F_{XY}(x, y) &= P(X \leqslant x, Y \leqslant y) \\ &= P(\{\omega \in \Omega; X(\omega) \leqslant x, Y(\omega) \leqslant y\}) \end{aligned}$$

で定義される F_{XY} を (X, Y) の **2次元分布関数**，あるいは X と Y の**同時分布関数** (joint distribution function) という．以下に2次元分布関数の基本的な性質をまとめておく．

同時分布関数の基本的性質

(1) $x_1 < x_2,\ y_1 < y_2$ ならば，$F_{XY}(x_1, y_1) \leqslant F_{XY}(x_2, y_2)$．

(2) F_X を X の分布関数，F_Y を Y の分布関数とするとき，

  任意の $y \in \mathbb{R}$ に対し, $F_{XY}(\infty, y) = F_Y(y)$

  任意の $x \in \mathbb{R}$ に対し, $F_{XY}(x, \infty) = F_X(x)$

(3) $F_{XY}(-\infty, y) = F_{XY}(x, -\infty) = 0$

(4) $F_{XY}(\infty, \infty) = 1$

(5) $P(a < X \leqslant b, c < Y \leqslant d)$
  $= F_{XY}(b, d) - F_{XY}(b, c) - F_{XY}(a, d) + F_{XY}(a, c)$

2次元確率ベクトル (X,Y) の分布関数という観点から眺めた場合，上に出てきた $F_X(x) = F_{XY}(x,\infty)$ を X の周辺分布関数，$F_Y(y) = F_{XY}(\infty,y)$ を Y の周辺分布関数という．

問 2.6 上の基本的性質 (1) を示せ．(ヒント：確率の単調性と包含関係：$\{X \leqslant x_1, Y \leqslant y_1\} \subset \{X \leqslant x_2, Y \leqslant y_2\}$ より従う．)

問 2.7 上の基本的性質 (2) を示せ．(ヒント：2番目の式については $F_X(x) = \lim_{n\to\infty} F_{XY}(x,n)$ を示せばよい．事象列 $A_n = \{X \leqslant x, Y \leqslant n\}$ の単調性と

$$\{X \leqslant x\} = \{X \leqslant x\} \cap \left(\bigcup_{n=1}^{\infty} \{Y \leqslant n\}\right) = \bigcup_{n=1}^{\infty} A_n$$

に注意して，定理 1.4 を適用せよ．1番目の式についても同様．)

問 2.8 上の基本的性質 (3), (4) を示せ．(ヒント：定理 2.1 の証明を参照せよ．)

上の基本的性質 (5) の等式の成立は図 2.9 から明らかである．

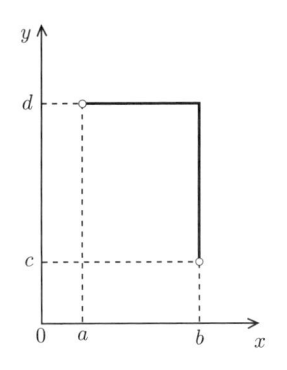

図 **2.9**　$\{a < X \leqslant b, c < Y \leqslant d\}$

X, Y が離散型確率変数のとき，それらの値域をそれぞれ $\{x_i; i = 1, 2, \cdots\}$, $\{y_j; j = 1, 2, \cdots\}$ とすれば，$(X(\omega), Y(\omega)) = (x_i, y_j)$ に対する確率

$$p_{ij} = P(X = x_i, Y = y_j), \quad (i = 1, 2, \cdots; j = 1, 2, \cdots)$$

が定まる．いま値域 $\{x_i\}$, $\{y_j\}$ の各要素を昇ベキの順に番号付けしたとすると，す

なわち，$x_1 < x_2 < \cdots$, $y_1 < y_2 < \cdots$ のとき，

$$p_{ij} \geq 0, \quad \sum_{i,j=1}^{\infty} p_{ij} = 1$$

が成り立つ．また上述の同時分布関数は

$$F_{XY}(x, y) = \sum_{x_i \leqslant x, y_j \leqslant y} p_{ij}$$

と表現される．2.1.2 小節のように**確率関数** $p(x, y) = P(X = x, Y = y)$ を用いれば

$$p(x, y) \geq 0, \quad \sum_{i=1}^{\infty} \sum_{j=1}^{\infty} p(x_i, y_j) = 1, \quad F_{XY}(x, y) = \sum_{x_i \leqslant x} \sum_{y_j \leqslant y} p(x_i, y_j)$$

となる．特に $\{p_{ij}\}$ を X, Y の**同時確率分布**という．また数理統計学ではしばしば**2 変量の確率分布**という用語も用いられる．このとき，X, Y のそれぞれの周辺分布は

$$p_{i \cdot} = \sum_{j=1}^{\infty} p_{ij} = P(X = x_i)$$

$$p_{\cdot j} = \sum_{i=1}^{\infty} p_{ij} = P(Y = y_j)$$

で与えられる．

注意 2.1 上記のことを別の言い方をするとつぎのように表すことができる．$Z = (X, Y)$ を 2 次元確率ベクトルとする．Z が離散型ならば，X, Y も離散型であって，Z の確率関数を $p, \sum_{i=1}^{\infty} p(x_i, y_i) = 1$ とすると，X, Y のそれぞれの確率関数は

$$p_X(x) = \sum_{j=1}^{\infty} p(x, y_j), \quad p_Y(y) = \sum_{i=1}^{\infty} p(x_i, y)$$

となる．逆に X, Y が離散型のとき，$Z = (X, Y)$ が離散型であることも容易に示される． □

確率変数 X, Y が連続型であるとする．

$$P(a < X \leqslant b, c < Y \leqslant d) = \int_a^b dx \int_c^d f(x, y) dy$$

が成り立つような関数 $f(x, y)$ が存在するとき，$f(x, y)$ を**同時密度関数**といい，

$$f(x, y) \geq 0, \quad \int_{-\infty}^{\infty} dx \int_{-\infty}^{\infty} f(x, y) dy = 1$$

であり，同時分布関数との関係は

$$F(x,y) = \int_{-\infty}^{x} du \int_{-\infty}^{y} f(u,w) dw$$

となる．また X, Y の周辺分布の密度関数はそれぞれ

$$f(x,\cdot) = \int_{-\infty}^{\infty} f(x,w) dw, \qquad f(\cdot,y) = \int_{-\infty}^{\infty} f(u,y) du$$

で与えられる．このとき周辺分布関数について

$$F_{XY}(x,\infty) = \int_{-\infty}^{x} f(u,\cdot) du, \qquad F_{XY}(\infty,y) = \int_{-\infty}^{y} f(\cdot,w) dw$$

が成り立つ．

2つの確率変数 X, Y について，$a < b, c < d$ を満たす任意の実数 a, b, c, d に対して

$$P(a < X \leqslant b, c < Y \leqslant d) = P(a < X \leqslant b) P(c < Y \leqslant d) \qquad (2.4)$$

が成り立つとき，X と Y は互いに**独立である**という．上記の任意の区間は $\mathbb{R}$ の任意の部分集合 E, F に置き換えてもよい．特に 2.1.1 小節で用いた記号 X^{-1} を用いると，$X^{-1}(E) \in \mathfrak{F}$ となり，事象であるから，(2.4) 式を書き換えると

$$P(X^{-1}(E) \cap X^{-1}(F)) = P(X^{-1}(E)) P(X^{-1}(F))$$

となるので，1.4 節で述べた事象の独立性と本質的に同じであることに気づくであろう．

定理 2.2 $Z = (X, Y)$ を2次元確率変数とする．Z が離散型のとき，Z, X, Y の確率関数をそれぞれ p, p_X, p_Y とすると，確率変数 X と Y が独立であるための必要十分条件は

$$p(x,y) = p_X(x) p_Y(y)$$

となることである．

定理 2.2 の証明 X と Y が独立であるとする．

$$p(x,y) = P(X = x, Y = y) = P(X = x) P(Y = y) = p_X(x) p_Y(y)$$

逆に $p(x,y) = p_X(x)p_Y(y)$ が成り立つとする．$p(x,y) > 0$ なる (x,y) を $\{(x_i,y_i)\}_i$，$i = 1, 2, \cdots$ とする．このとき

$$1 = \sum_i \sum_j p(x_i, y_j) = \left(\sum_i p_X(x_i)\right)\left(\sum_j p_Y(y_j)\right)$$

であるから，$\sum_i p_X(x_i) = 1$ かつ $\sum_j p_Y(y_j) = 1$ が従う．したがって，任意の部分集合 $E, F (\subset \mathbb{R})$ に対して

$$P(X \in E, Y \in F) = \sum_{(x_i,y_j) \in E \times F} p(x_i, y_j) = \sum_{x_i \in E} \sum_{y_j \in F} p_X(x_i) p_Y(y_j)$$
$$= \sum_{x_i \in E} p_X(x_i) \cdot \sum_{y_j \in F} p_Y(y_j) = P(X \in E)P(Y \in F). \quad \square$$

離散型の確率変数 X, Y を考える．いま $p_{\cdot j} = P(Y = y_j) > 0$ のとき

$$P(X = x_i | Y = y_j) = \frac{P(X = x_i, Y = y_j)}{P(Y = y_j)}$$

で定義される $P(X = x_i | Y = y_j)$ を条件 $Y = y_j$ が与えられたときの X の**条件付き頻度**という．またこれはつぎのように書いてもよい．

$$P(X = x_i | Y = y_j) = \frac{p_{ij}}{p_{\cdot j}}$$

また定理 2.2 から，X と Y が互いに独立ならば，$P(X = x_i | Y = y_j) = P(X = x_i)$ が成り立つことも直ちにわかる．

定理 2.3 $Z = (X, Y)$ を 2 次元確率変数とする．Z が連続型のとき，Z，X, Y の確率密度関数を $f(x,y), f_X(x), f_Y(y)$ とすると，確率変数 X と Y が独立であるための必要十分条件は

$$f(x,y) = f_X(x)f_Y(y)$$

となることである．

定理 2.3 の証明 X と Y が独立であるとする．任意の区間 $I = (a, b], J = (c, d]$ に対して

$$\int_I \int_J f(x,y)dxdy = P(X \in I, Y \in J) = P(X \in I)P(Y \in J)$$

$$= \int_I f_X(x)dx \cdot \int_J f_Y(y)dy = \int_I \int_J f_X(x)f_Y(y)dxdy. \quad (2.5)$$

上の (2.5) 式が任意の区間 I, J に対して成り立つので，$f(x,y) = f_X(x)f_Y(y)$ が従う．逆に等式 $f(x,y) = f_X(x)f_Y(y)$ が成り立つとき，任意の部分集合 E, F ($\subset \mathbb{R}$) に対して，

$$P(X \in E, Y \in F) = P(Z \in E \times F) = \iint_{E \times F} f(x,y)dxdy$$
$$= \int_E \int_F f_X(x)f_Y(y)dxdy = \int_E f_X(x)dx \cdot \int_F f_Y(y)dy$$
$$= P(X \in E)P(Y \in F). \qquad \square$$

つぎに連続型確率変数の条件付き密度関数を定義する．$f_{XY}(x,y)$ を 2 次元確率ベクトル (X, Y) の同時確率密度関数とし，$f_X(x), f_Y(y)$ をそれぞれ X, Y の周辺分布の密度関数 (周辺密度関数) とする．$f_Y(y) > 0$ を満たす点 y に対し，関数 $f_{X|Y}(x|y)$ をつぎのように定義する．

$$f_{X|Y}(x|y) = \frac{f_{XY}(x,y)}{f_Y(y)}$$

この $f_{X|Y}(x|y)$ のことを条件 $Y = y$ が与えられた下での X の条件付き密度関数という．さらに $F_{X|Y}(x|y)$ を条件 $Y = y$ が与えられた下での X の条件付き分布関数といい，つぎのように定義する．

$$F_{X|Y}(x|y) = \int_{-\infty}^x f_{X|Y}(u|y)du = \frac{1}{f_Y(y)} \int_{-\infty}^x f_{XY}(u,y)du.$$

注意 2.2 確率変数 X, Y のそれぞれの分布が与えられても $Z = (X, Y)$ の分布は一意的には定まらない．つぎの例 2.4 でその反例を紹介する．しかし，X, Y の分布が与えられたとき，もし X と Y が独立ならば，$Z = (X, Y)$ の分布が一意的に決まることは上述の定理から明らかである．

例 2.4 (反例)　$\Omega = \{\omega_1, \omega_2, \omega_3\}$ に対して，$P(\{\omega_1\}) = P(\{\omega_2\}) = P(\{\omega_3\}) = \frac{1}{3}$ とする．この確率モデル上の確率変数 $Z_1 = (X_1, Y_1)$ と $Z_2 = (X_2, Y_2)$ をつぎで定める．

$$X_1(\omega_1) = 1, \quad X_1(\omega_2) = X_1(\omega_3) = 0, \quad Y_1(\omega_1) = 1, \quad Y_1(\omega_2) = Y_1(\omega_3) = 0$$
$$X_1 = X_2, \quad Y_2(\omega_1) = Y_2(\omega_2) = 0, \quad Y_2(\omega_3) = 1$$

このとき，確率分布としては $P_{X_1} = P_{X_2}$, $P_{Y_1} = P_{Y_2}$ であることに注意しよう．しかし，

$$P(X_1 = 1, Y_1 = 0) = P(\{\omega_1\} \cap \{\omega_2, \omega_3\}) = P(\emptyset) = 0$$

一方，

$$P(X_2 = 1, Y_2 = 0) = P(\{\omega_1\} \cap \{\omega_1, \omega_2\}) = P(\{\omega_1\}) = \frac{1}{3}$$

であるから，$P_{Z_1} \neq P_{Z_2}$. □

以下では 2 変量の確率分布の例を 2 つ紹介する．

例 2.5 (2 変量正規分布) 連続型の確率変数 X_1, X_2 でその同時確率密度関数がつぎで与えられるとき，この分布を 2 変量正規分布という．

$$f(x_1, x_2) = \frac{1}{2\pi\sigma_1\sigma_2\sqrt{1-\rho^2}} \cdot$$
$$\times \exp\left\{-\frac{1}{2(1-\rho^2)}\left(\frac{(x_1-\mu_1)^2}{\sigma_1^2} - 2\rho\frac{(x_1-\mu_1)(x_2-\mu_2)}{\sigma_1\sigma_2} + \frac{(x_2-\mu_2)^2}{\sigma_2^2}\right)\right\}$$

ここで，$\mu_1, \mu_2, \sigma_1, \sigma_2, \rho$ は定数で，$\sigma_1 > 0, \sigma_2 > 0, |\rho| < 1$ とする．いま

$$y_1 = x_1 - \frac{\rho\sigma_1}{\sigma_2}x_2, \qquad y_2 = x_2$$

と置いて変数変換を施すと，$g(y_1, y_2) = \varphi(y_1)\psi(y_2)$,

$$\varphi(y_1) = \frac{1}{\sqrt{2\pi}\sigma_1\sqrt{1-\rho^2}}\exp\left\{-\frac{1}{2(1-\rho^2)}\left(\frac{y_1 - \mu_1 + \rho(\sigma_1/\sigma_2)\mu_2}{\sigma_1}\right)^2\right\}$$

$$\psi(y_2) = \frac{1}{\sqrt{2\pi}\sigma_2}\exp\left\{-\frac{1}{2}\left(\frac{y_2 - \mu_2}{\sigma_2}\right)^2\right\}$$

となって，新たに変換された $g(y_1, y_2)$ をその同時確率密度関数にもつ 2 次元確率変数を (Y_1, Y_2) とするとき，同時分布関数 $F_{Y_1 Y_2}(y_1, y_2)$ は

$$F_{Y_1 Y_2}(y_1, y_2) = \int_{-\infty}^{y_1} \int_{-\infty}^{y_2} g(u, v) du dv$$

で与えられ，$\int_{-\infty}^{\infty} \psi(y_2) dy_2 = 1$ であるから，確率変数 Y_1 の周辺分布は

$$F_{Y_1 Y_2}(y_1, \infty) = \int_{-\infty}^{y_1} g(u, \cdot) du = \int_{-\infty}^{y_1} \left(\int_{-\infty}^{\infty} g(u, v) dv\right) du$$

$$= \int_{-\infty}^{y_1} \left(\int_{-\infty}^{\infty} \varphi(u)\psi(v)dv \right) du = \int_{-\infty}^{y_1} \varphi(u)du$$

と計算できることから,平均 $\mu_1 - \rho(\sigma_1/\sigma_2)\mu_2$,分散 $\sigma_1^2(1-\rho^2)$ の正規分布 (6.4 節を参照のこと.第 3 章も見よ) に従うことがわかる.

例 2.6 (離散連続混合型の 2 変量確率分布) 確率変数 X が離散型,Y が連続型である離散連続混合型の 2 変量確率分布の例を紹介する.確率変数 X はポアソン分布:

$$P(X=k) = e^{-\mu t}\frac{(\mu t)^k}{k!}, \qquad (k=0,1,2,\cdots)$$

に従い,確率変数 Y は指数分布:(その確率密度関数を $f(x)$ とするとき)

$$f(x) = \begin{cases} \lambda e^{-\lambda x} & (x > 0) \\ 0 & (x \leqslant 0) \end{cases}$$

に従うとする.その同時分布は

$$F_{XY}(k,x) = P(X=k, Y \leqslant x) = \int_0^x \frac{e^{-\mu t}(\mu t)^k}{k!} \lambda e^{-\lambda t} dt$$

で与えられる.この例は生命保険問題において,保険金支払い件数がポアソン分布に従い,支払い期間が指数分布に従う場合の数理モデルの同時分布として解釈されている.

例題 2.5 X, Y は互いに独立な連続型確率変数で,その確率密度関数 $f(x)$,$g(y)$ はそれぞれつぎで与えられている.

$$f(x) = \begin{cases} \frac{1}{2} & (-1 \leqslant x \leqslant 1) \\ 0 & (x < -1, \, x > 1) \end{cases} \qquad g(y) = \begin{cases} \frac{1}{2} & (-1 \leqslant y \leqslant 1) \\ 0 & (y < -1, \, y > 1) \end{cases}$$

このとき,新しい確率変数を $Z = X + Y$ で定義する.この Z の分布関数 $F_Z(z)$ を求め,そのグラフ $y = F_Z(z)$ を描け.

解答 Z の分布関数との関係式 $\dfrac{d}{dz}F_Z(z) = f_Z(z)$ より,Z の密度関数 f_Z の積分表現を導き,X, Y の独立性と密度関数 f, g の情報から直接計算により f_Z を求

める．最後に積分して $F_Z(z) = \int_{-\infty}^{z} f_Z(t)dt$ を導く方針で求めることにする．

$$F_Z(z) = P(Z \leqslant z) = P(X+Y \leqslant z) = P(X = x \in \mathbb{R}, Y \leqslant z-x)$$
$$= P((X,Y) \in \mathbb{R} \times (-\infty, z-x]) = \iint_{\mathbb{R} \times (-\infty, z-x]} h(x,y)dxdy$$
$$= \int_{-\infty}^{\infty} dx \int_{-\infty}^{z-x} h(x,y)dy$$

ここで，$h(x,y)$ は (X,Y) の同時確率密度関数である．これより

$$F_Z(z) = \int_{-\infty}^{z} \left(\int_{-\infty}^{\infty} h(x, w-x)dx \right) dw = \int_{-\infty}^{z} f_Z(w)dw$$

であるから，Z の密度関数 $f_Z(z)$ を得る．X, Y の独立性から定理 2.3 を用いて

$$f_Z(z) = \int_{-\infty}^{z} h(x, z-x)dx = \int_{-\infty}^{z} f(x)g(z-x)dx = \frac{1}{2}\int_{-1}^{1} g(z-x)dx$$

(2 章の演習問題 [8] を参照のこと)．この Z の密度関数の積分表示と確率変数 Y が区間 $[-1, 1]$ 上の一様分布に従うことから

$$f_Z(z) = \begin{cases} 0 & (z \leqslant -2) \\ \dfrac{1}{4}(z+2) & (-2 < z \leqslant 0) \\ -\dfrac{1}{4}(z-2) & (0 < z \leqslant 2) \\ 0 & (2 < z) \end{cases}$$

図 2.10 を参照せよ．したがって，公式 $F_Z(z) = \int_{-\infty}^{z} f_Z(w)dw$ により各区間ごとに上で求めた密度関数を積分して分布関数 F_Z が得られる (図 2.11 参照)．

$$F_Z(z) = \begin{cases} 0 & (z \leqslant -2) \\ \dfrac{1}{8}(z+2)^2 & (-2 < z \leqslant 0) \\ -\dfrac{1}{8}(z-2)^2 + 1 & (0 < z \leqslant 2) \\ 1 & (2 < z) \end{cases}$$

□

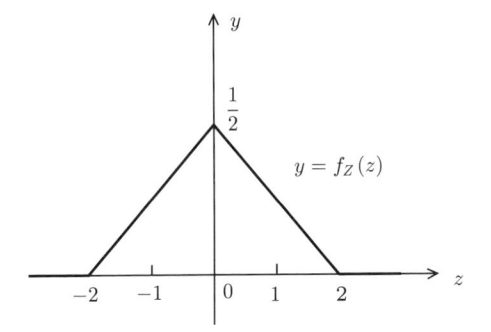

図 **2.10** 確率密度関数 $f_Z(z)$ のグラフ

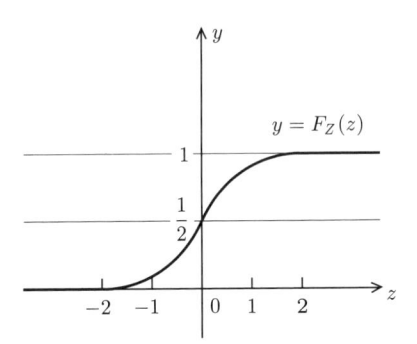

図 **2.11** 分布関数 $F_Z(z)$ のグラフ

2.3.2 n 次元確率ベクトルの場合

確率空間 $(\Omega, \mathfrak{F}, P)$ 上で定義された n 個の確率変数 $X_1, X_2, \cdots, X_n$ を考える．組 $(X_1, X_2, \cdots, X_n)$ を **n 次元確率ベクトル**という．n 次元確率ベクトルの分布関数を

$$F_{X_1 X_2 \cdots X_n}(x_1, x_2, \cdots, x_n) = P(X_1 \leqslant x_1, X_2 \leqslant x_2, \cdots, X_n \leqslant x_n)$$

で定義する．この $F_{X_1 X_2 \cdots X_n}$ を確率変数 $X_1, X_2, \cdots, X_n$ の**同時分布関数**とも呼ぶ．前 2.3.1 小節で述べた 2 つの確率変数の同時分布関数の基本的性質を n 次元確率ベクトルの分布関数に対しても容易に拡張できる．

つぎに確率変数の独立性を考える.

> **定義 2.5** (確率変数の独立性) $X_1, X_2, \cdots, X_n$ を確率空間 $(\Omega, \mathfrak{F}, P)$ 上で定義された n 個の確率変数とする. 任意の区間 $I_1, I_2, \cdots, I_n \, (\subset \mathbb{R})$ に対して, 事象列
> $$\{X_1 \in I_1\}, \{X_2 \in I_2\}, \cdots, \{X_n \in I_n\}$$
> が互いに独立であるとき, **確率変数** $X_1, X_2, \cdots, X_n$ **は互いに独立である**という.

上の定義において, 任意の区間 $I_1, I_2, \cdots, I_n$ の代わりに任意の集合 $A_1, A_2, \cdots, A_n$ $(\subset \mathbb{R})$ に置き換えてもよい. つまり, 確率変数 $X_1, X_2, \cdots, X_n$ は任意の集合 $A_1, A_2, \cdots, A_n$ に対して, 事象列

$$X_1^{-1}(A_1), X_2^{-1}(A_2), \cdots, X_n^{-1}(A_n)$$

が独立であるとき, 独立であるという. すなわち, 任意の部分列 $\{i_1, i_2, \cdots, i_k\} \subset \{1, 2, \cdots, n\}$ $(k \leqslant n)$ に対して, 等式

$$P\left(X_{i_1}^{-1}(A_{i_1}) \cap \cdots \cap X_{i_k}^{-1}(A_{i_k})\right) = P(X_{i_1}^{-1}(A_{i_1})) \cdots P(X_{i_k}^{-1}(A_{i_k}))$$

が成り立つとき, 独立であるという. またこの等式はつぎのように書いても同じことである.

$$P(X_{i_1} \in A_{i_1}, \cdots, X_{i_k} \in A_{i_k}) = P(X_{i_1} \in A_{i_1}) \cdots P(X_{i_k} \in A_{i_k})$$

X が確率変数のとき, たとえば $g(x)$ を実数 $\mathbb{R}$ 上の有界で連続な関数とするとき, $Y = g(X)$ も確率変数となるが, 関数列 $g_1, g_2, \cdots, g_n$ に対して, 確率変数 $X_1, \cdots, X_n$ が独立であるとき, $g_1(X_1), \cdots, g_n(X_n)$ も独立となる. 実は関数列 $\{g_k\}$ としてボレル関数をとることもできて, $X_1, \cdots, X_n$ が独立であるとき, ボレル関数列 $\{h_k\}$ に対して, $h_1(X_1), \cdots, h_n(X_n)$ も独立になることを証明できるが, 本書ではそこまで立ち入らないことにする. 興味のある諸君は確率論の成書, たとえば伊藤雄二:「確率論」(朝倉書店)を見られたい.

確率変数の独立性は分布関数を用いて特徴付けすることができる. つぎにこの特徴付け定理を紹介する.

定理 2.4　$F_{X_1 X_2 \cdots X_n}$ を確率変数 $X_1, X_2, \cdots, X_n$ の同時分布関数とし，F_{X_i} を X_i の周辺分布関数とする．このとき，確率変数 $X_1, X_2, \cdots, X_n$ が互いに独立であるための必要十分条件は

$$F_{X_1 X_2 \cdots X_n}(x_1, x_2, \cdots, x_n) = F_{X_1}(x_1) F_{X_2}(x_2) \cdots F_{X_n}(x_n)$$
$$(x_k \in \mathbb{R}, \forall k = 1, 2, \cdots, n)$$

が成り立つことである．

定理 2.4 の証明 (必要性)　確率変数 $X_1, X_2, \cdots, X_n$ が互いに独立であるとする．定義から

$$F_{X_1 \cdots X_n}(x_1, \cdots, x_n) = P(X_1 \leqslant x_1, \cdots, X_n \leqslant x_n)$$

であるから，$I_i = (-\infty, x_i]$, $i = 1, 2, \cdots, n$ と置くとき，各 i ごとに $\{X_i \in I_i\} \in \mathfrak{F}$ であるから，事象の独立性の定義からつぎの等式を得る．

$$F_{X_1 \cdots X_n}(x_1, \cdots, x_n) = \prod_{i=1}^{n} P(X_i^{-1}(I_i)) = \prod_{i=1}^{n} P(X_i \in I_i) = \prod_{i=1}^{n} F_{X_i}(x_i)$$

(十分性)　$F_{X_1 \cdots X_n}(x_1, \cdots, x_n) = \prod_{i=1}^{n} F_{X_i}(x_i)$ が成り立っていると仮定する．$\{i_j\}_j$ で $\{i_1, \cdots, i_k\} \subset \{1, 2, \cdots, n\}$ なる任意の部分列を表すとすると，周辺分布関数に対して

$$F_{X_{i_1} \cdots X_{i_k}}(x_{i_1}, \cdots, x_{i_k}) = \prod_{j=1}^{k} F_{X_{i_j}}(x_{i_j})$$

が成り立つ．ここで $J_j = (a_{i_j}, b_{i_j}]$, $j = 1, 2, \cdots, k$ と置く．示すべきは，任意の区間列 $\{J_j\}_j$ に対して，事象の独立性を表す等式

$$P\left(\bigcap_{j=1}^{k} \{X_{i_j} \in J_j\}\right) = \prod_{j=1}^{k} P(X_{i_j} \in J_j)$$

である．$k = 2$ のときは，2.3.1 小節の同時分布関数の基本的性質 (5) を用いて

$$P(a < X_1 \leqslant b, c < X_2 \leqslant d)$$
$$= F_{X_1 X_2}(b, d) - F_{X_1 X_2}(b, c) - F_{X_1 X_2}(a, d) + F_{X_1 X_2}(a, c)$$
$$= F_{X_1}(b) F_{X_2}(d) - F_{X_1}(b) F_{X_2}(c) - F_{X_1}(a) F_{X_2}(d) + F_{X_1}(a) F_{X_2}(c)$$

$$= \{F_{X_1}(b) - F_{X_1}(a)\}\{F_{X_2}(d) - F_{X_2}(c)\}$$
$$= P(a < X_1 \leqslant b)P(c < X_2 \leqslant d)$$

と変形できるので成立がわかる．$k \leqslant 3$ のときも同様に積の式を展開することによって直接的に示すことができる．極めて煩雑になるので，ここでは省略する．□

つぎに離散型確率変数の場合を考察する．

定義 2.6 $\mathbb{R}^n$ の可算集合 E が存在して
$$P((X_1, X_2, \cdots, X_n) \in E) = 1$$
が成り立つとき，組 $(X_1, X_2, \cdots, X_n)$ を **n 次元離散型確率ベクトル**という．

また，つぎが成り立つ．

定理 2.5 $(X_1, X_2, \cdots, X_n)$ を n 次元離散型確率ベクトルとし，$E = E_1 \times E_2 \times \cdots \times E_n$ で $P(X_k \in E_k) = 1$ なる集合 E_k を $E_k = \{a_{k1}, a_{k2}, \cdots, a_{kj}, \cdots\}$ $(k = 1, 2, \cdots, n)$ と置く．$X_1, X_2, \cdots, X_n$ が互いに独立であるための必要十分条件は任意の要素 $a_{ij} \in E_i$ $(i = 1, 2, \cdots, n)$ $(\forall j)$ に対して
$$P(X_1 = a_{1j}, X_2 = a_{2j}, \cdots, X_n = a_{nj}) = \prod_{i=1}^{n} P(X_i = a_{ij}) \qquad (2.6)$$
が成り立つことである．

$p = p(x_1, \cdots, x_n)$ を $X_1, X_2, \cdots, X_n$ の確率関数，$p_k(x_k)$ $(k = 1, 2, \cdots, n)$ を確率変数 X_k の確率関数とするとき，上の (2.6) 式は任意の要素 $x = (x_1, x_2, \cdots, x_n) \in E$ に対して
$$p(x_1, x_2, \cdots, x_n) = \prod_{i=1}^{n} p_i(x_i)$$
が成り立つことと同値である．したがって定理 2.5 は 2.3.1 小節の定理 2.2 の一般化に相当する．

定理 2.5 の証明 (必要性)　$X_1, X_2, \cdots, X_n$ が互いに独立であるとする．区間 $I_1, I_2, \cdots, I_n \, (\subset \mathbb{R})$ を $I_i = (a_{ij} - \varepsilon_i, a_{ij}] \, (i = 1, 2, \cdots, n)$ と定める．ただし，$\varepsilon_i \, (i = 1, \cdots, n)$ は十分小である正数とする．独立性の仮定より定義 2.5 から

$$P(X_1 \in I_1, \cdots, X_n \in I_n) = \prod_{i=1}^{n} P(X_i \in I_i)$$

が従うが，ここで両辺の極限 $\varepsilon_i \to 0$ をとると

$$\lim_{\varepsilon_1 \to 0} \cdots \lim_{\varepsilon_n \to 0} P\left(\bigcap_{i=1}^{n} X_i^{-1}(I_i)\right) = \prod_{i=1}^{n} \lim_{\varepsilon_i \to 0} P(X_i \in I_i)$$

確率の連続性の議論により等式 (2.6) が導かれる．

(十分性)　逆に任意の $b_i \in E_i \, (i = 1, 2, \cdots, n)$ に対して

$$P\left(\bigcap_{i=1}^{n} X_i^{-1}(\{b_i\})\right) = \prod_{i=1}^{n} P(X_i = b_i)$$

が成り立っていると仮定する．$B_i = \{x \in E_i : x \leqslant b_i\}$ と置くとき

$$\begin{aligned}
&F_{X_1 X_2 \cdots X_n}(b_1, b_2, \cdots, b_n) \\
&= \sum_{x_1 \in B_1} \sum_{x_2 \in B_2} \cdots \sum_{x_n \in B_n} P(X_1 = x_1, X_2 = x_2, \cdots, X_n = x_n) \\
&= \sum_{x_1 \in B_1} P(X_1 = x_1) \sum_{x_2 \in B_2} P(X_2 = x_2) \cdots \sum_{x_n \in B_n} P(X_n = x_n) \\
&= F_{X_1}(b_1) F_{X_2}(b_2) \cdots F_{X_n}(b_n)
\end{aligned}$$

が導かれる．したがって定理 2.4 から直ちに確率変数 $X_1, X_2, \cdots, X_n$ は互いに独立であることが従う．　　□

定義 2.7　$F_{X_1 X_2 \cdots X_n}$ を確率ベクトル $(X_1, X_2, \cdots, X_n)$ の同時分布関数とする．$\mathbb{R}^n$ 上の非負値関数 $f_{X_1 X_2 \cdots X_n} : \mathbb{R}^n \to [0, \infty)$ が存在して，任意の点 $x = (x_1, x_2, \cdots, x_n) \in \mathbb{R}^n$ に対して

$$\begin{aligned}
&F_{X_1 X_2 \cdots X_n}(x_1, x_2, \cdots, x_n) \\
&= \int_{-\infty}^{x_1} \int_{-\infty}^{x_2} \cdots \int_{-\infty}^{x_n} f_{X_1 X_2 \cdots X_n}(u_1, u_2, \cdots, u_n) du_1 du_2 \cdots du_n
\end{aligned}$$

と表すことができるとき，$F_{X_1 X_2 \cdots X_n}$ を**絶対連続な**分布関数といい，こ

のときの組 $(X_1, X_2, \cdots, X_n)$ を **連続型確率ベクトル**という．$f_{X_1 X_2 \cdots X_n}$ を $(X_1, X_2, \cdots, X_n)$ の密度関数といい，また確率変数 $X_1, X_2, \cdots, X_n$ の **同時密度関数**ともいう．

このとき
$$f_{X_1 X_2 \cdots X_n}(x_1, x_2, \cdots, x_n) \geq 0 \quad (\forall (x_1, x_2, \cdots, x_n) \in \mathbb{R}^n)$$
$$\int_{-\infty}^{\infty} \int_{-\infty}^{\infty} \cdots \int_{-\infty}^{\infty} f_{X_1 X_2 \cdots X_n}(x_1, x_2, \cdots, x_n) dx_1 dx_2 \cdots dx_n = 1$$
であることも，$n=1$ や $n=2$ の場合と同様である．特に $(x_1, x_2, \cdots, x_n)$ が密度関数 $f_{X_1 X_2 \cdots X_n}$ の連続点であるときは，微分積分学の基本定理より
$$\frac{\partial^n}{\partial x_1 \cdots \partial x_n} F_{X_1 \cdots X_n}(x_1, \cdots, x_n) = f_{X_1 \cdots X_n}(x_1, \cdots, x_n)$$
が成り立つ．$F_{X_1 \cdots X_n}$ が絶対連続な分布関数のとき，m 次元 $(m<n)$ 確率ベクトル $X_{i_1}, X_{i_2}, \cdots, X_{i_m}$ ($\{i_1, \cdots, i_m\} \subset \{1, 2, \cdots, n\}$) の周辺分布関数
$$F_{X_{i_1} X_{i_2} \cdots X_{i_m}}(x_{i_1}, x_{i_2}, \cdots, x_{i_m})$$
$$= F_{X_1 \cdots X_n}(\infty, \cdots, \infty, x_{i_1}, \infty, \cdots, x_{i_k}, \cdots, \infty, \cdots, x_{i_m}, \infty, \cdots, \infty)$$
もまた絶対連続であり，その密度関数は
$$f_{X_{i_1} X_{i_2} \cdots X_{i_m}}(x_{i_1}, x_{i_2}, \cdots, x_{i_m})$$
$$= \int_{-\infty}^{\infty} \cdots (n-m) \cdots \int_{-\infty}^{\infty} f_{X_1 \cdots X_n}(x_1, \cdots, x_n) \cdot$$
$$\times dx_1 \cdots dx_{i_1 - 1} dx_{i_1 + 1} \cdots dx_{i_m - 1} dx_{i_m + 1} \cdots dx_n$$
で与えられる．n 次元確率ベクトル $(X_1, X_2, \cdots, X_n)$ の観点から見て，$f_{X_{i_1} \cdots X_{i_m}}$ を $(X_{i_1}, \cdots, X_{i_m})$ の **周辺密度関数**という．

> **定理 2.6** $(X_1, X_2, \cdots, X_n)$ を n 次元連続型確率ベクトルとし，$(X_1, \cdots, X_n)$ の密度関数を $f_{X_1 X_2 \cdots X_n}$，X_i の周辺密度関数を f_{X_i} で表すことにする．このとき，$X_1, X_2, \cdots, X_n$ が互いに独立であるための必要十分条件は，任意の $(x_1, x_2, \cdots, x_n) \in \mathbb{R}^n$ に対して
> $$f_{X_1 X_2 \cdots X_n}(x_1, x_2, \cdots x_n) = \prod_{i=1}^{n} f_{X_i}(x_i)$$
> が成り立つことである．

定理 2.6 の証明 (必要性) $X_1, X_2, \cdots, X_n$ を互いに独立であるとする．定理 2.4 より直ちに

$$F_{X_1 X_2 \cdots X_n}(x_1, x_2, \cdots, x_n) = \prod_{i=1}^{n} F_{X_i}(x_i) = \prod_{i=1}^{n} \int_{-\infty}^{x_i} f_{X_i}(u_i) du_i$$
$$= \int_{-\infty}^{x_1} \int_{-\infty}^{x_2} \cdots \int_{-\infty}^{x_n} f_{X_1}(u_1) f_{X_2}(u_2) \cdots f_{X_n}(u_n) du_1 du_2 \cdots du_n$$

を得る．密度関数の定義より，微分して $f_{X_1 \cdots X_n}(x_1, \cdots, x_n) = \prod_{i=1}^{n} f_{X_i}(x_i)$ が得られる．

(十分性) 逆にこの式の成立を仮定するとき，明らかに定理 2.4 の結果から $X_1, X_2, \cdots, X_n$ の独立性が導かれる． □

2 章の演習問題

[1] A を 1 つの事象とする．試行の結果，A が生起したら $1_A = 1$ とし，A が生起しなかったら $1_A = 0$ とするとき，この 1_A は確率変数になることを確かめよ．この 1_A は

$$1_A(\omega) = \begin{cases} 1 & (\omega \in A) \\ 0 & (\omega \in A^c) \end{cases}$$

と表現できる．この関数 1_A は**集合 A の定義関数**あるいは**指標関数**と呼ばれるものである．

[2] 集合の定義関数の列 $\{1_{A_i}\}_i$ に対し，その 1 次結合

$$Y(\omega) = \sum_{i=1}^{n} x_i 1_{A_i}(\omega)$$

は確率変数であることを示せ.

[3] X を例題 2.2 と同じ確率密度関数 $f(x)$ をもつ連続型確率変数とする.
(1) 確率変数 X の分布関数 $F_X(x)$ を求めよ.
(2) 確率 $P\left(-1 \leqslant X \leqslant \dfrac{1}{3}\right)$ を求めよ.

[4] 確率変数 X はつぎの確率密度関数 $f(x)$ をもつ.
$$f(x) = \begin{cases} 3x^2 & (0 \leqslant x \leqslant 1) \\ 0 & (x < 0 \text{ or } x > 1) \end{cases}$$
(1) $f(x)$ が確率密度関数であることを確かめよ.
(2) 確率変数 X の分布関数 $F_X(x)$ を求めよ.
(3) 確率 $P\left(X > \dfrac{1}{2}\right)$ を求めよ.

[5] 連続型確率変数 X の確率密度関数を $f_X(x)$ とする. いま $Y = X^2$ と定める. 確率変数 Y の確率密度関数 $f_Y(y)$ を求めよ.

[6] 確率変数 X の確率密度関数を $f_X(x)$ とする. いま $Y = |X|$ と定める. 確率変数 Y の確率密度関数 $f_Y(y)$ を求めよ.

[7] X を確率密度関数 $f_X(x)$ をもつ連続型確率変数とする. $g(x)$ が狭義単調かつ微分可能な関数であるとき, 新たな確率変数 Y を
$$Y = g(X)$$
と定義する. 確率変数 Y の確率密度関数 $f_Y(y)$ を求めよ.

[8] X, Y をそれぞれ確率密度関数 $g(x), h(y)$ をもつ連続型確率変数とする.
(1) 確率変数 X, Y の同時分布の密度関数 $f(x, y)$ が連続であるとき, 新しい確率変数 $Z = X + Y$ の密度関数 $q(z)$ を求めよ.
(2) 特に X と Y が独立であるとき, Z の確率密度関数 $q(z)$ を求めよ.

[9] 連続型確率変数 X, Y の同時確率密度関数が

$$f(x,y) = \frac{1}{2\pi\sqrt{\frac{3}{4}}} \exp\left\{-\frac{2}{3}(x^2 - xy + y^2)\right\}$$

で与えられている．確率変数 X の周辺分布 $F_{XY}(x, \infty)$ の密度関数 $f(x)$ を求めよ．

[10] 2 次元確率変数 (X, Y) の確率密度関数 f_{XY} がつぎで与えられているとする．
$$f_{XY}(x, y) = \begin{cases} xe^{-(x+y)} & (x \geq 0, \ y \geq 0) \\ 0 & (その他) \end{cases}$$

（1） X の周辺密度関数を求めよ．
（2） Y の周辺密度関数を求めよ．
（3） X と Y の独立性について調べよ．

[11] 2 次元確率変数 (X, Y) の確率密度関数 f_{XY} がつぎで与えられているとする．
$$f_{XY}(x, y) = \begin{cases} 2 & (0 < x < y, \ 0 < y < 1) \\ 0 & (その他) \end{cases}$$

（1） X の周辺密度関数を求めよ．
（2） Y の周辺密度関数を求めよ．
（3） X と Y の独立性について調べよ．

[12] 離散型確率変数 X, Y は互いに独立で同一分布に従うとする．（このような確率変数のことを略して i.i.d. (independent and identically distributed) という．） $E = \{-1, 1\}, P(X \in E) = 1$ であって，$P(X = -1) = P(X = 1) = \frac{1}{2}$ であるとする．確率変数 Z を $Z = XY$ で定義する．
（1） X と Z の独立性を調べよ．
（2） Y と Z の独立性を調べよ．
（3） X, Y, Z の独立性を調べよ．

第 3 章

確率変数の変数変換

n 次元ユークリッド空間 $\mathbb{R}^n$ のすべての開区間 $I = \{x = (x_1, x_2, \cdots, x_n) \in \mathbb{R}^n; a_i < x_i < b_i, i = 1, 2, \cdots, n\}$ を含む最小の σ-集合族が存在する．これを **n 次元ボレル集合族**といい，記号で $\mathfrak{B}^n$ と表す．実数値関数 $\varphi : \mathbb{R}^n \to \mathbb{R}$ を与えたとき，任意の集合 $B\,(\in \mathfrak{B}^1)$ に対して，

$$\varphi^{-1}(B) = \{x = (x_1, x_2, \cdots, x_n) \in \mathbb{R}^n; \varphi(x) \in B\}$$

が集合族 $\mathfrak{B}^n$ の要素となるとき，φ を可測空間 $(\mathbb{R}^n, \mathfrak{B}^n)$ 上の可測関数であるという．以後，単に関数ということにする．前章でも述べたようにこのような一般的な枠組みの子細には深入りしない．実際，本書で扱う対象はほとんどの場合，下記に掲げるような具体的な関数形のものに限られているからである．特に知らなくても学習上何ら支障をきたさないが，気になる諸氏は本シリーズ「テキスト理系の数学」第 11 巻・長澤壯之：「ルベーグ積分」(数学書房) を参照されるとよい．

$X_1, X_2, \cdots, X_n$ を確率空間 $(\Omega, \mathfrak{F}, P)$ 上で定義された n 個の確率変数とする．実数値関数 $\varphi : \mathbb{R}^n \to \mathbb{R}$ に対して，$\varphi(X_1(\omega), X_2(\omega), \cdots, X_n(\omega))$ は $(\Omega, \mathfrak{F}, P)$ 上の確率変数になる．また関数 $\varphi : \mathbb{R}^n \to \mathbb{R}$ が高々可算個の点を除いて連続ならば，φ は上述の意味での可測関数であることが知られている．したがってつぎのことがいえる．

例 3.1 X, Y が確率変数であるとき，

(1) $X + Y$ (2) XY (3) $\dfrac{X}{Y}$ (4) $aX^n + bY^m$ $(a, b \in \mathbb{R}; n, m \in \mathbb{N})$

はすべて確率変数である．

本書の後半の統計部分に現れる典型的な変量はすべてみな確率変数として捉えることができる．たとえば，

例 3.2 $X_1, X_2, \cdots, X_n$ が確率変数であるとき，

$$標本平均\ \bar{X} = \frac{1}{n} \sum_{i=1}^{n} X_i, \qquad 標本分散\ S^2 = \frac{1}{n} \sum_{i=1}^{n} (X_i - \bar{X})^2$$

$$\text{偏差値 } D = \frac{X_i - \bar{X}}{\sqrt{\dfrac{n}{n-1}}S} \times 10 + 50$$

はすべて確率変数である．

例 3.3 X と Y が互いに独立な確率変数であるとき，定数 a, b に対して，aX と bY も互いに独立になる．i.e., $aX \perp\!\!\!\perp bY$ である．また X^2 と Y^2 も互いに独立になる．i.e., $X^2 \perp\!\!\!\perp Y^2$ である．

さらに一般につぎのこともいえる．X と Y を互いに独立な確率変数とする．φ と ψ が $\mathbb{R}$ 上の実数値関数であるとき，新たに $Z = \varphi(X), W = \psi(Y)$ と定義すると，Z と W も互いに独立な確率変数になる．

3.1 離散型確率変数の変数変換

離散型確率変数の関数の確率関数 (頻度関数) は比較的簡単に求めることができる．たとえば $n = 2$ の場合を考えてみよう．(X_1, X_2) を 2 次元離散型確率ベクトルとする．条件 $P((X_1, X_2) \in E) = 1$ を満たす可算集合 $E = E_1 \times E_2 \subset \mathbb{R}^2$ を選ぶ．いま 1 対 1 写像

$$\varPhi : E \ni (x_1, x_2) \mapsto (y_1, y_2) \in \mathbb{R}^2$$

を $\mathbb{R}^2$ 上の実数値関数 φ_1, φ_2 により，$y_1 = \varphi_1(x_1, x_2), y_2 = \varphi_2(x_1, x_2)$ と定める．このとき逆変換 $\varPhi^{-1} : (y_1, y_2) \to (x_1, x_2)$ が存在して

$$x_1 = \psi_1(y_1, y_2), \qquad x_2 = \psi_2(y_1, y_2)$$

と表せる．2 次元確率ベクトル (X_1, X_2) から新しい確率ベクトル (Y_1, Y_2) を

$$Y_1 = \varphi_1(X_1, X_2), \qquad Y_2 = \varphi_2(X_1, X_2)$$

と定義すると，任意の要素

$$(y_1, y_2) \in A = A_1 \times A_2 = \{(\varphi_1(x_1, x_2), \varphi_2(x_1, x_2)); \, (x_1, x_2) \in E\}$$

に対して

$$P(Y_1 = y_1, Y_2 = y_2) = P(\varphi_1(X_1, X_2) = y_1, \varphi_2(X_1, X_2) = y_2)$$

$$= P(X_1 = \psi_1(y_1, y_2), X_2 = \psi_2(y_1, y_2))$$

となり,$P((Y_1, Y_2) \in A) = 1$ が成り立つ.これによって,確率ベクトル (Y_1, Y_2) の確率分布を定めることができる.

一般の場合は,n 次元確率ベクトル $X = (X_1, X_2, \cdots, X_n)$ に対し,$P(X \in E) = 1$ を満たす集合 $E = E_1 \times E_2 \times \cdots \times E_n \subset \mathbb{R}^n$ を選ぶ.1対1写像

$$\Phi : E \ni x = (x_1, x_2, \cdots, x_n) \mapsto y = (y_1, y_2, \cdots, y_n) \in \mathbb{R}^n$$

を $\mathbb{R}^n$ 上の関数 $\varphi_1, \varphi_2, \cdots, \varphi_n$ により

$$y_k = \varphi_k(x) = \varphi_k(x_1, x_2, \cdots, x_n), \quad (k = 1, 2, \cdots, n)$$

と定める.このとき逆変換 Φ^{-1} が存在して

$$x_k = \psi_k(y) = \psi_k(y_1, y_2, \cdots, y_n), \quad (k = 1, 2, \cdots, n)$$

と書ける.新しい確率ベクトル $Y = (Y_1, Y_2, \cdots, Y_n)$ を

$$Y_k = \varphi_k(X) = \varphi_k(X_1, X_2, \cdots, X_n), \quad (k = 1, 2, \cdots, n)$$

と定めるとき,任意の $y = (y_1, y_2, \cdots, y_n) \in A = \{(\varphi_1(x), \cdots, \varphi_n(x)); x \in E\}$ に対して,$(Y_1, \cdots, Y_n)$ の確率分布が

$$P(Y_1 = y_1, Y_2 = y_2, \cdots, Y_n = y_n)$$

$$= P(X_1 = \psi_1(y_1, \cdots, y_n), X_2 = \psi_2(y_1, \cdots, y_n), \cdots, X_n = \psi_n(y_1, \cdots, y_n))$$

によって定まり,$P((Y_1, Y_2, \cdots, Y_n) \in A) = 1$ を満たす.

例題 3.1 X_1, X_2 が互いに独立な確率変数で,X_k がそれぞれポアソン分布 $P_o(\lambda_k)$ $(k = 1, 2)$ に従うとする.すなわち,$k = 1, 2$ に対して

$$P(X_k = m) = e^{-\lambda_k} \frac{\lambda_k^m}{m!}, \quad (m = 0, 1, 2, \cdots)$$

である.いま確率変数 X_1, X_2 を $Y_1 = X_1 + X_2, Y_2 = X_2$ と変換する.

(1) 確率変数 Y_1 と Y_2 の同時確率関数 $p(y_1, y_2)$ を求めよ.

(2) $Y_1 = X_1 + X_2$ の周辺分布の確率関数(周辺確率関数)$p_{Y_1}(y_1)$ を求めよ.

解答 （1） $P((X_1, X_2) \in E) = 1$ および $P((Y_1, Y_2) \in A) = 1$ なる X_1, X_2 の値域 $E\,(\subset \mathbb{R}^2)$ と Y_1, Y_2 の値域 $A\,(\subset \mathbb{R}^2)$ は図 3.1 のような格子点であることに注意しよう．その上で求める確率関数を X_1, X_2 の独立性を使って計算する．

$$p(y_1, y_2) = P(Y_1 = y_1, Y_2 = y_2) = P(X_1 = y_1 - y_2, X_2 = y_2)$$

$$= P(X_1 = y_1 - y_2)P(X_2 = y_2) = e^{-\lambda_1} \frac{\lambda_1^{y_1-y_2}}{(y_1-y_2)!} \times e^{-\lambda_2} \frac{\lambda_2^{y_2}}{y_2!}$$

$$= e^{-(\lambda_1+\lambda_2)} \frac{\lambda_1^{y_1-y_2} \lambda_2^{y_2}}{(y_1-y_2)! y_2!}$$

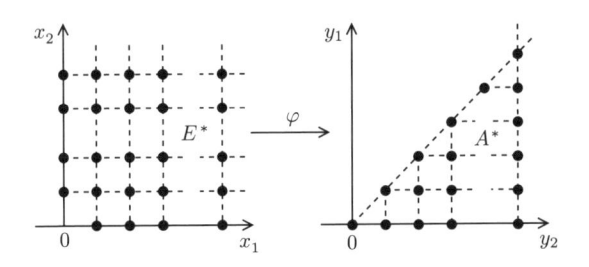

図 3.1 Poisson 分布の値域

（2） 周辺確率関数の定義より，上の (1) の結果と 2 項定理を用いて

$$p_{Y_1}(y_1) = P(Y_1 = y_1) = \sum_{y_2: (y_1, y_2) \in A} P(Y_1 = y_1, Y_2 = y_2)$$

$$= \sum_{y_2=0}^{y_1} e^{-(\lambda_1+\lambda_2)} \frac{\lambda_1^{y_1-y_2} \lambda_2^{y_2}}{(y_1-y_2)! y_2!}$$

$$= e^{-(\lambda_1+\lambda_2)} \frac{\lambda_1^{y_1}}{y_1!} \sum_{y_2=0}^{y_1} \frac{y_1!}{(y_1-y_2)! y_2!} \lambda_1^{-y_2} \lambda_2^{y_2}$$

$$= e^{-(\lambda_1+\lambda_2)} \frac{\lambda_1^{y_1}}{y_1!} \sum_{y_2=0}^{y_1} {}_{y_1}C_{y_2} \left(\frac{\lambda_2}{\lambda_1}\right)^{y_2} \cdot 1^{y_1-y_2}$$

$$= e^{-(\lambda_1+\lambda_2)} \frac{\lambda_1^{y_1}}{y_1!} \cdot \left(\frac{\lambda_2}{\lambda_1} + 1\right)^{y_1} = e^{-(\lambda_1+\lambda_2)} \frac{(\lambda_1+\lambda_2)^{y_1}}{y_1!} \qquad \square$$

注意 3.1 上の (2) の結果は，X_1 と X_2 が互いに独立で，各 X_i がポアソン分布 $P_o(\lambda_i)\,(i=1,2)$ のとき，和 $X_1 + X_2$ がポアソン分布 $P_o(\lambda_1 + \lambda_2)$ に従うことを意味している．実はさらに一般に，$X_1, X_2, \cdots, X_n$ が互いに独立で，各 X_i がポアソン分布

$P_o(\lambda_i)$ $(i=1,2,\cdots,n)$ に従うとき,和の確率変数 $\sum_i X_i$ はポアソン分布 $P_o\left(\sum_i \lambda_i\right)$ に従う.これを**ポアソン分布の再生性**と呼んでいる (第 6 章を参照のこと).

3.2　連続型確率変数の変数変換

連続型確率変数の関数の同時確率密度関数を求めるには,微分積分学における多変数関数の積分の変数変換に関する知識が必要になる.$\mathbb{R}^n$ から $\mathbb{R}^n$ への 1 対 1 変換 Φ:

$$y_1 = \varphi_1(x_1, x_2, \cdots, x_n)$$
$$y_2 = \varphi_2(x_1, x_2, \cdots, x_n)$$
$$\cdots\cdots$$
$$y_n = \varphi_n(x_1, x_2, \cdots, x_n)$$

が与えられているとする.このとき,逆変換 Φ^{-1} が存在して

$$x_i = \psi_i(y_1, y_2, \cdots, y_n), \qquad (i=1,2,\cdots,n)$$

で与えられる.いま考えている領域を

$$D = \{y=(y_1,y_2,\cdots,y_n); a_i \leqslant y_i \leqslant b_i, (i=1,2,\cdots,n)\}$$

とすると,対象関数の定義域 E は

$$E = \{x=(x_1,x_2,\cdots,x_n); a_i \leqslant \varphi_i(x_1,x_2,\cdots,x_n) \leqslant b_i, (i=1,2,\cdots,n)\}$$

となる.つぎの条件を仮定する.

(a) 変換 $\Phi: \mathbb{R}^n \ni x \mapsto y \in \mathbb{R}^n$ は連続である.

(b) 偏導関数 $\dfrac{\partial \psi_i}{\partial y_j}$ $(i=1,2,\cdots,n; j=1,2,\cdots,n)$ が存在して,連続である.

(c) 任意の $y=(y_1,y_2,\cdots,y_n) \in I$ に対して,ヤコビ行列式 J が

$$J = \frac{\partial(x_1,x_2,\cdots,x_n)}{\partial(y_1,y_2,\cdots,y_n)} = \begin{vmatrix} \dfrac{\partial \psi_1}{\partial y_1} & \dfrac{\partial \psi_1}{\partial y_2} & \cdots & \dfrac{\partial \psi_1}{\partial y_n} \\ \dfrac{\partial \psi_2}{\partial y_1} & \dfrac{\partial \psi_2}{\partial y_2} & \cdots & \dfrac{\partial \psi_2}{\partial y_n} \\ \cdots & \cdots & \cdots & \cdots \\ \dfrac{\partial \psi_n}{\partial y_1} & \dfrac{\partial \psi_n}{\partial y_2} & \cdots & \dfrac{\partial \psi_n}{\partial y_n} \end{vmatrix} \neq 0$$

を満たす．

このとき，多重積分の変数変換公式から，集合 E 上で定義された実数値連続関数 $g = g(x_1, \cdots, x_n)$ に対して

$$\iint \cdots \int_E g(x_1, x_2, \cdots, x_n) dx_1 dx_2 \cdots dx_n$$
$$= \iint \cdots \int_D g(\psi_1(y_1, \cdots, y_n), \cdots, \psi_n(y_1, \cdots, y_n)) |J| dy_1 dy_2 \cdots dy_n$$

が成り立つ．詳しくは本シリーズ「テキスト理系の数学」第 2 巻・小池茂昭：「微分積分」(数学書房) を参照のこと．

定理 3.1 n 次元確率ベクトル $(X_1, X_2, \cdots, X_n)$ の同時確率密度関数を $f_{X_1 X_2 \cdots X_n}$ とする．$\mathbb{R}^n$ から $\mathbb{R}^n$ への 1 対 1 変換 Φ :

$$y_i = \varphi_i(x_1, x_2, \cdots, x_n), \quad (i = 1, 2, \cdots, n)$$

は上の条件 (a), (b), (c) を満たすとする．確率ベクトル $(X_1, X_2, \cdots, X_n)$ を

$$Y_i = \varphi_i(X_1, X_2, \cdots, X_n), \quad (i = 1, 2, \cdots, n)$$

によって $(Y_1, Y_2, \cdots, Y_n)$ に変換する．このとき，確率ベクトル $(Y_1, Y_2, \cdots, Y_n)$ の分布関数は絶対連続で，その同時確率密度関数 $f_{Y_1 Y_2 \cdots Y_n}$ は次式で与えられる．

$$f_{Y_1 Y_2 \cdots Y_n}(y_1, y_2, \cdots, y_n)$$
$$= f_{X_1 X_2 \cdots X_n}(\psi_1(y_1, \cdots, y_n), \cdots, \psi_n(y_1, \cdots, y_n)) |J|$$

ただし，$J = \dfrac{\partial(x_1, x_2, \cdots, x_n)}{\partial(y_1, y_2, \cdots, y_n)}$ である．

定理 3.1 の証明 $Y_1, Y_2, \cdots, Y_n$ の同時分布関数は

$$F_{Y_1 Y_2 \cdots Y_n}(a_1, a_2, \cdots, a_n) = P(Y_1 \leqslant a_1, Y_2 \leqslant a_2, \cdots, Y_n \leqslant a_n)$$
$$= P(\varphi_1(X_1, \cdots, X_n) \leqslant a_1, \cdots, \varphi_n(X_1, \cdots, X_n) \leqslant a_n)$$

と書けるから，値域 $E \ (\subset \mathbb{R}^n)$ として

$$E = \{x = (x_1, x_2, \cdots, x_n);$$
$$\quad -\infty < \varphi_i(x_1, x_2, \cdots, x_n) \leqslant a_i, (i = 1, 2, \cdots, n)\}$$

と定めると，重積分の変数変換公式から直ちに

$$F_{Y_1 Y_2 \cdots Y_n}(a_1, a_2, \cdots, a_n)$$
$$= \iint \cdots \int_E f_{X_1 \cdots X_n}(x_1, x_2, \cdots, x_n) dx_1 dx_2 \cdots dx_n$$
$$= \int_{-\infty}^{a_1} \cdots \int_{-\infty}^{a_n} f_{X_1 \cdots X_n}(\varphi_1(y_1, \cdots, y_n), \cdots, \varphi_n(y_1, \cdots, y_n)) \cdot$$
$$\times \left| \frac{\partial(x_1, x_2, \cdots, x_n)}{\partial(y_1, y_2, \cdots, y_n)} \right| dy_1 \cdots dy_n$$

を得る．同時確率密度関数の定義から定理が導かれる． □

例題 3.2 確率変数 X_1, X_2 は独立同分布 (i.i.d.) で，それぞれつぎの確率密度関数をもつものとする．

$$g(x) = \begin{cases} e^{-x} & (0 < x < \infty) \\ 0 & (-\infty < x \leqslant 0) \end{cases}$$

$Y_1 = X_1 + X_2, Y_2 = \dfrac{X_1}{X_1 + X_2}$ と変換するとき，確率変数 $Y = (Y_1, Y_2)$ の同時確率密度関数 $f_{Y_1 Y_2}(y_1, y_2)$ を求めよ．

解答 確率変数 X_1 と X_2 は独立だから，$X = (X_1, X_2)$ の確率密度関数は

$$f_X(x_1, x_2) = \begin{cases} g(x_1)g(x_2) = e^{-(x_1+x_2)} & (0 < x_1 < \infty,\ 0 < x_2 < \infty) \\ 0 & (その他) \end{cases}$$

となる．ここで変数変換 $y_1 = x_1 + x_2,\ y_2 = \dfrac{x_1}{x_1 + x_2}$ を解いて，

$$x_1 = y_1 y_2, \qquad x_2 = y_1(1 - y_2)$$

を得る．したがってヤコビ行列式を計算して

$$J = \frac{\partial(x_1, x_2)}{\partial(y_1, y_2)} = \begin{vmatrix} y_2 & y_1 \\ 1 - y_2 & -y_1 \end{vmatrix} = -y_1$$

一方，領域 $\{(x_1, x_2);\ 0 < x_1 < \infty,\ 0 < x_2 < \infty\}$ は $\{(y_1, y_2);\ 0 < y_1 < \infty,\ 0 < y_2 < 1\}$ に1対1に変換される．したがって $Y = (Y_1, Y_2)$ の確率密度関数 $f_{Y_1 Y_2}$

は定理から直ちに

$$f_{Y_1 Y_2}(y_1, y_2) = \begin{cases} y_1 e^{-y_1} & (0 < y_1 < \infty,\ 0 < y_2 < 1) \\ 0 & (その他) \end{cases}$$

と求まる. □

3 章の演習問題

[1] 連続型確率変数 X と Y は互いに独立で，それぞれの確率密度関数を f_X, f_Y で表す．このとき，確率変数 $U = X - Y$ の確率密度関数 f_U を求めよ．

[2] 連続型確率変数 X と Y は互いに独立で，それぞれの確率密度関数を f_X, f_Y で表す．このとき，確率変数 $V = XY$ の確率密度関数 f_V を求めよ．

[3] 連続型確率変数 X と Y は互いに独立で，それぞれの確率密度関数を f_X, f_Y で表す．このとき，確率変数 $W = X/Y$ の確率密度関数 f_W を求めよ．

第 4 章

確率変数の期待値と分散

4.1 期待値

4.1.1 離散型確率変数の平均値

この節では重要な基礎概念の1つである平均値について述べる．まず離散型確率変数 X の平均値を定めよう．X の確率関数を $p_X(x_i) = P(X = x_i), (i = 1, 2, \cdots, n, \cdots)$ と置く．

定義 4.1 離散型確率変数 X の**平均値** (mean) $E(X)$ あるいは**期待値** (expectation) をつぎで定める．

$$E(X) = \sum_{i=1}^{\infty} x_i \, p_X(x_i) \tag{4.1}$$

もちろん確率変数の取りうる値が有限集合 $F = \{x_1, x_2, \cdots, x_n\}$ のときは

$$E(X) = \sum_{i=1}^{n} x_i \, p_X(x_i)$$

となる．このことからもわかるように，上の (4.1) 式のように無限個の場合には収束の問題が発生する．たとえば，

$$P(X = n) = \frac{1}{n(n+1)}, \qquad (n = 1, 2, \cdots)$$

のときは，平均値は

$$E(X) = \sum_{i=1}^{\infty} n \cdot \frac{1}{n(n+1)} = \sum_{i=1}^{\infty} \frac{1}{n+1}$$

である．よく知られているように正項級数 $\sum_{n=1}^{\infty} \frac{1}{n}$ は ∞ に発散することによりこの平均値は発散する．したがって無限級数のときは普通は絶対収束することを仮定する．しかし本書ではこのことに深入りしない．本シリーズ「テキスト理系の数学」第 2 巻・小池茂昭：「微分積分」(数学書房) の第 14 章を参照されたい．代わりにこれがなぜ平均値と呼ばれるのか？ 平均値の意味を考えることは有益であろう．たとえば，確率変数 X が有限個 $a_1, a_2, \cdots, a_k$ の値を取る場合を考えよう．

$$P(X = a_i) = p_i, \quad 0 \leqslant p_i \leqslant 1 \quad (i = 1, 2, \cdots, k)$$

とする．いま $a_1, a_2, \cdots, a_k$ と書いたカードが袋の中に入っていて，それぞれの出現確率が $p_1, p_2, \cdots, p_k$ とする．このカードをよくまぜて 1 枚を取り，書かれた中味を確認したら元に戻してまた抽出するという復元抽出を N 回繰り返す．その結果を度数分布表にまとめるとつぎのようになったとする．

出た値	a_1	a_2	$\cdots$	a_i	$\cdots$	a_k	合計
度数	f_1	f_2	$\cdots$	f_i	$\cdots$	f_k	N

この場合の出た値の平均値は計算できて，さらに少し変形することで

$$\frac{1}{N} \sum_{i=1}^{k} f_i \times a_i = \sum_{i=1}^{k} \left(\frac{f_i}{N} \right) a_i$$

と書ける．ここで相対頻度あるいは相対度数 $\frac{f_i}{N}$ は回数 N を大きくすると，統計的確率の定義によってある一定値 (a_i という値をとる確率) $p_i = P(X = a_i)$ に収束する．したがって，上の平均値は

$$\sum_{i=1}^{k} a_i p_i$$

に近づく．この式より，平均値は確率変数の取る値 a_i にそのときの生起確率を掛けて全体の和をとった形になっている．ゆえに (4.1) 式の $E(X)$ の定義が平均値として自然なものであることが理解できるであろう．この意味で $E(X)$ は理論的平均値というべきものである．

> **例題 4.1** コイン投げを 2 回行う試行を考える．このとき出るすべての結果は
>
> $$\omega_1 = (表,表), \quad \omega_2 = (表,裏), \quad \omega_3 = (裏,表), \quad \omega_4 = (裏,裏)$$
>
> の 4 つが考えられる．この 4 つの根元事象は等確率で起こるものとする．$X(\omega)$ を ω の中での表の数とする．この確率変数 X の平均値 $E(X)$ を求めよ．

解答 確率変数 X の取りうる値は $0, 1, 2$ である．このとき，

$$P(X=0) = \frac{1}{4}, \quad P(X=1) = \frac{1}{2}, \quad P(X=2) = \frac{1}{4}$$

であるから

$$E(X) = 0 \times \frac{1}{4} + 1 \times \frac{1}{2} + 2 \times \frac{1}{4} = 1$$

である． □

また関数 $g(x)$ に対して，$Y(\omega) = g(X(\omega))$ の平均値はつぎのように定義される．

(a) X の取る値の集合 F_1 が有限の場合：$F_1 = \{x_1, x_2, \cdots, x_n\}$ のとき

$$E(Y) \equiv E(g(X)) = \sum_{i=1}^{n} g(x_i) P(X = x_i) \tag{4.2}$$

(b) X の取る値の集合 F_2 が無限の場合：$F_1 = \{x_1, x_2, \cdots, x_k, \cdots\}$ のとき

$$E(Y) \equiv E(g(X)) = \sum_{i=1}^{\infty} g(x_i) P(X = x_i) \tag{4.3}$$

問 4.1 X, Y が離散型確率変数のとき，定数 a, b に対して，$E(aX + bY) = aE(X) + bE(Y)$ が成り立つことを示せ．

問 4.2 確率変数 X が離散型のとき，$E(X - E(X)) = 0$ を示せ．

4.1.2 連続型確率変数の平均値

つぎに連続型確率変数 X の平均値の定義をしよう．一般の定義を与える前に，連続型確率変数 X の平均値を離散型確率変数を用いて定めることを考える．連続型確率変数 X に対して，ある正定数 c が存在して

$$|X(\omega) - Y_n(\omega)| \leqslant \frac{c}{n}$$

がつねに成り立つような離散型確率変数列 $\{Y_n\}_n$ を構成して，X の平均値を

$$E(X) = \lim_{n \to \infty} E(Y_n)$$

で定義する．ここで近似列 $\{Y_n\}_n$ の選び方にはよらず定義されることに注意する．確率変数 X の確率密度関数を $f_X(x)$ とする．簡単のため，$a \leqslant x \leqslant b$ では $f_X(x) \geq 0$，また $x < a$ あるいは $x > b$ では $f_X(x) = 0$ とする．区間 $[a,b]$ の n 等分割 Δ を与える．すなわち

$$\Delta : a = x_0 < x_1 < \cdots < x_k < \cdots < x_n = b,$$

$$\Delta x_k = x_k - x_{k-1} = \frac{b-a}{n} = d_n$$

つぎに確率を考える．積分に関する平均値の定理より，各小区間ごとに $\xi_k \in [x_{k-1}, x_k]$ が存在して，

$$P(x_{k-1} < X < x_k) = f_X(\xi_k)(x_k - x_{k-1})$$

が成り立つ．これより事象 A_k を

$$A_k = \{\omega \in \Omega;\ x_{k-1} < X(\omega) < x_k\}, \quad (k = 1, 2, \cdots, n)$$

のように定める．この n 個の事象 $\{A_i\}_i$ $(i = 1, 2, \cdots, n)$ は互いに排反であることに注意する．つまり，$i \neq j$ である限り，$A_i \cap A_j = \varnothing$ である．離散型確率変数 Y_n をつぎのように定義する．

$$P(Y_n(\omega) = \xi_k) = P(A_k) = f_X(\xi_k)\left(\frac{b-a}{n}\right), \quad (k = 1, 2, \cdots, n)$$

つまり平たくいうと，Y_n は集合 A_k 上で値 ξ_k をとる確率変数である．また各 A_k 上では $x_{k-1} < \xi_k < x_k$ であることに注意して

$$|X(\omega) - Y_n(\omega)| \leqslant |x_k - x_{k-1}| = d_n$$

なる評価が成り立つ．したがって積分の定義によって

$$E(X) = \lim_{n \to \infty} E(Y_n) = \lim_{n \to \infty} \sum_{i=1}^n \xi_i \times f_X(\xi_i)\left(\frac{b-a}{n}\right) = \int_a^b x f_X(x) dx$$

となる．このことを踏まえて，一般の連続型確率変数 X の平均値をつぎで定義する．

> **定義 4.2** X を連続型確率変数とし，その確率密度関数を f_X で表す．X の平均値あるいは期待値をつぎで定める．
> $$E(X) = \int_{-\infty}^{\infty} x f_X(x) dx \tag{4.4}$$

さて離散型確率変数の平均値の場合と同じように収束・発散の問題がある．はたして上の積分 (4.4) 式は収束するだろうか？ つぎの例を見てみよう．

例 4.1 連続型確率変数 X はつぎの確率密度関数 f_X をもつとする．
$$f_X(x) = \frac{a}{\pi(a^2 + x^2)}, \quad (a > 0), \quad (-\infty < x < \infty)$$
この分布は**コーシー分布** $Cy(a)$ と呼ばれるものである．
$$\int_{-\infty}^{\infty} |x| f_X(x) dx = \int_{-\infty}^{0} (-x) \frac{a}{\pi(a^2 + x^2)} dx + \int_{0}^{\infty} x \frac{a}{\pi(a^2 + x^2)} dx$$
$$= 2 \int_{0}^{\infty} \frac{ax}{\pi(a^2 + x^2)} dx = \left[\frac{a}{\pi} \log(a^2 + x^2) \right]_{0}^{\infty} = +\infty$$

となり，絶対値の積分は発散し，したがって積分 $\int_{-\infty}^{\infty} x f_X(x) dx \ (= E(X))$ は絶対収束しない．ゆえに X の平均値 $E(X)$ は存在しない．

上の例からもわかるように，一般に平均値は存在しない．

問 4.3 X, Y が連続型確率変数のとき，定数 a, b に対して，$E(aX + bY) = aE(X) + bE(Y)$ が成り立つことを示せ．

問 4.4 確率変数 X が連続型のとき，$E(X - E(X)) = 0$ を示せ．

例題 4.2 X は区間 $[a,b]$ $(a<b)$ 上の一様分布 $U(a,b)$ に従う連続型確率変数とする．この X の確率密度関数はつぎで与えられる．

$$f_X(x) = \begin{cases} \dfrac{1}{b-a} & (a \leqslant x \leqslant b) \\ 0 & (x < a,\ x > b) \end{cases}$$

この確率変数 X の平均値 $E(X)$ を求めよ．

解答 定義から

$$E(X) = \int_{-\infty}^{\infty} x f_X(x) dx = \int_a^b \frac{x}{b-a} dx = \frac{a+b}{2} \qquad \square$$

命題 4.1 X を確率密度関数 f_X をもつ連続型確率変数とする．$\mathbb{R}$ 上の関数 $g(x)$ に対して，$Y = g(X)$ とする．このとき，確率変数 Y の平均値はつぎで与えられる．

$$E(Y) = E(g(X)) = \int_{-\infty}^{\infty} g(x) f_X(x) dx \tag{4.5}$$

命題 4.1 の証明 関数 $g(x)$ が単調増加で微分可能な関数のときに示す．2 章の演習問題 [7] の結果を用いる．$Y = g(X)$ の確率密度関数を $f_Y(y)$ とするとき，

$$E(Y) = \int_{-\infty}^{\infty} y f_Y(y) dy = \int_{\underline{h}}^{\bar{h}} y f_Y(g^{-1}(y)) \frac{1}{g'(g^{-1}(y))} dy$$

を得る．ただし，$g^{-1}(y)$ は $y = g(x)$ の逆関数で，

$$\bar{h} = \lim_{x \to \infty} g(x), \qquad \underline{h} = \lim_{x \to -\infty} g(x)$$

であり，$y \leqslant \underline{h}$ または $y \geq \bar{h}$ のときは $f_Y(y) = 0$ と解釈する．ここで上の積分式において変数変換 $y = g(x)$ を施す．つまり，$x = g^{-1}(y)$. $\frac{dy}{dx} = g'(x)$ より，

$$dy = g'(x)dx = g'(g^{-1}(y))dx$$

であるから，直接代入して

$$E(Y) = E(g(X)) = \int_{-\infty}^{\infty} y f_Y(y) dy$$

$$= \int_{-\infty}^{\infty} g(x) f_X(x) \frac{1}{g'(g^{-1}(y))} \times g'(g^{-1}(y)) dx$$
$$= \int_{-\infty}^{\infty} g(x) f_X(x) dx$$

を得る．一般の $g(x)$ に対する証明も，基本的なアイデアは同じだが，逆関数や導関数が存在しないため，ルベーグ＝スチルチエス積分に関する議論が必要となる．本書の程度を超えるので，伊藤雄二：「確率論」(朝倉書店)(第 2 章) に譲る． □

4.1.3　スチルチエス積分と期待値

この節の最後に**スチルチエス積分** $\int_a^b f(x) dG(x)$ について少し言及しておくことにする．$f(x)$ と $G(x)$ を有界閉区間 $I = [a, b]$ 上で定義された実数値有界関数とする．区間 $[a, b]$ の分割 Δ を与える．すなわち，

$$\Delta : a = x_0 < x_1 < x_2 < \cdots < x_k < \cdots < x_{n-1} < x_n = b$$

とする．関数 $G(x)$ に関するリーマン和

$$S_I^G[f] = \sum_{i=1}^n f(\xi_i)(G(x_i) - G(x_{i-1})), \qquad \forall \xi_i \in [x_{i-1}, x_i]$$

を考える．$\Delta x_k = x_k - x_{k-1}$ に対して，$\max_k \Delta x_k \to 0$ となるように分割を細かくしていったときに，分割 Δ のいかんにかかわらず $S_I^G[f]$ がある一定値に収束すれば，その値を関数 $f(x)$ の $G(x)$ に関するスチルチエス (Stieltjes) 積分といい，記号で

$$\int_a^b f(x) \, dG(x) = \lim_{n \to \infty} S_I^G[f]$$

と表す．微分積分学で学ぶリーマン積分は $G(x) = x$ の特別な場合に当たる．この積分の性質として，任意の連続関数 $f(x)$ に対して，積分 $\int_a^b f(x) dG(x)$ が存在するための必要十分条件は関数 $G(x)$ が有界変動なことである．この特徴付け定理からスチルチエス積分というときは，普通 $f(x)$ を連続，$G(x)$ を有界変動であると仮定する．ここで $G(x)$ が有界変動関数であるとは，

$$\sup_{\Delta} \sum_{i=1}^n |G(x_i) - G(x_{i-1})| < \infty$$

が成り立つときにいう．ただし，上限 sup は区間 $[a,b]$ 上のすべての分割 Δ にわたって取られる．

いままで第 2 章，第 3 章，第 4 章とみてきたように，確率変数が離散型であるか，連続型であるかによって各種の概念の定義が異なり別々の議論を展開してきている．この章の平均値 (期待値)$E(X)$ にしても確率変数の属する型によって 2 つに分けて議論している．しかしこの節の前半で詳しく述べたように，離散型か連続型かで平均値 $E(X)$ の定義自体は見た目に大きな違いはあっても，その背後にある理念はむしろ共通で，同じ思想・考え方に基づいていることに気が付かれたと思う．そこで両者を何とか統一的に扱うことはできないものかと思われたかも知れない．実は上述のスチルチエス積分を利用することで可能になるのである．定義 4.1 や定義 4.2 における平均値 $E(X)$ の定義式 (4.1) や (4.4) の代わりに

$$E(X) = \int_{-\infty}^{\infty} x\, dF_X(x) \tag{4.6}$$

とスチルチエス積分によって定義する方法である．ここで有界変動関数部は確率変数 X の分布関数 $F_X(x) = P(X \leqslant x)$ を用いている．閉区間 $[a,b]$ 上では上述した通りに積分

$$\int_a^b x\, dF_X(x)$$

を定義し，極限が存在するときのみ平均値 (期待値)$E(X)$ を

$$\begin{aligned} E(X) &= \lim_{a \to -\infty} \lim_{b \to \infty} \int_a^b x\, dF_X(x) \\ &= \lim_{a \to -\infty} \lim_{b \to \infty} \left\{ \lim_{n \to \infty} \sum_{i=1}^n \xi_i (F_X(x_i) - F_X(x_{i-1})) \right\} \end{aligned} \tag{4.7}$$

($\forall \xi_i \in [x_{i-1}, x_i]$) と定めるのである．確率変数 X が離散型のときは，分割の小区間内に離散点がないときは区間内で分布関数 F_X は定数関数と同じであるから，上の (4.7) の差分 $\Delta F_X^i = F_X(x_i) - F_X(x_{i-1})$ はゼロとなって積分の値に寄与しない．逆に離散点 a_k が区間内にあるときは，その点で分布関数のグラフに飛躍 (ジャンプ) が現れ，差分の差が直接積分の値に寄与する．分布関数 F_X が右連続であったことを思い起こせば，ジャンプの寄与分は

$$F_X(a_k) - F_X(a_k-) = P(X^{-1}(\{a_k\})) = P(X = a_k) = p(a_k)$$

として積分値に可算されるので，結局ジャンプの個数だけ和が取られる格好になり，

(4.6) 式は最終的に

$$\sum_k a_k p(a_k) = \sum_k a_k P(X = a_k)$$

と書き直され，定義 4.1 の (4.1) 式と一致する．また確率変数 X が連続型のときは，分布関数 F_X の表現式

$$F_X(x) = \int_{-\infty}^x f_X(u)\,du$$

において，微分積分学の基本定理より

$$\frac{d}{dx}F_X(x) = f_X(x)$$

が成り立つから，(4.6) 式を直接書き直して

$$E(X) = \int_{-\infty}^\infty x\,dF_X(x) = \int_{-\infty}^\infty x f_X(x)\,dx$$

が導かれ，定義 4.2 の (4.4) 式とも一致する．

また離散型の場合における $E(g(X))$ の式 (4.2) や (4.3) も，連続型の場合における $E(g(X))$ の式 (4.5)(命題 4.1) も

$$E(g(X)) = \int_{-\infty}^\infty g(x)\,dF_X(x)$$

を用いることで統一的に扱うことができる．本書では採用しなかったが，このようなスチルチエス積分による統一的取り扱いの立場に基づいた確率・統計の教科書も数は少ないが存在している．このような統一的扱いの議論に興味のある方は，たとえば石井・塩出・新森：「確率統計の数理」(裳華房) を参照されたい．確率論方面では全編スチルチエス積分で通して書かれた古典的名著である国沢清典・羽鳥裕久：「初等確率論」(培風館) がある．

問題 4.1 $I = (a,b]$ とする．$f(x)$ を $\bar{I}$ 上の有界連続関数，$G(x)$ を $\bar{I}$ 上の有界変動関数で右連続とする．$V_I[G]$ で I 上での関数 G の全変動を表すとき，評価式

$$\left|\int_I f(x)dG(x)\right| \leqslant V_I[G] \cdot \|f\|$$

が成り立つことを示せ．ただし，$\|f\|$ は f の sup-ノルムである．

問題 4.2 $I = (a,b]$ とする．$f(x)$ を $\bar{I}$ 上の有界変動関数，$G(x)$ を $\bar{I}$ 上の連続関数とする．このとき，スチルチエス積分

$$J = \int_I f(x)dG(x)$$

が定義できることを示せ.

4.2 分散

確率変数 X の平均値 $E(X)$ を μ と置くとき, i.e. $E(X) = \mu$ のとき, X の**分散** (variance) は $\varphi(X) = (X-\mu)^2$ の平均値である. 記号で $V(X)$ と書き表す. $\sigma^2 = V(X)$ とも書く.

$$\text{i.e.} \quad V(X) = E(\varphi(X)) = E((X-\mu)^2)$$

また分散 $V(X)$ の負でない平方根 σ を**標準偏差** (standard deviation) という. すなわち, $\sigma = \sqrt{V(X)}$ である. ここで分散の意味を考えておこう. 定義式を見れば文字通り, X の平均 μ に関する 2 乗誤差の平均値である. 言い換えれば, 平均 μ からの「ずれ」を正負は問わずにその大きさだけに着目して平均をとったものである. したがって分散はバラツキ具合を表す指標の 1 つを与えている. 前節で見たように平均値は発散して存在しないこともあった. 平均値が存在しなければ当然分散も定義されない. また平均値が存在するときでも, 分散自体が無限大になることもありうる. 一方, 分散のルートをとって定義される標準偏差 σ の方は, 「偏差」と呼ばれる平均からの乖離 (かいり) $|X-\mu|$ の大きさを表す 1 つの指標である. 分散も標準偏差もその値が大きければバラツキが大きいことを意味し, 分散・標準偏差ともに小さければ平均の付近への集中度が高いということになる.

4.2.1 離散型確率変数の分散

$$V(X) = E(\varphi(X)) = \int_{-\infty}^{\infty} \varphi(x)\,dF_X(x) = \int_{-\infty}^{\infty} (x-\mu)^2 dF_X(x)$$

であるから, X が離散型なら (4.2), (4.3) 式から

$$\begin{aligned} V(X) = E(\varphi(X)) &= \sum_{i=1}^{n} \varphi(x_i)P(X=x_i) \\ &= \sum_{i=1}^{n} (x_i - \mu)^2 P(X=x_i) \end{aligned}$$

または
$$V(X) = E(\varphi(X)) = \sum_{i=1}^{\infty} \varphi(x_i) P(X = x_i)$$
$$= \sum_{i=1}^{\infty} (x_i - \mu)^2 P(X = x_i)$$

である．関数 $g(x)$ に対して確率変数 $g(X)$ を考えると

$$V(g(X)) = \sum_{i=1}^{n} (g(x_i) - E(g(X)))^2 P(X = x_i)$$

であり，ここで $E(g(X)) = \sum_{i=1}^{n} g(x_i) P(X = x_i)$ であった．全く同様に

$$V(g(X)) = \sum_{i=1}^{\infty} (g(x_i) - E(g(X)))^2 P(X = x_i)$$

であり，ここで $E(g(X)) = \sum_{i=1}^{\infty} g(x_i) P(X = x_i)$ であった．

問 4.5 X が離散型のとき，(公式) $V(X) = E(X^2) - (E(X))^2$ を示せ．

問 4.6 X が離散型のとき，定数 a, b に対して，つぎを示せ．
(1) $V(a + bX) = b^2 V(X)$, (2) 特に $V(a) = 0$

問 4.7 X が離散型のとき，関数 $g(x)$ に対して，(公式) $V(g(X)) = E(g(X)^2) - (E(g(X)))^2$ を示せ．

例題 4.3 コイン投げを 2 回行う試行を考える．このとき出るすべての結果は

$\omega_1 = ($表, 表$)$, $\omega_2 = ($表, 裏$)$, $\omega_3 = ($裏, 表$)$, $\omega_4 = ($裏, 裏$)$

の 4 つが考えられる．この 4 つの根元事象は等確率で起こるものとする．$X(\omega)$ を ω の中での表の数とする．この確率変数 X の分散 $V(X)$ を求めよ．

解答 確率変数 X の取りうる値は $0, 1, 2$ である．このとき，

$$P(X = 0) = \frac{1}{4}, \quad P(X = 1) = \frac{1}{2}, \quad P(X = 2) = \frac{1}{4}$$

であり，例題 4.1 の結果から $E(X) = 1$ である．一方，

$$E(X^2) = 0^2 \times \frac{1}{4} + 1^2 \times \frac{1}{2} + 2^2 \times \frac{1}{4} = \frac{3}{2}$$

である．問 4.5 の公式より

$$V(X) = E(X^2) - (E(X))^2 = \frac{3}{2} - 1^2 = \frac{1}{2} \qquad \Box$$

問題 4.3 X がポアソン分布 $P_o(\lambda)$ に従う確率変数とする．このとき X の確率関数 $p(x)$ はつぎで与えられる．

$$p(x) = P(X = x) = e^{-\lambda} \frac{\lambda^x}{x!}$$

この確率変数 X の期待値および分散を求めよ．(答え：$E(X) = \lambda$, $V(X) = \lambda$)

4.2.2 連続型確率変数の分散

つぎに確率変数 X が連続型のときの分散 $V(X)$ の表現もみておくことにする．

$$V(X) = E(\varphi(X)) = \int_{-\infty}^{\infty} \varphi(x)\, dF_X(x) = \int_{-\infty}^{\infty} (x-\mu)^2 dF_X(x)$$

であることに注意すれば，命題 4.1 の (4.5) より

$$V(X) = \int_{-\infty}^{\infty} (x-\mu)^2 f_X(x) dx$$

また関数 $g(x)$ に対して確率変数 $g(X)$ を考えると，その分散 $V(g(X))$ は

$$V(g(X)) = \int_{-\infty}^{\infty} (g(x) - E(g(X)))^2 f_X(x) dx$$

で与えられる．

問 4.8 X が連続型のとき，(公式)$V(X) = E(X^2) - (E(X))^2$ を示せ．

問 4.9 X が連続型のとき，定数 a, b に対して，つぎを示せ．
（1） $V(a + bX) = b^2 V(X)$， （2） とくに $V(a) = 0$

問 4.10 X が連続型のとき，関数 $g(x)$ に対して，(公式)$V(g(X)) = E(g(X)^2) - (E(g(X)))^2$ を示せ．

例題 4.4 X は区間 $[a,b]$ $(a<b)$ 上の一様分布 $U(a,b)$ に従う連続型確率変数とする．この X の確率密度関数はつぎで与えられる．

$$f_X(x) = \begin{cases} \dfrac{1}{b-a} & (a \leqslant x \leqslant b) \\ 0 & (x<a,\ x>b) \end{cases}$$

この確率変数 X の分散 $V(X)$ を求めよ．

解答 例題 4.2 より

$$E(X) = \int_{-\infty}^{\infty} x f_X(x) dx = \int_a^b \frac{x}{b-a} dx = \frac{a+b}{2}$$

である．一方，

$$E(X^2) = \int_{-\infty}^{\infty} x^2 f_X(x) dx = \frac{1}{b-a} \int_a^b x^2 \, dx$$
$$= \frac{b^2+ab+a^2}{3}$$

問 4.8 の公式から

$$V(X) = E(X^2) - (E(X))^2 = \frac{b^2+ab+a^2}{3} - \left(\frac{a+b}{2}\right)^2 = \frac{(a-b)^2}{12} \qquad \square$$

問題 4.4 X を指数分布 $Ex(\lambda)$ に従う確率変数とする．このとき X の確率密度関数 $f_X(x)$ はつぎで与えられる．$\lambda > 0$ とする．

$$f_X(x) = \begin{cases} \lambda e^{-\lambda x} & (x>0) \\ 0 & (x \leqslant 0) \end{cases}$$

この確率変数の期待値および分散を求めよ．（答え：$E(X) = \dfrac{1}{\lambda}$, $V(X) = \dfrac{1}{\lambda}$）

4.3　共分散と相関係数

確率変数 X と Y の**共分散** (covariance) とは，積 $(X-E(X))(Y-E(Y))$ の平均値 (期待値) のことで，記号で $C(X,Y)$ とか $\mathrm{Cov}(X,Y)$ などと表す．

$$\mathrm{Cov}(X,Y) = E[(X-E(X))(Y-E(Y))]$$

である．たとえば，2つの連続型確率変数 X, Y の同時分布の確率密度関数 $f_{XY}(x,y)$ が与えられているときには，簡単のため $\mu = E(X), m = E(Y)$ と置くと

$$\mathrm{Cov}(X,Y) = \int_{-\infty}^{\infty}\int_{-\infty}^{\infty}(x-\mu)(y-m)f_{XY}(x,y)dxdy$$

と書ける．また $\mathrm{Cov}(X,X) = V(X)$ であることに注意しよう．この共分散を用いると，X と Y の**相関係数** (correlation coefficient) ρ を定めることができる．

$$\rho \equiv \rho(X,Y) = \frac{\mathrm{Cov}(X,Y)}{\sqrt{V(X)}\sqrt{V(Y)}}$$

離散型の確率変数に対しても同様に定義できる．

問 4.11 X と Y が離散型確率変数のとき，その確率関数を用いて，共分散 $\mathrm{Cov}(X,Y)$ の定義式を書き下せ．

問 4.12 X と Y が離散型確率変数のとき，その確率関数を用いて，相関係数 $\rho(X,Y)$ の定義式を書き下せ．

問 4.13 $\mathrm{Cov}(X,Y) = E(XY) - E(X)E(Y)$ を示せ．

上の問 4.13 の結果から，相関係数 $\rho(X,Y)$ はつぎのように書き換えられることもわかる．

$$\rho(X,Y) = \frac{E(XY) - E(X)E(Y)}{\sqrt{V(X)}\sqrt{V(Y)}} \tag{4.8}$$

問 4.14 定数 a,b に対して，$\mathrm{Cov}(aX+b, Y) = a\mathrm{Cov}(X,Y)$ を示せ．

問 4.15 定数 a,b,c,d に対して，$\mathrm{Cov}(aX+b, cY+d) = ac\mathrm{Cov}(X,Y)$ を示せ．

問 4.16 X, Y, Z を確率変数とするとき，$\mathrm{Cov}(X, Y+Z) = \mathrm{Cov}(X,Y) + \mathrm{Cov}(X,Z)$ を示せ．

例題 4.5 確率変数 X と Y が互いに独立ならば，等式
$$E(XY) = E(X)E(Y)$$
が成り立つ．

解答 確率変数が連続型の場合に示す．(X,Y) の同時確率密度関数を $f(x,y)$ とし，X,Y の密度関数をそれぞれ $f_X(x), f_Y(y)$ とする．$X \perp\!\!\!\perp Y$ であるから

$$f(x,y) = f_X(x)f_Y(y)$$

が成り立っている．このとき

$$\begin{aligned}E(XY) &= \int_{-\infty}^{\infty}\int_{-\infty}^{\infty} xy f(x,y)\,dxdy = \int_{-\infty}^{\infty}\int_{-\infty}^{\infty} xy f_X(x)f_Y(y)dxdy \\ &= \left(\int_{-\infty}^{\infty} xf_X(x)dx\right) \cdot \left(\int_{-\infty}^{\infty} yf_Y(y)dy\right) \\ &= E(X)E(Y)\end{aligned}$$

□

いま 2 次元確率ベクトル (X,Y) の同時分布関数を F とし，X,Y の周辺分布関数をそれぞれ F_X, F_Y とする．X と Y が互いに独立ならば，i.e. $X \perp\!\!\!\perp Y$ ならば，

$$F(x,y) = F_X(x)F_Y(y)$$

が成り立つ．

$$\begin{aligned}F(x,y) - F_X(x)F_Y(y) &= P(X \leqslant x, Y \leqslant y) - P(X \leqslant x)P(Y \leqslant y) \\ &= P(X > x, Y > y) - P(X > x)P(Y > y)\end{aligned} \qquad (4.9)$$

であるから，不等式 $F(x,y) - F_X(x)F_Y(y) \geq 0$ の成立は

$$P(X \leqslant x, Y \leqslant y) \geq P(X \leqslant x)P(Y \leqslant y)$$

が成り立つことか，あるいは

$$P(X > x, Y > y) \geq P(X > x)P(Y > y)$$

が成り立つことと同値である．

問題 4.5 (4.9) 式を示せ．

上の 2 つの P に関する不等式は直感的につぎのような意味をもつ．X と Y は独立ではなく，X と Y には正の関係があるから，X と Y を同時に考えたときの事象の確率は X と Y を単独に考えたときの事象の確率の積より大きくなると解釈できる．したがってつぎのように言ってよいであろう．

不等式 $F(x,y) \geq F_X(x)F_Y(y)$ が成り立ち，不等号 $>$ が成立する組 (x,y) が少なくとも 1 つあるとき，X と Y の間には**正の関係**があるという．逆に不等式 $F(x,y) < F_X(x)F_Y(y)$ が成り立つとき，X と Y の間には**負の関係**があるという．

命題 4.2 確率変数 X, Y に $E|X| < \infty, E|Y| < \infty, E|XY| < \infty$ を仮定する．
(1) X と Y に正の関係があれば，$\mathrm{Cov}(X,Y) > 0$ が成り立つ．
(2) X と Y に負の関係があれば，$\mathrm{Cov}(X,Y) < 0$ が成り立つ．
(3) X と Y が互いに独立ならば，$\mathrm{Cov}(X,Y) = 0$ が成り立つ．

証明 (3) $X \perp\!\!\!\perp Y$ であるから，$X - E(X)$ と $Y - E(Y)$ も独立である．例題 4.3 より直ちに
$$\mathrm{Cov}(X,Y) = E[(X-E(X))(Y-E(Y))]$$
$$= E(X-E(X)) \cdot E(Y-E(Y)) = 0$$
したがって相関係数の定義より，$\rho(X,Y) = 0$ が従う．(1) と (2) は読者の演習とする． $\square$

問題 4.6 命題 4.2 の (1) と (2) を証明せよ．

例題 4.6 確率変数 X と Y が互いに独立ならば，等式
$$V(X+Y) = V(X) + V(Y)$$
が成り立つ．

解答 4 章の演習問題の [4] の等式において $a = b = 1$ と置いて
$$V(X+Y) = V(X) + 2\mathrm{Cov}(X,Y) + V(Y)$$
である．独立性 $X \perp\!\!\!\perp Y$ から命題 4.2 の (3) を用いて，$\mathrm{Cov}(X,Y) = 0$ であるから，$V(X+Y) = V(X) + V(Y)$ が従う． $\square$

問 4.17 一般に，確率変数 $X_1, X_2, \cdots, X_n$ が互いに独立ならば，
$$V(X_1 + X_2 + \cdots + X_n) = V(X_1) + V(X_2) + \cdots + V(X_n)$$
であることを示せ．

注意 4.1 残念ながら命題 4.2 の逆の主張は成り立たない．しかし，共分散 $\mathrm{Cov}(X,Y)$ はある程度 X と Y の関係を捉えていることは事実であるから，このことを利用して X と Y の関係の強さを示す 1 つの指標として導入されたのが X と Y の相関係数
$$\rho(X,Y) = \frac{\mathrm{Cov}(X,Y)}{\sqrt{V(X)V(Y)}}$$
である．

そこで X と Y に関する関係をつぎのように定義する．

定義 4.3 確率変数 X と Y の関係をつぎのように定める．
(1) $\rho(X,Y) > 0$ のとき，X と Y に**正の相関**がある．
(2) $\rho(X,Y) < 0$ のとき，X と Y に**負の相関**がある．
(3) $\rho(X,Y) = 0$ のとき，X と Y は**無相関**である．

定理 4.1 (相関係数の性質) 確率変数 X, Y は有限な期待値をもち，$0 < V(X), V(Y) < \infty$ であると仮定する．このとき，つぎが成り立つ．
(1) $-1 \leqslant \rho(X,Y) \leqslant 1$．
(2) $\rho(X,Y) = 1 \iff Y - E(Y) = \dfrac{\sqrt{V(Y)}}{\sqrt{V(X)}}(X - E(X))$, a.e.
$\rho(X,Y) = -1 \iff Y - E(Y) = -\dfrac{\sqrt{V(Y)}}{\sqrt{V(X)}}(X - E(X))$, a.e.

定理 4.1 の証明 (1) 簡単のため $\mu = E(X), m = E(Y), \sigma^2 = V(X), s^2 = V(Y)$ と置く．
$$0 \leqslant E\left(\frac{X-\mu}{\sigma} \pm \frac{Y-m}{s}\right)^2$$

$$= \frac{E[(X-\mu)^2]}{\sigma^2} \pm 2\frac{E[(X-\mu)(Y-m)]}{\sigma s} + \frac{E[(Y-m)^2]}{s^2}$$
$$= \frac{V(X)}{\sigma^2} \pm \frac{\text{Cov}(X,Y)}{\sigma s} + \frac{V(Y)}{s^2}$$
$$= 2 \pm 2\rho(X,Y)$$

これより, $1 \pm \rho(X,Y) \geq 0 \iff -1 \leqslant \rho(X,Y) \leqslant 1$

 (2) 積分論より, $\varphi(x) \geq 0$ なる関数 $\varphi(x)$ に対して,

$$\int_{\mathbb{R}} \varphi(x) dF_X(x) = 0 \implies P(\{\omega \in \Omega;\ \varphi(X(\omega)) = 0\}) = 1$$

が成り立つが, このとき $\varphi(x) = 0$, a.e. と表す. ほとんど至る所の x に対して $\varphi(x) = 0$ を意味する. この結果を用いると, $\rho(X,Y) = 1$ のとき,

$$0 = 2 - 2 \times 1 = E\left(\frac{X-\mu}{\sigma} - \frac{Y-m}{s}\right)^2$$
$$= \iint_{\mathbb{R}\times\mathbb{R}} \left(\frac{x-\mu}{\sigma} - \frac{y-m}{s}\right)^2 dF_{XY}(x,y)$$
$$\implies P\left(\frac{X-\mu}{\sigma} - \frac{Y-m}{s} = 0\right) = 1$$
$$\iff \frac{X-\mu}{\sigma} = \frac{Y-m}{s},\ \text{a.e.}$$

が得られ, 主張 (2) の前半が成り立つことがわかる. 同様に考えて今度は $\rho(X,Y) = -1$ のとき,

$$0 = 2 + 2 \times (-1) = E\left(\frac{X-\mu}{\sigma} + \frac{Y-m}{s}\right)^2$$
$$= \iint_{\mathbb{R}\times\mathbb{R}} \left(\frac{x-\mu}{\sigma} + \frac{y-m}{s}\right)^2 dF_{XY}(x,y)$$
$$\implies P\left(\frac{X-\mu}{\sigma} + \frac{Y-m}{s} = 0\right) = 1$$

であるから主張 (2) の後半が導かれる. □

例 4.2 U, V, Z を互いに独立な確率変数とする. このとき, 確率変数 X, Y を

$$X = aZ + U, \quad Y = bZ + V \quad (a, b : \text{定数})$$

と定義する. 簡単のため, $s_1^2 = V(U), s_2^2 = V(V), \sigma^2 = V(Z)$ と置くとき, 確率変

数 X, Y は $ab > 0$ なら正の相関があり，$ab < 0$ なら負の相関がある．また X, Y の相関係数は

$$\rho(X,Y) = \frac{ab\sigma^2}{\sqrt{(a^2\sigma^2 + s_1^2)(b^2\sigma^2 + s_2^2)}}$$

である．

問 4.18 上の例 4.2 で述べられたことを確かめよ．

定義において $\rho(X,Y) = 0$ のとき，X と Y は無相関であるとした．これは単に X と Y に相関がない，相関関係が認められないと言っているだけで，X と Y が独立であることを必ずしも意味しない．下記にその例を与える．しかし，(X,Y) が 2 次元正規分布に従うときは，$\rho(X,Y) = 0$ であれば X と Y の独立性が導かれる．このことを下記に例題として紹介する．

例 4.3 ($\rho(X,Y) = 0$ でも X と Y が独立とは限らない例) X は離散型確率変数でその確率関数 $p_X(x)$ は下記で与えられる．

X	-2	-1	0	1	2
$p_X(x)$	$\frac{1}{5}$	$\frac{1}{5}$	$\frac{1}{5}$	$\frac{1}{5}$	$\frac{1}{5}$

確率変数 Y を $Y = X^2$ と定義する．Y の確率関数 $p_Y(y)$ はつぎのようになる．

Y	0	1	4
$p_Y(y)$	$\frac{1}{5}$	$\frac{2}{5}$	$\frac{2}{5}$

このとき，$E(X) = 0$, $E(Y) = 1 \times \frac{2}{5} + 4 \times \frac{2}{5} = 2$ であり，

$$\text{Cov}(X,Y) = E[(X-0)(Y-2)] = E[X(X^2-2)] = E(X^3) - 2E(X)$$
$$= E(X^3) = (-8 - 1 + 0 + 1 + 8) \times \frac{1}{5} = 0$$

を得る．しかし，$P(X = -2, Y = X^2 = 0) = 0$ であり，$P(X = -2) = \frac{1}{5}$, $P(Y = 0) = \frac{1}{5}$ であるから

$$P(X=-2, Y=0) \neq P(X=-2)P(Y=0)$$

となり，X と Y は独立ではない．この例の場合，X が決まると，自動的に $Y = X^2$ も一意に決まってしまうから，X と Y が独立ではないことは直感的にも納得できるであろう． □

> **例題 4.7** 確率ベクトル (X, Y) が 2 次元正規分布に従うとする．2 次元正規分布の確率密度関数を $f_{XY}(x, y)$ とする (例 2.5 を参照のこと)．このとき，$\rho(X, Y) = 0$ なら，X と Y は互いに独立であることを示せ．

解答 (X, Y) の密度関数 $f_{XY}(x, y)$ は

$$f_{XY}(x, y) = \frac{1}{2\pi\sigma_1\sigma_2\sqrt{1-\rho^2}}$$
$$\times \exp\left\{-\frac{1}{2(1-\rho^2)}\left(\frac{(x-\mu_1)^2}{\sigma_1^2} - \frac{2\rho(x-\mu_1)(y-\mu_2)}{\sigma_1\sigma_2} + \frac{(y-\mu_2)^2}{\sigma_2^2}\right)\right\}$$

である．X の周辺分布の密度関数 f_X は

$$f_X(x) = \int_{\infty}^{\infty} f_{XY}(x, y)dy = \frac{1}{\sqrt{2\pi\sigma_1^2}}\exp\left\{-\frac{(x-\mu_1)^2}{2\sigma_1^2}\right\}$$

で与えられる．同様にして Y の周辺分布の密度関数 f_Y は

$$f_Y(y) = \int_{\infty}^{\infty} f_{XY}(x, y)dx = \frac{1}{\sqrt{2\pi\sigma_2^2}}\exp\left\{-\frac{(x-\mu_2)^2}{2\sigma_2^2}\right\}$$

となる．$Y = y$ が与えられた下での X の条件付き分布の密度関数 (条件付き密度関数) は

$$f_{X|Y}(x|y) = \frac{f_{XY}(x, y)}{f_Y(y)} = \frac{1}{\sqrt{2\pi\sigma_1(1-\rho^2)}}$$
$$\times \exp\left\{-\frac{1}{2\sigma_1^2(1-\rho^2)}\left(x - \mu_1 - \frac{\rho\mu_1}{\sigma_2}(y-\mu_2)\right)^2\right\}$$

つまり，$Y = y$ が与えられたときの X の条件付き密度関数は，平均 $\mu_1 + \frac{\rho\sigma_1}{\sigma_2}(y - \mu_2)$，分散 $\sigma_1^2(1-\rho^2)$ の正規分布の確率密度関数に一致する．言い換えると，$Y = y$ が与えられた下での X の条件付き分布は正規分布

$$N\left(\mu_1 + \frac{\rho\sigma_1}{\sigma_2}(y-\mu_2),\ \sigma_1^2(1-\rho^2)\right)$$

である．このとき $f_{X|Y}(x|y) = f_X(x)$ が成り立つのは $\rho = 0$ のとき，かつこのときに限られる．したがって (X, Y) が 2 次元正規分布に従うとき，X と Y が互いに独立であるための必要十分条件は $\rho = 0$ であることがわかる．さて条件付き密度関数 $f_{X|Y}(x|y)$ の定義より

$$E(XY) = \iint_{\mathbb{R}^2} xy\, f_{XY}(x,y)dxdy = \iint_{\mathbb{R}^2} xy\, f_{X|Y}(x|y)f_Y(y)dxdy$$
$$= \int_{\mathbb{R}} yf_Y(y)dy \int_{\mathbb{R}} x f_{X|Y}(x|y)dx = \int_{\mathbb{R}} yf_Y(y)E(X|Y=y)dy$$

と書き換えられて，$E(X|Y=y) = \mu_1 + \frac{\rho\sigma_1}{\sigma_2}(y-\mu_2)$ であることに注意すれば

$$\begin{aligned}E(XY) &= \int_{\mathbb{R}} y\{\mu_1 + \frac{\rho\sigma_1}{\sigma_2}(y-\mu_2)\}f_Y(y)dy \\ &= E\left(Y\{\mu_1 + \frac{\rho\sigma_1}{\sigma_2}(Y-\mu_2)\}\right) \\ &= \mu_1 E(Y) + \rho\frac{\sigma_1}{\sigma_2}E(Y^2) - \mu_2\rho\frac{\sigma_1}{\sigma_2}E(Y) \\ &= \mu_1\mu_2 + \rho\sigma_1\sigma_2 \end{aligned} \qquad (4.10)$$

と計算される．ここで共分散の公式 $\mathrm{Cov}(X,Y) = E(XY) - E(X)E(Y)$ と (4.10) 式から

$$\mathrm{Cov}(X,Y) = \rho\sigma_1\sigma_2$$

となり，結局 $\rho(X,Y) = \rho$ を得る．ところで先の計算結果から，$X \perp\!\!\!\perp Y$ であるための必要十分条件は $\rho = 0$ であったから，(X,Y) が 2 次元正規分布に従うとき，X と Y が独立であるための必要十分条件は $\rho(X,Y) = 0$ で与えられる． □

例題 4.8 確率変数 X, Y の同時密度関数 $f_{XY}(x,y)$ が

$$f_{XY}(x,y) = \begin{cases} x+y & (0 \leqslant x, y \leqslant 1) \\ 0 & (その他) \end{cases}$$

で与えられているとする．このとき X と Y の相関係数 $\rho(X,Y)$ を求めよ．

解答 X の周辺密度関数は公式から $f_X(x) = \int f_{XY}(x,y)dy$ であるから

$$f_X(x) = \begin{cases} x + \dfrac{1}{2} & (0 \leqslant x \leqslant 1) \\ 0 & (その他) \end{cases}$$

したがって $E(X) = \int x f_X(x)dx = \dfrac{7}{12}$, また $V(X) = \dfrac{11}{144}$. また同時密度関数の対称性から Y についても同様に $E(Y) = \dfrac{7}{12}, V(Y) = \dfrac{11}{144}$, さらに

$$\begin{aligned} E(XY) &= \int_{-\infty}^{\infty} \int_{-\infty}^{\infty} xy f_{XY}(x,y) dx dy \\ &= \int_0^1 \int_0^1 xy(x+y) dx dy = \int_0^1 dy \left(\int_0^1 (x^2 y + xy^2) dx \right) \\ &= \int_0^1 \left(\frac{1}{3}y + \frac{1}{2}y^2 \right) dy = \frac{1}{3}. \end{aligned}$$

したがって共分散は $\mathrm{Cov}(X,Y) = E(XY) - E(X)E(Y) = \dfrac{1}{3} - \dfrac{7}{12} \times \dfrac{7}{12} = -\dfrac{1}{144}$ であるから,

$$\rho(X,Y) = \frac{\mathrm{Cov}(X,Y)}{\sqrt{V(X)V(Y)}} = \frac{-\dfrac{1}{144}}{\sqrt{\dfrac{11}{144} \times \dfrac{11}{144}}} = -\frac{1}{11}.$$

□

4 章の演習問題

[1] X を 2 項分布 $B(n,p)$ に従う確率変数とする.このとき X の確率関数はつぎで与えられる.

$$p(x) = P(X = x) = {}_n C_x \, p^x q^{n-x}, \qquad (0 < p < 1, \ q = 1-p)$$

この確率変数 X の期待値および分散を求めよ.

[2] X を幾何分布 $G(p)$ に従う確率変数とする.このとき X の確率関数はつぎで与えられる.

$$p(x) = P(X = x) = p q^{x-1}, \qquad (0 < p < 1, \ q = 1-p)$$

この確率変数 X の期待値および分散を求めよ．

[3] X を正規分布 $N(\mu, \sigma^2)$ に従う確率変数とする．このとき X の確率密度関数はつぎで与えられる．
$$f_X(x) = \frac{1}{\sqrt{2\pi}\sigma} \exp\left\{-\frac{(x-\mu)^2}{2\sigma^2}\right\}$$
この確率変数 X の期待値および分散を求めよ．

[4] X, Y を確率変数，a, b を定数とするとき，等式
$$V(aX + bY) = a^2 V(X) + 2ab\,\mathrm{Cov}(X, Y) + b^2 V(Y)$$
が成り立つことを導け．

[5] 確率変数 X, Y の同時確率密度関数が
$$f_{XY}(x, y) = \begin{cases} 1 & (0 \leqslant x, y \leqslant 1) \\ 0 & (その他) \end{cases}$$
で与えられているとき，X と Y の相関係数を求めよ．

[6] 確率変数 X と Y の相関係数が ρ であるとする．このとき，$Z = X + Y$ と $W = X - Y$ の相関係数を求めよ．

[7] 確率変数 X, Y の同時確率密度関数が
$$f_{XY}(x, y) = \begin{cases} 2 & (x, y \leqslant 1 \text{ かつ } x + y \geq 1) \\ 0 & (その他) \end{cases}$$
であるとする．また $Z = X + Y$ と定義する．
 (1) X の期待値 $E(X)$，分散 $V(X)$ を求めよ．
 (2) Z の期待値 $E(Z)$，分散 $V(Z)$ を求めよ．
 (3) X と Y の相関係数 $\rho(X, Y)$ を求めよ．
 (4) X と Z の相関係数 $\rho(X, Z)$ を求めよ．
 (5) 上記 2 つの相関係数の符号について調べよ．

[8] 確率変数 $X_1, X_2, \cdots, X_n$ が互いに独立で，$E|X_k| < \infty$ $(\forall k \geq 1)$ であるならば，
$$E(X_1 \cdot X_2 \cdot \cdots \cdot X_n) = \prod_{i=1}^{d} E(X_i)$$

が成り立つことを示せ．

[9] 確率変数 X, Y が互いに独立で $E|X| < \infty, E|Y| < \infty$ であり，かつ実数値関数 $g(x), h(x)$ $(x \in \mathbb{R})$ に対して $E|g(X)| < \infty, E|h(Y)| < \infty$ であるならば，
$$E[g(X) \cdot h(Y)] = E[g(X)] \cdot E[h(Y)]$$
が成り立つことを示せ．

[10] 確率変数 $X_1, X_2, \cdots, X_n$ が互いに独立で $E|X_k| < \infty$ $(\forall k \geq 1)$ とする．さらに実数値関数列 $\{f_k(x)\}$ $(k = 1, 2, \cdots, n)$, $x \in \mathbb{R}$ に対して $E|f_k(X_k)| < \infty$ $(\forall k \geq 1)$ であるならば，
$$E\left(\prod_{k=1}^{n} f_k(X_k)\right) = \prod_{k=1}^{n} E(f_k(X_k))$$
が成り立つことを示せ．

[11] （1） 確率変数 X について，期待値 $E(X)$ が存在するための必要十分条件は
$$\int_{-\infty}^{0} P(X \leqslant x) dx \quad \text{および} \quad \int_{0}^{\infty} P(X > x) dx$$
がともに有限であることを示せ．
（2） 確率変数 X の期待値 $E(X)$ が存在すると仮定する．このとき等式
$$E(X) = \int_{0}^{\infty} P(X > x) dx - \int_{-\infty}^{0} P(X \leqslant x) dx$$
が成り立つことを示せ．
（3） 確率変数 X の期待値 $E(X)$ が存在すると仮定する．このとき等式
$$E(X) = \int_{0}^{\infty} (1 - F_X(x)) dx - \int_{-\infty}^{0} F_X(x) dx$$
が成り立つことを示せ．

第 5 章

母関数と特性関数

5.1 確率母関数

確率の計算ではしばしば同じパターンの計算が繰り返し現れる．これらを効率よく計算するための道具として使われるのが確率母関数，積率母関数のような母関数である．まずつぎの例をみてみよう．数列 $\{a_k\}_{k=0}^{\infty}$ を与えたとき，この数列を係数にもつようなパラメータ z の多項式

$$G(z) = \sum_{k=0}^{\infty} a_k z^k$$

を数列 $\{a_k\}_k$ の**母関数** (generating function) という．「母関数」はその数列を作り出す，つまり生成する (generate) 関数のことを意味する．実際，微分を実行してパラメータ z に 0 を代入することにより，つぎつぎと数列が得られることになる．すなわち

$$a_k = \frac{1}{k!} \frac{d^k}{dz^k} G(z) \bigg|_{z=0}$$

である．

定義 5.1 確率変数 X が確率関数 $p(k) = P(X = k)$ $(k = 0, 1, 2, \cdots)$ をもつとする．$|s| \leq 1$ なるパラメータ s に対して

$$G_X(s) = E(s^X) = \sum_{k=0}^{\infty} p(k) s^k \tag{5.1}$$

と定め，この $G_X(s)$ を確率変数 X の**確率母関数** (probability generating function) という．

この確率母関数 $G_X(s)$ は非負整数値に値をとる確率変数にだけ定義されること

に注意せよ．

問 5.1 確率母関数 $G_X(s)$ が $|s| \leqslant 1$ の範囲で収束することを確かめよ．(ヒント：確率関数 $p(k)$ の定義から $\sum_{k=0}^{\infty} p(k) = 1$ であることよりわかる．)

確率変数 X が与えられたとき，X の分布はその確率母関数 $G_X(s)$ から

$$P(X = k) = \frac{1}{k!} G_X^{(k)}(0) \qquad (k = 0, 1, 2, \cdots)$$

のようにして簡単に求められる．ここで $G_X^{(k)}$ は $G_X(s)$ のパラメータ s に関する k 次導関数である．このように確率母関数は，その対象には制限がつくものの，確率分布を一意に定めることができ，取り扱いが容易であることからよく使われる．

例 5.1 事象 A の定義関数 1_A が確率変数の典型例の 1 つであることは第 2 章でみた (2 章の演習問題 [1] を参照のこと)．事象 A の確率が p, すなわち $P(A) = p$ であるとき，1_A の確率母関数 $G(s)$ は

$$G(s) = ps + (1 - p) = ps + q, \qquad (q = 1 - p)$$

で与えられる．

問 5.2 上の例 5.1 の結果を確かめよ．

例 5.2 確率変数 X は 2 項分布 $B(n, p)$ $(0 < p < 1)$ に従っているとする．X の確率関数は

$$p_X(k) = P(X = k) = \binom{n}{k} p^k q^{n-k} \qquad (q = 1 - p)$$

X の確率母関数は $(ps + q)^n$ で与えられる．

問 5.3 上の例 5.2 の結果を確かめよ．(ヒント：2 項定理を用いて，直接計算により

$$G_X(s) = \sum_{k=0}^{\infty} \binom{n}{k} (ps)^k q^{n-k} = (ps + q)^n \quad)$$

つぎに確率母関数から期待値，分散を求める方法を確認しておこう．微分して

$$\left.\frac{d}{ds}G_X(s)\right|_{s=1} = E(Xs^{X-1})|_{s=1} = E(X)$$

さらにもう 1 回微分して

$$\left.\frac{d^2}{ds^2}G_X(s)\right|_{s=1} = E(X(X-1)s^{X-2})|_{s=1} = E(X(X-1))$$

を得る．これを利用して $E(X^2) = G_X''(1) + G_X'(1)$ であるから

$$V(X) = E(X^2) - (E(X))^2 = G_X''(1) + G_X'(1) - (G_X'(1))^2$$

によって求められる．

例題 5.1 確率変数 X は幾何分布 $G(p)$ $(0 < p < 1)$ に従っているとする．X の確率関数は

$$p_X(k) = P(X = k) = p(1-p)^k, \quad (k = 0, 1, 2, \cdots)$$

である．このとき X の確率母関数 $G_X(s)$ を利用することにより確率変数 X の期待値および分散を求めよ．

解答 X の確率母関数を求める．無限級数

$$1 + x + x^2 + x^3 + \cdots + x^k + \cdots = \frac{1}{1-x}$$

を用いて

$$G_X(s) = \sum_{k=0}^{\infty} p(1-p)^k s^k = ps \sum_{k=1}^{\infty} ((1-p)s)^{k-1}$$
$$= \frac{ps}{1-(1-p)s}$$

この $G_X(s)$ を微分することによって

$$\frac{d}{ds}G_X(s) = \frac{p}{(1-(1-p)s)^2}, \quad \frac{d^2}{ds^2}G_X(s) = \frac{2p(1-p)}{(1-(1-p)s)^3}$$

したがって

$$E(X) = G_X'(1) = \frac{1}{p}, \quad E(X(X-1)) = G_X''(1) = 2\frac{1-p}{p^2}$$

ゆえに

$$V(X) = E(X^2) - (E(X))^2 = G_X''(1) + G_X'(1) - (G_X'(1))^2$$
$$= 2\frac{1-p}{p^2} + \frac{1}{p} - \left(\frac{1}{p}\right)^2 = \frac{1-p}{p^2} \qquad \square$$

非負整数値をとる 2 つの確率変数 X, Y を考える．もし X と Y が互いに独立ならば，第 4 章の演習問題 [9] の公式を用いることにより，確率変数 $X+Y$ の確率母関数は以下のように X と Y のそれぞれの確率母関数の積で表すことができる．

$$G_{X+Y}(s) = E(s^{X+Y}) = E(s^X s^Y) = E(s^X)E(s^Y) = G_X(s)G_Y(s) \qquad (5.2)$$

このことは第 4 章の演習問題 [10] により，つぎのように一般化される．

命題 5.1 確率変数 $X_1, X_2, \cdots, X_n$ が互いに独立ならば，確率変数 $Y = X_1 + X_2 + \cdots + X_n$ の確率母関数はつぎで与えられる．

$$G_Y(s) = G_{X_1+X_2+\cdots+X_n}(s) = G_{X_1}(s)G_{X_2}(s)\cdots G_{X_n}(s) \qquad (5.3)$$

特に確率変数列 $\{X_k\}$ ($k = 1, 2, \cdots, n$) が独立同分布 (i.i.d.) であるときは，確率変数 X_k の確率母関数を $G_X(s)$ ($\forall k \geq 1$) とすると，

$$G_Y(s) = G_{X_1+X_2+\cdots+X_n}(s) = (G_X(s))^n \qquad (5.4)$$

が成り立つ．

上の命題 5.1 を考慮に入れると，さきに議論した例 5.2 には別解が存在する．パラメータ n, p の 2 項分布に従う確率変数は n 回のベルヌーイ (Bernoulli) 試行 (結果が 2 値の試行) の結果と見なすことができる．各回のベルヌーイ試行に対する確率母関数は例 5.1 で与えられる．

問 5.4 例 5.2 の確率母関数を上の命題 5.1 の後半の主張を用いて導け．

5.2 積率母関数

前節の確率母関数は確率関数を生成する関数であった．この節で扱う積率母関数は**積率** (モーメント) と呼ばれる「確率分布を特徴付ける量」を生成する関数のことである．確率変数 X の k 次積率 (モーメント) とは，$E(X^k)$ のことをいう．特に

1次積率 (モーメント) は平均値 $E(X)$ のことで，重心という意味合いがある．また $E(X-a)^k$ を a のまわりの k 次積率という．$E(X) = \mu$ と置くと，分散 $V(X) = E|X-\mu|^2$ は平均 μ のまわりの 2 次積率 (モーメント) ということができる．

> **定義 5.2** 確率変数 X が与えられているとき，$|t| < \delta \ (\delta > 0)$ なるパラメータ $t \in \mathbb{R}$ に対して
> $$M_X(t) = E(e^{tX}) = \int_{-\infty}^{\infty} e^{tx} dF_X(x) \tag{5.5}$$
> が存在するとき，この $M_X(t)$ を確率変数 X の**積率母関数** (moment generating function) という．

特に確率変数 X が離散型であるときは積率母関数は
$$M_X(t) = \sum_{k=1}^{\infty} e^{tx_k} P(X = x_k)$$
となり，X が連続型確率変数のときは，
$$M_X(t) = \int_{-\infty}^{\infty} e^{tx} f_X(x) \, dx$$
で与えられる．

積率母関数は分布関数と 1 対 1 に対応している．したがって確率変数 X, Y の積率母関数が等しければ，X, Y の分布関数も一致する．つぎの定理は積率母関数と分布関数とが互いに一方を一意的に決定できることを示している．

> **定理 5.1** (一意性定理) 確率変数 X, Y の積率母関数はともに存在していると仮定する．このとき，つぎの 2 条件は同値である．
> (1) $M_X(t) = M_Y(t)$ が $t = 0$ の近傍で成り立つ．
> (2) $F_X(x) = F_Y(x)$ が双方の分布関数の共通な連続点 x に対して成り立つ．

上の定理において，条件 (2) は確率変数 X と Y は確率的に同じであることを

主張している．つぎに微分積分学のテーラー展開を用いて，(5.5) の積率母関数の定義式を形式的に計算してみると，

$$M_X(t) = E(e^{tX}) = E\left(\sum_{k=0}^{\infty} \frac{X^k}{k!} t^k\right) = \sum_{k=1}^{\infty} \frac{E(X^k)}{k!} t^k$$

上記の最後の等式は無条件では成り立たない．これに関してつぎのこと (定理 5.2) がいえる．

領域 D で定義された実数値関数 $f(x)$ が D で解析的であるとは，D の各点 c に対し，c の近傍で

$$f(x) = a_0 + a_1(x-c) + a_2(x-c)^2 + \cdots + a_n(x-c)^n + \cdots$$

とテイラー展開できるときにいう．このとき，$f(x)$ は c の近傍で何回でも微分可能であり，特に

$$a_n = \frac{f^{(n)}(c)}{n!} \qquad (n=0,1,2,\cdots)$$

である．

定理 5.2 ある正数 $\delta \, (>0)$ が存在して，
$$E(e^{\delta|X|}) < \infty$$
であると仮定する．このとき，つぎの (1), (2) が成り立つ．

(1) 任意に $n \, (\in \mathbb{N})$ に対して，確率変数 X の n 次積率 $E(X^n)$ が存在する．

(2) 積率母関数 $M_X(t)$ は区間 $(-\delta, \delta)$ において解析的であり，ベキ級数展開可能である．すなわち，任意の $t \in (-\delta, \delta)$ に対して

$$M_X(t) = 1 + E(X)t + \frac{E(X^2)}{2!}t^2 + \cdots + \frac{E(X^n)}{n!}t^n + \cdots$$

この定理 5.2 から直ちにつぎの命題 (系 5.1) が従う．

> **系 5.1** ある正数 $\delta\ (>0)$ が存在して
> $$E\left(e^{\delta|X|}\right) < \infty$$
> であると仮定する．このとき確率変数 X の積率母関数 $M_X(t)$ は区間 $(-\delta, \delta)$ において何回でも微分可能であり，
> $$\left.\frac{d^n}{dt^n}M_X(t)\right|_{t=0} = E(X^n), \qquad (n = 0, 1, 2, \cdots)$$
> が成り立つ．

この上の系の結果から，積率母関数 $M_X(t)$ が与えられているとき，確率変数 X の期待値 $E(X)$ と分散 $V(X)$ をつぎのようにして求めればよいことがわかる．

$$E(X) = M'_X(0), \qquad E(X^2) = M''_X(0)$$

したがって

$$V(X) = X(X^2) - (E(X))^2 = M''_X(0) - (M'_X(0))^2$$

として得られる．

> **例題 5.2** 確率変数 X の確率関数がつぎで与えられている．
> $$p(k) = P(X = k) = \frac{1}{4}\left(\frac{3}{4}\right)^{k-1} \qquad (k = 1, 2, \cdots)$$
> （1） X の積率母関数 $M_X(t)$ を求めよ．
> （2） $M_X(t)$ を利用して X の期待値 $E(X)$ と分散 $V(X)$ を求めよ．

解答 （1） 級数の収束の観点から，$|3e^t/4| < 1$，すなわち $t < \log\frac{4}{3}$ である限り

$$\begin{aligned}
M_X(t) &= E\left(e^{tX}\right) = \sum_{k=1}^{\infty} e^{tk} \cdot \frac{1}{4}\left(\frac{3}{4}\right)^{k-1} \\
&= \frac{e^t}{4}\sum_{k=1}^{\infty}\left(\frac{3e^t}{4}\right)^{k-1} = \frac{e^t}{4 - 3e^t}
\end{aligned}$$

(2) 積率母関数を微分して

$$M'_X(t) = \frac{4e^t}{(4-3e^t)^2}, \quad M''_X(t) = \frac{4(4e^t + 3e^{2t})}{(4-3e^t)^3}$$

であるから, $E(X) = M'_X(0) = 4$. また

$$V(X) = M''_X(0) - (M'_X(0))^2 = 28 - 4^2 = 12.$$

□

命題 5.2 確率変数 $X_1, X_2, \cdots, X_n$ は互いに独立であるとする. 各 X_k が積率母関数をもつならば,

$$Y = X_1 + X_2 + \cdots + X_n$$

も積率母関数をもち,

$$M_Y(t) = M_{X_1+X_2+\cdots+X_n}(t) = \prod_{k=1}^{n} M_{X_k}(t)$$

が成り立つ.

証明 独立な確率変数の期待値に関する公式より (cf. 第 4 章の演習問題)

$$M_Y(t) = E\left(e^{tY}\right) = E\left(\exp\left\{t\sum_{k=1}^{n} X_k\right\}\right) = E\left(\prod_{k=1}^{n} e^{tX_k}\right)$$
$$= \prod_{k=1}^{n} E\left(e^{tX_k}\right) = \prod_{k=1}^{n} M_{X_k}(t)$$

□

問 5.5 a, b を定数とする. 確率変数 X は積率母関数 $M_X(t)$ をもつとする. このとき, 確率変数 $Y = aX + b$ も積率母関数をもち,

$$M_Y(t) = e^{bt} M_X(at)$$

が成り立つことを示せ.

例題 5.3 X を 2 項分布 $B(n,p)$ $(0 < p < 1)$ に従う確率変数とする．
（1） X の積率母関数 $M_X(t)$ を定義に基づいて求めよ．
（2） 確率変数 $X_1, X_2, \cdots, X_n$ が互いに独立で同一分布 $B(1,p)$ に従うとき，確率変数 $Y = X_1 + X_2 + \cdots + X_n$ は $B(n,p)$ に従うという事実を用いて，X の積率母関数 $M_X(t)$ を求めよ．
（3） 積率母関数を利用して，X の期待値 $E(X)$，分散 $V(X)$ を求めよ．
（4） 積率母関数を直接展開することにより
$$\frac{d^k}{dt^k} M_X(0) = E(X^k)$$
であることを示せ．

解答 （1） $q = 1 - p$ と置いて

$$M_X(t) = \sum_{k=0}^{n} \binom{n}{k} p^k q^{n-k} e^{tx} = q^n \sum_{k=0}^{n} \binom{n}{k} \left(\frac{p}{q}\right)^k e^{tx}$$

$$= q^n \sum_{k=0}^{n} \binom{n}{k} \left(\frac{pe^t}{q}\right)^k = q^n \left(1 + \frac{pe^t}{q}\right)^n = (q + pe^t)^n$$

（2） 確率変数 $X_1, X_2, \cdots, X_n$ は同一分布に従うから，各確率変数 X_k は同じ積率母関数をもつ．それを $M(t)$ と表すことにすると，

$$M(t) = e^{1 \cdot t} p + q e^{0 \cdot t} = q + pe^t.$$

命題 5.2 より

$$M_X(t) = (M(t))^n = (q + pe^t)^n$$

（3） $M_X'(t) = npe^t (q + pe^t)^{n-1}$ であるから，$E(X) = M_X'(0) = np$. つぎに分散を求める．

$$M_X''(t) = npe^t (q + pe^t)^{n-1} + n(n-1)p^2 e^2 t (q + pe - t)^{n-2}$$

より，$E(X^2) = M_X''(0) = np + n(n-1)p^2$ を得る．ゆえに

$$V(X) = E(X^2) - (E(X))^2 = np + n(n-1)p^2 - (np)^2 = npq.$$

（4） 2 項定理を用いて式を書き直して

$$M_X(t) = (q+pe^t)^n = \sum_{j=0}^{n} \binom{n}{j} p^j q^{n-j} e^{jt}.$$

両辺を t について k 回微分して k 次導関数を求めると

$$\frac{d^k}{dt^k} M_X(t) = \sum_{j=0}^{n} \binom{n}{j} j^k p^j q^{n-j} e^{jt}$$

となるので $\dfrac{d^k}{dt^k} M_X(0) = \sum_{j=0}^{n} \binom{n}{j} j^k p^j q^{n-j} = E\left(X^k\right)$ が得られる. □

例題 5.4 X を正規分布 $N(\mu, \sigma^2)$ に従う確率変数とする. つまり X の確率密度関数はつぎで与えられている.
$$f_X(x) = \frac{1}{\sqrt{2\pi\sigma^2}} \exp\left\{-\frac{(x-\mu)^2}{2\sigma^2}\right\}$$
(1) X の積率母関数を求めよ.
(2) 積率母関数を利用して X の平均, 分散がそれぞれ μ, σ^2 であることを確かめよ.

解答 (1) 正規分布 $N(\mu, \sigma^2)$ に従う確率変数 X の積率母関数を直接計算するのは大変なので, 線形変換 $Y = \dfrac{X-\mu}{\sigma}$ により標準正規分布 $N(0,1)$ に変換して, Y の積率母関数を求める. Y の密度関数は $f_Y(y) = \dfrac{1}{\sqrt{2\pi}} \exp\left\{-\dfrac{y^2}{2}\right\}$ で与えられるから

$$M_Y(t) = E\left(e^{tY}\right) = \int_{-\infty}^{\infty} e^{ty} \frac{1}{\sqrt{2\pi}} e^{-\frac{y^2}{2}} dy$$
$$= e^{\frac{t^2}{2}} \int_{-\infty}^{\infty} \frac{1}{\sqrt{2\pi}} \exp\left\{-\frac{(y-t)^2}{2}\right\} dy = e^{\frac{t^2}{2}}$$

つぎに問 5.5 の公式を用いることにする. $X = \sigma Y + \mu$ であるから

$$M_X(t) = e^{\mu t} M_Y(\sigma t) = e^{\mu t} \times e^{\frac{\sigma^2 t^2}{2}} = \exp\left\{\mu t + \frac{\sigma^2 t^2}{2}\right\}$$

(2) 積率母関数 $M_X(t)$ を微分して

$$\frac{d}{dt}M_X(t) = \frac{d}{dt}\exp\left\{\mu t + \frac{\sigma^2 t^2}{2}\right\} = (\mu + \sigma^2 t)\cdot \exp\left\{\mu t + \frac{\sigma^2 t^2}{2}\right\}$$

$$\frac{d^2}{dt^2}M_X(t) = \frac{d}{dt}\left(\frac{d}{dt}M_X(t)\right) = \{\sigma^2 + (\mu + \sigma^2 t)^2\}\cdot \exp\left\{\mu t + \frac{\sigma^2 t^2}{2}\right\}$$

となる．$t=0$ を代入して

$$E(X) = \frac{d}{dt}M_X(0) = \mu, \quad E(X^2) = \frac{d^2}{dt^2}M_X(0) = \sigma^2 + \mu^2$$

が得られるので

$$V(X) = E(X^2) - (E(X))^2 = \sigma^2 + \mu^2 - (\mu)^2 = \sigma^2 \qquad \Box$$

この小節の終わりに，確率分布の積率母関数の一覧表 (表 5.1) を掲げる．以下は表に現れる各種パラメータ等の簡単な説明である．

$$0 < p < 1, \quad q = 1 - p > 0, \quad n \in \mathbb{N}, \quad r \in \mathbb{N}$$
$$L \in \mathbb{N}, \quad M \in \mathbb{N}, \quad \lambda > 0 \ (\lambda \in \mathbb{R})$$
$$a, b \in \mathbb{R} \ (a < b), \quad \mu \in \mathbb{R}, \quad \sigma^2 > 0$$
$$\alpha > 0, \quad \beta > 0, \quad m \in \mathbb{N}$$

さらに超幾何分布の積率母関数の表示にでてくる関数 $F(\alpha, \beta, \gamma; x)$ は**超幾何関数**と呼ばれるもので，次式で定義される．

$$\begin{aligned}F(\alpha, \beta, \gamma; x) &= \sum_{j=0}^{\infty} \frac{\alpha^{[j]} \beta^{[j]}}{\gamma^{[j]}} \cdot \frac{x^j}{j!} \\ &= 1 + \frac{\alpha\beta}{\gamma}\cdot\frac{x}{1!} + \frac{\alpha(\alpha+1)\beta(\beta+1)}{\gamma(\gamma+1)}\cdot\frac{x^2}{2!} \\ &\quad + \frac{\alpha(\alpha+1)(\alpha+2)\beta(\beta+1)(\beta+2)}{\gamma(\gamma+1)(\gamma+2)}\cdot\frac{x^3}{3!} + \cdots\end{aligned}$$

なお，積率母関数の一覧表にでてくる分布の定義については，つぎの第 6 章で詳しく述べる．

表 5.1 確率分布の積率母関数

2項分布 $B(n,p)$	$M(t) = (q+pe^t)^n, \quad t \in \mathbb{R}$
負の2項分布 $NB(r,p)$	$M(t) = p^r(1-qe^t)^{-r}, \quad t \in \mathbb{R}$
幾何分布 $G(p)$	$M(t) = p(1-qe^t)^{-1} \quad t \in \mathbb{R}$
超幾何分布 $HG(n,L,M)$	$M(t) = \dfrac{(L+M-n)!M!}{(L+M)!} F(-n,-L,M-n+1;e^t)$, $t \in \mathbb{R}$
ポアソン分布 $Po(\lambda)$	$M(t) = e^{\lambda(e^t-1)}, \quad t \in \mathbb{R}$
一様分布 $U(a,b)$	$M(t) = (e^{bt} - e^{at})/(b-a)t, \quad t \in \mathbb{R}$
指数分布 $Exp(\lambda)$	$M(t) = \lambda(\lambda-t)^{-1}, \quad t < \lambda$
正規分布 $N(\mu,\sigma^2)$	$M(t) = \exp\{\mu t + \sigma^2 t^2/2\}, \quad t \in \mathbb{R}$
ガンマ分布 $Ga(\alpha,\beta)$	$M(t) = (1-\beta t)^{-\alpha}, \quad t < 1$
カイ2乗分布 $\chi^2(m)$	$M(t) = (1-2t)^{-m/2}, \quad t < \dfrac{1}{2}$
エフ分布 $F(m,n)$	$M(t) = \left(\dfrac{m}{n}\right)^{-t/2} \dfrac{\Gamma\left(\dfrac{m+1}{2}\right)\Gamma\left(\dfrac{n-t}{2}\right)}{\Gamma\left(\dfrac{m}{2}\right)\Gamma\left(\dfrac{n}{2}\right)}, \quad t < n$

5.3 特性関数

以下この節では i で虚数単位 $\sqrt{-1}$ を表す.また複素数 $z = x + iy, (x,y \in \mathbb{R})$ に対して,$\bar{z} = x - iy$ で共役複素数を表し,$|z| = \sqrt{x^2+y^2}$ で z の絶対値を表す.**オイラー (Euler) の公式**も有用である.

$$e^{i\theta} = \cos\theta + i\sin\theta, \quad (\theta \in \mathbb{R})$$

定義 5.3 確率変数 X に対して,t の関数
$$\varphi(t) \equiv \varphi_X(t) = E(e^{itX}) = \int_{-\infty}^{\infty} e^{itx} dF_X(x), \quad (-\infty < t < \infty)$$
を X の**特性関数** (characteristic function) という.

したがって,確率変数 X が離散型であるときは,その確率関数 $p_X(x)$ を用いて

$$\varphi_X(t) = \sum_{k=1}^{\infty} e^{itx_k} p_X(x_k)$$

である．また特に確率変数 X が連続型のときは，その確率密度関数 $f_X(x)$ を用いて

$$\varphi_X(t) = \int_{-\infty}^{\infty} e^{itx} f_X(x) dx$$

と書かれ，これは解析学における関数 $f_X(x)$ のフーリエ変換に他ならない．この特性関数 $\varphi_X(t)$ を用いる利点は顕著で，どのような分布に従う X に対してもつねに存在することである．実際，オイラーの公式より

$$\begin{aligned}
|\varphi_X(t)| = |E(e^{itX})| &= \left| \int_{-\infty}^{\infty} e^{itx} dF_X(x) \right| \\
&\leq \int_{-\infty}^{\infty} |e^{itx}| dF_X(x) = \int_{-\infty}^{\infty} |\cos(tx) + i\sin(tx)| dF_X(x) \\
&= \int_{-\infty}^{\infty} \sqrt{\cos^2(tx) + \sin^2(tx)} dF_X(x) = \int_{-\infty}^{\infty} 1 \cdot dF_X(x) \\
&= F_X(\infty) = 1.
\end{aligned} \tag{5.6}$$

ここで定義した特性関数は分布を特徴付ける特性量の1つで，分布と1対1に対応する上に，対象となる分布に制約をもたないため大変使い勝手がよく便利である．以下に特性関数の基本的な性質を見ていこう．

命題 5.3 確率変数 X の特性関数 $\varphi_X(t)$ はつぎの性質を満たす．

(1) $|\varphi_X(t)| \leq 1$, $\quad \varphi_X(0) = 1$

(2) $\varphi_X(-t) = \overline{\varphi_X(t)}$

(3) $\varphi_X(t)$ は t に関して連続である．

証明 (1) 1番目の式は (5.6) から明らか．また $\varphi_X(0) = E(e^0) = E(1) = 1$.

(2) $\varphi_X(-t) = E(e^{-itX}) = \overline{E(e^{itx})} = \overline{\varphi_X(t)}$.

(3) つぎのように書き下せて，各項の連続性より明らかである．

$$\varphi_X(t) = \int_{-\infty}^{\infty} \cos(tx) dF_X(x) + i \int_{-\infty}^{\infty} \sin(tx) dF_X(x) \qquad \square$$

問 5.6 確率変数 X と定数 $a, b \in \mathbb{R}$ に対して，$Y = aX + b$ と定める．このと

き $\varphi_Y(t) = e^{itb}\varphi_X(at)$ であることを確かめよ．

問 5.7 確率変数 X の特性関数 $\varphi_X(t)$ について，$\varphi_X(-t) = \varphi_{-X}(t)$ であることを確かめよ．

例 5.3 確率変数 X は 2 項分布 $B(n,p)$ に従うとする．このとき X の特性関数は
$$\varphi_X(t) = \{e^{it}p + (1-p)\}^n$$
で与えられる．

例 5.4 確率変数 X は一様分布 $U(0,1)$ に従うとする．このとき X の特性関数は
$$\varphi_X(t) = \frac{e^{it} - 1}{it}$$
で与えられる．

問 5.8 上の例 5.3 を確かめよ．(ヒント：定義から直接計算 $E(e^{itX}) = \sum_{k=0}^n e^{itx}{}_nC_k p^k q^{n-k} = \sum_{k=0}^n {}_nC_k (e^{it}p)^k p^{n-k}$ によってわかる．ただし，$q = 1-p$ と置いた．しかし，前節での積率母関数 $M_X(t)$ の定義を思い起こせば，$E(e^{tX})$ の t を it に変えたモノが特性関数であるから，i.e., $M_X(t) \Longrightarrow M_X(it) = \varphi_X(t)$ と考えられるので，前節の 2 項分布 $B(n,p)$ に関する結果 $M_X(t) = (pe^t + q)^n$ で t の代わりに it を代入することで答えが得られる．)

問 5.9 上の例 5.4 を確かめよ．(ヒント：直接 $\varphi_X(t) = \int_0^1 e^{itx}dx = \frac{1}{it}(e^{it} - 1)$ と求められるが，前節の一様分布 $U(a,b)$ に関する結果
$$M_X(t) = \frac{e^{bt} - e^{at}}{(b-a)t}$$
において，$a = 0, b = 1$，かつ $t \Longrightarrow it$ と置いても答えが得られる．)

定義を見れば，確率変数 X と Y が同じ分布をもてば，特性関数 φ_X と φ_Y は一致することが明らかである．しかし逆に特性関数 φ_X, φ_Y 同士が一致すれば，X と Y は同分布であることが導かれる．言い換えると，特性関数から分布関数が一

意に定まるのである．つぎにそのことを X が連続型であるときに見てみよう．

> **定理 5.3**（反転公式）　X は連続型確率変数で，その特性関数を $\varphi_X(t)$ とする．このとき
> $$P(a < X \leqslant b) = \frac{1}{2\pi} \lim_{T \to \infty} \int_{-T}^{T} \frac{e^{-ita} - e^{-itb}}{it} \varphi_X(t) dt$$
> が成り立つ．ただし，$a < b$ とする．

定理 5.3 の証明　X の密度関数を $f_X(x)$ とすれば，

$$\frac{1}{2\pi} \int_{-T}^{T} \frac{e^{-ita} - e^{-itb}}{it} \varphi_X(t) dt = \frac{1}{2\pi} \int_{-T}^{T} dt \int_{a}^{b} e^{-itu} du \int_{-\infty}^{\infty} e^{itx} f_X(x) dx$$

$$= \frac{1}{2\pi} \int_{-\infty}^{\infty} f_X(x) dx \int_{a}^{b} du \int_{-T}^{T} e^{it(x-u)} dt$$

$$= \frac{1}{\pi} \int_{-\infty}^{\infty} f_X(x) dx \int_{a}^{b} \frac{\sin T(x-u)}{x-u} du$$

$$= \frac{1}{\pi} \int_{-\infty}^{\infty} f_X(x) dx \int_{T(x-b)}^{T(x-a)} \frac{\sin v}{v} dv$$

上の最後の等式で，変数変換 $T(x-u) = v$ を施した．さらに

$$\lim_{T \to \infty} \int_{T(x-b)}^{T(x-a)} \frac{\sin v}{v} dv = \begin{cases} 0 & (x < a \text{ または } x > b) \\ \int_{-\infty}^{\infty} \frac{\sin v}{v} dv = \pi & (a < x < b) \end{cases}$$

に注意して，

$$\frac{1}{2\pi} \lim_{T \to \infty} \int_{-T}^{T} \frac{e^{-ita} - e^{-itb}}{it} \varphi_X(t) dt = \int_{a}^{b} f_X(x) dx$$

$$= P(a < X \leqslant b) = F_X(b) - F_X(a)$$

となる．これより元の分布が再生されていることがわかる．上の積分計算では公式

$$\int_{0}^{\infty} \frac{\sin x}{x} dx = \frac{\pi}{2}$$

を用いた．この式の証明は付録 A.1 を参照せよ． □

問 5.10 上述の定理 5.3 の反転公式の主張において極限 lim を用いて書くのをやめて

$$P(a < X \leqq b) = \frac{1}{2\pi} \int_{-\infty}^{\infty} \frac{e^{-ita} - e^{-itb}}{it} \varphi_X(t) dt$$

と書くことは一般にはできない．その理由を考えよ．

命題 5.4 互いに独立な確率変数 X, Y の特性関数をそれぞれ $\varphi_X(t), \varphi_Y(t)$ とするとき，確率変数 $Z = X + Y$ の特性関数について

$$\varphi_{X+Y}(t) = \varphi_X(t)\varphi_Y(t) \qquad (t \in \mathbb{R})$$

が成り立つ．

証明 第 4 章の演習問題 [9] を参照せよ． □

命題 5.5 互いに独立な確率変数 $X_1, X_2, \cdots, X_n$ の特性関数を $\varphi_{X_i}(t)$, $(i = 1, 2, \cdots, n)$ とするとき，確率変数 $Z = X_1 + X_2 + \cdots + X_n$ の特性関数について

$$\varphi_{X_1+X_2+\cdots+X_n}(t) = \varphi_{X_1}(t)\varphi_{X_2}(t)\cdots\varphi_{X_n}(t) \qquad (t \in \mathbb{R})$$

が成り立つ．

証明 基本的には命題 5.2 の証明と同じである．第 4 章の演習問題 [10] も参照せよ． □

命題 5.6 確率変数 X の特性関数を $\varphi_X(t)$ とするとき，X のモーメントに関して

$$E(X^k) = (-i)^k \varphi_X^{(k)}(0), \qquad (k = 0, 1, 2, \cdots)$$

が成り立つ．特に X の期待値と分散は

$$E(X) = -i\varphi_X'(0), \qquad V(X) = -\varphi_X''(0) + \{\varphi_X'(0)\}^2$$

で与えられる．

証明 特性関数 $\varphi_X(t)$ を微分して

$$\varphi'_X(t) = \frac{d}{dt}E\left(e^{itX}\right) = iE\left(Xe^{itX}\right)$$

を得る．微分を繰り返して数学的帰納法より

$$\varphi_X^{(k)}(t) = i^k E\left(X^k e^{itX}\right), \qquad (k=0,1,2,\cdots)$$

となるので，$t=0$ と置いて直ちに

$$E(X^k) = (-i)^k \varphi_X^{(k)}(0)$$

が得られる．つぎに $k=1,2$ に対して

$$E(X) = -i\varphi'_X(0), \qquad E(X^2) = -\varphi''_X(0)$$

であるから公式より，分散は

$$V(X) = E(X^2) - \{E(X)\}^2 = -\varphi''_X(0) + \{\varphi'_X(0)\}^2$$

で与えられる． □

問題 5.1 確率変数 X が 2 項分布 $B(n,p)$ に従うとき，その特性関数は

$$\varphi_X(t) = \left(q + pe^{it}\right)^n, \qquad q = 1-p$$

で与えられる．このとき命題 5.6 を利用して X の期待値および分散を求めよ．

問題 5.2 確率変数 X が指数分布 $Exp(\lambda)$ に従うとき，その特性関数は

$$\varphi_X(t) = \frac{\lambda}{\lambda - it}$$

で与えられる．このとき命題 5.6 を利用して X の期待値および分散を求めよ．

特性関数の定義を見直すと，$\varphi_X(t) = E\left(e^{itX}\right)$ であるから，積率母関数の定義 $M_X(t) = E\left(e^{tX}\right)$ と見比べると一目瞭然であるように，積率母関数におけるパラメータ t のところが特性関数では it に置き換わっているから，与えられた積率母関数において t を it に置き換えることによって対応する特性関数が得られることになる．読者の便宜を計って，以下に代表的な分布とそれに対応する特性関数の一覧表 (表 5.2) を掲げてこの章を終えることにする．記号については，5.2 節の終わりの説明を参照のこと．

表 5.2 確率分布の特性関数

2項分布 $B(n,p)$	$\varphi(t) = (q + pe^{it})^n, \quad t \in \mathbb{R}$
負の2項分布 $NB(r,p)$	$\varphi(t) = p^r(1 - qe^{it})^{-r}, \quad t \in \mathbb{R}$
幾何分布 $G(p)$	$\varphi(t) = p(1 - qe^{it})^{-1} \quad t \in \mathbb{R}$
超幾何分布 $HG(n,L,M)$	$\varphi(t) = \dfrac{(L+M-n)!M!}{(L+M)!} F(-n,-L,M-n+1;e^{it}), \quad t \in \mathbb{R}$
ポアソン分布 $Po(\lambda)$	$\varphi(t) = e^{\lambda(e^{it}-1)}, \quad t \in \mathbb{R}$
一様分布 $U(a,b)$	$\varphi(t) = (e^{ibt} - e^{iat})/(b-a)it, \quad t \in \mathbb{R}$
指数分布 $Exp(\lambda)$	$\varphi(t) = \lambda(\lambda - it)^{-1}, \quad t \in \mathbb{R}$
正規分布 $N(\mu,\sigma^2)$	$\varphi(t) = \exp\{i\mu t - \sigma^2 t^2/2\}, \quad t \in \mathbb{R}$
ガンマ分布 $Ga(\alpha,\beta)$	$\varphi(t) = (1 - i\beta t)^{-\alpha}, \quad t \in \mathbb{R}$
カイ2乗分布 $\chi^2(m)$	$\varphi(t) = (1 - 2it)^{-m/2}, \quad t \in \mathbb{R}$
エフ分布 $F(m,n)$	$\varphi(t) = \left(\dfrac{m}{n}\right)^{-it/2} \dfrac{\Gamma\left(\dfrac{m+1}{2}\right)\Gamma\left(\dfrac{n-it}{2}\right)}{\Gamma\left(\dfrac{m}{2}\right)\Gamma\left(\dfrac{n}{2}\right)}, \quad t \in \mathbb{R}$

5章の演習問題

[1]　X が負の2項分布 $NB(r,p)$ に従う確率変数であるとき，X の積率母関数 $M_X(t)$ を求めよ．

[2]　X が幾何分布 $G(p)$ に従う確率変数であるとき，X の積率母関数 $M_X(t)$ を求めよ．

[3]　X がポアソン分布 $Po(\lambda)$ に従う確率変数であるとき，X の積率母関数 $M_X(t)$ を求めよ．

[4]　確率変数 X の密度関数がつぎで与えられている．

$$f_X(x) = \begin{cases} 2e^{-2x} & (x > 0) \\ 0 & (x \leqslant 0) \end{cases}$$

(1) X の積率母関数 $M_X(t)$ を求めよ．

(2) $M_X(t)$ を利用して，X の期待値 $E(X)$ と分散 $V(X)$ を求めよ．

[5] (1) X が一様分布 $U(a,b)$ に従う確率変数であるとき，X の積率母関数 $M_X(t)$ を求めよ．

(2) 積率母関数を利用して，X の期待値 $E(X)$ と分散 $V(X)$ を求めよ．

[6] 確率変数 $X_1, X_2, \cdots, X_n$ は互いに独立で，各 X_k はそれぞれ正規分布 $N(\mu_k, \sigma_k^2)$ $(k = 1, 2, \cdots, n)$ に従っているとする．このとき

$$Y = c_0 + c_1 X_1 + c_2 X_2 + \cdots + c_n X_n$$

(c_k：定数, $k = 0, 1, 2, \cdots, n$) と置く．確率変数 Y の積率母関数 $M_Y(t)$ を計算することにより Y が従う分布を求めよ．

[7] 確率変数 X はポアソン分布 $Po(\lambda), (\lambda > 0)$ に従うとする．このとき X の特性関数 $\varphi_X(t)$ を求めよ．

[8] 確率変数 X は指数分布 $Ex(\lambda), (\lambda > 0)$ に従うとする．このとき X の特性関数 $\varphi_X(t)$ を求めよ．

[9] 確率変数 X は正規分布 $N(\mu, \sigma^2)$ に従うとする．このとき X の特性関数 $\varphi_X(t)$ を求めよ．

[10] 確率変数 X がポアソン分布 $Po(\lambda)$ に従うとき，その特性関数は

$$\varphi_X(t) = \exp\left\{\lambda\left(e^{it} - 1\right)\right\}$$

で与えられる．このとき命題 5.6 を利用して X の期待値および分散を求めよ．

[11] 確率変数 X が正規分布 $N(\mu, \sigma^2)$ に従うとき，その特性関数は

$$\varphi_X(t) = \exp\left\{i\mu t - \frac{1}{2}\sigma^2 t^2\right\}$$

で与えられる．このとき命題 5.6 を利用して X の期待値および分散を求めよ．

第 6 章
いろいろな分布

この章では母集団分布として統計学でよく使われる代表的な離散型分布や連続型分布について紹介する.

6.1 離散型分布の例

6.1.1 2項分布

1回の試行の結果が「成功と失敗」とか「勝ちと負け」のように2通りのいずれかであるものを考え，それぞれが起こる確率を p, q とする．もちろん，$0 < p, q < 1$ かつ $p + q = 1$ である．このような2つの結果しかもたない試行を**ベルヌーイ試行** (Bernoulli trial) とか **2 項試行** (binomial trial) という．このベルヌーイ試行を n 回繰り返して，そのうち成功する回数を X とすれば，X は離散型確率変数となり，その確率関数は

$$p_X(x) = P(X = x) = \binom{n}{x} p^x q^{n-x} = {}_nC_x p^x q^{n-x} \tag{6.1}$$

$$(x = 0, 1, 2, \cdots, n;\ 0 < p < 1, q = 1 - p)$$

で与えられる．

定義 6.1 確率変数 X の確率関数 $p_X(x)$ が上の (6.1) 式で与えられているとする．この確率関数 p_X をもつ離散型分布を **2 項分布** (binomial distribution) といい，記号で $B(n, p)$ と表し，確率変数 X が 2 項分布 $B(n, p)$ に従うことを $X \sim B(n, p)$ と書く（図 6.1 参照）．特に $n = 1$ の場合，つまり 2 項分布 $B(1, p)$ を**ベルヌーイ分布** (Bernoulli distribution) といい，記号で $\text{Ber}(p)$ と表す．

注意 6.1　2 項分布に従う確率変数 X の確率関数 p_X(6.1) は $(p+q)^n$ の 2 項展開の一般項になっていることに注意せよ．

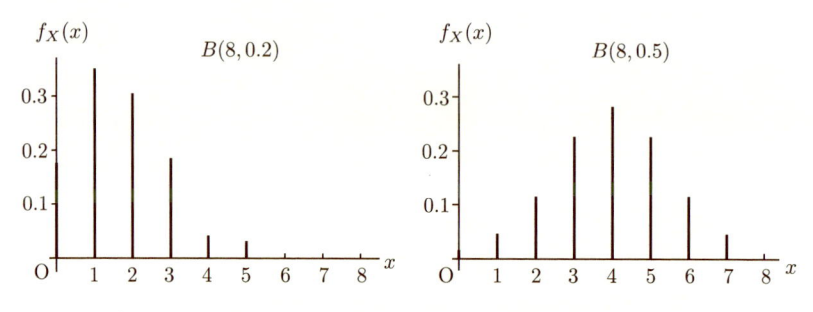

図 6.1　2 項分布 $B(n,p)$ の確率関数

---
2 項分布の平均と分散

確率変数 X は 2 項分布に従っているとする．i.e. $X \sim B(n,p)$
 (1)　X の期待値は $E(X) = np$
 (2)　X の分散は $V(X) = npq$

問 6.1　上記の (1) および (2) を確かめよ．

問 6.2　$X \sim B(n,p)$ のとき，X の平均のまわりの 3 次積率を求めよ．
(答え：$E(X-np)^3 = npq(q-p)$)

問 6.3　$X \sim B(n,p)$ のとき，X の平均のまわりの 4 次積率を求めよ．
(答え：$E(X-np)^4 = 3n^2p^2q^2 + npq(1-6pq)$)

例題 6.1　結石を外部から砕いて除去する治療においては，治療実施後 2 日以内に当該結石の自然排泄が認められた場合に「成功」したと定めている．A 社が開発した尿路結石破砕装置の破砕成功率はちょうど 70%である．この装置を使用して患者に対して 5 回治療を試みて 3 回以上破砕に成功する確率を求めよ．

解答 成功の確率を $p\ (0<p<1)$, 失敗の確率を $q(=1-p)$ とし, n 回の治療の結果 r 回成功し, $n-r$ 回失敗する確率を $P(n,r,p)$ とすると

$$P(n,r,p) = \binom{n}{r} p^r q^{n-r}$$

で与えられる. ただしここで

$$\binom{n}{r} = {}_nC_r = \frac{n!}{r!(n-r)!}$$

である. 求める確率は5回中3回以上成功の確率であるから, ちょうど3回成功の場合, 4回成功の場合, および5回とも全部成功の場合をすべて足し合わせればよいから, $p=0.7, n=5, r=3,4,5$ として

$$P = P(5,3,0.7) + P(5,4,0.7) + P(5,5,0.7)$$
$$= \frac{5!}{3!2!} \times (0.7)^3 \times (0.3)^2 + \frac{5!}{4!1!} \times (0.7)^4 \times (0.3)^1 + \frac{5!}{5!0!} \times (0.7)^5 \times (0.3)^0$$
$$= 0.837$$

を得る. よって求める確率は約84%である. □

問題 6.1 車で通勤の際, 職場に到着するまでに5ケ所の交通信号がある場所を通過しなくてはならない. 信号機は互いに独立に作動し, 各信号に到着したとき赤信号である確率は $\frac{2}{3}$ であるとする. ここで確率変数 X で職場に着くまでに信号で停止させられる回数を表すとき, X の確率分布を決定せよ.

(答え:確率変数 X の確率関数を $p(x)$ とすると, X の取りうる値は $\mathfrak{X}=\{0,1,2,3,4,5\}$ であり, $p(x) = {}_5C_x p^x (1-p)^{5-x}\ (p=2/3)$ で与えられる. ゆえに X は2項分布に従い, $X \sim B(5,2/3)$ となり, $p(0)=0.004, p(1)=0.041, p(2)=0.165, p(3)=0.329, p(4)=0.329, p(5)=0.132$ と完全に決定される (表6.1).)

表 **6.1** 2項分布 $B(5,2/3)$ の確率関数

確率変数 X	0	1	2	3	4	5	計
確率関数 $p(x)$	0.004	0.041	0.165	0.329	0.329	0.132	1

例 6.1 確率変数 X と Y は互いに独立で，それぞれ $X \sim B(n,p)$，$Y \sim B(m,p)$ と同じ生起率 p $(0 < p < 1)$ をもつ 2 項分布に従っているとする．このとき，新しい確率変数 Z を $Z = X + Y$ と定義するとき，この Z の分布は何であろうか？実は Z の分布はまた 2 項分布になり，$Z \sim B(n+m,p)$ なることが知られている．このように 2 つの確率変数が独立で，同じ分布の族に従っているとき，その和の確率変数の分布がまた同じ分布の族に入ることを「この分布族は**再生性**をもつ」という．この意味で，2 項分布は再生性をもっている．

問題 6.2 上の例 6.1 で述べられていることを確かめよ．(章末の演習問題 [3] を参照せよ．)

6.1.2 ポアソン分布

埼玉県内での自動車の台数を N とし，各自動車が 1 日に交通事故に遭う確率は一定値 $p_N = p(N)$ とする．このとき 1 日に県下で発生する自動車事故の件数を Y で表す．この確率変数 Y の分布は何であろうか？ 各 $i = 1, 2, \cdots, N$ に対して，確率変数 X_i は第 i 番目の自動車が事故に遭うとき，値 1 をとり，事故に遭わないとき，値 0 をとるとする．そうすると X_i は 2 項分布 $B(1, p_N)$ に従い，自動車事故の件数は

$$Y = \sum_{i=1}^{N} X_i = X_1 + X_2 + \cdots X_N$$

と表される．また確率変数 $X_1, X_2, \cdots, X_N$ は互いに独立であるとする．このとき，前節の最後に述べた 2 項分布の再生性により，この Y の確率分布は 2 項分布 $B(N, p_N)$ に従う．すなわち，

$$Y \sim B(N, p_N)$$

である．p_N は事故となる確率であるが，その値は非常に小さく，かつ

$$\lim_{N \to \infty} N \cdot p(N) = \lambda \quad (一定) \tag{6.2}$$

であると仮定する．確率 p_N が自動車台数 N に関係していて条件式 (6.2) を満たすとき，Y の分布 $B(N, p_N)$ は $N \to \infty$ の極限でどういう分布になるであろうか？実はこの極限で現れる確率分布がこの節の主テーマのポアソン分布である．

定義 6.2 離散型確率変数 X の確率関数 $p(x)$ が

$$p(x) = P(X=x) = e^{-\lambda}\frac{\lambda^x}{x!}, \quad (x = 0, 1, 2, \cdots\cdots), \ \lambda > 0$$

で与えられるとき，この分布を**ポアソン分布** (Poisson distribution) といい，記号で $Po(\lambda)$ と表す．

注意 6.2 ポアソン分布 $Po(\lambda)$ ($\lambda = np$) は 2 項分布 $B(n,p)$ の極限分布として定義されていて，条件 $np < 5$ を満たすときは良い近似を与えることが知られている．

注意 6.3 上で考察したように，埼玉県下の自動車の台数 N は非常に多くかつ各車が事故に遭遇する確率は小さいので，1 日に起きる事故件数は近似的にポアソン分布に従うと見なすことができる．一般に，成功の確率 p は小さいが試行回数 n が大きいときの 2 項分布 $B(n,p)$ に対する近似としてポアソン分布を使用することができる．

例 6.2 稀にしか起こらない現象の大量観察によって発生する事象の個数はポアソン分布に従う．たとえば，上で考察したように，1 台の自動車が 1 日に交通事故を起こす確率は低いけれども自動車の台数自体は非常に多いので，1 日の交通事故の件数はポアソン分布に従うことが知られている．また大型電気機器に使用される薄い鉄板コイルでは，単位長さ当たりにきずがある確率は低いが，コイル一巻きは長いので全コイル中のきずの個数はポアソン分布に従うことが知られている（図 6.2 参照）．

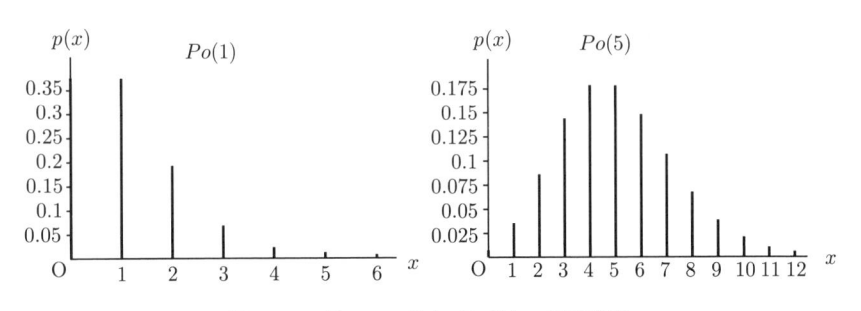

図 **6.2** ポアソン分布 $Po(\lambda)$ の確率関数

例 6.3 上記以外にもポアソン分布に従う例として以下のものが知られている．

- 一定時間間隔内における機器の故障数
- 一定時間間隔内にかかってくる電話の回数

- 希釈液で薄められた大量の血液から採られた小柄杓 1 杯分のサンプル中の赤血球の数
- 発生率が低いが沢山の人に投与された薬剤の副作用発症件数
- プロシャ軍の師団ごとに毎年軍馬に蹴られて死ぬ兵士の数
- 第二次世界大戦における区画当たりの飛行爆弾の命中回数
- X 腺照射による染色体交換を引き起こす細胞の個数
- 自殺者の数
- プレート上のバクテリア群落の小正方形当たりの個数
- 一定時間当たりの放射性物質から飛び出す α 粒子の放出数
- 第二次世界大戦での機甲師団戦における対戦車砲の命中弾数

などが挙げられる.

定理 6.1 確率変数 X が 2 項分布 $B(n,p)$ に従っているとする. この X の確率関数を $b(k;n,p) = P(X=k)$ と表す. またポアソン分布 $Po(\lambda)$ に従う Y の確率関数を $p(k;\lambda) = P(Y=k)$ とする. $np = \lambda(>0)$ 一定のもとで, $n \to \infty$ の極限を考えると

$$\lim_{n \to \infty} b(k;n,p) = p(k;\lambda)$$

が任意の k に対して成り立つ.

定理 6.1 の証明 2 項分布の定義から, $q = 1-p$ として

$$b(k;n,p) = \binom{n}{k} p^k q^{n-k} = \frac{n!}{k!(n-k)!} p^k (1-p)^{n-k}$$

$$= \frac{n(n-1)(n-2)\cdots(n-k+1)}{k!} \left(\frac{\lambda}{n}\right)^k \left(1-\frac{\lambda}{n}\right)^{n-k}$$

$$= \frac{\lambda^k}{k!} \left(1-\frac{1}{n}\right)\left(1-\frac{2}{n}\right)\cdots\left(1-\frac{k-1}{n}\right)\left(1-\frac{\lambda}{n}\right)^n \left(1-\frac{\lambda}{n}\right)^{-k}$$

(6.3)

ここで $n \to \infty$ の極限を考えると

$$\prod_{i=1}^{k-1}\left(1-\frac{i}{n}\right) \to 1, \qquad \left(1-\frac{\lambda}{n}\right)^{-k} \to 1$$

が従う．また微分積分学から $\lim_{x \to \pm\infty} \left(1 + \frac{1}{x}\right)^x = e$ の結果を利用して

$$\left(1 - \frac{\lambda}{n}\right)^n = \left\{\left(1 + \left\{\frac{\lambda}{-n}\right\}\right)^{-n/\lambda}\right\}^{-\lambda} \to e^{-\lambda} \quad (n \to \infty)$$

が導かれる．したがって (6.3) 式において極限 $n \to \infty$ をとって

$$b(k; n, p) \to e^{-\lambda} \frac{\lambda^k}{k!} = p(k; \lambda)$$

が示される． □

ポアソン分布の性質

確率変数 X はポアソン分布 $Po(\lambda)$ $(\lambda > 0)$ に従っているとする．
 (1) X の確率関数 $p(x)$ は $\sum_{k=0}^{\infty} p(k) = 1$ を満たす．
 (2) X の期待値は $E(X) = \lambda$
 (3) X の分散は $V(X) = \lambda$

問 6.4 上記の性質 (1) を確かめよ．(ヒント：テイラー展開 $e^x = \sum_{n=0}^{\infty} \frac{x^n}{n!}$ を用いよ．)

問 6.5 $X \sim Po(\lambda)$ のとき，$E(X) = \lambda$ を確かめよ．

問 6.6 $X \sim Po(\lambda)$ のとき，$V(X) = \lambda$ を確かめよ．

命題 6.1 (ポアソン分布の再生性)　確率変数 X と Y は互いに独立で，それぞれポアソン分布 $Po(\lambda_1), Po(\lambda_2)$ に従うとする．このとき $Z = X + Y$ の分布はポアソン分布 $Po(\lambda_1 + \lambda_2)$ となる．

証明　基本的には 2 項分布の再生性の証明と同じである．章末の演習問題 [3] を参照せよ．詳細は読者の演習とする． □

問題 6.3 確率変数 X がポアソン分布 $Po(0.4)$ に従っている．このとき，つぎの確率をそれぞれ求めよ．

(1) $P(X=2)$ (2) $P(X \leqslant 3)$ (3) $P(2 \leqslant X < 5)$
(ヒント：巻末のポアソン分布の数表を用いよ．(1) $P(X=2) = P(X \geq 2) - P(X \geq 3)$ と考えよ．(2) $P(X \leqslant 3) = 1 - P(X \geq 4)$ (3) $P(X \geq 2) - P(X \geq 5)$ を考えよ．) (答え：(1) 0.05362 (2) 0.99922 (3) 0.06149)

つぎに 2 項分布のポアソン分布による近似について紹介する．実際，2 項分布のポアソン近似に関しては精度の良い近似式が多数考案されている．

命題 6.2 2 項分布 $B(n,p)$ の確率関数を $b(k;n,p)$ とし，ポアソン分布 $Po(\lambda)$ の確率関数を $p(k;\lambda)$ とする．(記号は定理 6.1 と同じとする．) K をある正の定数とし，$0 < np < K$ を満たすように n を十分大きくするとき，2 項分布 $B(n,p)$ はポアソン分布 $Po(\lambda)$ で近似され，
$$b(k;n,p) \approx p(k;np), \quad k = 0, 1, 2, \cdots, n$$
が成り立つ．

証明 定理 6.1 から明らかである． □

注意 6.4 命題 6.2 の近似は単純ポアソン近似と呼ばれている．近似の目安としては，$n \geq 100$ かつ $p \leqslant 0.05$ であれば比較的良い近似が得られる．しかしこの近似においては，$k \leqslant n^2 p/(1+n)$ のとき 2 項分布の下側確率よりポアソン分布の下側確率の方が大きくなるという過大評価の問題があり，また $k \geq np$ のときは 2 項分布の下側確率よりポアソン分布の下側確率の方が小さくなるという過小評価の問題がある．

この欠点を補う修正近似法が Bolshev-Gladkov-Shcheglova (1961) によって提案されている．彼らの方法でもすその確率の過大評価の問題は解決されたわけではないが，単純ポアソン近似よりは精度が良いことが知られている．

命題 6.3 2 項分布 $B(n,p)$ の確率関数を $b(k;n,p)$ とし，ポアソン分布 $Po(\lambda)$ の確率関数を $p(k;\lambda)$ とする．(記号は定理 6.1 と同じとする．) $0 \leqslant k \leqslant n$ を満たす整数 k に対して $\lambda(k) = (2n-k)p/(2-p)$ と置くとき，
$$b(k;n,p) \approx p(k;\lambda(k)), \quad k = 0, 1, 2, \cdots, n$$
が成り立つ．

例題 6.2 A社製のパソコンの故障率は $p = 0.001$ であるという．これと同じパソコン 1000 台を同時に使用したとき，5 台以上が故障する確率を求めよ．

解答 「故障」と「正常」の 2 つの結果をもつ，故障の確率が $p = 0.001$ であるベルヌーイ試行と見なしてよい．したがって 1000 台中故障する台数を X とすれば，X は 2 項分布 $B(1000, 0.001)$ に従う．ゆえに求める確率 P は

$$P = P(X \geq 5) = \sum_{k=5}^{1000} \binom{1000}{k} (0.001)^k (1-0.001)^{1000-k}$$

$$= \binom{1000}{5}(0.001)^5(0.999)^{995} + \binom{1000}{6}(0.001)^6(0.999)^{994} + \cdots$$

$$\cdots + \binom{1000}{1000}(0.001)^{1000}(0.999)^0$$

となる．実際問題として，この計算は大変なのでポアソン近似を用いて求めることにする．

$$\lambda = np = 1000 \times 0.001 = 1$$

であるから，X は近似的にポアソン分布 $Po(1)$ に従う．巻末のポアソン分布の数表から

$$P(X \geq 5) = 0.00366 \approx 0.004$$

を得る．

6.1.3 幾何分布

成功か失敗かのベルヌーイ試行を考えて，初めて成功するまでの失敗の回数を X とする．このとき，$k+1$ 回目に初めて成功する確率を求めてみよう．k 回目までは失敗しているので，成功する確率を p $(0 < p < 1)$，失敗する確率を q $(= 1-p)$ とすると

$$P(X = k) = q^k p \qquad (k = 1, 2, 3, \cdots) \tag{6.4}$$

となる．

定義 6.3 離散型確率変数 X の確率関数 $p_X(k) = P(X = k)$ が (6.4) で与えられるとき，X の確率分布を**幾何分布** (geometric distribution) といい，記号で $G(p)$ と表す．またこのとき，X は幾何分布に従うといい，$X \sim G(p)$ と表す．

問 6.7 $p_X(k) = pq^k$ が確かに確率関数であることを示せ．(ヒント：$\sum_{k=0}^{\infty} p_X(k) = 1$ を確かめればよい．幾何級数の公式 $\sum_{n=0}^{\infty} x^n = \dfrac{1}{1-x}$ を利用せよ．)

幾何分布に関する基本公式

確率変数 X は幾何分布 $G(p)$ に従うものとする．このとき
 (1) X の確率母関数は $G_X(s) = \dfrac{p}{1-qs}$ ($|qs| < 1$)
 (2) X の積率母関数は $M_X(t) = \dfrac{p}{1-qe^t}$
 (3) X の特性関数は $\varphi_X(t) = \dfrac{p}{1-qe^{it}}$
 (4) X の期待値は $E(X) = \dfrac{q}{p}$
 (5) X の分散は $V(X) = \dfrac{q}{p^2}$

たとえば，上記 (1) の確率母関数の形を見れば，この幾何分布が再生性をもたないことはすぐにわかる．

問 6.8 $X \sim G(p)$ のとき，X の確率母関数を導け．

問 6.9 $X \sim G(p)$ のとき，X の積率母関数および特性関数を導け．

問 6.10 $X \sim G(p)$ のとき，X の期待値および分散を導け．

6.1.4 負の 2 項分布

この小節では前小節で幾何分布を導いたときに考察した試行実験をつぎのように少し変更してみる．基本となる成功か失敗かのベルヌーイ試行は同じで，成功の確率を p ($0 < p < 1$)，失敗の確率を $q = 1 - p$ とする．全部で n 回成功するまでに

生起した失敗の回数を X と定めることにする．いま全部で k 回失敗したとすると，ちょうど $(n+k)$ 回目の試行は成功で，それまでの残り $(n+k-1)$ 回の試行のうち $(n-1)$ 回は成功していることになる．このような確率変数 X の分布がここで扱う負の 2 項分布と呼ばれるものである．

> **定義 6.4** 離散型確率変数 X の確率関数 $p_X(k) = P(X = k)$ が
> $$p_X(k) = \binom{n+k-1}{n-1} p^n q^k \qquad (k = 0, 1, 2, 3, \cdots)$$
> で与えられているとする．この X の確率分布を**負の 2 項分布** (negative binomial distribution) といい，記号で $NB(n, p)$ と表す．このとき X は負の 2 項分布 $NB(n, p)$ に従うといい，記号で $X \sim NB(n, p)$ と表す（図 6.3 参照）．

つぎになぜ負の 2 項分布と名付けられたのかをみてみよう．

$$\frac{1}{p^n} = \{1 - (1-p)\}^{-n} = (1-q)^{-n} = \sum_{k=0}^{\infty} \binom{-n}{k} (-q)^k$$
$$= \sum_{k=0}^{\infty} \binom{n+k-1}{n-1} q^k \tag{6.5}$$

である．この両辺に p^n を掛けた式の各項が確率関数となっている．式 $(1-q)$ を負である $(-n)$ 乗して展開しているので，このような名がついているのである．この分布は別名として**パスカル分布**やあるいは**ポリア分布**とも呼ばれることがある．

問 6.11 (6.5) 式の変形を確かめよ．（ヒント：負の 2 項係数

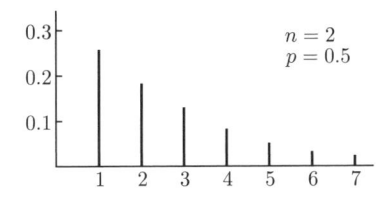

図 **6.3** 負の 2 項分布 $NB(n, p)$ の例

$$\binom{-n}{k} = \frac{1}{k!}(-n)(-n-1)\cdots(-n-k+1) = (-1)^k \binom{n+k-1}{n-1}$$

に注意せよ．)

負の2項分布の性質

確率変数 X は負の2項分布 $NB(n,p)$ に従うものとする．このとき
 (1) X の確率母関数は $G_X(s) = \left(\dfrac{p}{1-qs}\right)^n$ ($|qs|<1$)
 (2) $n=1$ のときの負の2項分布は幾何分布である．
    i.e. $NB(1,p) = G(p)$
 (3) X の期待値は $E(X) = \dfrac{nq}{p}$
 (4) X の分散は $V(X) = \dfrac{nq}{p^2}$

問 6.12 上の性質 (1) 〜 (4) を確かめよ．(ヒント：(3), (4) の導出では確率母関数を利用して

$$G'_X(s) = \frac{nqp^n}{(1-qs)^{n+1}}, \quad G''_X(s) = \frac{n(n+1)q^2 p^n}{(1-qs)^{n+2}}$$

に注意して例題 5.1 に習えばよい．)

負の2項分布に従う確率変数 X の積率母関数 $M_X(t)$ や特性関数 $\varphi_X(t)$ の導出は演習とする．この負の2項分布はつぎの再生性をもつ．

命題 6.4 (負の2項分布の再生性) 確率変数 X と Y は互いに独立で，それぞれ負の2項分布 $NB(n,p)$, $NB(m,p)$ に従うとする．このとき $Z = X + Y$ の分布は負の2項分布 $NB(n+m,p)$ となる．

証明 証明については章末の演習問題 [8] を参照せよ． □

6.1.5 超幾何分布

袋の中に，同じ大きさの赤玉が L 個，白玉が M 個で合計 $N(=L+M)$ 個の玉が入っている．いま，袋の中から無作為に n 個の玉を同時に取り出すとき，その中

に含まれている赤玉の個数を X とする．このとき赤玉の個数がちょうど k 個になる確率を考えよう．この求める確率は，全部の玉の中から n 個だけ取り出す場合の数のうち，k 個が赤で残りの $n-k$ 個が白となる組合せの数の割合に等しい，つまり取り出される n 個の組合せの数と赤が k 個で白が $n-k$ 個となるすべての場合の数との比に等しいと考えて

$$P(X=k) = \frac{\binom{L}{k}\binom{M}{n-k}}{\binom{N}{n}} \tag{6.6}$$

となる．ただし，

$$k = \max(0, n-M), \cdots, \min(n, L)$$

であることに注意しよう．

> **定義 6.5** 離散型確率変数 X の確率関数 $p_X(k) = P(X=k)$ が上述の (6.6) 式で与えられているとする．このとき，この X の確率分布を**超幾何分布** (hypergeometric distribution) といい，記号で $HG(n,L,M)$ と表す．またこのとき X は超幾何分布 $HG(n,L,M)$ に従うといい，記号で $X \sim HG(n,L,M)$ と表す (図 6.4 参照)．

以下に超幾何分布の基本的な性質をまとめておくことにする．

―――― 超幾何分布の性質 ――――
確率変数 X は超幾何分布 $HG(n,L,M)$ に従うものとする．このとき
 (1) X の期待値は $E(X) = \dfrac{nL}{N}$
 (2) X の分散は $V(X) = \dfrac{nL}{N}\dfrac{M(N-n)}{N(N-1)}$
 (3) 超幾何分布は再生性をもたない．

問 6.13 上記の (1), (2) を確かめよ．(演習問題の [9] も参照せよ．)

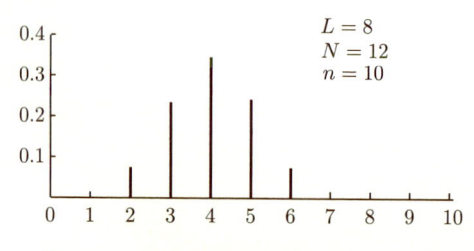

図 **6.4** 超幾何分布 $HG(n, L, M)$ の例

定理 6.2 超幾何分布 $HG(n, L, M)$ は条件
$$N \to \infty, \quad \frac{L}{N} \to p, \quad \frac{M}{N} \to q(= 1-p) \tag{6.7}$$
の下で 2 項分布 $B(n, p)$ に収束する．

上の定理の主張の厳密な意味は，超幾何分布の確率関数が上記条件 (6.7) の下で 2 項分布の確率関数に収束することを示すことができるということを言っている．すなわち，超幾何分布の確率関数を $p_{HG}(x; n, L, M)$ とし，2 項分布の確率関数を $b(x; n, p)$ と書くとき，

$$\lim_{\substack{N \to \infty \\ L/N \to p, M/N \to \infty}} p_{HG}(x; n, L, M) = b(x; n, p)$$

が成り立つことを意味している．

系 6.1 $p = \dfrac{L}{N}$ とする．このとき，超幾何分布 $HG(n, Np, N(1-p))$ は N が十分大であれば，2 項分布 $B(n, p)$ で近似される．
$$\text{i.e.} \quad HG(n, Np, N(1-p)) \approx B(n, p) \quad (N \gg 1)$$
が成り立つ．

定理 6.2 の証明 n は固定して考える．このとき，正の確率がある x は $x = 0, 1, 2, \cdots, n$ である．条件

$$N \to \infty, \quad \frac{L}{N} \to p, \quad \frac{M}{N} \to q(= 1-p)$$

の下で,

$$\frac{\binom{L}{x}\binom{M}{n-x}}{\binom{N}{n}}$$
$$= \frac{n!}{x!(n-x)!} \frac{L(L-1)\cdots(L-x+1)\cdot M(M-1)\cdots(M-n+x+1)}{N(N-1)\cdots(N-x+1)\cdots(N-n+1)}$$
$$\to \binom{n}{x} p^x q^{n-x}$$

となる.これは確かに

$$p_{HG}(x;n,L,M) \quad \to \quad b(x;n,p)$$

を意味する.したがって,超幾何分布 $HG(n,L,M)$ は条件 (6.7) の下で 2 項分布 $B(n,p)$ に収束する. □

6.1.6 多項分布

$A_1, A_2, \cdots, A_k$ を互いに排反な k 個の事象とし,それらが生起する確率を $p_i = P(A_i)$ $(i=1,2,\cdots,k)$ とする.1 回の試行では事象 $\{A_i\}$ のうちどれか 1 つだけが起こるものとする.この試行を独立に n 回繰り返し,各事象 A_i が出現した回数をそれぞれ X_i $(i=1,2,\cdots,k)$ で表す.したがって

$$n = \sum_{i=1}^{k} X_i = X_1 + X_2 + \cdots + X_k$$

が成り立つ.このとき,$n = n_1 + n_2 + \cdots + n_k$ なる正の整数の組 $(n_1, n_2, \cdots, n_k)$ に対して,確率

$$P(X_1 = n_1, X_2 = n_2, \cdots, X_k = n_k) = ?$$

を求めよう.この上記の対象となる事象は,n 回の独立試行のうち,それぞれ A_1 が n_1 回,A_2 が n_2 回,$\cdots$,A_k が n_k 回出現する事象に他ならないから,直ちに

$$P(X_1 = n_1, X_2 = n_2, \cdots, X_k = n_k) = \frac{n!}{n_1! n_2! \cdots n_k!} p_1^{n_1} p_2^{n_2} \cdots p_k^{n_k} \quad (6.8)$$

と求まる.

定義 6.6 確率変数 $X = (X_1, X_2, \cdots, X_k)$ の確率関数 $p_X(n_1, n_2, \cdots, n_k)$ $= P(X_i = n_i; i = 1, 2, \cdots, k)$ が上述の (6.8) 式で与えられているとする．このとき，この X の確率分布を**多項分布** (multinomial distribution) といい，記号で $\mathrm{Mult}(n, p_1, p_2, \cdots, p_k)$ と表す．またこのとき X は多項分布 $\mathrm{Mult}(n, p_1, p_2, \cdots, p_k)$ に従うといい，記号で

$$X = (X_1, X_2, \cdots, X_k) \sim \mathrm{Mult}(n, p_1, p_2, \cdots, p_k)$$

と表す．

―― 多項分布の性質 ――

確率変数 $X = (X_1, \cdots, X_k)$ は多項分布 $\mathrm{Mult}(n, p_1, \cdots, p_k)$ に従うものとする．このとき

(1) X の期待値は $E(X_i) = np_i \quad (i = 1, 2, \cdots, k)$

(2) $V(X_i) = np_i(1 - p_i) \quad (i = 1, 2, \cdots, k)$

$$\mathrm{Cov}(X_i, X_j) = -np_ip_j \ (i \neq j)$$

(3) 特に $k = 2$ のときは，多項分布は 2 項分布と一致する．すなわち

$$\mathrm{Mult}(n, p, q) = B(n, p) \quad (p + q = 1)$$

問 6.14 上記 (1), (2), (3) を確かめよ．(演習問題 [10] も参照せよ．)

注意 6.5 上述の (3) から相関係数は負となることは明らかである．この理由は，X_i の和は一定であるから，一方の X_i が増加すれば，X_j は減少する傾向にあると考えられるからである．

6.2 一様分布

定義 6.7 連続型確率変数 X の確率密度関数 $f_X(x)$ が

$$f_X(x) = \begin{cases} \dfrac{1}{b-a} & (a \leqslant x \leqslant b) \\ 0 & (\text{その他}) \end{cases}$$

で与えられているとする．この X の確率分布を**一様分布** (uniform distribution) といい，記号で $U(a,b)$ と表す．このとき X は一様分布 $U(a,b)$ に従うといい，記号で $X \sim U(a,b)$ と表す (図 6.5 参照)．

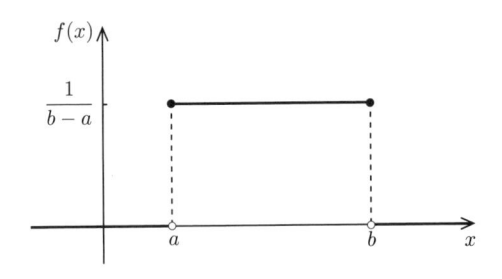

図 **6.5** 一様分布 $U(a,b)$ の例

―― 一様分布の性質 ――

確率変数 X は一様分布 $U(a,b)$ に従うものとする．このとき

(1) X の期待値は $E(X) = \dfrac{1}{2}(a+b)$

(2) X の分散は $V(X) = \dfrac{1}{12}(b-a)^2$

(3) 一様分布は再生性をもたない．

問 6.15 確率変数 X が一様分布 $U(a,b)$ に従うとき，その期待値と分散が上の (1), (2) で与えられることを確かめよ．

確率変数 X が一様分布 $U(a,b)$ に従っているとき，その分布関数 $F_X(x)$ はつぎで与えられる．

$$F_X(x) = \begin{cases} 0 & (x \leqq a) \\ \dfrac{x-a}{b-a} & (a < x \leqq b) \\ 1 & (b < x) \end{cases} \tag{6.9}$$

問 6.16 上の (6.9) 式を確かめよ．

例 6.4 一様分布が現れる例としては，確率変数 X がある区間に値をとり，しかも一様の起こりやすさがある場合である．たとえばつぎのようなものが典型例として挙げられる．
 (1) 15 分おきに発車する地下鉄に無作為に到着したときの待ち時間
 (2) 無作為に与えられた数値の四捨五入 (丸め込み) の誤差

例題 6.3 私鉄のある駅の朝の通勤時間帯では電車が 10 分ごとに発車している．時間を計ったり，時計を見ながら急いだりしないで無作為に駅に到着したとき，そこでの電車の待ち時間を X とする．ここで電車の待ち時間とは，乗客が駅に到着してから発車までの時間を指す．このとき X の期待値 $E(X)$ および分散 $V(X)$ を求めよ．

解答 待ち時間 X の取りうる範囲は $0 < X \leq 10$ であり，無作為に到着するのであるから一様の起こりやすさが確保されていると見なせるので，X は区間 $(0, 10]$ 上の一様分布 $U(0, 10)$ に従う．すなわち，$X \sim U(0, 10)$ である．したがって

$$E(X) = \frac{0+10}{2} = 5, \quad V(X) = \frac{(10-0)^2}{12} = \frac{25}{3}$$

を得る． □

問題 6.4 無作為に与えられた数値の小数第 1 位を四捨五入するとき，その誤差を X とする．ただし，誤差とは「(与えられた数値) − (四捨五入した数値)」を意味するものとする．
 (1) X の期待値 $E(X)$ と分散 $V(X)$ を求めよ．
 (2) 確率 $P(|X| \leq 0.2)$ の値を求めよ．
 (ヒント：$X \sim U(-0.5, 0.5)$ に注意せよ．)

6.3 指数分布

定義 6.8 連続型確率変数 X の確率密度関数 $f_X(x)$ が正数 $\lambda \, (> 0)$ に対して

で与えられているとする．この X の確率分布をパラメータ λ の**指数分布** (exponential distribution) といい，記号で $Ex(\lambda)$ と表す．このとき X は指数分布 $Ex(\lambda)$ に従うといい，記号で $X \sim Ex(\lambda)$ と表す (図 6.6 参照).

$$f_X(x) = \begin{cases} \lambda e^{-\lambda x} & (x > 0) \\ 0 & (x \leqq 0) \end{cases}$$

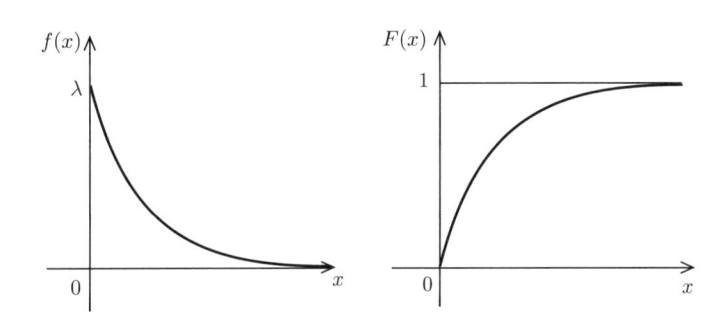

図 6.6 指数分布 $Ex(\lambda)$ の密度関数と分布関数の例

指数分布の性質

確率変数 X は指数分布 $Ex(\lambda)$ に従うものとする．このとき

(1) X の期待値は $E(X) = \dfrac{1}{\lambda}$

(2) X の分散は $V(X) = \dfrac{1}{\lambda^2}$

(3) X の積率母関数は $M_X(t) = \dfrac{\lambda}{\lambda - t}$ $(t < \lambda)$

(4) 指数分布は再生性をもたない．

(5) X の分布関数は $F_X(x) = \begin{cases} 1 - e^{-\lambda x} & (x \geq 0) \\ 0 & (x < 0) \end{cases}$

問 6.17 確率変数 X が指数分布 $Ex(\lambda)$ に従うとき，その期待値と分散が上の (1), (2) で与えられることを確かめよ．

問 6.18 確率変数 X が指数分布 $Ex(\lambda)$ に従うとき，その積率母関数が上の (3) で与えられることを確かめよ．

問 6.19 確率変数 X が指数分布 $Ex(\lambda)$ に従うとき，その分布関数が上の (5) で与えられることを確かめよ．

この指数分布は再生性をもたない．このことは上の積率母関数の形からもわかるが，以下の例題からも理解できる．

例題 6.4 確率変数 X と Y は互いに独立で，ともに指数分布 $Ex(\lambda)$ に従っているとする．このとき，$Z = X + Y$ の分布を求めよ．

解答 $P(X \leqslant x, Z \leqslant z) = \int_{-\infty}^{x} \int_{-\infty}^{z} f_{X,Z}(x', z') dx' dz'$ より，X と Z の同時確率密度関数は

$$f_{X,Z}(x, z) = \lambda^2 e^{-\lambda x} e^{-\lambda(z-x)} = \lambda^2 e^{-\lambda z} \quad (0 < x < z < \infty)$$

となるので，Z の周辺確率密度関数は

$$f_Z(z) = \int_{-\infty}^{\infty} f_{X,Z}(x, z) dx = \int_{0}^{z} \lambda^2 e^{-\lambda z} dx = \lambda^2 z e^{-\lambda z} \quad (6.10)$$

を得る．よって Z の分布関数は $F_Z(z) = \int_{-\infty}^{z} f_Z(u) du$ で与えられる．この (6.10) の形を見れば，指数分布が再生性をもたないことが容易にわかる． □

例 6.5 (指数分布が現れる例)　過去の結果に影響されず，ある時間内に起こる確率がその時間区間の幅に比例しているという条件の下で，時間経過により特定の現象が起こる「時間間隔」が従う分布としてしばしば指数分布が現れる．しかし，実際に指数分布に従うかどうかは検定によるチェックを要する事柄である．よく出てくる例としては，たとえば
 （1）ある時間帯にサービスカウンターに客が来る時間間隔
 （2）ある時間帯に路上でタクシーを待っている間の待ち時間
 （3）修理により同じ状態が保てる環境下での製品の故障間隔
などが挙げられる．

例題 6.5 ある地区の消費者センターの苦情相談窓口にかかってくる電話の時間間隔 (単位は分) を X とするとき,X は平均 0.5 の指数分布に従っているという.1 回かかってきた後につぎの電話がかかってくるまで 1 分以下である確率を求めよ.

解答 パラメータ λ の指数分布 $Ex(\lambda)$ の期待値 (平均) は $\dfrac{1}{\lambda}$ であるから,

$$\frac{1}{\lambda} = 0.5 \implies \lambda = 2$$

を得る.すなわち,$X \sim Ex(2)$ であることがわかる.このとき,X の確率密度関数は

$$f_X(x) = \begin{cases} 2e^{-2x} & (x > 0) \\ 0 & (x \leqslant 0) \end{cases}$$

で与えられるから,求める確率 P は

$$P = P(0 < X \leqslant 1) = \int_0^1 f_X(x)dx = \int_0^1 2e^{-2x}dx$$
$$= 1 - e^{-2} \approx 0.865$$

となる. □

確率変数 $T \geq 0$ で寿命を表すものとする.X の寿命分布の分布関数を $F(t)$ とするとき,**生存関数** (survival function) $S(t)$ は

$$S(t) = 1 - F(t) = P(T > t)$$

で定義される.指数分布 $Ex(\lambda)$ の生存関数は指数関数である.実際

$$S(t) = 1 - \int_{-\infty}^{t} f_X(u)du = \int_t^{\infty} \lambda e^{-\lambda u}du = e^{-\lambda t}$$

となる.ここで t 時間生存したという条件の下で,さらに u 時間を超えて生存する確率について考えてみよう.

$$P(T > t+u | T > t) = \frac{P(T > t+u)}{P(T > t)} = \frac{S(t+u)}{S(t)}$$

$$= \frac{e^{-\lambda(t+u)}}{e^{-\lambda t}} = e^{-\lambda u} = S(u) = P(T > u) \tag{6.11}$$

が成り立つ．この性質 (6.11) は，左辺の条件付き確率が t の値に依存することなしに，はじめから u の時間を超えて生存する確率に等しいことを意味する．このとき分布は**無記憶性**をもつといい，その分布は「過去を記憶しない分布」であるといわれる．この性質は幾何分布の場合 (6 章の演習問題 [12]) と同じである．

命題 6.5 指数分布 $Ex(\lambda)$ は無記憶性をもつ．(あるいは，指数分布 $Ex(\lambda)$ は過去を記憶しない分布である．)

命題 6.6 逆に無記憶性をもつ連続型分布は指数分布に限られる．

証明 いまある分布 $F(t)$ が無記憶性をもつとする．すなわち，関係式

$$P(T > t + u | T > t) = P(T > u)$$

が成り立つとすると，それは上の (6.11) 式から生存関数の言葉で

$$S(t + u) = S(t)S(u)$$

が成り立つことと同値である．この関数方程式から $S(t) = e^{-\lambda t}$ が導かれる．生存関数の定義から直ちに $F(t) = 1 - e^{-\lambda t}$ となるが，これは指数分布 $Ex(\lambda)$ の分布関数である． □

6.4 正規分布

6.4.1 正規分布の基礎事項

定義 6.9 連続型確率変数 X の確率密度関数 $f_X(x)$ が

$$f_X(x) = \frac{1}{\sqrt{2\pi}\sigma} e^{-\frac{(x-\mu)^2}{2\sigma^2}}, \quad -\infty < x < \infty. \tag{6.12}$$

で与えられているとする．ただし，$-\infty < \mu < \infty, 0 < \sigma^2 < \infty$ である．この X の確率分布をパラメータ μ, σ^2 の**正規分布** (normal distribution) あるいは**ガウス分布** (Gaussian distribution) といい，記号で $N(\mu, \sigma^2)$ と表す．このとき X は正規分布 $N(\mu, \sigma^2)$ に従うといい，記号で $X \sim N(\mu, \sigma^2)$ と表す (図 6.7 参照)．

$$f_X(x) = \frac{1}{\sqrt{2\pi}\sigma} e^{-\frac{1}{2}\left(\frac{x-\mu}{\sigma}\right)^2}$$

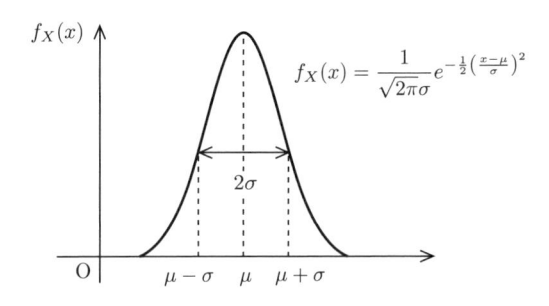

図 6.7 正規分布 $N(\mu, \sigma^2)$ の確率密度関数 $f_X(x)$

特にパラメータが $\mu = 0$ かつ $\sigma = 1$ の場合，$N(0,1)$ を**標準正規分布**と呼ぶ．標準正規分布に従う確率変数 X の確率密度関数は

$$f_X(x) = \frac{1}{\sqrt{2\pi}} e^{-\frac{x^2}{2}} \tag{6.13}$$

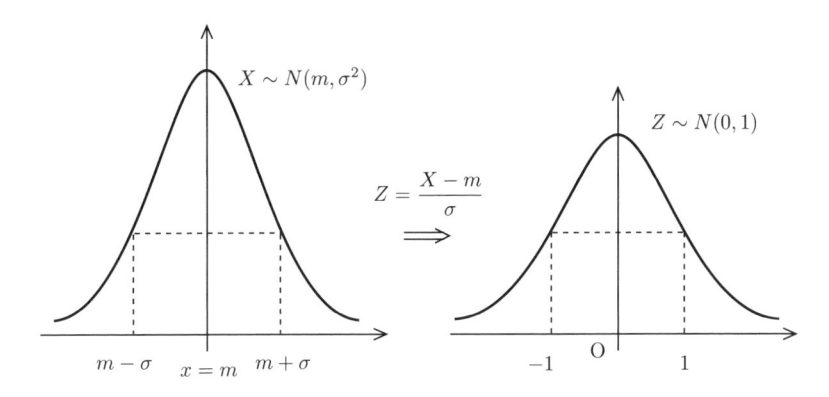

$$Z = \frac{X-m}{\sigma}$$

図 6.8 正規分布の標準化

となる．また $X \sim N(\mu, \sigma^2)$ のとき，密度関数のグラフ $y = f_X(x)$ は図 6.7 のようになる．この正規分布は統計においては極めて重要な分布であると言えるが，中でも標準正規分布がとりわけ重要な訳はつぎの理由による．$X \sim N(\mu, \sigma^2)$ のとき，因みに $\sigma = \sqrt{V(X)}$ は標準偏差と呼ばれ，平均 μ と同じ次元 (dimension) をもつので統計では有用な量であるが，標準化 $Z = (X - \mu)/\sigma$ により変換された確率変数 Z は $Z \sim N(0, 1)$ となり，任意の正規分布を簡単に標準正規分布に変換できる点にある（図 6.8 参照）．

正規分布の性質

確率変数 X は正規分布 $N(\mu, \sigma^2)$ に従うものとする．このとき
(1) X の期待値は $E(X) = \mu$
(2) X の分散は $V(X) = \sigma^2$
(3) 確率密度関数のグラフ $y = f_X(x)$ は $x = \mu$ に関して対称である．
(4) 確率密度関数のグラフ $y = f_X(x)$ は $x = \mu$ で最大となる．
(5) 確率密度関数のグラフ $y = f_X(x)$ は $x = \mu \pm \sigma$ で変曲点をもつ．
(6) 確率密度関数 $f_X(x)$ は $x \to \pm\infty$ のとき極限をもち，極限値は 0 である．i.e.,
$$\lim_{x \to \pm\infty} f_X(x) = 0$$
(7) 正規分布は再生性をもつ．

問 6.20 正規分布 $N(\mu, \sigma^2)$ に従う確率変数 X の期待値および分散がそれぞれ μ と σ^2 であることを確かめよ．

問題 6.5 確率変数 X は正規分布 $N(\mu, \sigma^2)$ に従っているとする．このとき X の積率母関数 $M_X(t)$ と特性関数 $\varphi_X(t)$ がそれぞれ

$$M_X(t) = \exp\left\{\mu t + \frac{\sigma^2}{2} t^2\right\} \qquad \varphi_X(t) = \exp\left\{i\mu t - \frac{\sigma^2}{2} t^2\right\}$$

となることを示せ．

問題 6.6 確率変数 X と Y は互いに独立で，それぞれ正規分布 $N(\mu, \sigma^2)$, $N(m, s^2)$ に従っているとする．このとき確率変数 $Z = X + Y$ は正規分布 $N(\mu + m, \sigma^2 + s^2)$ に従うことを示せ．（正規分布の再生性）（ヒント：積率母関数か特性関数を利用せよ．）

つぎにこの応用問題をみることにする．

問題 6.7 確率変数 X が正規分布 $N(\mu, \sigma^2)$ に従うとき，実数 a, b に対して新しい確率変数 $Y = aX + b$ は正規分布 $N(a\mu + b, (a\sigma)^2)$ に従うことを示せ．

問題 6.8 確率変数 X_i $(i = 1, 2, \cdots, n)$ は正規分布 $N(m_i, \sigma_i^2)$ に従っているとする．$X_1, X_2, \cdots, X_n$ が互いに独立であるなら，確率変数 $Y = \sum_{i=1}^{n} X_i$ は正規分布 $N\left(\sum_{i=1}^{n} m_i, \sum_{i=1}^{n} \sigma_i^2\right)$ に従うことを示せ．(正規分布の再生性) (6 章の演習問題 [15], [16] も参照せよ．)

6.4.2 応用例

まずつぎの問題を考えてみよう．

> **例題 6.6** ある高校では新入生に対して身体測定を実施している．このとき，身長が 173cm 以上の生徒は全体の何 % いるだろうか？

解答例 身長も測定しているはずだから、もちろん測定結果を調べればいとも簡単に知ることができるだろう．しかしここでは全員のデータを調べることなく，統計の知識を応用して答えを出せないかという方向で答えを探ることにする．と言っても何の前提条件もなしにこの問題に答えることはできない．そこで「身長は正規分布に従う」という経験則が正しいと仮定して考えてみよう．測定結果からこの新入生達の平均身長と分散の値は得られるから既知としてよいだろう．いまこの高校の新入生の身長の平均が 166cm，分散が 49 であるとしたらどうであろうか？ 答えは約 16 % である．どうしてかと言うと，種明かしはこうである．身長を確率変数 X で表すと，X は平均 $\mu = 166$，分散 $\sigma^2 = 7^2$ の正規分布に従うから，求める全体に占める割合を α と書くと，

$$\alpha = P(X \geq 173) = P\left(\frac{X - 166}{7} \geq \frac{173 - 166}{7}\right)$$
$$= P(Z \geq 1) = 0.1587.$$

上の式の 1 行目から 2 行目への変形では，$X \sim N(\mu, \sigma^2)$ であるから標準化を行っている．つぎの 2 行目から 3 行目への変形ではこの標準化により標準正規分布に従う確率変数 Z $(Z \sim N(0, 1))$ に情報を変換している．最後の値を求める計算では，前節の結果を考慮に入れれば，

$$P(Z \geq 1) = \int_{1}^{\infty} \varphi(x) \mathrm{d}x \qquad (6.14)$$

と書ける．ただし，$\varphi(x)$ は標準正規分布の確率密度関数で，

$$\varphi(x) = \frac{1}{\sqrt{2\pi}} e^{-\frac{x^2}{2}}$$

である．したがって，(6.14) 式の積分を実行すれば良い訳だが，積分計算は行わず代わりに数値表を用いる．実際に巻末の「標準正規分布表」を使えば簡単に $\alpha = 0.1587$ の値を求めることができる．したがって，上述の仮定の下で答えは 16 % である． □

注意 6.6 正規分布にはパラメータが μ と σ^2 と 2 つあり，パラメータの値が異なれば分布として異なる正規分布を表しているので，世の中には無数の正規分布が存在している（図 6.9 参照）．しかし，標準化によってすべて標準正規分布に変換されてしまうので，実質たった 1 つの標準正規分布表さえ用意しておけば事が足りるという訳である．このように正規分布は取り扱いが容易で便利であるから，統計で多用される．正規分布が統計でよく使われる第 2 の理由は，次節で触れるが，2 項分布を正規分布で近似できることが挙げられる．

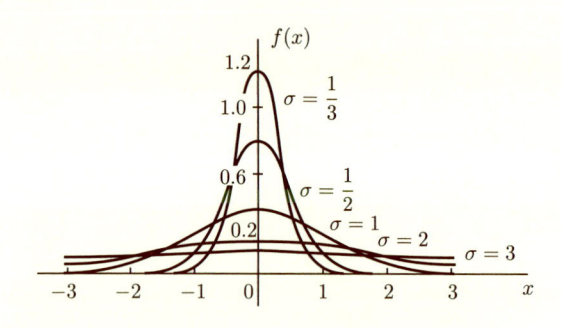

図 6.9 いろいろな正規分布の例

標準正規分布 $N(0,1)$ の確率密度関数を $\varphi(x)$ と書くとき，その分布関数は

$$X \sim N(0,1), \quad \Phi(z) \equiv F_X(z) = P(X \leq z) = \int_{-\infty}^{z} \varphi(x) dx$$

であり（図 6.10），そのグラフ $y = \Phi(z)$ は図 6.11 のようになる．このとき，標準正規分布表から

$$P(-1 \leqslant X \leqslant 1) = 0.6826, \qquad P(-2 \leqslant X \leqslant 2) = 0.9544,$$

$$P(-3 \leqslant X \leqslant 3) = 0.9974$$

であることがわかる．

問 6.21 $X \sim N(\mu, \sigma^2)$ のとき，つぎの確率を求めよ．

(1) $P(\mu - \sigma \leqslant X \leqslant \mu + \sigma)$, (2) $P(\mu - 2\sigma \leqslant X \leqslant \mu + 2\sigma)$

(3) $P(\mu - 3\sigma \leqslant X \leqslant \mu + 3\sigma)$

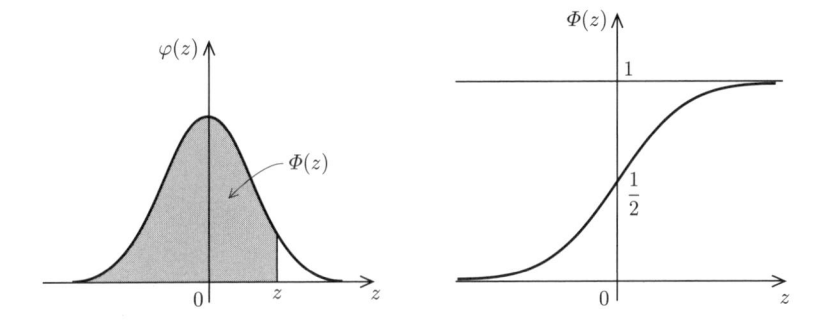

図 **6.10** 正規分布の密度関数と分布関数

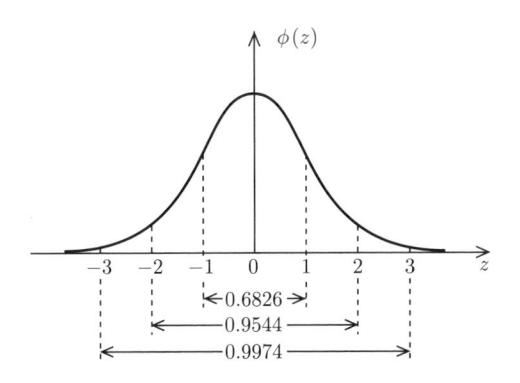

図 **6.11** 正規分布の確率

例題 6.7 確率変数 X が正規分布 $N(50, 100)$ に従うとき，確率 $P(35 \leqslant X \leqslant 75)$ の値を求めよ．

解答 X の標準偏差が $\sigma = 10$ であることに注意して，標準化により $N(0, 1)$ に従う Z に関する確率に変換して標準正規分布表を用いる．

$$\begin{aligned}
P(35 \leqslant X \leqslant 75) &= P\left(\frac{35-50}{10} \leqslant \frac{X-50}{10} \leqslant \frac{75-50}{10}\right) \\
&= P(-1.5 \leqslant Z \leqslant 2.5) \\
&= P(-1.5 \leqslant Z \leqslant 0) + P(0 \leqslant Z \leqslant 2.5) \\
&= P(0 \leqslant Z \leqslant 1.5) + P(0 \leqslant Z \leqslant 2.5) \\
&= 0.4332 + 0.4938 = 0.9270
\end{aligned}$$

となる． □

問 6.22 $X \sim N(-1, 4)$ のとき，下記の設問に答えよ．
(1) 確率 $P(X \leqslant 2.29)$ を求めよ．
(2) 関係式 $P(X > x) = 0.01$ を満たすような x の値を求めよ．
(ヒント：数表に対応する値が掲載されていないときは補間法により求めよ．
　答え：(1) 0.950 　(2) 3.652)

例題 6.8 ある大学で実施された授業科目「分析化学」の期末テストにおいて，100 点満点で全体の 10% が 35 点以下で 15% が 85 点以上であった．テストの成績の分布が正規分布に従うものとして，この科目の平均点と標準偏差を求めよ．

解答 平均点を m，標準偏差を s とし，テストの得点を X とする．標準正規分布表を逆引きして閾値を求める．すなわち

$$P\left(\frac{X-m}{s} \leqslant a\right) = 0.10, \quad P\left(\frac{X-m}{s} \geq b\right) = 0.15$$

より，$a \approx -1.28$，また $b \approx 1.04$ が得られる．したがって

$$\frac{35-m}{s} = -1.28, \quad かつ \quad \frac{85-m}{s} = 1.04$$

これを m, s に関する連立 1 次方程式として解いて,

$$m = 62.58[点], \quad s = 21.55[点]$$

と求まる. □

問題 6.9 表 6.2 は学校における 5 段階相対成績評価法における各生徒に対する評点の割合を示したものである.

表 6.2 5 段階相対成績評価表

評点	得点 X	確率 (%)
1	$(-\infty, \ \mu - 1.5\sigma]$	7
2	$(\mu - 1.5\sigma, \ \mu - 0.5\sigma]$	24
3	$(\mu - 0.5\sigma, \ \mu + 0.5\sigma]$	38
4	$(\mu + 0.5\sigma, \ \mu + 1.5\sigma]$	24
5	$(\mu + 1.5\sigma, \ \infty)$	7

この表が正規分布 $N(\mu, \sigma^2)$ に基づいていることを確かめよ.
(ヒント:$Z \sim N(0,1)$ に対して,たとえば $P(X \leqslant \mu - 1.5\sigma) = P((X-\mu)/\sigma \leqslant -1.5) = P(Z \leqslant -1.5) = 0.5 - P(0 \leqslant Z \leqslant 1.5) = 0.5 - 0.4332 = 0.0668 \approx 0.07$ ⟺ 約 7%)

6.4.3 偏差値について

ここでは受験資料などでお馴染みの偏差値について触れることにする.標準正規分布 $N(0,1)$ の確率分布関数を $\Phi(z)$ で表すことにする.すなわち,$X \sim N(0,1)$ で

$$\Phi(z) = P(X \leqslant z) = \int_{-\infty}^{z} \varphi(x) dx$$

ただし,$\varphi(x)$ は標準正規分布の確率密度関数である.たとえば,あるテストを行った場合,100 点満点で平均点が μ,標準偏差が σ であったとすると,素点 x の**偏差値** (deviation score) y は式で

$$y = 50 + 10 \times \frac{x-\mu}{\sigma} \qquad (6.15)$$

と表現される．いま確率変数 X が正規分布 $N(\mu, \sigma^2)$ に従っているとき，その標準化 $Z = (X-\mu)/\sigma$ は標準正規分布に従う：

$$Z := \frac{X-\mu}{\sigma} \sim N(0,1)$$

したがって，偏差値 $Y = 50 + 10Z$ は正規分布 $N(50, 10^2)$ に従うことになる．テストの受験者が全部で n 人いたとして，そのうち偏差値が y 以上である人が何人いるかについて考えてみよう．まず偏差値が y 以上である人の全体に占める割合は，偏差値が y 以上である確率と考えて

$$P(Y \geq y) = P\left(\frac{Y-50}{10} \geq \frac{y-50}{10}\right) = 1 - \Phi\left(\frac{y-50}{10}\right)$$

より求めることができる．ゆえに偏差値が y 以上である人は

$$上位 \left\{1 - \Phi\left(\frac{y-50}{10}\right)\right\} 人$$

以内にいることになる．実際にテストに適用する場合は，テストの素点がおおよそ正規分布しているときには上述の議論が近似的に当てはまることになる．

例題 6.9 大学 1 年生向けの開設科目「基礎生命工学」の定期試験 (100 点満点) の得点は正規分布 $N(55, 15^2)$ に従っているという．

(1) 上位 15% の学生に [優] の成績をつけることにする．何点以上に設定すればよいか答えよ．

(2) この試験の得点 X を偏差値 Y に変換するにはどうすればよいか答えよ．

解答 (1) 確率変数 Z を $Z \sim N(0,1)$ とする．試験の得点を X，設定すべき得点を x とすると，関係式

$$0.15 = P(X > x) = P\left(\frac{X-55}{15} > \frac{x-55}{15}\right) = P\left(Z > \frac{x-55}{15}\right)$$
$$= 0.5 - P\left(0 \leq Z \leq \frac{x-55}{15}\right)$$

が成り立つ．したがって

$$P\left(0 \leqslant Z \leqslant \frac{x-55}{15}\right) = 0.5 - 0.15 = 0.35$$

であるから，標準正規分布表を逆引きして

$$\frac{x-55}{15} = 1.04 \implies x = 55 + 15 \times 0.4 = 70.6$$

を得る．ゆえに 71 点以上の得点者に [優] を与えればよい．

（2） $X \sim N(55, 15^2)$ であるから，標準化 $Z = \dfrac{X-55}{15} \sim N(0,1)$ に注意して

$$偏差値 Y = 50 + 10Z = 50 + 10 \times \frac{X-55}{15} = \frac{2X+40}{3} \qquad (6.16)$$

を得る．この (6.16) 式によって変換すればよい． □

6.4.4　2 項分布の正規近似

この小節では 2 項分布の正規近似について述べる．あとの例題でもみられるように，場合によっては 2 項分布の確率を正規分布を用いて近似計算する方が便利なことがある．具体例をみる前に，なぜそのような近似計算が可能なのか理論的背景をみておこう．一般の議論についてはつぎの章で議論する．

命題 6.7　確率変数 X が 2 項分布 $B(n,p)$ に従うとき，n が十分大 ($n \gg 1$) ならば，X は近似的に正規分布 $N(np, np(1-p))$ に従う．

証明　$X \sim B(n,p)$ とする．成功率 p のベルヌーイ試行で n 回中 k 回成功する確率は，$q = 1-p$ として

$$P(X=k) = \binom{n}{k} p^k q^{n-k} = \frac{n!}{k!(n-k)!} p^k q^{n-k} \qquad (6.17)$$

で与えられる．ここで p を一定に保ったまま $k \to \infty, n-k \to \infty$ となるように極限 $n \to \infty$ を考えると，微分積分学のスターリングの公式より十分大きな n に対しては近似的に $n! \approx \sqrt{2\pi} n^{n+1/2} e^{-n}$ が成り立つので (6.17) 式はつぎのように書き換えられる．

$$P(X=k) \approx \frac{\sqrt{2\pi} n^{n+1/2} e^{-n}}{\sqrt{2\pi} k^{k+1/2} e^{-k} \sqrt{2\pi} (n-k)^{n-k+1/2} e^{-n+k}} p^k q^{n-k}$$

$$= \sqrt{\frac{n}{2\pi k(n-k)}} \left(\frac{n}{k}\right)^k \left(\frac{n}{n-k}\right)^{n-k} p^k q^{n-k}$$

$$= \left(\frac{1}{2\pi nk}\right)^{1/2} \left(\frac{n}{k}\right)^{k+1/2} \left(\frac{nq}{n-k}\right)^{n-k+1/2}$$

さらにここで $k - np = x$ と置いたうえで，上の式の両辺で対数をとって

$$\log P(X=k) \approx -\log\sqrt{2\pi npq} - \left(np + x + \frac{1}{2}\right)\log\left(1 + \frac{x}{np}\right)$$
$$- \left(nq - x + \frac{1}{2}\right)\log\left(1 - \frac{x}{nq}\right)$$

を得る．上式右辺の対数部分をマクローリン展開すると，近似的に

$$\log P(X=k) \approx -\log\sqrt{2\pi npq} - \frac{x^2}{2npq}$$

と表せる．したがって

$$\binom{n}{k} p^k q^{n-k} \approx \frac{1}{\sqrt{2\pi npq}} \exp\left\{-\frac{(k-np)^2}{2npq}\right\}$$

が得られることになる．2項分布 $B(n,p)$ では平均 $\mu = np$，分散 $\sigma^2 = npq$ であるから，$n \to \infty$ で連続化すれば，標準正規分布 $N(0,1)$ の確率密度関数

$$\varphi(x) = \frac{1}{\sqrt{2\pi}\sigma} \exp\left\{-\frac{(x-\mu)^2}{2\sigma^2}\right\} \quad (-\infty < x < \infty)$$

が得られることは明らかである． □

注意 6.7 上の命題 6.7 は2項分布 $B(n,p)$ を正規分布 $N(np, npq)$ で近似できることを主張していて，$X \sim B(n,p)$ のとき $Y = (X - np)/\sqrt{npq} \sim N(0,1)$ であって，確率 $P(X \leq x)$ は $P(Y \leq (x-np)/\sqrt{npq})$ で近似されることを意味している．しかし，n が十分大きくないときは近似精度があまりよくない．

注意 6.8 命題 6.7 の証明から p の値を変えずに n を大きくすると2項分布は正規分布に近づいていき，n が十分大きければ2項分布の正規近似はかなり正確であることがわかるが，1つの目安として，条件 $np > 5$ かつ $nq > 5$ が成り立つときには正規近似の妥当性が知られている．なお数学的に厳密には，$X \sim B(n,p)$ のとき，$(X - np)/\sqrt{npq}$ の分布が標準正規分布 $N(0,1)$ に近づくことが証明できる主張であるが，詳しくは次章の中心極限定理のところで議論する．

上記の注意にもあるように，n が十分大きくないときには近似精度はよくないのだけれども，n が十分大きくないときでも近似精度をよくするための**連続修正**という方法がある．この方法は $P(X \leqslant x)$ を $P(Y \leqslant (x-np)/\sqrt{npq})$ で直接近似するのではなくて，ほんの少しだけ変更する工夫で簡単に得られるものである．この連続修正という用語は，他の本では**連続補正**とか**不連続修正**とか**不連続補正**などと呼ばれることがある．

---
2 項分布の正規近似における連続修正

確率変数 X と Y はそれぞれ $X \sim B(n,p), Y \sim N(0,1)$ であるとする．n が必ずしも十分大ではないとき，2 項分布の確率をつぎの連続修正された量で正規近似を行う．ただし，$Y = (X-np)/\sqrt{npq}$ である．

(1) $P(X \leqslant x)$ を $P\left(Y \leqslant \dfrac{x+0.5-np}{\sqrt{npq}}\right)$ で近似する．

(2) $P(X \geq x)$ を $P\left(Y \geq \dfrac{x-0.5-np}{\sqrt{npq}}\right)$ で近似する．

(3) $P(X = x)$ を $P\left(\dfrac{x-0.5-np}{\sqrt{npq}} \leqslant Y \leqslant \dfrac{x+0.5-np}{\sqrt{npq}}\right)$ で近似する．

注意 6.9 上では 2 項分布の正規近似について述べたが，6.1.2 小節で紹介したように 2 項分布のポアソン近似の手法もある．2 項分布の近似分布としてポアソン分布を用いるか，正規分布を用いるかは微妙な話であって，一般にはつぎのような判定基準が提案されている．

(a) $np > 3$ のとき，2 項分布 $B(n,p)$ の近似分布として正規分布 $N(np, npq)$ を使用する．

(b) 特に $npq \geq 3$ のとき，2 項分布 $B(n,p)$ の近似分布として $N(np, npq)$ を用いるが，この場合の近似精度はかなりよいことが知られている．

(c) $0 < np \leqslant 3$ のとき，さらに p の値がかなり小さければ，2 項分布の近似分布としてポアソン分布 $Po(np)$ を使用する．

例題 6.10 2 の目が出る確率が $\dfrac{2}{5}$ である不公平なサイコロを 1000 回振る試行を考える．この 1000 回中，2 の目が 375 回以上出る確率を求めよ．

解答 X で 1000 回中に 2 の目が出る回数を表す．このとき題意より $X \sim$

$B(1000, 0.4)$ である．$np = 1000 \times 0.4 = 400 > 3$，また $npq = 1000 \times 0.4 \times 0.6 = 240 > 3$ であるから，注意 6.9 の判定基準よりこの 2 項分布を正規分布 $N(400, 240)$ で近似する．$\sigma = 15.5$ として標準化を $Y = (X - 400)/15.5$ と置く．

（a） 連続修正を行わない場合：

$$P(X \leqslant 375) \approx P\left(\frac{X - 400}{15.5} \leqslant \frac{375 - 400}{15.5}\right) = P(Y \leqslant -1.61)$$
$$= 0.5 + P(0 \leqslant Y \leqslant 1.61) = 0.9463$$

（b） 連続修正を行う場合：

$$P(X \leqslant 375) \approx P\left(\frac{X - 400}{15.5} \leqslant \frac{375 - 0.5 - 400}{15.5}\right) = P(Y \leqslant -1.65)$$
$$= 0.5 + P(0 \leqslant Y \leqslant 1.65) = 0.9505 \qquad \square$$

問題 6.10 ある大学の教育学部の学生の 3 分の 1 は女子である．学生数は十分大きいとして，学生全体から無作為に 15 人を選ぶとき，7 人以上が女子である確率を求めよ．（ヒント：例題 6.10 にならい 2 項分布 $B(15, 1/3)$ を正規分布 $N(5, 10/3)$ で近似せよ．）　　（答え：0.206　）

6.5　ガンマ分布

$\alpha > 0$ とする．ガンマ関数 (Gamma function) $\Gamma(\alpha)$ は次式で与えられる．

$$\Gamma(\alpha) = \int_0^\infty t^{\alpha - 1} e^{-t} dt \tag{6.18}$$

―――― ガンマ関数 $\Gamma(\alpha)$ の性質 ――――

(1)　$\Gamma(1) = 1$

(2)　$\Gamma\left(\dfrac{1}{2}\right) = \sqrt{\pi}$

(3)　$\Gamma(\alpha) = (\alpha - 1)\Gamma(\alpha - 1), \quad (\alpha > 1)$

(4)　$\Gamma(n) = (n - 1)!, \quad (n \in \mathbb{N})$

問 6.23 上のガンマ関数の性質 (1), (2), (3), (4) を確かめよ．

6.5 ガンマ分布

定義 6.10 連続型確率変数 X の確率密度関数 $f_X(x)$ が

$$f_X(x) = \begin{cases} \dfrac{\beta^\alpha}{\Gamma(\alpha)} x^{\alpha-1} e^{-\beta x} & (x > 0) \\ 0 & (その他) \end{cases} \quad (6.19)$$

で与えられているとする．ただし，$\alpha > 0, \beta > 0$ である．この X の確率分布をパラメータ α, β の**ガンマ分布** (Gamma distribution) といい，記号で $Ga(\alpha, \beta)$ と表す．このとき X はガンマ分布 $Ga(\alpha, \beta)$ に従うといい，記号で $X \sim Ga(\alpha, \beta)$ と表す (図 6.12 参照)．

特別な場合として，$\alpha = 1$ のときガンマ分布 $Ga(1, \beta)$ はパラメータ β の指数分布 $Ex(\beta)$ に一致する．また $\alpha = n$ (正整数) で $\beta = 1$ のときのガンマ分布 $Ga(n, 1)$ をパラメータ n の**アーラン分布**という．$m \in \mathbb{N}$ に対して，ガンマ分布 $Ga(m/2, 1/2)$ を自由度 m の**カイ 2 乗分布** (χ^2-分布, chi-square distribution) と呼び，$\chi^2(m)$ で表す．

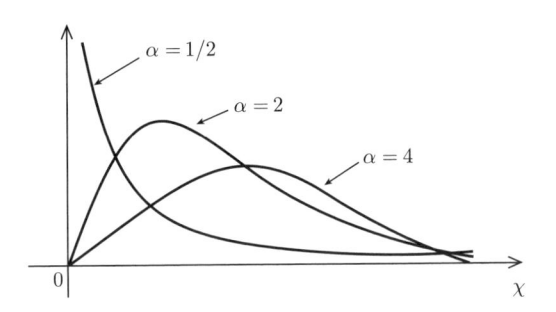

図 6.12 ガンマ分布の確率密度関数 ($\beta = 1$)

ガンマ分布 $Ga(\alpha, \beta)$ の性質

(1) ガンマ分布 $Ga(\alpha, \beta)$ に従う確率変数 X の期待値は $E(X) = \dfrac{\alpha}{\beta}$

(2) ガンマ分布 $Ga(\alpha, \beta)$ に従う確率変数 X の分散は $V(X) = \dfrac{\alpha}{\beta^2}$

(3) ガンマ分布 $Ga(\alpha, \beta)$ の特性関数は $\varphi(t) = \left(1 - \dfrac{it}{\beta}\right)^{-\alpha}$

(4) ガンマ分布は再生性を有する．

問 6.24 ガンマ分布 $Ga(\alpha,\beta)$ に従う確率変数 X の期待値および分散が上記 (1), (2) で与えられることを確かめよ．（ヒント：ガンマ関数の性質を用いて，直接 $E(X) = \int x f_X(x) dx$ や $E(X^2) = \int x^2 f_X(x) dx$ を計算せよ．）

問 6.25 上記 (4) のガンマ分布の再生性を確かめよ．(6 章の演習問題 [20] を参照のこと)

注意 6.10 指数分布 $Ex(\beta)$ はガンマ分布 $Ga(1,\beta)$ であるから，確率変数 $X_1, X_2, \cdots, X_n$ が独立同分布 (i.i.d.) ですべて同じ指数分布 $Ex(\beta)$ に従うならば，$Z = X_1 + X_2 + \cdots + X_n$ は上述のガンマ分布の再生性よりガンマ分布 $Ga(n,\beta)$ に従うことになる．このことからも指数分布が再生性をもたないことがわかる．

6.6　カイ 2 乗分布

統計においては後述するように正規分布から派生して出てくる確率分布が大変重要である．この節で紹介するカイ 2 乗分布もその 1 つである．

定義 6.11　連続型確率変数 X の確率密度関数 $f_X(x)$ が

$$f_X(x) = \begin{cases} \dfrac{1}{\Gamma\left(\dfrac{n}{2}\right) 2^{n/2}} x^{n/2-1} e^{-x/2} & (x > 0) \\ 0 & (\text{その他}) \end{cases} \quad (6.20)$$

で与えられているとする．ただし，$n \in \mathbb{N}$ である．この X の確率分布を自由度 n の**カイ 2 乗分布** (χ^2-分布; chi-square distribution) といい，記号で $\chi^2(n)$ と表す．このとき X はカイ 2 乗分布 $\chi^2(n)$ に従うといい，記号で $X \sim \chi^2(n)$ と表す (図 6.13 参照)．

前節でも触れたように，カイ 2 乗分布 $\chi^2(n)$ はガンマ分布 $Ga\left(\dfrac{n}{2}, \dfrac{1}{2}\right)$ のことであるから，ガンマ分布の性質はすべて成り立つことになる．

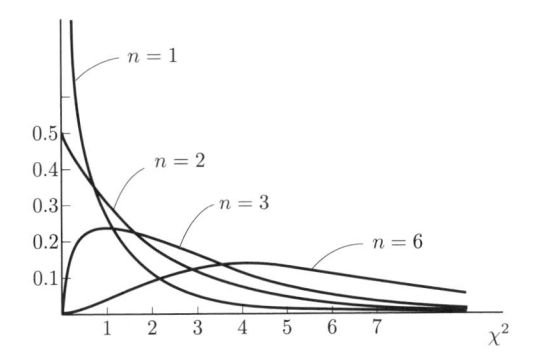

図 6.13 カイ 2 乗分布の確率密度関数

カイ 2 乗分布 $\chi^2(n)$ の性質

(1) カイ 2 乗分布 $\chi^2(n)$ に従う確率変数 X の期待値は $E(X) = n$
(2) カイ 2 乗分布 $\chi^2(n)$ に従う確率変数 X の分散は $V(X) = 2n$
(3) カイ 2 乗分布 $\chi(n)$ の特性関数は $\varphi(t) = (1 - 2it)^{-n/2}$
(4) カイ 2 乗分布は再生性を有する.

問 6.26 確率変数 X はカイ 2 乗分布 $\chi^2(n)$ に従っているとする.このとき X の期待値および分散が上記の (1), (2) で与えられることを確かめよ.

問題 6.11 確率変数 X と Y が互いに独立でそれぞれカイ 2 乗分布 $\chi^2(m)$, $\chi^2(n)$ に従っているとき,$Z = X + Y$ が自由度 $(m+n)$ のカイ 2 乗分布 $\chi^2(m+n)$ に従うことを示せ.(ヒント:自由度 n のカイ 2 乗分布の積率母関数が $M(t) = (1 - 2t)^{-n/2}$ であることを用いよ.)

問題 6.12 巻末のカイ 2 乗分布表を用いてつぎの確率を求めよ.
(1) $X \sim \chi^2(17)$ のとき,$P(X \geq 8.67)$
(2) $X \sim \chi^2(21)$ のとき,$P(24.9 < X \leqslant 35.5)$

つぎに正規分布とカイ 2 乗分布の関係について考える.

例題 6.11 確率変数 X が標準正規分布に従っているとする.このとき,$Y = X^2$ の従う確率分布を求めよ.

解答 Y の分布関数を $F_Y(y)$ とすると，$y > 0$ のとき

$$F_Y(y) = P(Y \leqslant y) = P(X^2 \leqslant y) = P(-\sqrt{y} \leqslant X \leqslant \sqrt{y})$$

$$= \int_{-\sqrt{y}}^{\sqrt{y}} \frac{1}{\sqrt{2\pi}} e^{-\frac{x^2}{2}} dx = \frac{2}{\sqrt{2\pi}} \int_0^{\sqrt{y}} e^{-\frac{x^2}{2}} dx$$

となるので，関係 $\dfrac{d}{dy} F_Y(y) = f_Y(y)$ より Y の確率密度関数 $f_Y(y)$ を求めると

$$f_Y(y) = \frac{2}{\sqrt{2\pi}} e^{-\frac{y}{2}} \times \frac{d}{dy}(\sqrt{y}) = \frac{1}{\sqrt{2\pi}} y^{\frac{1}{2}-1} e^{-\frac{y}{2}}$$

$$= \frac{1}{\Gamma\left(\frac{1}{2}\right) \cdot 2^{\frac{1}{2}}} y^{\frac{1}{2}-1} e^{-\frac{y}{2}}$$

を得る．これは (6.20) で $n = 1$ に当たる．したがって $Y = X^2$ の確率分布は自由度 1 のカイ 2 乗分布 $\chi^2(1)$ である． □

問題 6.13 確率変数 $X_1, X_2, \cdots, X_n$ は独立同分布 (i.i.d.) ですべて標準正規分布 $N(0,1)$ に従っているとする．このとき $Y = X_1^2 + X_2^2 + \cdots + X_n^2$ が自由度 n のカイ 2 乗分布 $\chi^2(n)$ に従うことを示せ．

カイ 2 乗分布 $\chi^2(n)$ の確率密度関数のグラフ $y = f_X(x)$ で区間 $[a, \infty)$ に対応する面積がちょうど全体の 5% $(= 5/100)$

$$\int_a^\infty f_X(x) dx = 0.05$$

に対応する点 a をカイ 2 乗分布の上側 5% 点といい，$\chi^2(n, 0.05)$ で表す．一般に $0 < \alpha < 1$ が与えられていて，カイ 2 乗分布 $\chi^2(m)$ の上側 100α % 点は $\chi^2(m, \alpha)$ と書かれ，$\chi^2(m)$ の確率密度関数を $f_m(x)$ とするとき，

$$\int_{\chi^2(m,\alpha)}^\infty f_m(x) dx = \alpha$$

が成り立つ．図 6.14 の例では上側 5% 点と 2.5% 点が示されている．

注意 6.11 自由度が大きいとき，カイ 2 乗分布の上側パーセント点を与える Wilson-Hilferty の近似式がある．X が自由度 n のカイ 2 乗分布に従っているとし，$0 < \alpha < 1$ とする．このとき上側 100α % 点は

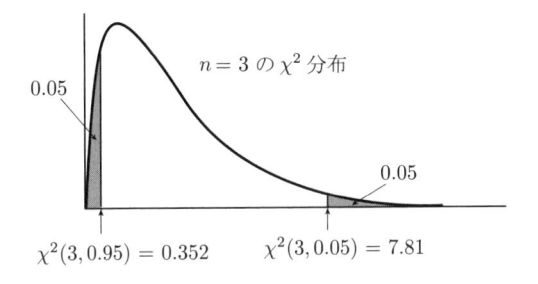

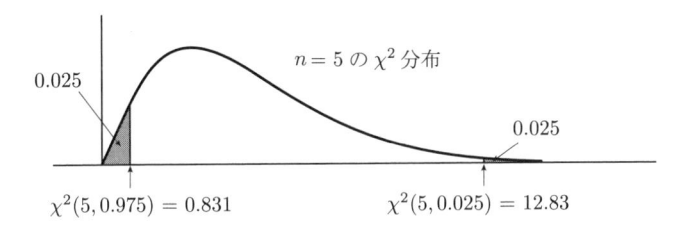

図 **6.14** カイ 2 乗 (χ^2) 分布の上側 100α % 点

$$\chi^2(n,\alpha) \approx n\left(1 - \frac{2}{9n} + z_\alpha\sqrt{\frac{2}{9n}}\right)^3$$

と近似される．ここで z_α は標準正規分布の上側 100α % 点を表す．$m \geq 10$ であれば，この近似式は非常に精度がよいことが知られている．

6.7　スチューデントの t 分布

この節では前節のカイ 2 乗分布に引き続いて，正規分布から導かれる標本分布である t 分布について紹介する．実数 x の関数 $f(x)$ をつぎで定義する．

$$f(x) = \frac{\Gamma\left(\dfrac{n+1}{2}\right)}{\sqrt{n\pi}\,\Gamma\left(\dfrac{n}{2}\right)} \left(1 + \frac{x^2}{n}\right)^{-\frac{1}{2}(n+1)}, \qquad (-\infty < x < \infty) \tag{6.21}$$

定義 6.12 連続型確率変数 X の確率密度関数 $f_X(x)$ が上記の (6.21) 式で与えられているとする。ただし、$n \in \mathbb{N}$ である。この X の確率分布を自由度 n の**スチューデントの t 分布** (Student's t-distribution) あるいは単に **t 分布** (t-distribution) といい、記号で $t(n)$ と表す。このとき X は t 分布 $t(n)$ に従うといい、記号で $X \sim t(n)$ と表す（図 6.15 参照）。

スチューデントの t 分布 $t(n)$ の性質

(1) t 分布 $t(n)$ に従う確率変数 X の期待値は $E(X) = 0$
(2) t 分布 $t(n)$ に従う確率変数 X の分散は $V(X) = \dfrac{n}{n-2}$ $(n > 2)$
(3) t 分布 $t(n)$ の確率密度関数のグラフは対称である.
(4) t 分布は自由度が大きくなると標準正規分布 $N(0,1)$ に近づく.

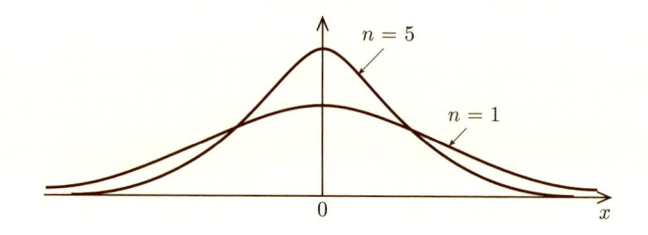

図 6.15 スチューデントの t 分布の確率密度関数

上記で述べたように、実際 $n \to \infty$ とすると自由度 n の t 分布 $t(n)$ は標準正規分布 $N(0,1)$ に近づく訳であるが、図 6.16 で見るように自由度 25 の t 分布 $t(25)$ の確率密度関数のグラフは標準正規分布の確率密度関数のグラフとほぼ一致していることがわかる。

命題 6.8 自由度 n を限りなく大きくするとき、自由度 n の t 分布は標準正規分布 $N(0,1)$ に限りなく近づく。

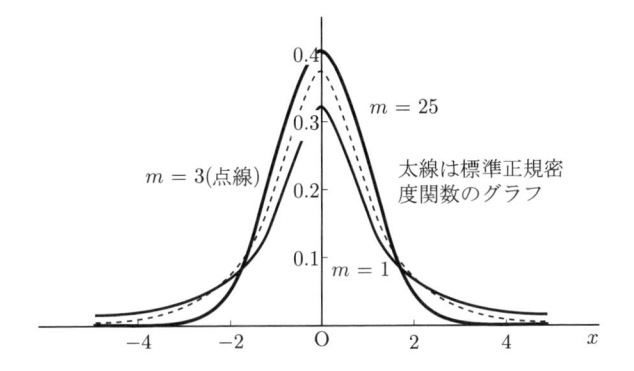

図 **6.16** t 分布と正規分布の確率密度関数

証明 自由度 n の t 分布の確率密度関数を

$$f_n(x) = \frac{\Gamma\left(\dfrac{n+1}{2}\right)}{\sqrt{n\pi}\,\Gamma\left(\dfrac{n}{2}\right)} \left(1 + \frac{x^2}{n}\right)^{-\frac{1}{2}(n+1)}$$

と置く．ガンマ関数の性質とスターリングの公式 $\Gamma(z) \approx z^{z-1/2} e^{-z} \sqrt{2\pi}$ $(z \to \infty)$ より上の密度関数の係数部を近似計算すると

$$\begin{aligned}
\frac{\Gamma\left(\dfrac{n+1}{2}\right)}{\sqrt{n\pi}\,\Gamma\left(\dfrac{n}{2}\right)} &\approx \frac{\left(\dfrac{n+1}{2}\right)^{\frac{n+1}{2}-\frac{1}{2}} e^{-\frac{n+1}{2}} \sqrt{2\pi}}{\sqrt{n\pi}\left(\dfrac{n}{2}\right)^{\frac{n}{2}-\frac{1}{2}} e^{-\frac{n}{2}} \sqrt{2\pi}} \\
&= \frac{1}{\sqrt{2\pi}} e^{-\frac{1}{2}} \cdot \left(1 + \frac{1}{n}\right)^{\frac{n}{2}} \\
&\to \frac{1}{\sqrt{2\pi}} \quad (n \to \infty)
\end{aligned} \tag{6.22}$$

を得る．一方，

$$\log\left(1 + \frac{x^2}{n}\right)^{-\frac{n+1}{2}} = \left(-\frac{n+1}{2}\right)\frac{x^2}{2} \cdot \log\left(1 + \frac{x^2}{n}\right)^{\frac{n}{x^2}} \to -\frac{x^2}{2} \quad (\text{as} \quad n \to \infty) \tag{6.23}$$

となる．上記の (6.22) と (6.23) を合わせて結局

$$\lim_{n\to\infty} f_n(x) = \frac{1}{\sqrt{2\pi}} e^{-\frac{x^2}{2}}$$

が得られる．上式の右辺は標準正規分布の確率密度関数に他ならない． □

> **定理 6.3** 確率変数 X と Y は互いに独立で，X は標準正規分布 $N(0,1)$ に従い，Y は自由度 n のカイ2乗分布に従うとき，確率変数
> $$T := \frac{X}{\sqrt{\dfrac{Y}{n}}}$$
> は自由度 n の t 分布 $t(n)$ に従う．

定理 6.3 の証明 第3章の確率変数の変数変換の議論に従って計算する．Y は負の値を取らないことに注意して，

$$u = \varphi_1(x,y) = \frac{x}{\sqrt{y/n}}, \qquad v = \varphi_2(x,y) = y$$

と置く．この変換は xy-平面の $y>0$ 領域を uv-平面の $v>0$ 領域に移す1対1変換である．この逆変換を求めて

$$x = \psi_1(u,v) = u\sqrt{\frac{v}{n}}, \qquad y = \psi_2(u,v) = v$$

を得る．このときのヤコビアン J を計算すると

$$J = \frac{\partial(x,y)}{\partial(u,v)} = \begin{vmatrix} \dfrac{\partial x}{\partial u} & \dfrac{\partial x}{\partial v} \\ \dfrac{\partial y}{\partial u} & \dfrac{\partial y}{\partial v} \end{vmatrix} = \begin{vmatrix} \sqrt{\dfrac{v}{n}} & \dfrac{u}{2\sqrt{nv}} \\ 0 & 1 \end{vmatrix} = \sqrt{\frac{v}{n}}$$

仮定から X と Y は独立であるから，X, Y の結合確率密度関数 h は $y>0$ のとき

$$h(x,y) = f_X(x) \cdot f_Y(y) = C e^{-\frac{x^2}{2}} y^{\frac{y}{2}-1} e^{-\frac{y}{2}}$$

となる．ここで C は正規化定数である．ゆえに確率変数 $U = \varphi_1(X,Y), V = \varphi_2(X,Y)$ の結合確率密度関数は $v>0$ のとき

$$h_1(u,v) = h(x,y) \left| \frac{\partial(x,y)}{\partial(u,v)} \right| = C \exp\left\{-\frac{u^2 v}{2n}\right\} v^{-\frac{n}{2}-1} \cdot \exp\left\{-\frac{v}{2}\right\} \cdot \sqrt{\frac{v}{n}}$$

$$= C_1 v^{\frac{n-1}{2}} \exp\left\{-\frac{v}{2}\left(1+\frac{u^2}{n}\right)\right\} \qquad (C_1:\text{定数})$$

また $v>0$ のとき，$V = \varphi_2(X,Y) = Y$ が負の値を取らないことより $h_1(u,v)=0$ と定まる．したがって定義より確率変数 U の周辺確率密度関数を求めると

$$f_1(u) = \int_{-\infty}^{\infty} h_1(u,v)dv$$
$$= C_1 \int_0^{\infty} v^{\frac{n-1}{2}} \exp\left\{-\frac{v}{2}\left(1+\frac{u^2}{n}\right)\right\} dv$$

さらにここで変数変換 $\dfrac{v}{2}\left(1+\dfrac{u^2}{n}\right) = \xi$ を施して，u は固定したままで変数 v を変数 ξ に置き換えて

$$f_1(u) = C_1 \cdot 2^{\frac{n+1}{2}} \cdot \left(1+\frac{u^2}{n}\right)^{-\frac{n+1}{2}} \int_0^{\infty} \xi^{\frac{n+1}{2}-1} e^{-\xi} d\xi$$
$$= C_1 \cdot 2^{\frac{n+1}{2}} \cdot \Gamma\left(\frac{n+1}{2}\right) \cdot \left(1+\frac{u^2}{n}\right)^{-\frac{n+1}{2}}$$
$$= C_2 \left(1+\frac{u^2}{n}\right)^{-\frac{n+1}{2}}$$

ここで正規化定数 C_2 を条件 $\displaystyle\int_{-\infty}^{\infty} f_1(u)du = 1$ より定めて

$$C_2 = \frac{\Gamma\left(\dfrac{n+1}{2}\right)}{\sqrt{n\pi}\,\Gamma\left(\dfrac{n}{2}\right)}$$

を得る．ゆえに U の周辺密度関数は

$$f_1(u) = \frac{\Gamma\left(\dfrac{n+1}{2}\right)}{\sqrt{n\pi}\,\Gamma\left(\dfrac{n}{2}\right)} \left(1+\frac{u^2}{n}\right)^{-\frac{n+1}{2}}$$

となる．これは $T \equiv U = X/\sqrt{\dfrac{Y}{n}}$ が自由度 n の t 分布に従うことを意味する．□

例題 6.12 確率変数 T が自由度 n の t 分布 $t(n)$ に従っているとする．このとき，T の期待値および分散を求めよ．

解答 定理 6.3 より確率変数 X と Y が独立で，それぞれ $X \sim N(0,1)$, $Y \sim \chi^2(n)$ に従っているとき，

$$T = \frac{X}{\sqrt{Y/n}} \sim t(n)$$

であるから，$X \perp\!\!\!\perp Y$ より

$$E(T) = E(X) E\left(\sqrt{\frac{n}{Y}}\right)$$

したがって，$E(X) = 0$ より $E(T) = 0$ を得る．一方，$n > k$ のとき

$$\begin{aligned}
E\left[\left(\frac{Y}{n}\right)^{-k/2}\right] &= \int_0^\infty \left(\frac{y}{n}\right)^{-k/2} \cdot \frac{1}{\Gamma\left(\frac{n}{2}\right) 2^{\frac{n}{2}}} y^{\frac{n}{2}-1} e^{-\frac{y}{2}} dy \\
&= \frac{(\sqrt{n})^k}{\Gamma\left(\frac{n}{2}\right) 2^{\frac{n}{2}}} \int_0^\infty y^{\frac{n-k}{2}-1} e^{-\frac{y}{2}} dy \\
&= \frac{n^{k/2}}{\Gamma\left(\frac{n}{2}\right) 2^{\frac{k}{2}}} \Gamma\left(\frac{n-k}{2}\right)
\end{aligned}$$

である．ゆえに $n > 2$ のとき，分散は

$$\begin{aligned}
V(T) &= E(T^2) - \{E(T)\}^2 = E(X^2) E\left[\left(\frac{Y}{n}\right)^{-1}\right] \\
&= 1 \times \frac{n^{2/2}}{\Gamma\left(\frac{n}{2}\right) 2^{\frac{2}{2}}} \Gamma\left(\frac{n-2}{2}\right) = \frac{n}{n-2}
\end{aligned}$$

と求められる． □

問題 6.14 確率変数 X と Y が互いに独立で，X は正規分布 $N(3,4)$ に従い，Y は自由度 9 のカイ 2 乗分布 $\chi^2(9)$ に従っているとき，確率 $P(3X + 3.66\sqrt{Y} \leqslant 9)$ を求めよ．

6.8　エフ分布

　この節では直接的にはカイ2乗分布から，間接的には正規分布から導かれる標本分布である F 分布について紹介する．実数 x の関数 $f(x)$ をつぎで定義する．

$$f(x) = \begin{cases} \dfrac{\Gamma\left(\dfrac{m+n}{2}\right)}{\Gamma\left(\dfrac{m}{2}\right)\Gamma\left(\dfrac{n}{2}\right)} \left(\dfrac{m}{n}\right)^{\frac{m}{2}} x^{\frac{m}{2}-1} \left(1+\dfrac{m}{n}x\right)^{-\frac{1}{2}(m+n)}, & (0 < x < \infty) \\ 0 & (その他) \end{cases} \tag{6.24}$$

ただし，$m, n = 1, 2, 3, \cdots$ である．

> **定義 6.13**　連続型確率変数 X の確率密度関数 $f_X(x)$ が上記の (6.24) 式で与えられているとする．この X の確率分布を自由度 (m,n) の**エフ分布** (**F 分布**, F-distribution) といい，記号で $F(m,n)$ と表す．このとき X は F 分布 $F(m,n)$ に従うといい，記号で $X \sim F(m,n)$ と表す (図 6.17 参照)．

エフ分布 (F 分布) $F(m,n)$ の性質

(1)　F 分布 $F(m,n)$ に従う確率変数 X の期待値は
$$E(X) = \frac{n}{n-2} \quad (n > 2)$$

(2)　F 分布 $F(m,n)$ に従う確率変数 X の分散は
$$V(X) = \frac{2n^2(m+n-2)}{m(n-2)^2(n-4)} \quad (n > 4)$$

(3)　$X \sim F(m,n)$ のとき，逆数 $Y = \dfrac{1}{X}$ も F 分布 $F(n,m)$ に従う．

(4)　m を固定したうえで，$n \to \infty$ とすると，F 分布 $F(m,n)$ はカイ2乗分布 $\chi^2(m)$ に近づく．

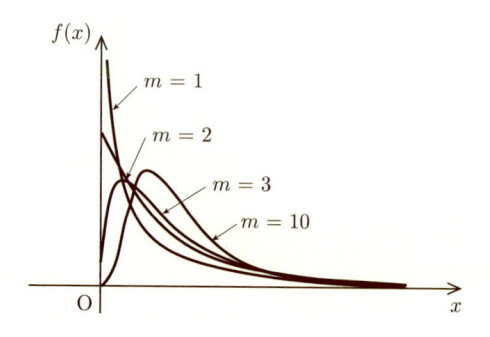

図 6.17　F 分布 $F(m, 10)$ の確率密度関数

つぎに F 分布の生成源に関する重要な定理を紹介する.

定理 6.4　確率変数 X と Y は互いに独立で, それぞれ X は自由度 m のカイ 2 乗分布 $\chi^2(m)$ に従い, Y は自由度 n のカイ 2 乗分布 $\chi^2(n)$ に従うとき, 確率変数
$$F := \frac{X/m}{Y/n}$$
は自由度 (m, n) の F 分布 $F(m, n)$ に従う.

定理 6.4 の証明　自由度 n のカイ 2 乗分布 $\chi^2(n)$ の確率密度関数を $f_n(x)$ とすると (cf. (6.20) 式), X と Y の独立性 ($X \perp\!\!\!\perp Y$) から, それらの同時密度関数 $f(x, y)$ は

$$f(x, y) = f_m(x) f_n(y)$$
$$= \frac{x^{m/2-1}}{\Gamma\left(\dfrac{m}{2}\right) 2^{m/2}} \exp\left(-\frac{x}{2}\right) \cdot \frac{y^{n/2-1}}{\Gamma\left(\dfrac{n}{2}\right) 2^{n/2}} \exp\left(-\frac{y}{2}\right)$$

で与えられる. 変数変換

$$\begin{cases} z = \varphi_1(x, y) = \dfrac{x/m}{y/n} & (0 < z < \infty) \\ w = \varphi_2(x, y) = y & (0 < w < \infty) \end{cases}$$

を施すことを考える. このとき, $x = \dfrac{m}{n} zw, (0 < x < \infty)$, と $y = w, (0 < y < \infty)$

に注意して，ヤコビアン J を求めると

$$J = \frac{\partial(x,y)}{\partial(z,w)} = \begin{vmatrix} \frac{m}{n}w & \frac{m}{n}z \\ 0 & 1 \end{vmatrix} = \frac{m}{n}w \neq 0$$

であるから，確率変数 $Z = \varphi_1(X,Y), W = \varphi_2(X,Y)$ の同時密度関数は

$$\begin{aligned} g(z,w) &= f(x,y)\left|\frac{\partial(x,y)}{\partial(z,w)}\right| \\ &= \frac{\left(\frac{m}{n}zw\right)^{m/2-1}}{\Gamma\left(\frac{m}{2}\right)2^{m/2}} \exp\left(-\frac{m}{n}\frac{zw}{2}\right) \cdot \frac{w^{n/2-1}}{\Gamma\left(\frac{n}{2}\right)2^{n/2}} \exp\left(-\frac{w}{2}\right) \cdot \frac{m}{n}w \end{aligned}$$

$$(z > 0, w > 0)$$

である．したがって Z の確率密度関数 $g_1(z)$ はこの同時密度関数の周辺密度関数として得られるから，w に関して積分して

$$\begin{aligned} g_1(z) &= \int_{-\infty}^{\infty} g(z,w)dw \\ &= \frac{\left(\frac{m}{n}\right)^{\frac{m}{2}} z^{m/2-1}}{\Gamma\left(\frac{m}{2}\right)\Gamma\left(\frac{n}{2}\right)2^{m/2+n/2}} \int_0^{\infty} w^{\frac{m+n}{2}-1} \exp\left\{-\frac{w}{2}\left(\frac{m}{n}z+1\right)\right\} dw \\ &= \frac{\left(\frac{m}{n}\right)^{\frac{m}{2}} z^{m/2-1}}{\Gamma\left(\frac{m}{2}\right)\Gamma\left(\frac{n}{2}\right)2^{m/2+n/2}} \Gamma\left(\frac{m+n}{2}\right) \left\{\frac{2}{\frac{m}{n}z+1}\right\}^{\frac{m+n}{2}} \\ &= \frac{\Gamma\left(\frac{m+n}{2}\right)}{\Gamma\left(\frac{m}{2}\right)\Gamma\left(\frac{n}{2}\right)} \left(\frac{m}{n}\right)^{\frac{m}{2}} z^{\frac{m}{2}-1} \left(1+\frac{m}{n}z\right)^{-\frac{1}{2}(m+n)} \end{aligned}$$

となる．これは自由度 (m,n) の F 分布の確率密度関数に他ならない． □

系 6.2 確率変数 X が自由度 (m,n) の F 分布 $F(m,n)$ に従っているとき，確率変数 $Y = 1/X$ は自由度 (n,m) の F 分布 $F(n,m)$ に従う．

証明 定理 6.4 から自明である． □

> **系 6.3** (t 分布と F 分布の関係) 確率変数 T は自由度 n の t 分布 $t(n)$ に従っているとする. このとき, T の 2 乗 T^2 の分布は自由度 $(1, n)$ の F 分布 $F(1, n)$ である.

注意 6.12 上の結果を標語的に $\{t(n)\}^2 = F(1, n)$ と記憶しておくと便利でよい.

証明 前節の 6.7 節の定理 6.3 で見たように,確率変数 X と Y が独立で, $X \sim N(0, 1)$ かつ $Y \sim \chi^2(n)$ のとき, $T = X/\sqrt{Y/n}$ が定める分布が自由度 n の t 分布である. 一方, 6.6 節の例題 6.11 より X^2 は自由度 1 のカイ 2 乗分布であるから, 上の定理 6.4 から直ちに $T^2 = X^2/(Y/n)$ は自由度 $(1, n)$ の F 分布に従うことがわかる. □

問 6.27 (6.24) で与えられる関数 $f(x)$ が確率密度関数の条件を満たすことを確かめよ.

問題 6.15 確率変数 X が自由度 (m, n) の F 分布に従うとき, X の期待値 $E(X)$ が $n/(n-2)$ $(n > 2)$ で与えられることを示せ. (ヒント:前節の例題 6.12 の同じ方法を用いよ. $Y \sim \chi^2(n)$ のとき, $E(Y^{-1}) = 1/(n-2), (n \geq 3)$)

問題 6.16 確率変数 X が自由度 (m, n) の F 分布に従うとき, X の分散 $V(X)$ を求めよ. (ヒント:前節の例題 6.12 の同じ方法を用いよ. $E(X^2) = n^2(m+2)/m(n-2)(n-4)$)

確率変数 F が自由度 (m, n) のエフ分布 $F(m, n)$ に従うとき, 任意の $0 < \alpha < 1$ に対して

$$P(F > x) = \alpha$$

を満たす点 (実数)x (> 0) を自由度 (m, n) のエフ分布の上側 α 点あるいは 100α % 点といい, 記号で $F_{(m,n)}(\alpha)$ とか $F_n^m(\alpha)$ などと表す (図 6.18 参照). 具体的な $F_{(m,n)}(\alpha)$ の値は巻末の付表:エフ分布表から求めることができる. また系 6.2 の主張から関係式

$$F_{(m,n)}(1-\alpha) = \frac{1}{F_{(n,m)}(\alpha)} \tag{6.25}$$

が成り立つ. したがって, エフ分布表は $0 < \alpha < 0.5$ として作られている.

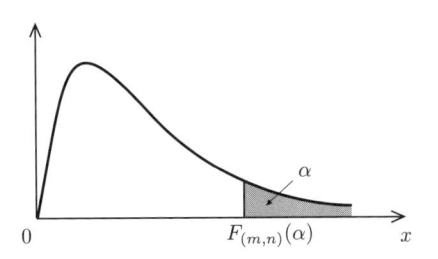

図 **6.18** F 分布 $F(m,n)$ の上側 α 点

問題 6.17 つぎの値を巻末：付表のエフ分布表を利用して求めよ．

(1) $F_5^4(0.05)$ 　　(2) $F_{10}^6(0.975)$ 　　(3) $F_{50}^{40}(0.05)$

(ヒントと答え：(1) 4.53, (2) 0.1832, 逆数 $1/F_6^{10}(1-0.975)$ を用いよ．(3) 1.63, 実は $m=50$ は F 分布表に掲載されていないので，他の分布の場合と同じように補間すればよいのだが，ここでは下記のように逆数補間法を用いる必要がある．

$$F_{50}^{40}(0.05) = 1.69 + (1.59 - 1.69) \times \frac{1/50 - 1/40}{1/60 - 1/40} \quad)$$

例題 6.13 確率変数 F が自由度 (m,n) のエフ分布 $F(m,n)$ に従うとき，$\tilde{F}=1/F$ はエフ分布 $F(n,m)$ に従う．このとき，任意の $k>0$ に対して関係式

$$P(F \geq k) = P\left(\tilde{F} \leq \frac{1}{k}\right) \tag{6.26}$$

が成り立つことを示せ．

解答 記述の簡便のため，ベータ関数 $B(p,q) = \int_0^1 x^{p-1}(1-x)^{q-1}dx$ $(p,q > 0)$ およびベータ関数とガンマ関数の関係式：$B(p,q)\Gamma(p+q) = \Gamma(p)\Gamma(q)$ を用いる．(cf. 6.9.1 小節のベータ分布の項も参照せよ．) 直接計算により示す．

$$P(F \geq k) = \frac{m^{m/2}n^{n/2}}{B\left(\frac{m}{2},\frac{n}{2}\right)} \int_k^\infty \frac{x^{m/2-1}}{(mx+n)^{(m+n)/2}}dx$$

$(x = 1/y$ と置く. $dx = -dy/y^2)$

$$= \frac{m^{m/2}n^{n/2}}{B\left(\frac{m}{2}, \frac{n}{2}\right)} \int_{1/k}^{0} \frac{\left(\frac{1}{y}\right)^{m/2-1}}{\left(\frac{m}{y} + n\right)^{(m+n)/2}} \cdot \frac{dy}{-y^2}$$

$$= \frac{m^{m/2}n^{n/2}}{B\left(\frac{m}{2}, \frac{n}{2}\right)} \int_{0}^{1/k} \frac{y^{n/2-1}}{(ny+m)^{(m+n)/2}} dy = P\left(\tilde{F} \leqslant \frac{1}{k}\right)$$

となり，確かに (6.26) が成り立つ． □

確率・統計では各種応用例において 2 項分布に従う事象の確率を計算する場面に多く出くわすことになる．標本数が大きい場合には，6.4 節の命題 6.7 で見たように正規分布による近似計算が可能である．また特別な状況下では，6.1.2 小節の命題 6.2 で見たようにポアソン分布による近似方法もある．さらに n が極端に小さい場合には，確率を直接計算してもよい．それ以外のケースでは下記に紹介するように F 分布表を利用する F 分布による計算方法がある．

定理 6.5　確率変数 X は 2 項分布 $B(n,p)$ に従っているとし，k を 0, または 1 から n までの任意の自然数とする．
（1）　$m_1 = 2(n-k+1), n_1 = 2k, \xi = \dfrac{n_1(1-p)}{m_1 p}$ とする．確率変数 F が自由度 (m_1, n_1) のエフ分布 $F(m_1, n_1)$ に従っているとき，

$$P(k \leqslant X \leqslant n) = P(F > \xi)$$

が成り立つ．
（2）　$m_2 = 2(k+1), n_2 = 2(n-k), \eta = \dfrac{n_2 p}{m_2(1-p)}$ とする．確率変数 F が自由度 (m_2, n_2) のエフ分布 $F(m_2, n_2)$ に従っているとき，

$$P(0 \leqslant X \leqslant k) = P(F > \eta)$$

が成り立つ．

証明　証明は読者の演習とする．6.9.1 小節のベータ分布の項目も参照せよ． □

6.9 その他の連続型分布

普通，連続型の分布といえば，一様分布，指数分布，正規分布，カイ2乗分布，t 分布，エフ分布，当たりであろう．実際，巻末の参考文献のところに掲げた参考書の9割方が上記の分布の説明に終始している．この節では他の確率・統計の本ではあまり取り上げられることのない連続分布の例を紹介している．興味のある諸氏は少しお付き合い頂きたい．確率・統計の根幹を短期間でマスターしたい方はこの節の内容は必ずしも必要としないので，とばして先へ進まれて構わない．

6.9.1 ベータ分布

実数 x の関数 $f(x)$ をつぎで定義する．

$$f(x) = \begin{cases} \dfrac{1}{B(\alpha,\beta)} x^{\alpha-1}(1-x)^{\beta-1}, & (0 < x < 1) \\ 0, & (\text{その他}) \end{cases} \quad (6.27)$$

ただし，$\alpha > 0, \beta > 0$ で，$B(\alpha,\beta)$ はベータ関数で

$$B(\alpha,\beta) = \int_0^1 y^{\alpha-1}(1-y)^{\beta-1} dy$$

で定義される関数である．

定義 6.14 連続型確率変数 X の確率密度関数 $f_X(x)$ が上記の (6.27) 式で与えられているとする．この X の確率分布を **(第1種) ベータ分布** (Beta distribution) といい，記号で $B_E(\alpha,\beta)$ と表す．このとき X はベータ分布 $B_E(\alpha,\beta)$ に従うといい，記号で $X \sim B_E(\alpha,\beta)$ と表す．

6.5 節で紹介したガンマ分布のところに出てきたガンマ関数 $\Gamma(\alpha)$

$$\Gamma(\alpha) = \int_0^\infty t^{\alpha-1} e^{-t} dt \quad (\alpha > 0)$$

とは密接な関係があり，理工系の各種教科書にはよく出てくる常連である．

問 6.28 上述で定義された関数 (6.27) が確率密度関数の性質を満たすことを確かめよ．

問 6.29 正数 $\alpha, \beta\ (>0)$ に対して，関係式

$$B(\alpha, \beta) = \frac{\Gamma(\alpha)\Gamma(\beta)}{\Gamma(\alpha+\beta)}$$

が成り立つことを示せ．

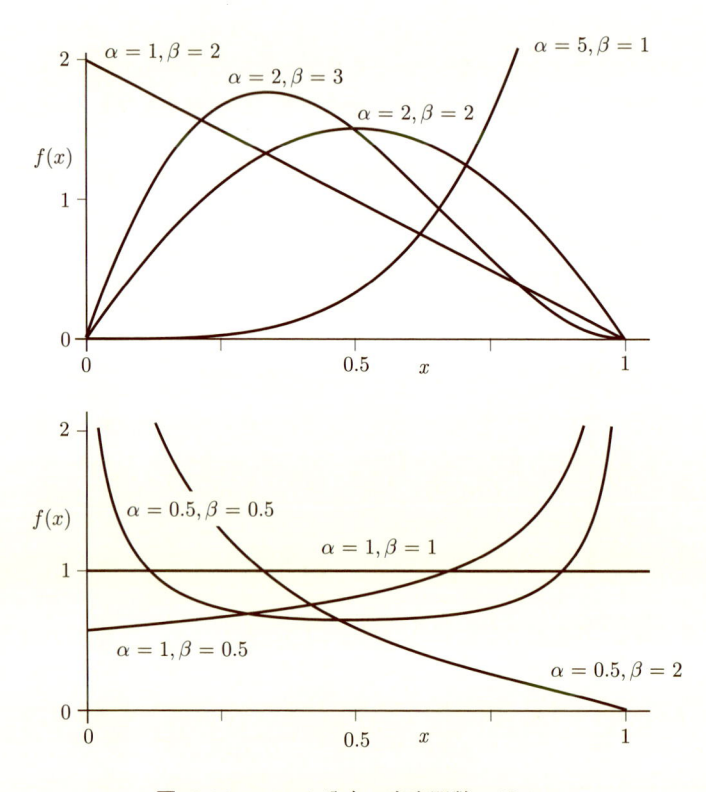

図 6.19 ベータ分布の密度関数のグラフ

図 6.19 のベータ分布の確率密度関数のグラフからもわかるように，パラメータ α と β の値によって分布は様々な形に変化する．これもベータ分布の特徴の 1 つである．

---- ベータ分布 $B_E(\alpha, \beta)$ の性質 ----

（1） ベータ分布 $B_E(\alpha, \beta)$ に従う確率変数 X の期待値は
$$E(X) = \frac{\alpha}{\alpha + \beta}$$

（2） ベータ分布 $B_E(\alpha, \beta)$ に従う確率変数 X の分散は
$$V(X) = \frac{\alpha\beta}{(\alpha + \beta)^2(\alpha + \beta + 1)}$$

（3） 特に $\alpha = \beta = 1$ のとき，ベータ分布 $B_E(1,1)$ は一様分布 $U(0,1)$ に一致する．

（4） ベータ分布は再生性をもたない．

（5） α を固定したうえで，$\beta \to \infty$ とすると，ベータ分布 $B_E(\alpha, \beta)$ はガンマ分布 $Ga(\alpha, 1)$ に近づく．

問 6.30 確率変数 X がベータ分布 $B_E(\alpha, \beta)$ に従うとき，X の期待値および分散を求めよ．（ヒント：直接計算して $E(X) = \int_0^1 \frac{1}{B(\alpha,\beta)} x^\alpha (1-x)^{\beta-1} dx = \frac{B(\alpha+1, \beta)}{B(\alpha, \beta)}$, $E(X^2) = \frac{B(\alpha+2, \beta)}{B(\alpha, \beta)}$ ）

問 6.31 $B_E(1,1) = U(0,1)$ であることを確かめよ．

---- 例題 6.14 α を固定したままで，$\beta \to \infty$ とすると，ベータ分布 $B_E(\alpha, \beta)$ はガンマ分布 $Ga(\alpha, 1)$ に近づくことを示せ． ----

解答 ベータ分布 $B_E(\alpha, \beta)$ の確率密度関数を $f_\beta(x)$ と置く．

$$\lim_{\beta \to \infty} f_\beta(x) = \lim_{\beta \to \infty} \frac{1}{B(\alpha, \beta)} x^{\alpha-1}(1-x)^{\beta-1}$$
$$= \lim_{\beta \to \infty} \frac{\Gamma(\alpha+\beta)}{\Gamma(\alpha)\Gamma(\beta)} x^{\alpha-1}(1-x)^{\beta-1}$$
$$= \frac{\beta(\beta+1)(\beta+2)\cdots(\alpha+\beta-1)}{\Gamma(\alpha)} x^{\alpha-1}(1-x)^{\beta-1}$$

ここで $\beta x = y$ と置いて変形して

$$\lim_{\beta \to \infty} f_\beta(x) = \lim_{\beta \to \infty} \frac{\prod_{k=1}^{\alpha}\left(1+\frac{k-1}{\beta}\right)}{\Gamma(\alpha)\left(1-\frac{y}{\beta}\right)\left\{\left(1+\frac{y}{-\beta}\right)^{-\beta/y}\right\}^y} = \frac{y^{\alpha-1}}{\Gamma(\alpha)}e^{-y}$$

文字を $y \Longrightarrow x$ と書き換えて

$$\lim_{\beta \to \infty} f_\beta(x) = \frac{x^{\alpha-1}}{\Gamma(\alpha)}e^{-x}$$

を得る．上の右辺の極限関数はガンマ分布 $\Gamma(\alpha,\beta)$ で α はそのままで，$\beta=1$ に対応する $Ga(\alpha,1)$ の密度関数である． □

問題 6.18 上の設定において，ガンマ分布で $y=(x-\alpha)/\sqrt{\alpha}$ と置いて，さらに極限 $\alpha \to \infty$ をとると，ガンマ分布 $Ga(\alpha,1)$ は標準正規分布 $N(0,1)$ に近づくことを示せ．(ヒント：ガンマ分布 $Ga(\alpha,1)$ の密度関数 $f_\alpha(x)$ において変数変換 $y=(x-\alpha)/\sqrt{\alpha}$ を施して，$\alpha \to \infty$ の下でスターリングの公式を用いて近似計算をすると結局

$$\lim_{\alpha \to \infty} f_\alpha(x) \approx \lim_{\alpha \to \infty} \frac{1}{\sqrt{2\pi}}\left(1+\frac{y}{\sqrt{\alpha}}\right)^{\alpha-1}e^{-\sqrt{\alpha}y}$$

の極限計算問題に帰着される．)

つぎにベータ分布と 2 項分布の関係について考えてみることにする．

定理 6.6 X で 2 項分布 $B(n,p)$ に従っている確率変数を表し，Y でベータ分布 $B_E(k,n-k+1)$ $(k \geq 1)$ に従っている確率変数を表すことにする．また X の分布関数を $F_X(\cdot)$, Y の分布関数を $F_Y(\cdot)$ と書くことにする．このとき関係式

$$F_X(k-1) + F_Y(p) = 1$$

が成り立つ．

定理 6.6 の証明 2 項分布に従っている確率変数に関する事象の生起確率を近似することなしに exact にベータ分布の密度関数の積分表示で書き下すことができる．つぎの補題 (lemma) を必要とする．

> **補題 6.1** 確率変数 X と Y は定理 6.6 におけるものと同じとする．
> このとき
> $$\sum_{x=k}^{n} \binom{n}{x} p^x q^{n-x} = \frac{1}{B(k, n-k+1)} \int_0^p x^{k-1}(1-x)^{n-k} dx$$
> が任意の $k \geq 1$ に対して成り立つ．ただし，$q = 1-p > 0$ とする．

この補題から直ちに

$$\begin{aligned}F_Y(p) = P(Y \leqslant p) &= \frac{1}{B(k, n-k+1)} \int_0^p x^{k-1}(1-x)^{n-k} dx \\ &= \sum_{x=k}^{n} \binom{n}{x} p^x q^{n-k} = P(X \geq k) = 1 - P(X \leqslant (k-1)) \\ &= 1 - F_X(k-1)\end{aligned}$$

これは定理の成立を意味する． □

補題 6.1 の証明 つぎの積分に順次部分積分法を適用していけばよい．実際，

$$\begin{aligned}&\frac{1}{B(k, n-k+1)} \int_0^p x^{k-1}(1-x)^{n-k} dx \\ &= \frac{1}{B(k, n-k+1)} \frac{1}{k} p^k (1-p)^{n-k} \\ &\quad + \frac{n-k}{k \cdot B(k, n-k+1)} \int_0^p x^k (1-x)^{n-k-1} dx \\ &= \binom{n}{k} p^k (1-p)^{n-k} + \frac{1}{B(k+1, n-k)} \int_0^p x^k (1-x)^{n-k^1} dx \\ &= \cdots\cdots 順次，部分積分法を繰り返して，帰納法より \\ &= \sum_{x=k}^{n} \binom{n}{x} p^x (1-p)^{n-x}\end{aligned}$$

が得られる． □

最後にエフ分布とベータ分布との関係についても見ておこう．確率変数 Y はつぎを満たすとする．$Y \sim F(m, n)$ である．新たに確率変数 Z を

で定める. このとき F 分布の確率密度関数 (6.24) の形から Z の確率密度関数 $f_Z(z)$ が容易に求められる. すなわち

$$Z = \frac{mY}{n+mY}$$

$$f_Z(z) = \begin{cases} \dfrac{\Gamma\left(\dfrac{m+n}{2}\right)}{\Gamma\left(\dfrac{m}{2}\right)\Gamma\left(\dfrac{n}{2}\right)} z^{m/2-1}(1-z)^{n/2-1} & (0 < z < 1) \\ 0 & (その他) \end{cases}$$

つまり $Z \sim B_E(m/2, n/2)$ ということになる. これがエフ分布とベータ分布の関係である. さらにこの結果を通じて, 2項分布とエフ分布との関係も導くことができる. ここで2項分布とベータ分布の関係: 定理 6.6 を用いると, 定理 6.6 と似たような関係式が得られる. まとめると

> **定理 6.7** X を2項分布 $B(N, p)$ に従う確率変数, Y を自由度 (m, n) のエフ分布 $F(m, n)$ に従う確率変数とする. $k \geq 1$ のとき, X と Y のそれぞれの分布関数の間に関係式
>
> $$F_X(k-1) + F_Y\left(\frac{np}{m(1-p)}\right) = 1$$
>
> が成り立つ. ただし, $m = 2k, n = 2[N-(k-1)]$ である.

6.9.2 コーシー分布

実数 x の関数 $f(x)$ をつぎで定義する.

$$f(x) = \frac{\sigma}{\pi\{\sigma^2 + (x-\mu)^2\}} \qquad (x \in \mathbb{R}) \tag{6.28}$$

ただし, $\mu \in \mathbb{R}, \sigma > 0$ である.

> **定義 6.15** 連続型確率変数 X の確率密度関数 $f_X(x)$ が上記の (6.28) 式で与えられているとする. この X の確率分布をパラメータ μ, σ の**コーシー分布** (Cauchy distribution) といい, 記号で $C(\mu, \sigma)$ と表す. このとき X はコーシー分布 $C(\mu, \sigma)$ に従うといい, 記号で $X \sim C(\mu, \sigma)$ と表す.

このコーシー分布は平均をもたないことで有名である．また図 6.20 のコーシー分布の形状は標準正規分布の形状と比べると，コーシー分布の方がずっと裾が重いことがわかる．つまりどちらも平均の値 (図では $\mu = 0$) から遠ざかれば遠ざかるほど減衰するけれど，コーシー分布の方は正規分布に比べてそれほど早く急激に減衰しないのである．これもコーシー分布の特徴の 1 つである．

問 6.32 上述で定義された関数 (6.28) が確率密度関数の性質を満たすことを確かめよ．

--- コーシー分布 $C(\mu,\sigma)$ の性質 ---

(1) コーシー分布 $C(\mu,\sigma)$ の平均および分散は存在しない．
(2) コーシー分布 $C(\mu,\sigma)$ に従う確率変数 X の特性関数は
$$\varphi(t) = \exp\{i\mu t - \sigma|t|\}$$

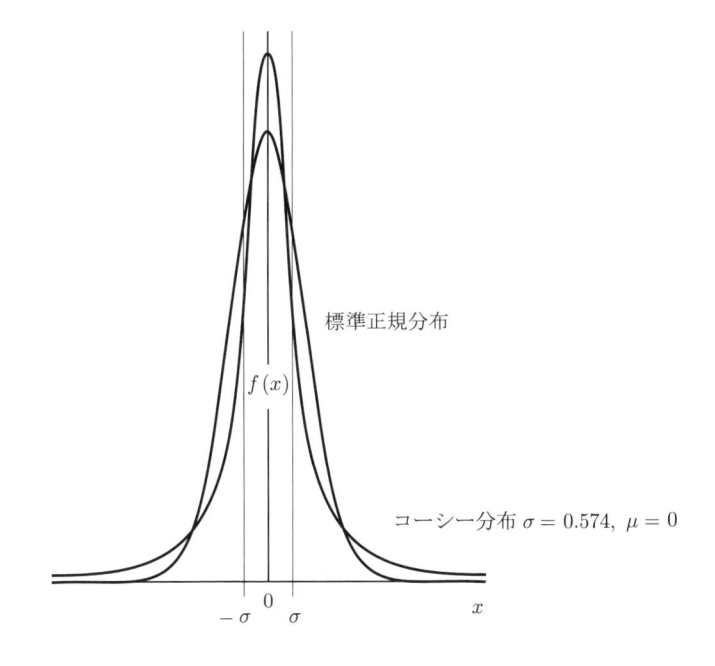

図 6.20 コーシー分布 (標準正規分布との比較)

問 6.33 コーシー分布の平均が存在しないことを確かめよ．

注意 6.13 コーシー分布の特性関数 $\varphi(t)$ は原点 $t=0$ において微分可能ではない．

6.9.3 ワイブル分布

実数 x の関数 $f(x)$ をつぎで定義する．

$$f(x) = \begin{cases} \dfrac{\lambda}{\alpha}\left(\dfrac{x}{\alpha}\right)^{\lambda-1} \exp\left\{-\left(\dfrac{x}{\alpha}\right)^{\lambda}\right\}, & (x>0) \\ 0, & (x \leqslant 0) \end{cases} \quad (6.29)$$

ただし，$\alpha > 0$, $\lambda > 0$ である．

定義 6.16 連続型確率変数 X の確率密度関数 $f_X(x)$ が上記の (6.29) 式で与えられているとする．この X の確率分布をパラメータ α, λ の**ワイブル分布** (Weibull distribution) といい，記号で $W(\lambda, \alpha)$ と表す．このとき X はワイブル分布 $W(\lambda, \alpha)$ に従うといい，記号で $X \sim W(\lambda, \alpha)$ と表す (図 6.21 参照)．

問 6.34 上述で定義された関数 (6.29) が確率密度関数の性質を満たすことを確かめよ．

── ワイブル分布 $W(\lambda, \alpha)$ の性質 ──

(1) ワイブル分布 $W(\lambda, \alpha)$ に従う確率変数 X の期待値は
$$E(X) = \alpha \Gamma\left(\dfrac{\lambda+1}{\lambda}\right)$$

(2) ワイブル分布 $W(\lambda, \alpha)$ に従う確率変数 X の分散は
$$V(X) = \alpha^2 \left\{ \Gamma\left(\dfrac{\lambda+2}{\lambda}\right) - \Gamma\left(\dfrac{\lambda+2}{\lambda^2}\right)^2 \right\}$$

(3) ワイブル分布の分布関数はつぎで与えられる．
$$F(x) = 1 - \exp\left\{-\left(\dfrac{x}{\lambda}\right)^{\lambda}\right\} \quad (x > 0)$$

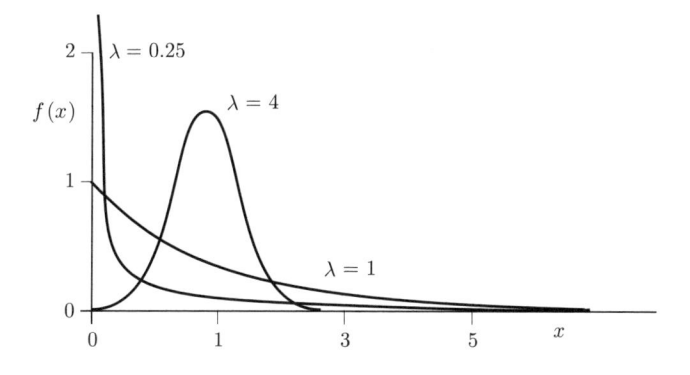

図 **6.21** ワイブル分布の密度関数 ($\alpha = 1$)

注意 6.14 ワイブル分布は部品などの寿命分布としてよく知られている．またワイブル分布は極値分布としても出現する．図 6.21 からもわかるように，分布の形状はパラメータ λ の値により大きく変化する．特に $\lambda < 1$ のとき外れ値のモデルとして有効である．気象データ解析などの極端な事象の分析に対してよく適合する極値分布の 1 つである．

問 6.35 確率変数 X が指数分布 $Ex(1/\alpha^\lambda)$ に従うとき，確率変数 $X^{1/\lambda}$ はワイブル分布 $W(\lambda, \alpha)$ に従うことを示せ．

問 6.36 ワイブル分布 $W(\lambda, \alpha)$ に従っている確率変数 X の期待値および分散がそれぞれ上記 (1), (2) で与えられることを確かめよ．

問 6.37 ワイブル分布 $W(\lambda, \alpha)$ に従っている確率変数 X の分布関数が上記 (3) で与えられることを確かめよ．

6.9.4 対数正規分布

実数 x の関数 $f(x)$ をつぎで定義する．

$$f(x) = \begin{cases} \dfrac{1}{\sqrt{2\pi\sigma^2}} \cdot \dfrac{1}{x} \exp\left\{-\dfrac{(\log x - \mu)^2}{2\sigma^2}\right\}, & (x > 0) \\ 0, & (x \leqslant 0) \end{cases} \quad (6.30)$$

ただし，$\mu \in \mathbb{R}$, $\sigma > 0$ である．

定義 6.17 連続型確率変数 X の確率密度関数 $f_X(x)$ が上記の (6.30) 式で与えられているとする．この X の確率分布を**対数正規分布** (log-normal distribution) といい，記号で $L_N(\mu, \sigma)$ と表す．このとき X は対数正規分布 $L_N(\mu, \sigma)$ に従うといい，記号で $X \sim L_N(\mu, \sigma)$ と表す (図 6.22 参照)．

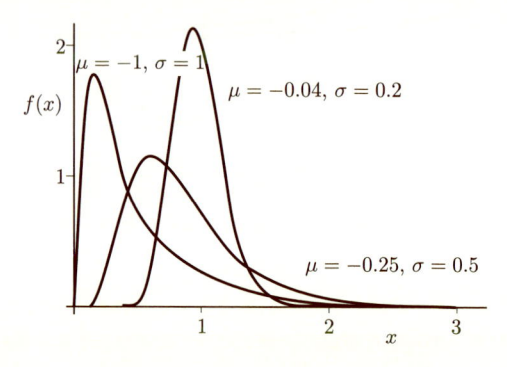

図 6.22 対数正規分布の密度関数

注意 6.15 この分布の名前の謂われは，上記の密度関数の形を見れば容易に推測がつくように，対数をとった確率変数 $\log X$ 自体が正規分布 $N(\mu, \sigma^2)$ に従うためである．

問 6.38 上述で定義された関数 (6.30) が確率密度関数の性質を満たすことを確かめよ．

― 対数正規分布 $L_N(\mu, \sigma)$ の性質 ―

(1) 対数正規分布 $L_N(\mu, \sigma)$ に従う確率変数 X の期待値は
$$E(X) = \exp\left(\mu + \frac{\sigma^2}{2}\right)$$

(2) 対数正規分布 $L_N(\mu, \sigma)$ に従う確率変数 X の分散は
$$V(X) = (e^{\sigma^2} - 1) \cdot \exp(2\mu + \sigma^2)$$

注意 6.16 $X_1, X_2, \cdots, X_n$ を独立同分布に従う正値確率変数とする．また $\log X_k$ $(k = 1, 2, \cdots, n)$ が 2 乗可積分であるとする．このとき，

$$Y = \log \prod_{k=1}^{n} X_k = \log(X_1 X_2 \cdots X_n)$$

を標準化すると，$Z = (Y - E(Y))/\sqrt{V(Y)}$ は $n \to \infty$ で漸近的に正規分布に従う．言い換えると，確率変数 $W = \prod_{k=1}^{n} X_k$ は漸近的に対数正規分布に従うといえる．

6.9.5 ロジスティック分布

実数 x の関数 $f(x)$ をつぎで定義する．

$$f(x) = \frac{\exp\{(x-\mu)/\sigma\}}{\sigma(1 + \exp\{(x-\mu)/\sigma\})^2} \tag{6.31}$$

ただし，$\mu \in \mathbb{R}$, $\sigma > 0$ である．

> **定義 6.18** 連続型確率変数 X の確率密度関数 $f_X(x)$ が上記の (6.31) 式で与えられているとする．この X の確率分布を**ロジスティック分布** (logistic distribution) といい，記号で $\mathrm{Log}(\mu, \sigma)$ と表す．このとき X はロジスティック分布 $\mathrm{Log}(\mu, \sigma)$ に従うといい，記号で $X \sim \mathrm{Log}(\mu, \sigma)$ と表す (図 6.23 参照)．

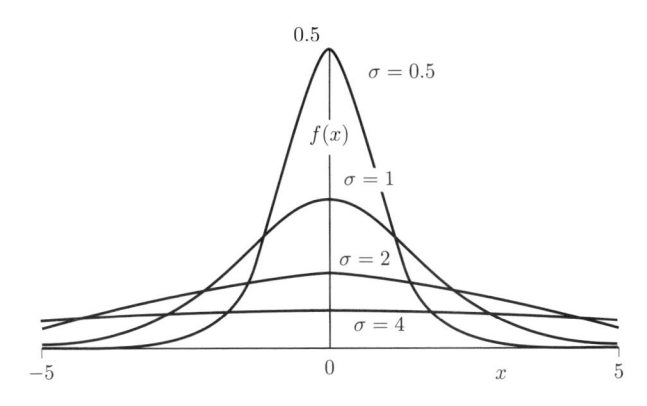

図 6.23 ロジスティック分布の密度関数 ($\mu = 0$)

問 6.39 上述で定義された関数 (6.31) が確率密度関数の性質を満たすことを確かめよ．

---— ロジスティック分布 $\mathrm{Log}(\mu,\sigma)$ の性質 ———

(1) ロジスティック分布 $\mathrm{Log}(\mu,\sigma)$ に従う確率変数 X の期待値は
$$E(X) = \mu$$

(2) ロジスティック分布 $\mathrm{Log}(\mu,\sigma)$ に従う確率変数 X の分散は
$$V(X) = \frac{\pi^2 \sigma^2}{3}$$

問 6.40 確率変数 X はロジスティック分布 $\mathrm{Log}(\mu,\sigma)$ に従っているとき，X の期待値および分散を求めよ．

問題 6.19 ロジスティック分布 $\mathrm{Log}(\mu,\sigma)$ に従っている確率変数 X の特性関数 $\varphi(t)$ を求めよ．

（答え：$\varphi(t) = e^{i\mu t} \dfrac{\pi \sigma t}{\sinh(\pi \sigma t)}$ ）

問題 6.20 確率変数 X がロジスティック分布 $\mathrm{Log}(\mu,\sigma)$ に従っているとする．このとき X の期待値および分散を求めよ．

問題 6.21 ロジスティック分布 $\mathrm{Log}(\mu,\sigma)$ の分布関数が
$$F(x) = \frac{1}{1 + \exp\left(-\dfrac{x-\mu}{\sigma}\right)} \quad (x \in \mathbb{R})$$

で与えられることを確かめよ．

6.9.6 パレート分布

実数 x の関数 $f(x)$ をつぎで定義する．

$$f(x) = \begin{cases} \dfrac{ak^a}{x^{a+1}}, & (x \geq k) \\ 0, & (その他) \end{cases} \tag{6.32}$$

ただし，$a > 0$，$k > 0$ である．

定義 6.19 連続型確率変数 X の確率密度関数 $f_X(x)$ が上記の (6.32) 式で与えられているとする．この X の確率分布を**パレート分布** (Pareto distribution) といい，記号で $P_A(k,a)$ と表す．このとき X はパレート分布 $P_A(k,a)$ に従うといい，記号で $X \sim P_A(k,a)$ と表す (図 6.24 参照)．

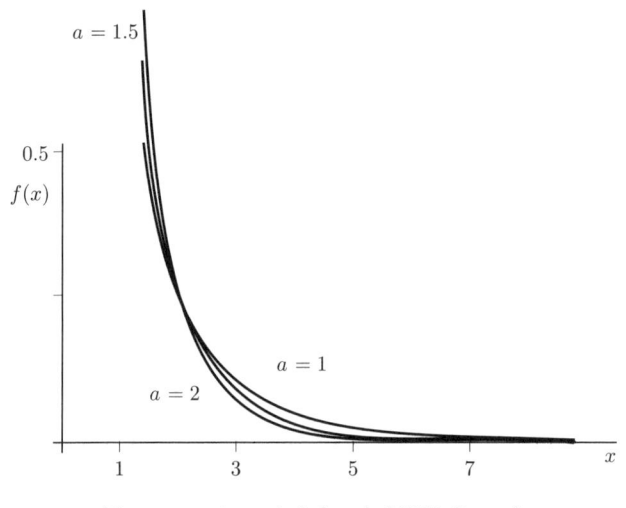

図 6.24 パレート分布の密度関数 $(k=1)$

注意 6.17 この分布はイタリアの経済学者パレートにより導入されたもので，パレート分布は収入の分布に当てはまると言われる．パレートは累積分布関数 $1-(k/x)^a$ による分布を提案し，x より少ない収入をもつ人の比率に対する良好な近似を与えると考えた．

問 6.41 上述で定義された関数 (6.32) が確率密度関数の性質を満たすことを確かめよ．

───── パレート分布 $P_A(k,a)$ の性質 ─────

(1) パレート分布 $P_A(k,a)$ に従う確率変数 X の期待値は
$$E(X) = \frac{ak}{a-1} \quad (a>1)$$

(2) パレート分布 $P_A(k,a)$ に従う確率変数 X の分散は
$$V(X) = \frac{ak^2}{(a-1)^2(a-2)} \quad (a>2)$$

問 6.42 確率変数 X がパレート分布 $P_A(k,a)$ に従っているとする。このとき，X の期待値が上述の性質の (1) で与えられることを確かめよ．

問 6.43 確率変数 X がパレート分布 $P_A(k,a)$ に従っているとする．このとき，X の分散が上述の性質の (2) で与えられることを確かめよ．

問題 6.22 確率変数 X がパレート分布 $P_A(k,a)$ に従っているとする．このとき，X の分布関数が

$$F(x) = 1 - \left(\frac{k}{x}\right)^a \qquad (x \geq k)$$

で与えられることを確かめよ．

6 章の演習問題

[1] ある新薬の副作用の発症率は 5% であるという．この薬を 30 人の患者に投与する臨床試験を行ったとき，副作用が 1 例も発症しない確率を求めよ．

[2] ある種の皮膚反応テストはアレルギーをもつ人に対しては，60% の確率で陽性を示すことがわかっている．ある日病院にアレルギーをもつ患者が 5 人来院したとき，その患者のうちこの皮膚反応テストに陽性を示す人数を X で表すことにする．確率変数 X の確率関数を求めよ．

[3] 確率変数 X と Y は互いに独立で，それぞれ $X \sim B(n,p)$, $Y \sim B(m,p)$ であるとする．いま $Z = X + Y$ と定義するとき，$Z \sim B(n+m,p)$ であることを示せ．

[4] ある地域のガンによる死亡者数は 1 日平均 0.4 人である．
(1) この地域で 1 日にガンによる死亡者が 1 人も出ない確率を求めよ．
(2) この地域で 1 日にガンによる死亡者が 2 人出る確率を求めよ．
(ヒント：ポアソン分布を用いよ．)

[5] ある製造工場で作られる部品の不良率は 2% である．
(1) 製造された部品を無作為に 10 個取り出したとき，そのうち 2 個が不良品である確率を 2 項分布を用いて求めよ．
(2) 上の (1) と同じ確率をポアソン分布を用いて求め，結果を比較せよ．
(3) 製造された部品を無作為に 100 個取り出したとき，そのうち不良品が 4 個以上

ある確率を求めよ．

[6] 確率変数 X が負の 2 項分布 $NB(n,p)$ に従っているとき，X の積率母関数 $M_X(t)$ を求めよ．

[7] 確率変数 X が負の 2 項分布 $NB(n,p)$ に従っているとき，X の特性関数 $\varphi_X(t)$ を求めよ．

[8] 確率変数 X と Y が互いに独立でそれぞれ負の 2 項分布 $NB(n,p)$, $NB(m,p)$ に従っているとき，$Z = X + Y$ の確率分布は負の 2 項分布 $NB(n+m,p)$ であることを示せ．(負の 2 項分布の再生性)

[9] 確率変数 X が超幾何分布 $HG(n,L,M)$ に従っているとき，X の期待値 $E(X)$ および分散 $V(X)$ を求めよ．

[10] 確率変数 $X = (X_1, X_2, \cdots, X_k)$ が多項分布 $\mathrm{Mult}(n, p_1, p_2, \cdots, p_k)$ に従っているとする．$i, j = 1, 2, \cdots, k$ に対して，$E(X_i), V(X_i), \mathrm{Cov}(X_i, X_j)$ を求めよ．

[11] 区間 $[0,5]$ から無作為に数値 X を選ぶ試行を考える．また $E(X) = \mu, V(X) = \sigma^2$ とする．このとき，確率 $P(|X - \mu| \leqslant \sigma)$ の値を求めよ．

[12] 確率変数 X が幾何分布 $G(p)$ に従っているとき，自然数 r, s に対して
$$P(X = r + s | X > r) = P(X = s)$$
なる関係が成り立つことを示せ．このことを幾何分布は**無記憶性**をもつといい，幾何分布のことを**過去を記憶しない分布**と呼んだりする．

[13] ある製品の故障間隔は平均 1250 (時間) の指数分布に従っている．このとき平均の 1250 (時間) 前に故障する確率はいくらか求めよ．

[14] 6.4 節の (6.12) 式の関数 $f_X(x)$ が確率密度関数であることを確かめよ．

[15] 確率変数 $X_1, X_2, \cdots, X_n$ が互いに独立で，それぞれ正規分布に従い，$X_i \sim N(\mu_i, \sigma_i^2)$ $(i = 1, 2, \cdots, n)$ であるとき，確率変数 $Y = a_1 X_1 + a_2 X_2 + \cdots a_n X_n$ (a_i : 定数) が従う分布を求めよ．

[16] つぎの指示や順に従って特性関数や分布を求めよ．

（1） 確率変数 X は標準正規分布 $N(0,1)$ に従っているとする．このとき X の特性関数 $\varphi(t)$ を求めよ．

（2） 上の (1) の結果を利用して特性関数の性質より $Y \sim N(m, \sigma^2)$ なる確率変数 Y の特性関数 $\psi(t)$ を求めよ．

（3） X と Y はそれぞれ互いに独立な確率変数で，分布 $N(m_1, \sigma_1^2)$, $N(m_2, \sigma_2^2)$ に従っているとする．このとき上の (2) を利用して確率変数 $Z = X + Y$ の特性関数を求めよ．

（4） 確率変数 X_k $(k = 1, 2, \cdots, n)$ が互いに独立で，それぞれ分布 $N(m_k, \sigma_k^2)$ に従っているとする．このとき確率変数 $X = \sum_{k=1}^{n} X_k$ が従う分布を求めよ．

（5） X_k $(k = 1, 2, \cdots, n)$ は独立同分布 (i.i.d.) で正規分布 $N(m, \sigma^2)$ に従っているとする．このとき確率変数
$$W = \frac{1}{n} \sum_{k=1}^{n} X_k$$
が従う分布を求めよ．

[17] 確率変数 X は標準正規分布 $N(0,1)$ に従っている．このとき下記の確率を求めよ．
（1） $P(X \leqslant -1.52)$ （2） $P(X > -1.71)$
（3） $P(-1.56 \leqslant X \leqslant 0.73)$

[18] 確率変数 X は標準正規分布 $N(3,4)$ に従っている．このとき下記の確率を求めよ．
（1） $P(3.48 \leqslant X < 6.44)$ （2） $P(-0.44 < X \leqslant 6.44)$

[19] 科目「細胞生物学」の受講生 300 人の定期試験の得点分布は，ほぼ正規分布 $N(65, 100)$ をしているという．
（1） 50 点以下の学生は約何人いるか答えよ．
（2） 85 点の得点を取った受講生は成績の上位から数えて何番目か答えよ．

[20] 確率変数 X と Y は互いに独立でそれぞれガンマ分布 $Ga(\alpha_1, \beta)$, $Ga(\alpha_2, \beta)$ に従っているとき，$Z = X + Y$ がガンマ分布 $Ga(\alpha_1 + \alpha_2, \beta)$ に従うことを示せ．（ガンマ分布の再生性）

[21] 確率変数 $X_1, X_2, \cdots, X_n$ は互いに独立でそれぞれ $\chi^2(m_1)$, $\chi^2(m_2)$, $\cdots$, $\chi^2(m_n)$ に従っているものとする．このとき，$Y = X_1 + X_2 + \cdots + X_n$ はカイ 2 乗分

布 $\chi^2(m_1+m_2+\cdots+m_n)$ に従うことを示せ．(カイ 2 乗分布の再生性)

[22] 確率変数 $X_1, X_2, \cdots, X_n$ は独立同分布 (i.i.d.) で正規分布 $N(\mu, \sigma^2)$ に従うものとする．このとき，新たに確率変数 Y を
$$Y = \frac{1}{\sigma^2} \sum_{k=1}^{n} (X_k - \mu)^2$$
と定義するとき，Y が自由度 n のカイ 2 乗分布 $\chi^2(n)$ に従うことを示せ．

[23] 確率変数 $X_1, X_2, \cdots, X_n$ は独立同分布 (i.i.d.) で正規分布 $N(\mu, \sigma^2)$ に従うものとする．このとき
$$\bar{X} = \frac{1}{n} \sum_{k=1}^{n} X_k, \quad S^2 = \frac{1}{n} \sum_{k=1}^{n} (X_k - \bar{X})^2$$
と定める．S^2 と $\bar{X}$ が互いに独立であることを示せ．

[24] 確率変数 $X_1, X_2, \cdots, X_n$ は独立同分布 (i.i.d.) で正規分布 $N(\mu, \sigma^2)$ に従うものとする．このとき
$$\frac{n(\bar{X}-\mu)^2}{\sigma^2} \sim \chi^2(1)$$
であることを示せ．

[25] 確率変数 $X_1, X_2, \cdots, X_n$ は独立同分布 (i.i.d.) で正規分布 $N(\mu, \sigma^2)$ に従うものとする．このとき，
$$\frac{1}{\sigma^2} \sum_{k=1}^{n} (X_k - \bar{X})^2 \sim \chi^2(n-1)$$
であることを示せ．

[26] 確率変数 $X_1, X_2, \cdots, X_n$ は独立同分布 (i.i.d.) で正規分布 $N(\mu, \sigma^2)$ に従うものとする．このとき
$$\bar{X} = \frac{1}{n} \sum_{k=1}^{n} X_k, \quad U^2 = \frac{1}{n-1} \sum_{k=1}^{n} (X_k - \bar{X})^2$$
と置く．確率変数 $T = \sqrt{n}(\bar{X}-\mu)/U$ は自由度 $(n-1)$ の t 分布 $t(n-1)$ に従うことを示せ．

[27] 確率変数 $X_1, X_2, \cdots, X_m$ は独立同分布 (i.i.d.) で正規分布 $N(\mu_1, \sigma^2)$ に従い，確率変数 $Y_1, Y_2, \cdots, Y_n$ は独立同分布 (i.i.d.) で正規分布 $N(\mu_2, \sigma^2)$ に従っているとする．また

$$\bar{X} = \frac{1}{m}\sum_{k=1}^{m} X_k, \quad U_1^2 = \frac{1}{m-1}\sum_{k=1}^{m}(X_k - \bar{X})^2$$

$$\bar{Y} = \frac{1}{n}\sum_{k=1}^{n} Y_k, \quad U_2^2 = \frac{1}{n-1}\sum_{k=1}^{n}(Y_k - \bar{Y})^2$$

$$U^2 = \frac{(m-1)U_1^2 + (n-1)U_2^2}{m+n-2}$$

とする.このとき,確率変数

$$T = \frac{\bar{X} - \bar{Y} - (\mu_1 - \mu_2)}{U} \cdot \sqrt{\frac{mn}{m+n}}$$

は自由度 $(m+n-2)$ の t 分布 $t(m+n-2)$ に従うことを示せ.

[28] 確率変数 $X_1, X_2, \cdots, X_n$ は独立同分布 (i.i.d.) で正規分布 $N(\mu, \sigma^2)$ に従うものとする.このとき

$$\bar{X} = \frac{1}{n}\sum_{k=1}^{n} X_k, \quad U^2 = \frac{1}{n-1}\sum_{k=1}^{n}(X_k - \bar{X})^2$$

と置く.確率変数 $F = n(\bar{X} - \mu)^2/U^2$ は自由度 $(1, n-1)$ の F 分布 $F(1, n-1)$ に従うことを示せ.

[29] 確率変数 $X_1, X_2, \cdots, X_m$ は独立同分布 (i.i.d.) で正規分布 $N(\mu_1, \sigma_1^2)$ に従い,確率変数 $Y_1, Y_2, \cdots, Y_n$ は独立同分布 (i.i.d.) で正規分布 $N(\mu_2, \sigma_2^2)$ に従っているとする.また

$$\bar{X} = \frac{1}{m}\sum_{k=1}^{m} X_k, \quad U_1^2 = \frac{1}{m-1}\sum_{k=1}^{m}(X_k - \bar{X})^2$$

$$\bar{Y} = \frac{1}{n}\sum_{k=1}^{n} Y_k, \quad U_2^2 = \frac{1}{n-1}\sum_{k=1}^{n}(Y_k - \bar{Y})^2$$

とする.このとき,確率変数

$$F = \frac{U_1^2/\sigma_1^2}{U_2^2/\sigma_2^2}$$

は自由度 $(m-1, n-1)$ の F 分布 $F(m-1, n-1)$ に従うことを示せ.

[30] 確率変数 $X_1, X_2, \cdots, X_m$ は独立同分布 (i.i.d.) で正規分布 $N(\mu_1, \sigma^2)$ に従い,確率変数 $Y_1, Y_2, \cdots, Y_n$ は独立同分布 (i.i.d.) で正規分布 $N(\mu_2, \sigma^2)$ に従っているとする.また

$$\bar{X} = \frac{1}{m}\sum_{k=1}^{m} X_k, \quad U_1^2 = \frac{1}{m-1}\sum_{k=1}^{m}(X_k - \bar{X})^2$$

$$\bar{Y} = \frac{1}{n}\sum_{k=1}^{n} Y_k, \quad U_2^2 = \frac{1}{n-1}\sum_{k=1}^{n}(Y_k - \bar{Y})^2$$
$$U^2 = \frac{(m-1)U_1^2 + (n-1)U_2^2}{m+n-2}$$

とする．このとき，確率変数
$$F = \frac{\{\bar{X} - \bar{Y} - (\mu_1 - \mu_2)\}^2}{U^2} \cdot \frac{mn}{m+n}$$
は自由度 $(1, m+n-2)$ の F 分布 $F(1, m+n-2)$ に従うことを示せ．

第 7 章
極限定理

　ランダムな試行実験を何回も続けて行うとき，観測値の平均がある特定の値に近づくという特徴がある．標語的に言えば，サンプル数を大きくしていくとき，算術平均の値は真の平均の近くに高い確率で観測されるということである．このため観測数が大きいときの算術平均は真の平均の良い近似値として代用できることになる．このことは「大数の法則」として数学的に定式化される．また実際に現れる確率変数は多くの場合，互いに独立で数多くの確率変数の和として考えられる．このような確率変数の分布は，構成している確率変数が非常に小さくかつ個数が非常に多いときには近似的に正規分布に従っていることが導かれる．これを「中心極限定理」と呼んでいる．この章ではこのような重要な極限定理を紹介することが主目的である．またその準備として極限定理の証明に必要となる分布の収束などの基礎事項もあわせて解説する．

7.1 確率収束と分布収束

　この章のメイン・テーマはもちろん大数の法則と中心極限定理である．それらは数理統計学における漸近推測論の基礎になる項目だからであるが，そのテーマ自身も確率・統計においてランダムな事象の理解の上でなくてはならない重要な主張である．本題に入る前にここでは少し収束に関する用語を準備しておこう．確率変数の収束自体，確率・統計においては大変重要な概念である．

　確率変数列 $\{X_n\}$ や確率変数 X などはすべて確率空間 $(\Omega, \mathfrak{F}, P)$ 上で定義された実数値のものを考える．

定義 7.1　$\{X_n\}$ ($n \in \mathbb{N}$) を確率変数列とする．確率変数 X_n が X に**概収束**するとは，ある $\Omega_0 \in \mathfrak{F}$ で $P(\Omega_0) = 1$ なるものが存在して，$\omega \in \Omega_0$ ならば $X_n(\omega) \to X(\omega)$ $(n \to \infty)$ となることである．これを

$$X_n \to X \text{ a.s.}; \quad \lim_{n \to \infty} X_n = X \text{ a.s.}; \quad P(\lim_{n \to \infty} X_n = X) = 1$$

と表す．ここで a.s. は almost surely (ほとんど確実に) の略記である．意味は上のどの表記でも同じである．

定義 7.2 $\{X_n\}$ $(n \in \mathbb{N})$ を確率変数列とする．確率変数 X_n が X に**確率収束する**とは，任意の $\varepsilon > 0$ に対して
$$P(|X_n - X| > \varepsilon) \to 0 \qquad (n \to \infty)$$
となることである．これを
$$X_n \xrightarrow{P} X \ (n \to \infty); \quad X_n \to X \ (P) \ (n \to \infty)$$
と表す．意味は上のどの表記でも同じである．

───── 確率収束の性質 ─────

(1) X_n が X に確率収束することと，$E(|X_n - X| \wedge 1) \to 0 (n \to \infty)$ とは同値

(2) X_n が X に確率収束することと，$\{X_n\}$ の任意の部分列 $\{X_{n(k)}\}$ に対して，その部分列 $\{X_{n(k')}\}$ で $X_{n(k')} \to X$ a.s. となるものが存在することとは同値

(3) $X_n \to X$ a.s. $\implies X_n \to X$ (P)

(4) 確率変数列が確率収束するならば，概収束する部分列が存在する．

問 7.1 $X_n \to X$ a.s. $\implies X_n \to X$ (P) なることを示せ．

例 7.1 (確率収束するが概収束しない反例) $\Omega = (0,1)$ とし，実数空間 $\mathbb{R}$ の 1 次元ルベーグ (Lebesgue) 測度 $\mu(dx)$ を区間 $(0,1)$ に制限したものを m とすると
$$m(A) := (\mu \upharpoonright (0,1))(A), \quad \forall A \subset (0,1)$$
が全測度 1 の $\Omega = (0,1)$ 上の確率測度を与える．このような空間を**ルベーグ確率空間**という．$1 \leqslant k \leqslant n$ に対して
$$X_{n,k}(w) = 1_{\left(\frac{k-1}{n}, \frac{k}{n}\right)}(w), \quad w \in (0,1)$$
と定めて，$X_{1,1}, X_{2,1}, X_{2,2}, X_{3,1}, X_{3,2}, X_{3,3}, X_{4,1}, \cdots$ のように並べた確率変数列を

考える．この列 $\{X_{i,j}\}$ は $X=0$ に確率収束するが，概収束はしない． □

つぎに確率論特有の収束について紹介する．まず解析学における測度の弱収束の定義から始めよう．距離空間 $S=\mathbb{R}$ 上の確率測度列 $\{\nu_n\}$ $(n\in\mathbb{N})$，確率測度 ν $(\nu_n,\nu\in\mathfrak{P}(S),\nu_n(S)=1,\nu(S)=1)$ に対して

$$\int_S f(x)\nu_n(dx) \to \int_S f(x)\nu(dx) \quad (n\to\infty)$$

あるいは $\langle f,\nu_n\rangle \to \langle f,\nu\rangle$ $(n\to\infty)$ が任意の関数 $f\in C_b(S)$ に対して成り立つとき，ν_n は ν に**弱収束する**といい，記号で $\nu_n \xrightarrow{w} \nu$ $(n\to\infty)$ と表す．ただし，$\mathfrak{P}(S)$ は S 上の確率測度全体の集合を表し，$C_b(S)$ は S 上で定義された有界連続関数全体のなすベクトル空間である．

定義 7.3 確率変数列 $\{X_n\}$ $(n\in\mathbb{N})$ および確率変数 X について，任意の $f\in C_b(\mathbb{R})$ に対して

$$E(f(X_n)) \to E(f(X)) \quad (n\to\infty)$$

が成り立つとき，確率変数 X_n は X に**分布収束する**，あるいは**法則収束する**といい，記号で

$$X_n \xrightarrow{d} X \ (n\to\infty) \quad \text{あるいは} \quad X_n \xrightarrow{\mathcal{L}} X \ (n\to\infty)$$

と表す．

注意 7.1 この用語については少し説明が必要であろう．$\{X_n\}$ と X の分布関数をそれぞれ F_{X_n}, F_X とし，$P_C(F)$ で関数 $F=F(x)$ の連続点全体の集合を表すとき，実は上で定義した分布収束 $X_n \xrightarrow{d} X$ は，収束

$$F_{X_n}(x) \to F_X(x) \quad \forall x \in P_C(F) \quad (n\to\infty)$$

と同値なのである．この収束は分布関数 F_{X_n} の分布関数 F_X への（一般化）収束と呼ばれ，記号で $F_{X_n} \Rightarrow F_X$ と表される．これが上の定義 7.3 で述べた収束を分布収束と呼ぶ理由である．

注意 7.2 一方，変数変換して積分を書き換えれば

$$E(f(X)) = \int_\Omega f(X(\omega))P(d\omega) = \int_\mathbb{R} f(x)P_X(dx) = \langle f, P_X\rangle$$

となり，$\langle f, P_{X_n}\rangle \to \langle f, P_X\rangle$ が成り立つので，分布収束 $X_n \xrightarrow{d} X$ は，確率変数の値

域 $\mathbb{R}$ 上の確率測度 (=確率分布) の弱収束 $P_{X_n} \xrightarrow{w} P_X$ と同値である．

注意 7.3 ここで分布収束の意味について考えてみる．同等性
$$E(F(X_n)) = \int_{\mathbb{R}} f(x) P_{X_n}(dx) = \int_{-\infty}^{\infty} f(x) dF_{X_n}(x),$$
$$E(F(X)) = \int_{\mathbb{R}} f(x) P_X(dx) = \int_{-\infty}^{\infty} f(x) dF_X(x)$$
より分布収束は確率変数の分布関数の言葉のみ (確率変数の値域上に構築された概念だけ) によって規定されている．確率変数 $\{X_n\}, X$ が定義されている確率空間 $(\Omega, \mathfrak{F}, P)$ には直接的に依存してはいない．ということは，分布収束 (法則収束) においてはいままで定義してきた収束の概念とは異なって，$\{X_n\}, X$ はそれぞれ異なる確率空間上で定義されていても構わないということになる．

注意 7.4 測度の弱収束：$\nu_n \xrightarrow{w} \nu$ $(n \to \infty)$ における極限 $\nu \in \mathfrak{P}(S)$ の一意性はつぎの意味である．$\mathfrak{P}(S) \ni \nu, \mu$ に対して，$\int_S f d\mu = \int_S f d\nu$ $(\forall f \in C_b(S))$ ならば，$\mu = \nu$ in $\mathfrak{P}(S)$ が成り立つ．

確率測度の弱収束の性質

確率測度が弱収束すること，$\nu_n \xrightarrow{w} \nu$ $(n \to \infty)$ は以下と同値である．

(1) 任意の非負有界連続関数 f に対して，$\liminf_{n \to \infty} \int_S f d\nu_n \geq \int_S f d\nu$

(2) 任意の有界一様連続関数 f に対して，$\int_S f d\nu_n \to \int_S f d\nu$ $(n \to \infty)$

(3) S の任意の閉集合 F に対して，$\limsup_{n \to \infty} \nu_n(F) \leqslant \nu(F)$

(4) S の任意の開集合 G に対して，$\liminf_{n \to \infty} \nu_n(G) \geq \nu(G)$

(5) $\nu(\partial A) = 0$ となる任意の可測集合 A に対して，$\lim_{n \to \infty} \nu_n(A) = \nu(A)$

問題 7.1 上の同値性を確かめよ．(ヒント：大抵の確率論の教科書に見られる．)

命題 7.1 確率変数列 $\{X_n\}$ と確率変数 X に対して，
$$X_n \xrightarrow{P} X \text{ ならば } X_n \xrightarrow{\mathcal{L}} X$$
が成り立つ．別な言い方をすると，確率変数列 $\{X_n\}$ の X への収束において，確率収束の位相は法則収束の位相より強い．

証明 誤謬法による.結論を否定して,$X_n \xrightarrow{d} X$ でないと仮定する.このとき,ある $f \in C_b(\mathbb{R})$ に対して,ある正数 $\varepsilon > 0$ とある部分列 $\{X_{n(k)}\}$ が取れて,$|E[f(X_{n(k)})] - E[f(X)]| \geq \varepsilon$ となる.一方,確率収束の性質から $\{n(k)\}$ の適当な部分列 $\{n(k')\}$ に対して,$X_{n(k')} \to X$ a.s. となり,$f(X_{n(k')}) \to f(X)$ a.s. である.有界収束定理 (cf. Appendix §A.2.1) から $E[f(X_{n(k')})] \to E[f(X)]$ が得られることになるが,これは矛盾である. □

ここで簡単な数理モデルについて考察してみよう.確率変数列 $\{X_n\}$ は独立同分布 (i.i.d.) で,$P(X_k = 1) = p, P(X_k = 0) = q, p + q = 1$ とする.このとき,ベルヌーイの大数の弱法則 (後述,次々節 7.3.2 の例 7.6 参照) が成り立つ.すなわち,確率変数の n 和を $S_n = X_1 + X_2 + \cdots + X_n$ と置くと,

$$\frac{S_n}{n} \to p \quad (P) \qquad (n \to \infty)$$

が成り立つ.いま

$$F_n(x) = P\left(\frac{S_n}{n} \leq x\right), \qquad F(x) = \begin{cases} 1 & (x \geq p) \\ 0 & (x < p) \end{cases} \qquad (7.1)$$

と定める.ただし,$F(x)$ は退化した確率変数 $X \equiv p$ の分布関数である.また P_n,P で分布関数 F_n, F に対応する実数空間 $\mathbb{R}$ 上の確率測度を表す.命題 7.1 により,確率収束 $S_n/n \to p \ (P)$ から分布収束 $S_n/n \xrightarrow{d} p$ が従う.つまり任意の関数 $f \in C_b(\mathbb{R})$ に対して

$$E(f(S_n/n)) \to E(f(p)) \qquad (n \to \infty)$$

が成り立つから,注意 7.2 の変換によって

$$\int_{\mathbb{R}} f(x) P_n(dx) \to \int_{\mathbb{R}} f(x) P(dx), \quad \forall f \in C_b(\mathbb{R}) \quad (n \to \infty)$$

と書き換えられ,弱収束 $P_n \xrightarrow{w} P$ が成り立つことがわかり,さらに注意 7.3 の変換から

$$\int_{-\infty}^{\infty} f(x) dF_n(x) \to \int_{-\infty}^{\infty} f(x) dF(x), \quad \forall f \in C_b(\mathbb{R}) \quad (n \to \infty)$$

が従う.これを分布関数 F_n の F への弱収束と呼ぶことは自然であろう.そこで $F_n \xrightarrow{w} F$ と書くことにする.ベルヌーイ試行に関連していままで得られたことを整

理すると，
$$S_n/n \xrightarrow{P} p \implies F_n \xrightarrow{w} F \quad (n \to \infty)$$
ということになる．ここで (7.1) の制約からくる極限の分布関数 F の不連続性を考慮に入れれば，F の不連続点 $x = p$ を除くすべての $x \in \mathbb{R}$ に対して，$F_n(x) \to F(x)$ $(n \to \infty)$ が成立する．したがって，弱収束 $F_n \xrightarrow{w} F$ は F_n の F への各点収束は誘因しないが，$F_n \Rightarrow F$ とは同値である．このことは一般の場合にも成立する．

例 7.2 X_n は $P(X_n = k/n) = 1/n$ $(k = 1, 2, \cdots, n)$ を分布にもつ確率変数とする．また X は一様分布 $U(0, 1)$ に従う確率変数とする．このとき，X_n は X に法則収束する．

問 7.2 上の例 7.3 において $X_n \xrightarrow{\mathcal{L}} X$ $(n \to \infty)$ が成り立つことを確かめよ．

例 7.3 各 n ごとに X_n をその確率関数 $p_n(x)$ がつぎで与えられる確率変数とする．
$$p_n(x) = \begin{cases} \dfrac{1}{2} & \left(x = 1 - \dfrac{1}{n} \text{ または } x = 1 + \dfrac{1}{n}\right) \\ 0 & (その他) \end{cases}$$
一方，X はその分布関数 $F_X(x)$ が $F_X(x) = 0$ $(x < 1)$; $F_X(x) = 1$ $(x \geq 1)$ で与えられる確率変数とする．このとき X_n は X に法則収束する．

問 7.3 上の例 7.3 において $X_n \xrightarrow{\mathcal{L}} X$ $(n \to \infty)$ が成り立つことを確かめよ．

定理 7.1 (スラツキー (Slutsky) の定理) 確率変数列 $\{X_n\}$, $\{Y_n\}$ と確率変数 X と定数 c について，$n \to \infty$ のとき $X_n \xrightarrow{\mathcal{L}} X$ かつ $Y_n \xrightarrow{P} c$ とする．このとき，つぎが成り立つ．
(1) $X_n + Y_n \xrightarrow{\mathcal{L}} X + c$ $(n \to \infty)$
(2) $X_n Y_n \xrightarrow{\mathcal{L}} cX$ $(n \to \infty)$

定理 7.1 の証明 (1) 確率変数 $X_n + Y_n$ および $X + c$ の分布関数をそれぞれ F_n, F とする．x を F の連続点とすると，分布関数の不連続点は高々可算個であるから，高々可算個を除く $\varepsilon > 0$ について $x \pm \varepsilon$ も F の連続点となる．このとき

$$F_n(x) = P(X_n + Y_n \leqslant x, Y_n \geq c - \varepsilon) + P(X_n + Y_n \leqslant x, Y_n < c - \varepsilon)$$
$$\leqslant P(X_n \leqslant x - c + \varepsilon) + P(|Y_n - c| > \varepsilon)$$
$$= F_{X_n + c}(x + \varepsilon) + P(|Y_n - c| > \varepsilon)$$

を得る．仮定の $X_n \xrightarrow{\mathfrak{F}} X$ より $X_n + c \xrightarrow{\mathfrak{F}} X + c$ になることと，$Y_n \xrightarrow{P} c$ より，不等式 $\limsup_{n \to \infty} F_n(x) \leqslant F(x + \varepsilon)$ が従う．一方，

$$F_n(x) \geq F_{X_n + c}(t - \varepsilon) - P(|Y_n - c| > \varepsilon)$$

より，逆向きの不等式 $\liminf_{n \to \infty} F_n(x) \geq F(x - \varepsilon)$ が従う．ここで $\varepsilon \to 0$ とすれば，x が F の連続点であることより $\lim_{n \to \infty} F_n(x) = F(x)$ が最終的に得られる．
(2) は読者の演習とする．7章の演習問題 [3] を参照のこと． $\square$

定義 7.4 確率変数列 $\{X_n\}$ ($n \in \mathbb{N}$) および確率変数 X は $p \geq 1$ に対して $E|X_n|^p < \infty, E|X|^p < \infty$ を満たすとする．
$$\lim_{n \to \infty} E|X_n - X|^p = 0$$
が成り立つとき，確率変数 X_n は X に p 次平均収束する，あるいは L^p-収束するといい，記号で
$$X_n \xrightarrow{L^p} X \ (n \to \infty) \quad \text{あるいは} \quad X_n \to X \ (L^p) \ (n \to \infty)$$
と表す．特に $p = 1$ のとき X_n は X に平均収束するといい，$p = 2$ のとき X_n は X に 2 次平均収束 (あるいは単に平均収束) するという．

問 7.4 $1 < p < q$ のとき，$X_n \xrightarrow{L^q} X \Longrightarrow X_n \xrightarrow{L^p} X \ (n \to \infty)$ が成り立つことを示せ．(ヒント：ヘルダーの不等式を用いよ．)

例 7.4 確率変数列 $\{X_n\}$ は $P(X_n = 1) = 1/n, P(X_n = 0) = 1 - 1/n$ を満たすとする．このとき，
$$P(|X_n| \geq \varepsilon) = \begin{cases} P(X_n = 1) = 1/n & (0 < \varepsilon \leqslant 1), \\ 0 & (\varepsilon > 1) \end{cases}$$
であるから，$P(|X_n| \geq \varepsilon) \to 0$ が導かれる．ゆえに $X_n \xrightarrow{P} 0$ である．一方，$E|X_n|^p = 1/n \to 0 \ (n \to \infty)$ が成り立つことから，$X_n \xrightarrow{L^p} 0$ でもある．

7.1 節の最後にいろいろな収束間の関係についてまとめておく．

---- 各種収束間の関係 ----

(1) $X_n \to X$ a.s. $\implies X_n \xrightarrow{P} X$

(2) $X_n \to X$ (L^p) $\implies X_n \xrightarrow{P} X$

(3) $X_n \xrightarrow{P} X$ $\implies X_n \xrightarrow{d} X$

一般に，概収束と p 次平均収束の間に収束の位相に関する強弱の関係はない．

問 7.5 c をある定数とする．このとき，確率収束 $X_n \to c$ (P) と分布収束 $X_n \xrightarrow{d} c$ とは同値になることを示せ．

---- 確率変数の関数の収束について ----

$g = g(x)$ を実数空間 $\mathbb{R}$ 上の連続関数とする．このとき，つぎが成り立つ．

(1) $X_n \to X$ a.s. $\implies g(X_n) \to g(X)$ a.s.

(2) $X_n \to X$ (P) $\implies g(X_n) \to g(X)$ (P)

(3) $X_n \xrightarrow{d} X$ $\implies g(X_n) \xrightarrow{d} g(X)$

7.2 連続定理

この節では応用上極めて重要な「連続定理」(continuity theorem) を紹介する．この連続定理は中心極限定理をはじめとして各種の極限定理を証明する際に有効に働くものである．また合わせて関連する諸結果も紹介する．最初の結果は，2 つの特性関数同士が一致すれば付随する分布関数同士も一致することを保証する一意性定理である．

命題 7.2 (一意性定理) F と G を同じ特性関数をもつ分布関数とする．i.e.
$$\int_{-\infty}^{\infty} e^{itx} dF(x) = \int_{-\infty}^{\infty} e^{itx} dG(x) \qquad \forall t \in \mathbb{R}$$
このとき，2 つの分布関数は一致する．すなわち，$F(x) \equiv G(x)$ が成り立つ．

証明 Appendix §A.2.2 を参照のこと. □

以下では Λ で添え字集合を表すことにする.

定義 7.5 $\mathfrak{P} = \{P_\lambda; \lambda \in \Lambda\}$ を確率測度の族とする. $\mathfrak{P}$ の中の任意の測度列がある確率測度に弱収束する部分列を含むとき, 確率測度族 $\mathfrak{P}$ は**相対コンパクト** (relatively compact) であるという.

注意 7.5 上の定義に関して注記したいことは, 極限測度は必ずしも元の族に属する必要はないが確率測度であることである. 用語としてコンパクト性に「相対」が冠しているのはこのためである.

一般的に言って, 与えられた確率測度族が相対コンパクトかどうかを確かめることは極めて困難である場合が多い. そこでこの性質を調べるための簡単で実行可能な判定基準が望まれることになる.

定義 7.6 P_λ は距離空間 E 上の確率測度とする. 任意の $\varepsilon > 0$ に対して,
$$\sup_{\lambda \in \Lambda} P_\lambda(E \setminus K) \leqslant \varepsilon$$
が成り立つようなコンパクト集合 $K \subset E$ が存在するとき, 確率測度族 $\mathfrak{P} = \{P_\lambda; \lambda \in \Lambda\}$ は**緊密である** (tight) という.

$\mathbb{R}^n$ ($n \geq 1$) 上で定義された分布関数の族 $\mathfrak{F} = \{F_\lambda; \lambda \in \Lambda\}$ に対しても, 上記の確率測度に対するのと全く同様の概念が定義できる.

関数 $G(x)$ で条件 (a) $G(x)$ は非減少; (b) $0 \leqslant G(-\infty), G(\infty) \leqslant 1$; (c) $G(x)$ は右連続; を満たすものを一般化された分布関数 (generalized distribution function) といい, その集合を $\mathfrak{G} = \{G\}$ で表す. この $\mathfrak{G}$ は明らかに $F(-\infty) = 0$ かつ $F(\infty) = 1$ である分布関数のクラス $\mathfrak{F} = \{F\}$ を含んでいる.

> **定理 7.2** (ヘリー (Helly) の定理)　一般化された分布関数のクラス $\mathfrak{G} = \{G\}$ は点列コンパクトである．すなわち，$\mathfrak{G}$ の中の任意の関数列 $\{G_n\}$ に対して，ある関数 $G \in \mathfrak{G}$ と適当な部分列 $\{n(k)\} \subset \{n\}$ が存在して
> $$G_{n(k)} \Rightarrow G \qquad (k \to \infty)$$
> が成り立つ．つまり，収束 $G_{n(k)}(x) \to G(x)\ (k \to \infty)$ が任意の連続点 $x \in P_C(G)$ に対して成り立つ．

定理 7.2 の証明　Appendix §A.2.3 を参照せよ． □

> **定理 7.3** (プロホロフ (Prokhorov) の定理)　$\mathfrak{P} = \{P_\lambda;\ \lambda \in \Lambda\}$ を可分完備距離空間 E 上で定義された確率測度の族とする．このとき，$\mathfrak{P}$ が相対コンパクトであるための必要十分条件は，$\mathfrak{P}$ が緊密であることである．

定理 7.3 の証明　プロホロフの定理の証明には前掲のヘリーの定理が用いられる．詳しくは Appendix §A.2.4 を参照せよ． □

このテキストの前半では，分布関数と特性関数が 1 対 1 に対応している様をみた．このことは対応する特性関数を利用することで分布関数の性質を調べることができることを意味している．さらに幸運なことには，以下に見るように分布関数の弱収束 $F_n \xrightarrow{w} F$ と対応する特性関数の各点収束 $\varphi_n \to \varphi$ とは同値になる．この結果は実数直線上の分布の弱収束に関する極限定理を証明する際に強力な研究道具を提供していることになる．

$\{F_n\}$ で分布関数 $F_n = F_n(x)\ (x \in \mathbb{R})$ の列を表し，$\{\varphi_n\}$ で分布関数 F_n に対応している特性関数 $\varphi_n(t)$ の列を表すことにする．すなわち，

$$\varphi_n(t) = \int_{-\infty}^{\infty} e^{itx} dF_n(x), \qquad t \in \mathbb{R}$$

である．このとき，つぎの連続定理が成り立つ．

定理 7.4 (連続定理 continuity theorem)　$F = F(x)$ を分布関数とし，$\varphi(t)$ は F に対応する特性関数である．
(1) $F_n \overset{w}{\to} F$ ならば $\varphi_n(t) \to \varphi(t)$ $(t \in \mathbb{R})$ が従う．
(2) 各 $t \in \mathbb{R}$ ごとに極限 $\lim_{n\to\infty} \varphi_n(t)$ が存在し，関数 $\varphi(t) = \lim_{n\to\infty} \varphi_n(t)$ が $t = 0$ で連続であれば，ある確率分布の分布関数 $F = F(x)$ が存在して，$\varphi(t)$ はその F の特性関数になっていて弱収束 $F_n \overset{w}{\to} F$ が成立する．

この連続定理を証明するには以下に掲げる 3 つのキーとなる補題を必要とする．補題の主張自体も数学的に重要な内容を含んでいる．

補題 7.1　$\{P_n\}$ を確率測度の緊密な族とする．$\{P_n\}$ から取り出された弱収束する部分列 $\{P_{n'}\}$ がすべて同じ確率測度 P に収束すると仮定する．このとき，この列全体 $\{P_n\}$ が P に収束する．

証明　位相的な結果である．この主張の証明には前掲のプロホロフの定理 (定理 7.3) が本質的な役割を果たす．詳しくは Appendix §A.2.5 を見よ．　□

補題 7.2　$\{P_n\}$ を $\mathbb{R}$ 上の確率測度の緊密な族とする．確率測度列 $\{P_n\}$ がある確率測度 P に弱収束するための必要十分条件は，各 $t \in \mathbb{R}$ に対して極限 $\lim_{n\to\infty} \varphi_n(t)$ が存在することである．ただし，$\varphi_n(t)$ は確率測度 P_n の特性関数

$$\varphi_n(t) = \int_{\mathbb{R}} e^{itx} P_n(dx)$$

である．

証明　この補題の証明には補題 7.1 の結果と命題 7.2 の一意性の結果を用いる．　□

補題 7.3　$F = F(x)$ を実数直線 $\mathbb{R}$ 上の分布関数とし，$\varphi = \varphi(t)$ を F の特性関数とする．このとき，ある正定数 $K > 0$ が存在して，任意の正数 $a > 0$ に対してつぎの評価式

$$\int_{|x|\geq 1/a} dF(x) \leq \frac{K}{a}\int_0^a \{1-\operatorname{Re}\varphi(t)\}dt$$

が成り立つ.

注意 7.6 上述の補題の不等式の意味は，与えられた分布関数 F の裾 (あるいは末尾) の状態をその対応する特性関数 φ の原点の近傍での振る舞いによって評価するものである.

証明 直接計算によって示す．詳細は Appendix §A.2.5 を見よ． □

定理 7.4 の証明 証明は参考文献の洋書 [4] Shiryaev (1996) の方法による．
(1) オイラーの公式より

$$\varphi_n(t) = \int_{-\infty}^{\infty} e^{itx}dF_n(x)$$
$$= \int_{-\infty}^{\infty} \cos(tx)dF_n(x) + i\int_{-\infty}^{\infty} \sin(tx)dF_n(x)$$

この第 1 項と第 2 項に対してそれぞれ仮定の弱収束 $F_n \xrightarrow{w} F$ を適用すれば，結論の各点収束 $\lim_{n\to\infty} \varphi_n(t) = \varphi(t)$ が従う．

(2) $\varphi_n(t) \to \varphi(t)$ とする．P_n を分布関数 F_n に対応する確率測度として，族 $\{P_n\}$ が緊密であることを示す．実際，補題 7.3 の評価式にルベーグの収束定理 (cf. A.2.1) を適用して

$$P_n\{\mathbb{R}\setminus\left(-\frac{1}{a},\frac{1}{a}\right)\} = \int_{|x|\geq 1/a} dF_n(x) \leq \frac{K}{a}\int_0^a \{1-\operatorname{Re}\varphi_n(t)\}dt$$
$$\to \frac{K}{a}\int_0^a \{1-\operatorname{Re}\varphi(t)\}dt \qquad (n\to\infty)$$

を得る．仮定より φ は $t=0$ で連続で $\varphi(0)=1$ であるから，任意の $\varepsilon>0$ に対してある正数 $a>0$ が存在して

$$P_n\{\mathbb{R}\setminus\left(-\frac{1}{a},\frac{1}{a}\right)\} \leq \varepsilon \qquad \forall n\geq 1$$

とできる．これより $\{P_n\}$ が緊密であることがわかる．したがって補題 7.2 から直ちにある確率測度 P がとれて，弱収束 $P_n \xrightarrow{w} P$ が成り立つ．特に

$$\varphi_n(t) = \int_{-\infty}^{\infty} e^{itx} P_n(dx) \to \int_{-\infty}^{\infty} e^{itx} P(dx)$$

が成り立ち，$\varphi_n(t) \to \varphi(t)$ でもあるので，極限の一意性から $\varphi(t)$ は確率測度 P の特性関数となる．ゆえに F をその確率分布 P の分布関数とすると，弱収束 $F_n \xrightarrow{w} F$ が得られる． □

確率変数の積率母関数についても特性関数に関する連続定理に似た主張が成り立つ．つぎは積率母関数の収束は法則収束を意味するものである．

系 7.1 $\{M_n(t)\}, M(t)$ をそれぞれ確率変数 $\{X_n\}, X$ の積率母関数とする．すべての n に対して，$M_n(t)$ が区間 $[-t_0, t_0]$ で存在し，$M(t)$ が区間 $[-t_1, t_1]$ ($t_1 < t_0$) で存在するとき，
$$\lim_{n \to \infty} M_n(t) = M(t), \quad \forall t \in [-t_1, t_1]$$
ならば，$X_n \xrightarrow{d} X$ が成り立つ．

またつぎに紹介する定理は確率密度関数の収束から法則収束が従うことを主張している．このことは離散型確率変数の確率関数についても成立する．

定理 7.5 (シェフェ (Schefé) の定理) $\{f_n(x)\}, f(x)$ をそれぞれ確率変数 $\{X_n\}, X$ の確率密度関数とする．
$$\lim_{n \to \infty} f_n(x) = f(x) \qquad \text{a.e.} - x$$
ならば，$X_n \xrightarrow{d} X$ が成り立つ．

定理 7.5 の証明 $A_n = \{x : f - f_n \geq 0\}$ と置いて，
$$g_n(x) = \begin{cases} f(x) - f_n(x) & (x \in A_n) \\ 0 & (x \in A_n^c) \end{cases}$$
と定める．$|g_n(x)| \leq f(x)$ であるから，ルベーグの収束定理 (cf. Appendix §A.2.1) より $\displaystyle\lim_{n \to \infty} \int_{\mathbb{R}} g_n(x) dx = 0$ が成り立つ．ゆえに，X_n と X の分布関数を F_n, F と

書くとき,

$$|F_n(x) - F(x)| \leqslant \int_{-\infty}^{\infty} |f_n(x) - f(x)| dx = 2\int_{-\infty}^{\infty} g_n(x) dx \to 0 \qquad (n \to \infty)$$

を得る. これは $X_n \xrightarrow{d} X$ を意味する. □

例題 7.1 X_n をパラメータ n, p の 2 項分布 $B(n, p)$ に従う確率変数とし, X をパラメータ $\lambda(>0)$ のポアソン分布 $Po(\lambda)$ に従う確率変数とする. $n \to \infty, np \to \lambda$ とするとき, 確率変数 X_n は X に法則収束することを示せ.

解答 極限は $n \in \mathbb{N}, 0 < p < 1$ に対し, $\lambda = np$ が一定であるように $n \to \infty$, $p \to 0$ とすることである. X_n, X の確率関数をそれぞれ f_n, f とする. $\lim_{n\to\infty}(1 - \lambda/n)^n = e^{-\lambda}$ に注意して, $k = 0$ の場合,

$$\binom{n}{0} p^0 (1-p)^{n-0} = (1-p)^n = \left(1 - \frac{\lambda}{p}\right)^n \to e^{-\lambda}$$

一方, $k = 1, 2, \cdots, n$ の場合,

$$\lim_{n\to\infty} f_n(k) = \lim_{n\to\infty} \binom{n}{k} p^k (1-p)^{n-k}$$
$$= \lim_{n\to\infty} \frac{n(n-1)\cdots(n-k+1)}{k!} \left(\frac{\lambda}{n}\right)^k \left(1 - \frac{\lambda}{n}\right)^{n-k}$$
$$= \frac{\lambda^k}{k!} \lim_{n\to\infty} \frac{n}{n} \cdot \frac{n-1}{n} \cdots \frac{n-k+1}{n} \left(1 - \frac{\lambda}{n}\right)^{-k} \cdot \lim_{n\to\infty} \left(1 - \frac{\lambda}{n}\right)^n$$
$$= e^{-\lambda} \frac{\lambda^k}{k!} = f(k)$$

したがってシェフェの定理 (定理 7.5) より $X_n \xrightarrow{d} X$ が従う. □

別解 $M_n(t). M(t)$ を確率変数 X_n, X の積率母関数とする. $\lambda = np$ 一定のもとで, $n \to \infty$ として

$$M_n(t) = \{(1-p) + pe^t\}^n = \left\{1 + \frac{\lambda(e^t - 1)}{n}\right\}^n$$
$$\to \exp\{\lambda(e^t - 1)\} = M(t)$$

したがって連続定理 (定理 7.4) より直ちに $X_n \xrightarrow{d} X$ が得られる. □

問題 7.2 X_n をパラメータ $p = \lambda/n$ の幾何分布 $G(p)$ に従う確率変数とし，X をパラメータ λ の指数分布 $Ex(\lambda)$ に従う確率変数とする．$n \to \infty$ の下で，X_n/n は X に法則収束することを示せ．(ヒント：確率変数 $Y_n = X_n/n$ の特性関数を $\varphi_n(t)$ とするとき，

$$\varphi_n(t) = \frac{\lambda}{\lambda e^{it/n} + n(1 - e^{it/n})} \to \frac{\lambda}{\lambda - it} \quad (n \to \infty)$$

連続定理を適用せよ．)

7.3 大数の法則

7.3.1 チェビシェフの不等式

この節では大数の法則について簡単に触れる．その前にまずチェビシェフの不等式と呼ばれる単純な評価式の紹介から始める．

命題 7.3 (チェビシェフの不等式)　X を平均 $E[X]$ と分散 $V[X]$ をもつ確率変数とするとき，任意の正数 ε に対して

$$P(|X - E(X)| \geq \varepsilon) \leq \frac{1}{\varepsilon^2} V(X) \tag{7.2}$$

が成り立つ．

証明　2 つの関数 $H(x) = x^2$ と $h(x) = 0$ ($|x| < 1$); $h(x) = 1$ ($|x| \geq 1$) を考えてそのグラフを描けば，図形の上下関係からすべての x について不等式 $H(x) \geq h(x)$ が成り立つ (図 7.1)．これより直ちに

$$E\left\{h\left(\frac{|X - E(X)|}{\varepsilon}\right)\right\} \leq E\left\{H\left(\frac{|X - E(X)|}{\varepsilon}\right)\right\} \tag{7.3}$$

がわかる．ここで事象 $|X - E(X)|/\varepsilon \geq 1$ を考えると，(7.3) 式の左辺の期待値 $E(\cdot)$ の中味が 1 となるので不等式 (7.2) が簡単に導かれる． □

注意 7.7　$E(X) = \mu$ と $V(X) = \sigma^2$ と置いて少し変形すれば，

$$P(|X - \mu| \geq k\sigma) \leq \frac{1}{k^2} \quad (k > 0) \tag{7.4}$$

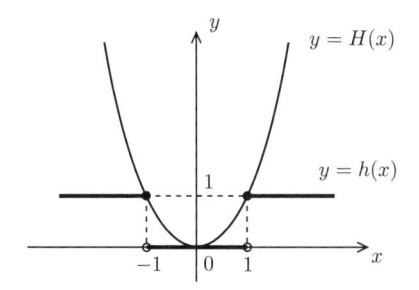

図 7.1　$y = H(x)$ と $y = h(x)$ のグラフ

を得る．これもチェビシェフの**不等式**と呼ばれる．

注意 7.8　教科書によってはつぎのタイプの不等式
$$P(|X - E(X)| < \varepsilon) \geq 1 - \frac{V(X)}{\varepsilon^2} \qquad (\varepsilon > 0)$$
をチェビシェフの不等式と呼ぶ場合もある．

問 7.6　上の注意 7.8 の不等式を実際に導け．

チェビシェフの不等式 (7.2) を見ると，分散が小のときは X が平均 $E(X)$ に近い値をとる確率が大きいことがわかる．また ε が非常に小さく $\varepsilon^2 < V(X)$ が成り立てば，(7.2) 式の右辺は 1 より大きくなり，チェビシェフの不等式は当たり前のことを主張しているに過ぎなくなってしまう．実際，つぎの例を見てみよう．

例 7.5　X を一様分布 $U(0,1)$ に従う確率変数とする．このとき，チェビシェフの不等式 (7.2) の右辺と左辺を実際に比較してみよう．$\varepsilon = t$ として，右辺と左辺を t の関数としてそれぞれ求めると，$E(X) = 1/2$ かつ $V(x) = 1/12$ であるから

$$y = \Phi(t) = P\left(\left|X - \frac{1}{2}\right| \geq t\right) = \begin{cases} 1 - 2t & \left(0 < t \leq \frac{1}{2}\right) \\ 0 & \left(\frac{1}{2} < t\right) \end{cases}$$

となり，また $y = \Psi(t) = V(X)/t^2 = 1/12t^2$ を得る．$y = \Phi(t)$ と $y = \Psi(t)$ のグラフを描いて比べれば明らかなように，$\Psi(t) > \Phi(t)$ が $0 < t \leq 1/2$ で成り立ち，チェビシェフの不等式の右辺は左辺よりかなり大きいことがわかる．

問 7.7 上の例 7.5 で述べられたことを実際に確かめよ.

このように,実際に多くの分布においてチェビシェフの不等式の右辺は左辺よりかなり大きく,左辺の確率 $P(|X - E(X)| \geq \varepsilon)$ の大きさを評価する量として右辺の $V(X)/\varepsilon^2$ は適切ではない.しかしチェビシェフの不等式は,左辺の確率の適切な評価式として重要なのではなく,実はどのような分布に対してもこの不等式が成立する,たとえどのような分布であっても平均からのずれがある程度,2ε 幅より大きくなる確率はいつでもそのバラツキの指標 $V(X)$ (分散) を用いてそのスケール変換量 ($1/t^2$ 倍) で上から押さえることができる,という汎用性に重きがあるのである.

この評価式の簡単な応用例をみておこう.

例題 7.2 ある製品を 1 個作るのに要する時間 (単位:分) を X で表す.過去の経験からその平均 $\mu = E[X]$ が 1,標準偏差 $\sigma = \sqrt{V[X]}$ が 0.8 であることがわかっているとする.この製品を続けて 100 個作るときの所要時間 T をおおよそ見積もれ.

解答 いま第 i 番目の製品の製作時間を X_i とすると,$X_1, X_2, \cdots, X_{100}$ は互いに独立とみなしてよい.したがって,$T = X_1 + X_2 + \cdots + X_{100}$ と置くとき,

$$E[T] = \sum_{i=1}^{100} E[X_i] = 100 \times 1 = 100,$$

$$V[T] = \sum_{i=1}^{100} V[X_i] = 100 \times (0.8)^2 = 64$$

である.ここでたとえば $k = 3$ としてチェビシェフの不等式 (7.4) を適用すれば,$1/3^2 \geq P(|T - 100| \geq 3\sqrt{64})$ だから,

$$P(|T - 100| < 24) \geq 1 - \frac{1}{9} = \frac{8}{9} = 0.88 \cdot 8 \approx 0.90$$

が成り立つ.したがってほぼ 90 % の確率で $|T - 100| < 24$ である.すなわち,$76 < T < 124$.これより所要時間 T は 1 時間 15 分から 2 時間 5 分の間とみて間違いないことになる. □

7.3.2 大数の弱法則

大数の法則について述べる.まず定義から紹介する.

定義 7.7 $\{X_n\}$ を確率変数列とし，$\{a_n\}$, $\{b_n\}$ を定数列とする．
$$\frac{1}{a_n}\sum_{i=1}^{n}(X_i - b_i) \to 0 \quad (P) \qquad (n \to \infty)$$
が成り立つとき，$\{X_n\}$ は **大数の弱法則** (weak law of large numbers) に従うという．特に，$\{X_n\}$ が $E(|X_n|) < \infty$ を満たす確率変数列で
$$\frac{1}{n}\sum_{i=1}^{n}(X_i - E(X_i)) \to 0 \quad (P) \qquad (n \to \infty)$$
が成り立つとき，$\{X_n\}$ は大数の弱法則に従うという．

以下に大数の弱法則としてよく知られている定理を順次紹介していく．

定理 7.6 (チェビシェフ (Chebyshev) の大数の弱法則) 確率変数列 $\{X_n\}$ は $E(X_k) = \mu_k < \infty$, $V(X_k) = \sigma_k^2 < \infty$, かつ $\mathrm{Cov}(X_i, X_j) = 0$ $(i \neq j)$ を満たすとする．
$$\lim_{n\to\infty} \frac{1}{n^2}\sum_{k=1}^{n}\sigma_k^2 = 0 \implies \frac{S_n}{n} - \bar{\mu} \to 0 \ (P) \qquad (n \to \infty)$$
が成り立つ．ただし，$S_n = X_1 + X_2 + \cdots + X_n$, $\bar{\mu} = \sum_{k=1}^{n}\mu_k/n$ である．

定理 7.6 の証明 チェビシェフの不等式 (命題 7.3 の (7.2)) により
$$P\left(\left|\frac{S_n}{n} - \bar{\mu}\right| > \varepsilon\right) \leqslant \frac{1}{\varepsilon^2 n^2}\sum_{k=1}^{n}\sigma_k^2 \to 0 \qquad (n \to \infty)$$
を得る． □

問題 7.3 特に定理 7.6 の系として，独立同分布 (i.i.d.) に従う確率変数列 $\{X_n\}$ に対して，$E(X_k) = \mu \ (<\infty)$, $V(X_k) = \sigma^2 \ (<\infty)$ とすると
$$\frac{S_n}{n} \to \mu \quad (P) \qquad (n \to \infty)$$
が成り立つ．このことを確かめよ．

定理 7.7 (ヒンチン (Khintchine) の大数の弱法則) $\{X_n\}_n$ を独立同分布 (i.i.d) の確率変数列とする．各 k に対し，$E(X_k) = \mu < \infty$ とする．このとき
$$\frac{S_n}{n} \to \mu \quad (P) \qquad (n \to \infty)$$
が成立する．

定理 7.7 の証明　i.i.d. であるから，X_n の特性関数を $\varphi_n = \hat{\varphi}$ とし，S_n を $\{X_k\}$ の n 和とし，$Y_n = S_n/n$ とすると
$$\varphi_{Y_n}(t) = E\left(e^{itY_n}\right) = E\left(e^{i\frac{t}{n}S_n}\right)$$
$$= E\left(\prod_{k=1}^{n} e^{i\frac{t}{n}X_k}\right) = \left\{\hat{\varphi}\left(\frac{t}{n}\right)\right\}^n$$
$$= \left\{1 + i\frac{t}{n}\mu + o\left(\frac{t}{n}\right)\right\}^n \to e^{it\mu} \qquad (n \to \infty)$$
を得る．したがって連続定理により $Y_n \xrightarrow{d} \mu$ が直ちに従う．このとき

補題 7.4　c をある定数とする．$n \to \infty$ のとき，
$$X_n \xrightarrow{d} c \iff X_n \xrightarrow{P} c$$
が成り立つ．

証明　7章の演習問題の [7] を見よ．

この補題 7.4 を適用すれば結論 $Y_n \to \mu\ (P)\ (n \to \infty)$ が得られる．　□

例 7.6 (ベルヌーイの大数の弱法則 (1))　$\{X_n\}$ は互いに独立で，パラメータ p のベルヌーイ分布に従う確率変数である．n 和を $S_n = X_1 + X_2 + \cdots + X_n$ とする．このとき，$E(S_n) = np$, $V(S_n) = np(1-p)$ である．$n \to \infty$ の下で，S_n/n は p に確率収束する．すなわち，$S_n/n \to p\ (P)\ (n \to \infty)$ という大数の弱法則が成り立つ．

問 7.8 例 7.6 のベルヌーイの大数の弱法則 (1) を示せ．(ヒント：チェビシェフの不等式より

$$P\left(\left|\frac{S_n - np}{n}\right| > \varepsilon\right) \leqslant \frac{p(1-p)}{n\varepsilon^2} \to 0 \quad (n \to \infty) \ )$$

問題 7.4 (ベルヌーイの大数の弱法則 (2))　$\{X_n\}$ は互いに独立で，パラメータ p_n のベルヌーイ分布に従う確率変数である．n 和を $S_n = X_1 + X_2 + \cdots + X_n$ とする．このとき

$$\frac{S_n - E(S_n)}{n} \to 0 \quad (P) \quad (n \to \infty)$$

が成り立つことを示せ．(cf. 7 章の演習問題 [8])

7.3.3　大数の強法則

この小節では大数の強法則について紹介する．まず定義から述べる．

定義 7.8　$\{X_n\}$ を確率変数列とし，$\{a_n\}, \{b_n\}$ を定数列とする．

$$\frac{1}{a_n}\sum_{i=1}^{n}(X_i - b_i) \to 0 \quad \text{a.s.} \quad (n \to \infty)$$

が成り立つとき，$\{X_n\}$ は**大数の強法則** (strong law of large numbers) に従うという．特に，$\{X_n\}$ が $E(|X_n|) < \infty$ を満たす確率変数列で

$$\frac{1}{n}\sum_{i=1}^{n}(X_i - E(X_i)) \to 0 \quad \text{a.s.} \quad (n \to \infty)$$

が成り立つとき，$\{X_n\}$ は大数の強法則に従うという．

もう既に気が付かれたと思うが，大数の法則というとき基本的な概念は全く同じで，前節で見たように概収束から確率収束が従うので，概収束の位相の方が確率収束の位相より強いので，収束の位相の違いにより強法則，弱法則と呼び分けている訳である．

以下では大数の強法則を証明する上で役に立つ基本的な結果についてまとめておくことにする．

命題 7.4 (コルモゴロフ (Kolmogorov) の不等式) (最大確率の上方評価)
$X_1, X_2, \cdots, X_n$ を互いに独立な確率変数とし, $E(X_k) = 0$, $E(X_k^2) < \infty$ ($k = 1, 2, \cdots, n$) を仮定する. 任意の正数 $\varepsilon > 0$ に対して
$$P\left(\max_{1 \leq k \leq n} \left|\sum_{i=1}^{k} X_i\right| \geq \varepsilon\right) \leq \frac{1}{\varepsilon^2} \sum_{k=1}^{n} E(X_k^2)$$
が成り立つ.

注意 7.9 $n = 1$ のとき, コルモゴロフの不等式はチェビシェフの不等式に他ならない.

証明 簡単のため, $S_0 = 0$, $S_k = \sum_{i=1}^{k} X_i$ と置く. また $A = \left\{\max_{1 \leq k \leq n} |S_k| \geq \varepsilon\right\}$, $A_1 = \{|S_1| \geq \varepsilon\}$, $A_k = \{|S_k| \geq \varepsilon\} \cap \bigcap_{j=1}^{k-1} \{|S_j| < \varepsilon\}$ とすると, $A = \bigcup_{k=1}^{n} A_k$ となる. 1_A は集合 A の定義関数を表す. このとき, $\{X_k\}$ の独立性から

$$\sum_{k=1}^{n} E(X_k^2) = V(S_n) = E(S_n^2)$$
$$\geq E(S_n^2 1_A) = \sum_{k=1}^{n} E(S_n^2 1_{A_k}) \qquad (*)$$

ここで期待値を計算する.

$$E(S_n^2 1_{A_k}) = E((S_k + X_{k+1} + \cdots + X_n)^2 1_{A_k})$$
$$= E(S_k^2 1_{A_k}) + 2 \sum_{j=k+1}^{n} E(S_k X_j 1_{A_k}) + \sum_{j=k+1}^{n} E(X_j^2 1_{A_k})$$
$$+ \sum_{\substack{j \neq \ell \\ j, \ell = k+1}} E(X_j X_\ell 1_{A_k})$$

ただし, 独立性から, $j = 1, 2, \cdots, n-k$ について $E(S_k X_{k+j} 1_{A_k}) = E(S_k 1_{A_k}) \cdot \times E(X_{k+j}) = 0$, また $j \neq \ell$ について $E(X_{k+j} X_{k+\ell} 1_{A_k}) = E(1_{A_k}) E(X_{k+j}) \cdot \times E(X_{k+\ell}) = 0$ であるから, $E(S_n^2 1_{A_k}) \geq E(S_k^2 1_{A_k})$ を得る. この結果を上の (*) 式に代入して

$$\sum_{k=1}^{n} E(X_k^2) \geq \sum_{k=1}^{n} E(S_n^2 1_{A_k}) \geq \sum_{k=1}^{n} E(S_k^2 1_{A_k}) \geq \varepsilon^2 \sum_{k=1}^{n} P(A_k) = \varepsilon^2 P(A)$$

となる. これより結果が直ちに従う. □

命題 7.5 (最大確率の下方評価)　$X_1, X_2, \cdots, X_n$ を互いに独立な確率変数とし，$E(X_k) = 0, P(|X_k| \leq c) = 1 \ (k = 1, 2, \cdots, n)$ を仮定する．ここで c は正の定数である．任意の正数 $\varepsilon > 0$ に対して
$$P\left(\max_{1 \leq k \leq n} \left|\sum_{i=1}^k X_i\right| \geq \varepsilon\right) \geq 1 - \frac{(\varepsilon + c)^2}{V(S_n)}$$
が成り立つ．

証明　命題 7.4 の証明とほぼ同様にできる．読者の演習とする．　□

問題 7.5　上の命題 7.5 の証明を完成させよ．

系 7.2　確率変数 $X_1, X_2, \cdots, X_n$ は互いに独立で，$V(X_k) = \sigma_k^2, P(|X_k| \leq c) = 1 \ (k = 1, 2, \cdots, n)$ を満たすとする．ここで c は正の定数とする．また $S_k = X_1 + X_2 + \cdots + X_k$ とする．このとき，任意の $\varepsilon > 0$ に対して
$$\frac{1}{\varepsilon^2} \sum_{k=1}^n \sigma_k^2 \geq P\left(\max_{1 \leq k \leq n} |S_k - E(S_k)| \geq \varepsilon\right) \geq 1 - \frac{(\varepsilon + 2c)^2}{\sum_{k=1}^n \sigma_k^2}$$
が成り立つ．

証明　$|E(X_k)| \leq c$ かつ $P(|X_k - E(X_k)| \leq 2c) = 1$ であるから，結論は命題 7.4 および命題 7.5 から従う．　□

命題 7.6　確率変数列 $\{X_n\}$ は互いに独立で，$V(X_n) = \sigma_n^2 < \infty \ (n = 1, 2, \cdots)$ を満たすとする．このとき，
$$\sum_{k=1}^\infty \sigma_k^2 < \infty \implies \sum_{k=1}^\infty (X_k - E(X_k)) \text{ が確率 1 で収束する}$$
が成り立つ．

証明　$Y_n = \sum_{k=1}^n (X_k - E(X_k))$ と置く．コルモゴロフの不等式 (命題 7.4) より
$$P\left(\bigcup_{k=1}^n \{|Y_{m+k} - Y_m| \geq \varepsilon\}\right) = P\left(\max_{1 \leq k \leq n} |Y_{m+k} - Y_m| \geq \varepsilon\right)$$

$$\leq \frac{1}{\varepsilon^2} \sum_{k=m+1}^{m+n} \sigma_k^2 \to 0, \quad (n, m \to \infty) \qquad (*)$$

を得る．一方，概収束の同値性により

$$Z_n \overset{\text{a.s.}}{\to} Z \iff \forall \varepsilon > 0, \quad \lim_{n \to \infty} P\left(\sup_{m \geq n} |Z_{m+n} - Z_n| \geq \varepsilon \right) = 0$$

$$\iff \lim_{n \to \infty} P(\exists m' > m > n, |Z_{m'} - Z_m| \geq \varepsilon) = 0$$

$$\iff \lim_{n \to \infty} P\left(\bigcup_{m=1}^{\infty} |Z_{m+n} - Z_n| \geq \varepsilon \right) = 0$$

である．この判定条件を考慮に入れて，上の $(*)$ 式から直ちに Y_n が $n \to \infty$ で概収束することが得られる． $\square$

命題 7.7　確率変数列 $\{X_n\}$ は互いに独立で，$V(X_n) = \sigma_n^2 < \infty$ $(n = 1, 2, \cdots)$ を満たすとする．さらにある正定数 $c > 0$ に対して $P(|X_n| \leq c) = 1$ であると仮定する．このとき，

$$\sum_{k=1}^{\infty} (X_k - E(X_k)) \text{ が確率 1 で収束する} \implies \sum_{k=1}^{\infty} \sigma_k^2 < \infty$$

が成り立つ．

問題 7.6　上の命題 7.7 を証明せよ．(cf. 7 章の演習問題 [9])

定理 7.8 (コルモゴロフ (Kolmogorov) の大数の強法則 (1))　確率変数列 $\{X_n\}$ は互いに独立で，$V(X_n) = \sigma_n^2 < \infty$ $(n = 1, 2 \cdots)$ を満たすとする．n 和を $S_n = X_1 + X_2 + \cdots + X_n$ と置く．このとき

$$\sum_{k=1}^{\infty} \frac{\sigma_k^2}{k^2} < \infty \implies \frac{S_n - E(S_n)}{n} \to 0 \quad \text{a.s.} \qquad (n \to \infty)$$

が成り立つ．

定理 7.8 の証明　$Y_k = (X_k - E(X_k))/k$ と置くとき，$E(Y_k) = 0$, $V(Y_k) = \sigma_k^2/k^2$ を得る．仮定より $\sum_{k=1}^{\infty} V(Y_k) < \infty$ である．したがって命題 7.6 により直ちに

$\sum_{k=1}^{\infty} Y_k$ は確率 1 で収束することがわかる．結論はクロネッカーの補題 (cf. Appendix §A.3) より従う． □

定理 7.9 (コルモゴロフ (Kolmogorov) の大数の強法則 (2))　確率変数列 $\{X_n\}$ は独立同分布 (i.i.d.) であるとし，n 和を $S_n = X_1 + X_2 + \cdots + X_n$ と置く．このとき S_n/n がある定数 μ に確率 1 で収束するための必要十分条件は，$E(|X_n|) < \infty$ で $E(X_n) = \mu$ なることである．すなわち
$$\frac{S_n}{n} \to \mu \text{ a.s.} \iff E(|X_n|) < \infty, \ E(X_n) = \mu$$
が成り立つ．

定理 7.9 の証明　X を X_n と同分布に従う確率変数とする．つぎに $A_0 = \Omega$, $A_n = \{|X| \geq n\}$ $(n = 1, 2, \cdots)$, $B_n = A_n - A_{n-1}$ と定めると，B_n 上では $n < |X| < n+1$ となり，さらに不等式 $nP(B_n) \leqslant E(|X|1_{B_n}) \leqslant (n+1)P(B_n)$ が成り立つので，順次 n について加えていくと

$$\sum_{n=1}^{\infty} nP(B_n) = \sum_{n=1}^{\infty} P(A_n) \leqslant E(|X|) \leqslant 1 + \sum_{n=1}^{\infty} P(A_n) \qquad (*)$$

が得られる．

($\Leftarrow$) 十分性．$E(|X|) < \infty$ とする．$(*)$ より $\sum_{n=1}^{\infty} P(A_n) < \infty$ を得る．ここで X_k の k での打ち切り X_k^k を X_k $(|X_k| < k)$, かつ 0 $(|X_k| \geq k)$ と定める．そうすると $V(X_k^k) \leqslant E((X_k^k)^2) = E\left(X^2 1_{A_k^c}\right) \leqslant \sum_{m=1}^{k} m^2 P(B_{m-1})$ だから，自明な不等式 $\sum_{k=m}^{\infty} k^{-2} \leqslant 2/m$ を用いて

$$\sum_{k=1}^{\infty} \frac{V(X_k^k)}{k^2} \leqslant \sum_{k=1}^{\infty} \sum_{m=1}^{k} \frac{m^2}{k^2} P(B_{m-1}) = \sum_{m=1}^{\infty} m^2 P(B_{m-1}) \sum_{k=m}^{\infty} \frac{1}{k^2}$$
$$\leqslant 2 \sum_{m=1}^{\infty} mP(B_{m-1}) = 2 \left\{ 1 + \sum_{k=1}^{\infty} P(A_k) \right\} < \infty$$

が得られる．したがって，$\hat{S}_n = \sum_{k=1}^{n} X_k^k$ と置いて，コルモゴロフの大数の強法則 (1) (定理 7.8) を適用して

$$\frac{\hat{S}_n - E(\hat{S}_n)}{n} \to 0 \quad \text{a.s.} \quad (n \to \infty)$$

が成立する．一方，$X_n^n \to X$ a.s. $(n \to \infty)$，かつ $|X_n^n| \leq |X|$ より，ルベーグの収束定理 (cf. Appendix §A.2.1) が適用できて $E(X_n^n) \to E(X)$ となる．さらにテプリッツの補題 (cf. Appendix §A.3) により，$n^{-1}E(\hat{S}_n) \to E(X)$ が従う．また

$$\sum_{k=1}^{\infty} P(X_k \neq X_k^k) = \sum_{k=1}^{\infty} P(|X_k| \geq k) = \sum_{k=1}^{\infty} P(A_k) < \infty$$

となるので，ボレル・カンテリの補題 (cf. Appendix §A.3) より結局 $S_n/n \to E(X)$ a.s. $(n \to \infty)$ が導かれる．

($\Rightarrow$) 必要性．$X_n/n = S_n/n - (n-1)/n \cdot S_{n-1}/(n-1) \to 0$ a.s. となるから $\sum_{n=1}^{\infty} P(A_n) < \infty$ が得られる．ゆえに $(*)$ 式から $E(|X|) < \infty$ が最終的に導かれる． □

問 7.9 上の定理 7.9 の必要性の証明において，独立な確率変数列 $\{X_n\}$ と正数 ε $(0 < \varepsilon < \infty)$ に対して，$X_n \overset{\text{a.s.}}{\to} 0$ ならば $\sum_{n=1}^{\infty} P(|X_n| \geq \varepsilon) < \infty$ となるという結果を用いた．この結果を示せ．
(ヒント：ボレル・カンテリの補題を利用せよ．)

問題 7.7 つぎの命題が成り立つことを証明せよ．
（1） $A_1, A_2, \cdots$ を事象列とする．

$$\sum_{n=1}^{\infty} P(A_n) < \infty \implies P\left(\limsup_{n \to \infty} A_n\right) = 0$$

（2） 事象列 $\{A_n\}$ が独立のとき

$$\sum_{n=1}^{\infty} P(A_n) = \infty \implies P\left(\limsup_{n \to \infty} A_n\right) = 1$$

(ボレル・カンテリ (Borel-Cantelli) の補題)

例 7.7 (ボレルの大数の強法則) 確率変数列 $\{X_n\}$ は独立同分布 (i.i.d.) でパラメータ p のベルヌーイ分布に従うとする．$S_n = X_1 + X_2 + \cdots + X_n$ に対して，$E(S_n) = np$, $V(S_n) = np(1-p)$ であり，コルモゴロフの大数の強法則により $S_n/n \to p$ a.s. $(n \to \infty)$ が成り立つ．すなわち

$$P\left(\lim_{n \to \infty} \frac{S_n}{n} = E[X_1]\right) = 1 \tag{7.5}$$

が成立する．

さてここで大数の強法則の意味するところを考えておくことは有益である．(7.5) を眺めてみれば，大数の法則は算術平均 $\frac{1}{n}S_n = \frac{1}{n}\sum_{i=1}^{n}X_i$ が n を無限大にする極限で真の平均値 μ に収束することを主張しているように見えてくる．ゆえに算術平均は標本数 n が十分大きいならば，つまりサンプル数をどんどん大きくしていけば，真の平均値に十分近いと言えることになる．

7.4 中心極限定理

7.4.1 ド・モアブル＝ラプラスの中心極限定理

第 7 章の最後に中心極限定理を紹介して終わることにする．前節の「大数の法則」は，ランダムな実験を多数回行うとき，各回における観測値の平均がある値に近づく特徴，あるいはある値の近くに高い確率で観測されるという特徴についての結果であった．今度は確率実験を多数回行うとき，この観測値の平均の値の全体的な分布状況がある特定の分布に近くなる現象を問題とする．この特定の分布のことを漸近分布という．確率変数 X_n は実験回数 n が十分大きいとき，ある確率変数に法則の意味で収束することがある．いま仮に X の分布が B 分布であるとすると，「X_n の漸近分布は B 分布である」とか「X_n は漸近的に B 分布に従う」などと表現する．大雑把な言い方をすると，「中心極限定理」は X_n の漸近分布はどのような条件の下で存在し，それはどういう分布であるかに関する情報を提供してくれる定理である．

定義 7.9 確率変数列の和がある特定の条件の下で正規分布に法則収束することを主張する定理を一般に**中心極限定理** (central limit theorem) と呼ぶ．確率変数列 $\{X_n\}$ において適当な定数列 $\{\mu_n\}, \{\sigma_n\}$ $(\sigma_n > 0)$ が存在して

$$\frac{X_n - \mu_n}{\sigma_n} \xrightarrow{d} X \sim N(0,1)$$

が成り立つとき，X_n は**漸近的に**平均 μ_n，分散 σ_n^2 の**正規分布に従う**という．このとき，n が十分大きければ，X_n に関する確率を正規分布 $N(\mu_n, \sigma_n^2)$ による近似で求めることができることを意味する．また μ_n を漸近平均 (asymptotic mean)，σ_n^2 を漸近分散 (asymptotic variance) と呼ぶ．

例 7.8 X_n が漸近的に正規分布 $N(\mu_n, \sigma_n^2)$ に従うとする．スラツキーの定理 (定理 7.1) より

$$a_n \to 1, \quad \frac{(a_n-1)\mu_n + b_n}{\sigma_n} \to 0 \quad (n \to \infty)$$

となるような定数列 $\{a_n\}, \{b_n\}$ が存在するとき，確率変数 $Y_n = a_n X_n + b_n$ もまた漸近的に正規分布 $N(\mu_n \sigma_n^2)$ に従う．

定義 7.10 k 次元確率ベクトル列 $\{\boldsymbol{X}_n\}$ に対して，$\boldsymbol{a}^t \boldsymbol{\Sigma} \boldsymbol{a} > 0$ なる任意の k 次元ベクトル $\boldsymbol{a} \in \mathbb{R}^k$ について

$$\frac{\boldsymbol{a}^t \boldsymbol{X}_n - \boldsymbol{a}^t \boldsymbol{\mu}_n}{\boldsymbol{a}^t \boldsymbol{\Sigma}_n \boldsymbol{a}} \xrightarrow{d} N(0,1)$$

ならば，$\boldsymbol{X}_n$ は漸近的に平均ベクトル $\boldsymbol{\mu}_n$，共分散行列 $\boldsymbol{\Sigma}_n = \{\sigma_{ij}\}$ の多変量正規分布に従うという．

例 7.9 $\{b_n\}$ を定数列とする．

$$\frac{\boldsymbol{X}_n - \boldsymbol{\mu}_n}{b_n} \xrightarrow{d} N_k(\boldsymbol{0}, \boldsymbol{\Sigma})$$

のとき，$\boldsymbol{X}_n$ は漸近的に平均ベクトル $\boldsymbol{\mu}_n$，共分散行列 $b_n^2 \boldsymbol{\Sigma}_n$ の k 次元正規分布に従う．

定理 7.10 (リンデベルグ＝レヴィ (Lindeberg-Lévy) の中心極限定理) $\{X_n\}$ は独立同分布 (i.i.d.) の確率変数列で，$E(X_k) = \mu$, $V(X_k) = \sigma^2 < \infty$ を満たすとする．このとき，$n \to \infty$ の下で

$$\sqrt{n}\left(\frac{1}{n}\sum_{k=1}^n X_k - \mu\right) \xrightarrow{d} Z \sim N(0, \sigma^2)$$

が成り立つ．

定理 7.10 の証明 $\{X_k - \mu\}$ は同分布をもつことに注意して，$Y = X_k - \mu$ の特性関数を φ とし，$Z_n = (\sum_{k=1}^n X_k - n\mu)/\sqrt{n}$ の特性関数を φ_n とするとき，$n \to \infty$ の下で

$$\varphi_n(t) = E\left(\exp\left\{it\frac{\sum_{k=1}^n X_k - n\mu}{\sqrt{n}}\right\}\right) = \left\{\varphi\left(\frac{t}{\sqrt{n}}\right)\right\}^n$$

$$= \left\{1 - \frac{t^2\sigma^2}{2n} + o\left(\frac{t^2}{n}\right)\right\}^n \to \exp\left(-\frac{1}{2}t^2\sigma^2\right)$$

を得る．右辺の項は正規分布 $N(0,\sigma^2)$ の特性関数である．ゆえに連続定理 (定理 7.4) より定理の主張が従う． □

つぎに有名なド・モアブル＝ラプラスの中心極限定理を紹介する．

系 7.3 (ド・モアブル＝ラプラス (De Moivre-Laplace) の中心極限定理) 確率変数列 $\{X_n\}$ は独立同分布で，パラメータ p のベルヌーイ分布に従っているとする．$S_n = X_1 + X_2 + \cdots + X_n$ に対して

$$\frac{S_n - np}{\sqrt{np(1-p)}} \xrightarrow{d} Z \sim N(0,1) \quad (n \to \infty)$$

が成り立つ．

この定理はつぎのように言い換えても同じである．$0 < p < 1$ とし，$q = 1 - p$ と置く．X_n は 2 項分布 $B(n,p)$ に従う確率変数とする．このとき確率変数 $(X_n - np)/\sqrt{npq}$ は $n \to \infty$ のとき，標準正規分布に従う確率変数 Z に法則収束する．すなわち，任意の実数 a, b $(a < b)$ に対して

$$\lim_{n \to \infty} P\left(b \geq \frac{X_n - np}{\sqrt{npq}} \geq a\right) = \int_a^b \frac{1}{\sqrt{2\pi}} e^{-\frac{x^2}{2}} dx$$

が成立する．

つまり確率変数 $(X_n - np)/\sqrt{npq}$ の漸近分布は標準正規分布 $N(0,1)$ であることを主張している．

注意 7.10 系 7.3 が成立のとき，S_n は漸近的に正規分布 $N(np, np(1-p))$ に従い，S_n/n は漸近的に正規分布 $N(p, p(1-p)/n)$ に従うことになる．

証明 (1) 定理 7.10 の系として，定理 7.10 の証明を踏襲して得られる．

（2）（別証明）　第 6 章の 6.4 節の 2 項分布の正規近似の項の命題 7.6 の証明と全く同様にして，$n \to \infty$ の下で，2 項分布の確率関数が正規分布の密度関数への収束が導かれる．系の主張はシェフェの定理から得られる．

（3）（別証明）'　$X_n \sim B(n,p)$ のとき，$E(X_n) = np = \mu$, $V(X_n) = npq = \sigma^2$ ($q = 1 - p$) に注意して，$Z_n = (X_n - \mu)/\sigma$ の分布が密度関数 $g(z) = e^{-z^2/2}/\sqrt{2\pi}$ をもつ分布に近づいていくことを離散から連続化のスケーリング手法により直接的に導く．$p(x) = P(X_n = x)$ で

$$z = \frac{x - \mu}{\sigma} = \frac{x - np}{\sqrt{np(1-p)}} \tag{$*1$}$$

の値は離散的な x の値 $0, 1, 2, \cdots$ に対して等間隔

$$\Delta z = \frac{1}{\sqrt{np(1-p)}} \tag{$*2$}$$

に並んでいる．x の方の間隔 $x + \Delta x$ ($\Delta x = 1$) に対応して z の方は $z + \Delta z$ となり，(*1) 式から

$$x = np + \frac{z}{\Delta z} \tag{$*3$}$$

と表せる．この式が n を大きくしたときの z の連続化を表現したものである．$p(x) = \frac{n!}{x!(n-x)!} \cdot p^x (1-p)^{n-x}$ に注意して，関係式 $(x+1)(1-p)f(x+1) = (n-x)pf(x)$ が成り立つことがわかる．Z が密度 $g(z)$ をもつ分布に従うとき，x の変化 $\Delta x = 1$ に対する z の変化を Δz としているので，パラメータを x から z に変数変換しても確率が不変に保たれる条件を課して $g(z) = f(x)\Delta x/\Delta z = f(x)/\Delta z$ である．したがって

$$\frac{g(z + \Delta z)}{g(z)} = \frac{f(x+1)}{f(x)} = \frac{(n-x)p}{(x+1)(1-p)}$$

が成り立ち，(*3) 式を代入して x を消去し，(*2) 式から $np(1-p) = 1/(\Delta z)^2$ であることに注意して変形すると

$$\frac{g(z + \Delta z) - g(z)}{\Delta z} = \frac{-z - (1-p)\Delta z}{1 + (1-p)\{z\Delta z + (\Delta z)^2\}} \cdot g(z) \tag{$*4$}$$

が導かれる．この (*4) 式で $\Delta z \to 0$ の極限をとれば，微分方程式 $g'(z) = -zg(z)$ が得られる．変数分離形であるから求積法で簡単に解けて，積分して

$$\log g(z) = -\frac{1}{2}z^2 + C_0 \quad (C_0 : 積分定数)$$

これを $g(z)$ について解き直して，全積分 1 の密度関数の条件より定数を決定すると最終的に $g(z) = e^{-z^2/2}/\sqrt{2\pi}$ が得られる． □

例題 7.3（多変量中心極限定理 multivariate central limit theorem）
$X_1, X_2, \cdots, X_n$ は独立同分布 (i.i.d.) の k 次元確率ベクトル列で，その平均ベクトルが $\boldsymbol{\mu}$ で，共分散行列が $\boldsymbol{\Sigma}$ で与えられているとする．このとき
$$\sqrt{n}\left(\frac{1}{n}\sum_{k=1}^{n} \boldsymbol{X}_k - \boldsymbol{\mu}\right) \xrightarrow{d} N_k(\boldsymbol{0}, \boldsymbol{\Sigma}) \quad (n \to \infty)$$

解答 $\boldsymbol{a}$ を任意の k 次元ベクトルとし，$Y_k = \boldsymbol{a}^t \boldsymbol{X}_k$ $(k = 1, 2, \cdots, n)$ と定める．このとき，Y_k は i.i.d. 確率変数であって，平均 $\boldsymbol{a}^t \boldsymbol{\mu}$，分散 $\boldsymbol{a}^t \boldsymbol{\Sigma} \boldsymbol{a}$ の同一分布に従う．したがってリンデベルグ＝レヴィの中心極限定理 (定理 7.10) により

$$\boldsymbol{a}^t \sqrt{n}\left(\frac{1}{n}\sum_{k=1}^{n} \boldsymbol{X}_k - \boldsymbol{\mu}\right) = \sqrt{n}\left(\frac{1}{n}\sum_{k=1}^{n} Y_k - \boldsymbol{a}^t \boldsymbol{\mu}\right) \xrightarrow{d} N(0, \boldsymbol{a}^t \boldsymbol{\Sigma} \boldsymbol{a}) \quad (*)$$

────── クラメール＝ウオルド (Cramer-Wold) の方法 ──────

$\boldsymbol{X}_n$ を k 次元確率ベクトルとし，$\boldsymbol{a} \in \mathbb{R}^k$ に対し $\boldsymbol{a}^t$ をその転置ベクトルとする．このとき，
$$\boldsymbol{X}_n \xrightarrow{d} \boldsymbol{X} \iff \boldsymbol{a}^t \boldsymbol{X}_n \xrightarrow{d} \boldsymbol{a}^t \boldsymbol{X} \quad \forall \boldsymbol{a} \in \mathbb{R}^k$$
が成り立つ．

このクラメール＝ウオルドの方法によれば，多変量の法則収束を 1 変量の法則収束に置き換えたり，またその逆の操作が可能になる．この方法を上で得られた結果 $(*)$ に適用して結論を得る． □

7.4.2 中心極限定理

この小節では非常に重要なリンデベルグ＝フェラーの定理，リアプノフの定理およびベリー＝エシーンの定理を中心に紹介する．証明に関しては主に参考文献の洋書の [3] Chow-Teicher (2003) を参考にした．

> **定理 7.11** (リンデベルグ＝フェラー (Lindeberg-Feller) の定理)) $\{X_n\}$ を独立な確率変数列とし，$F_k, \mu_k, \sigma_k^2 \ (0 < \sigma_k^2 < \infty)$ をそれぞれ確率変数 X_k の分布関数，平均，分散とする．また $S_n = X_1 + X_2 + \cdots + X_n$, $s_n^2 = \sum_{k=1}^n \sigma_k^2$ と置く．任意の $\varepsilon > 0$ に対して
>
> $$(L) \qquad \lim_{n \to \infty} \frac{1}{s_n^2} \sum_{k=1}^n \int_{|x-\mu_k| \geq \varepsilon s_n} (x - \mu_k)^2 dF_k(x) = 0$$
>
> をリンデベルグ条件という．また
>
> $$(F) \qquad \lim_{n \to \infty} \max_{1 \leq k \leq n} \frac{\sigma_k^2}{s_n^2} = 0$$
>
> をフェラー条件という．このとき
>
> $$(L) \iff (F) + \frac{S_n - E(S_n)}{s_n} \xrightarrow{d} N(0, 1) \qquad (n \to \infty)$$
>
> が成り立つ

定理 7.11 の証明　中心極限定理が成り立つための十分条件についてのみ証明する．まず一般性を失うことなく平均を 0 としてもよいことに注意しよう．この仮定の下で (L) は

$$(L') \qquad \sum_{k=1}^n \int_{|x| \geq \varepsilon s_n} x^2 dF_k(x) = o(s_n^2) \qquad \forall \varepsilon > 0$$

となり，(F) の方は

$$(F') \qquad \max_{1 \leq k \leq n} \frac{\sigma_k^2}{s_n^2} = o(1)$$

となり，この (F') では $s_n^2 = E(S_n^2)$ に一致していることに注意しよう．また容易に $(L') \implies (F')$ となる．簡単のため，$A_k = \{|X_k| > \varepsilon s_n\}$ と置く．このとき，$E(X_k) = 0$ より

$$|E(e^{itX_k/s_n}) - e^{-\sigma_k^2 t^2 / 2s_n^2}| \leq E\left(\frac{t^2 X_k^2}{s_n^2} 1_{A_k} + \left|\frac{tX_k}{s_n}\right|^3 1_{A_k^c}\right) + \frac{\sigma_k^4 t^4}{8s_n^4}$$

となる．これを用いて，$1 \leq k \leq n$ なる k に対し，独立性よりさらに子細評価をすると

$$\left| E\exp\left\{it\frac{S_k}{s_n} + \frac{s_k^2 t^2}{2s_n^2}\right\} - E\exp\left\{it\frac{S_{k-1}}{s_n} + \frac{s_{k-1}^2 t^2}{2s_n^2}\right\}\right|$$
$$\leqslant e^{t^2/2} E\left(\frac{t^2 X_k^2}{s_n^2}1_{A_k} + \varepsilon|t|^3 \frac{X_k^2}{s_n^2}1_{A_k^c} + \frac{t^4 \sigma_k^2}{s_n^2} \cdot \max_{1\leqslant k\leqslant n}\frac{\sigma_k^2}{s_n^2}\right)$$

が得られる．したがって，上で得られた結果にフェラー条件 (F') を加味して評価を進めると最終的に

$$|E(e^{itS_n/s_n}) - e^{-t^2/2}|$$
$$\left|e^{-t^2/2}\sum_{k=1}^{n} E\left(\exp\{it\frac{S_k}{s_n} + \frac{s_k^2 t^2}{2s_n^2}\} - \exp\{it\frac{S_{k-1}}{s_n} + \frac{s_{k-1}^2 t^2}{2s_n^2}\}\right)\right|$$
$$\leqslant \frac{t^2}{s_n^2}\sum_{k=1}^{n} E(X_k^2 1_{A_k}) + \varepsilon|t|^3 + o(1)$$

となる．ここで ε は任意であることと $s_n \to \infty$ より，S_n/s_n の特性関数 $\varphi_n(t)$ が $Z \sim N(0,1)$ の特性関数 $\phi(t)$ に各点収束することがわかる．ゆえに連続定理により $S_n/s_n \xrightarrow{d} N(0,1)$ が従う． □

例題 7.4 $\{X_n\}$ を独立な確率変数列とし，F_k, μ_k, σ_k^2 $(0 < \sigma_k^2 < \infty)$ をそれぞれ確率変数 X_k の分布関数，平均，分散とする．また $S_n = X_1 + X_2 + \cdots + X_n, s_n^2 = \sum_{k=1}^{n}\sigma_k^2$ と置く．$|X_k| \leqslant K$ なる正定数 K が存在して $s_n \to \infty$ $(n \to \infty)$ ならば

$$\frac{S_n - E(S_n)}{s_n} \xrightarrow{d} N(0,1) \quad (n \to \infty)$$

が成り立つことを示せ．

解答 チェビシェフの不等式を用いて

$$\int_{|x-\mu|\geq \varepsilon s_n}(x-\mu_k)^2 dF_k(x)$$
$$\leqslant (2K)^2 \cdot P(|X_k - \mu_k| \geq \varepsilon s_n) \leqslant (2K)^2 \frac{\sigma_k^2}{\varepsilon^2 s_n^2} \to 0$$

が得られる．これより

$$\frac{1}{s_n^2}\sum_{k=1}^{n}\int_{|x-\mu_k|\geq \varepsilon s_n}(x-\mu_k)^2 dF_k(x) \leqslant \frac{4K^2}{\varepsilon^2 s_n^2} \to 0$$

が成り立つ．すなわち，リンデベルグの条件を満たすからリンデベルグ＝フェラーの定理 (定理 7.11) より直ちに結論が従う． □

定理 7.12 (リアプノフ (Liapunov) の定理) $\{X_n\}$ を独立な確率変数列とし，μ_k, σ_k^2 $(0 < \sigma_k^2 < \infty)$ をそれぞれ確率変数 X_k の平均，分散とする．また $S_n = X_1 + X_2 + \cdots + X_n$, $s_n^2 = \sum_{k=1}^{n} \sigma_k^2$ と置く．つぎのリアプノフの条件を仮定する．ある正数 $\delta > 0$ が存在して

$$(\text{Lia}) \quad \lim_{n \to \infty} \frac{1}{s_n^{2+\delta}} \sum_{k=1}^{n} E\left(|X_k - \mu_k|^{2+\delta}\right) = 0$$

このとき

$$\frac{S_n - E(S_n)}{s_n} \xrightarrow{d} N(0,1) \qquad (n \to \infty)$$

が成り立つ．

定理 7.12 の証明　中心極限定理が成立するための十分条件であるリンデベルグの条件の成立の有無を調べる．$|x - \mu_k| \geq \varepsilon s_n$ のとき，不等式

$$|x - \mu_k|^{2+\delta} = |x - \mu_k|^2 \cdot |x - \mu_k|^{\delta} \geq |x - \mu_k|^2 \cdot \varepsilon^{\delta} s_n^{\delta}$$

が成り立つので

$$\frac{1}{s_n^2} \sum_{k=1}^{n} \int_{|x-\mu_k| \geq \varepsilon s_n} (x - \mu_k)^2 dF_k(x)$$
$$\leq \frac{1}{\varepsilon^{\delta} s_n^{2+\delta}} \sum_{k=1}^{n} \int_{-\infty}^{\infty} |x - \mu_k|^{2+\delta} dF_k(x) \to 0$$

が得られる．つまり，リアプノフの条件からリンデベルグの条件が導かれる．i.e. (Lia) $\Longrightarrow$ (L) である．ゆえに，リンデベルグ＝フェラーの定理 (定理 7.12) から結論が従う． □

つぎに正規分布による近似の誤差評価を与える数学的命題の中で最も有名なベリー＝エシーンの定理を紹介する．第 7 章では $S_n/n \to \mu$ (P) $(n \to \infty)$ という主張の大数の (弱) 法則を学んだ．これは n が十分大ならば，高い確率で差 $S_n/n - \mu$ は小さいということを主張している．つぎに学んだ中心極限定理は，$\sqrt{n}(S_n/n - \mu)/\sigma \xrightarrow{d} Z$ $(n \to \infty)$ を述べている．ただしここで $Z \sim N(0,1)$ である．これは n

が十分大きければ，差の近似値が $S_n/n - \mu \approx \sigma Z/\sqrt{n}$ で与えられることを主張している．つまり中心極限定理は大数の法則における収束の率 (＝速さ) に関する情報を与えてくれていると解釈できる．そうするとつぎなる自然な疑問は，差 $S_n/n - \mu$ の分布と適当な正規分布との間の近さはどうなっているのか，ということになるであろう．実はこのことは中心極限定理における収束の率 (＝速さ) を問うことに他ならない．

Berry と Esseen がなぜほぼ同時期に同じ内容の結果を独立に発表しえたのかなど，ベリー＝エシーンの定理に関する歴史的経緯や定理の主張に出現する定数の上限および下限の同定に関する話題などについては，参考文献の洋書 [2] A. Gut (2005) の pp.354–362 に詳しい．

定理 7.13 (ベリー＝エシーン (Berry-Esseen) の定理) $\{X_n\}$ を独立な確率変数列とし，$E(X_k) = 0$ とし，σ_k^2 $(0 < \sigma_k^2 < \infty)$ を確率変数 X_k のとする．また $S_n = X_1 + X_2 + \cdots + X_n$, $s_n^2 = \sum_{k=1}^n \sigma_k^2$, $\Gamma_n^{2+\delta} = \sum_{k=1}^n E|X_k|^{2+\delta} < \infty$ $(\exists \delta \in (0, 1])$ とする．このとき，正定数 $C_\delta > 0$ が存在して，評価式
$$\sup_x \left| P\left(\frac{S_n}{s_n} \leqslant x\right) - \Phi(x) \right| \leqslant C_\delta \left(\frac{\Gamma_n}{s_n}\right)^{2+\delta}$$
が成り立つ．ただし，$\Phi(x)$ は標準正規分布 $N(0,1)$ の分布関数である．

定理 7.13 の証明 $F(x) = P(S_n < xs_n)$ と置く．$\Phi'(x) = e^{-x^2/2}/\sqrt{2\pi} \leqslant 1/\sqrt{2\pi} = M$. F も Φ もともに標準化されていて，平均 0, 分散 1 である．チェビシェフの不等式より評価 $F(x) \leqslant 1/x^2$ $(x < 0)$, および $1 - F(x) \leqslant 1/x^2$ $(x > 0)$ が従い，分布関数 $\Phi(x)$ についても同様である．したがって $F - \Phi \in L^1$ がわかる．ここでつぎの補題を必要とする．

補題 7.5 F を分布関数，G を実数値可微分関数で，
$$\lim_{x \to -\infty} G(x) = 0, \quad \lim_{x \to \infty} G(x) = 1, \quad \sup_x |G'(x)| \leqslant M \ (\exists M > 0)$$
を満たすとする．さらに G は $\mathbb{R}$ 上有界変動関数で，$F - G \in L^1$ であると仮定する．このとき，任意の $T > 0$ に対して，評価式
$$\sup_x |F(x) - G(x)| \leqslant \frac{2}{\pi} \int_0^T \left| \frac{\varphi_F(t) - \varphi_G(t)}{t} \right| dt + \frac{24M}{\pi T}$$

が成り立つ．ただし，$\varphi_F(t)$ は関数 F のフーリエ・スチルチェス変換を表す．

補題 7.6 $\{X_n\}$ を平均 0，分散 σ_n^2 の独立な確率変数列とする．$\varphi_n^*(t)$ を n 和 $S_n = X_1 + \cdots + X_n$ の特性関数とし，正数 $\delta \in (0, 1]$ に対して
$$\gamma_k^{2+\delta} = E|X_k - E(X_k)|^{2+\delta}, \quad \Gamma_n^{2+\delta} = \sum_{k=1}^n \gamma_k^{2+\delta}, \quad s_n^2 = \sum_{k=1}^n \sigma_k^2$$
と定める．このとき，評価式
$$\left|\varphi_n^*\left(\frac{t}{s_n}\right) - e^{-t^2/2}\right| \leqslant 16\left(\frac{\Gamma_n|t|}{s_n}\right)^{2+\delta} e^{-t^2/3}, \quad \forall |t| \leqslant \left\{\frac{1}{36}\left(\frac{s_n}{\Gamma_n}\right)^{2+\delta}\right\}^{1/\delta}$$
が成り立つ．

上記補題 7.5 および 7.6 の証明については 7 章の演習問題 [10], [11] を参照のこと．定理 7.13 の証明を続ける．補題 7.5 を用いて分布関数同士の差を特性関数の差の積分の形に変形した上で，さらに補題 7.6 を積分表示の中味の特性関数同士の差の項に適用して評価を行う．その際，簡単のため便宜上 $T > 0$ として $T^\delta = (s_n/\Gamma_n)^{2+\delta}/36$ として計算を行うと

$$\sup_x |P(S_n < x s_n) - \Phi(x)|$$
$$\leqslant \frac{2}{\pi} \int_0^T \left|\frac{\varphi_n^*(t/s_n) - e^{-t^2/2}}{t}\right| dt + \frac{24M}{\pi T}$$
$$\leqslant \frac{2}{\pi} \int_0^T 16 \left(\frac{\Gamma_n}{s_n}\right)^{2+\delta} t^{1+\delta} e^{-t^2/3} dt + \frac{24M}{\pi} \left\{\frac{1}{36}\left(\frac{s_n}{\Gamma_n}\right)^{2+\delta}\right\}^{-1/\delta}$$
$$\leqslant C_\delta \cdot \max\left\{\left(\frac{\Gamma_n}{s_n}\right)^{2+\delta}, \left(\frac{\Gamma_n}{s_n}\right)^{1+(2/\delta)}\right\}$$

が導かれる．したがって，$\Gamma_n/s_n \leqslant 1$ のときは定理の主張の評価式は有効に成立している．一方，逆に $\Gamma_n/s_n > 1$ のときは $C_\delta \equiv 1$ に選ぶことにより，定理の主張の評価式の成立は自明となる． $\square$

問題 7.8 $\{X_n\}$ を独立同分布 (i.i.d.) の確率変数列とする．$E(X_k) = \mu$，$V(X_k) = \sigma^2$ ($0 < \sigma^2 < \infty$) とする．$E|X_k|^3 < \infty$ であるなら，評価式
$$\sup_x \left|P\left(\frac{\sqrt{n}(S_n/n - \mu)}{\delta} \leqslant x\right) - \Phi(x)\right| \leqslant \frac{cE|X_1 - \mu|^3}{\sqrt{n}\sigma^3}$$

が成り立つことを示せ．ただし，$\Phi(x)$ は標準正規分布の分布関数である．

例 7.10 $\{X_n\}$ を独立な確率変数列とする．$P(X_n = na) = P(X_n = -na) = 1/4, P(X_n = 0) = 1/2$ であるとする．$\{X_n\}$ の n 和を S_n で表す．このとき
$$\frac{S_n - E(S_n)}{s_n} \xrightarrow{d} N(0,1)$$
が成り立つ．

問 7.10 上の例 7.10 の主張を確かめよ．（ヒント：$E(X_n) = 0, V(X_n) = n^2a^2/2$, $s_n^2 = a^2n(n+1)(2n+1)/12$ である．$a > 0$ なら，任意の $\varepsilon > 0$ に対して，十分大きい n に対し $\varepsilon s_n > na$ が成り立つ．ゆえに
$$\int_{|x| \geq \varepsilon s_n} x^2 dF_k(x) \to 0$$
であるから，定理 7.11 より結論が従う．）

7 章の演習問題

[1] 一般に，$n \to \infty$ のとき，$X_n \xrightarrow{P} X$ ならば $X_n \xrightarrow{d} X$ となることを 7.1 節でみた．いま X が退化するとき，すなわち，ある定数 $c \in \mathbb{R}$ が存在して $P(X = c) = 1$ となるとき，逆の主張が成り立つことを示せ．

[2] 確率変数列 $\{X_n\}$ と定数 $c \, (\in \mathbb{R})$ について，$n \to \infty$ のとき $X_n \xrightarrow{P} c$ とする．このとき関数 $g(x)$ が c において連続であれば，$g(X_n) \xrightarrow{P} g(c)$ となることを示せ．
（注：確率変数 X について，$X_n \xrightarrow{P} X \, (n \to \infty)$ であるとき，任意の連続関数 $g(x)$ に対して，$g(X_n) \xrightarrow{P} g(X) \, (n \to \infty)$ が成り立つ）

[3] 確率変数列 $\{X_n\}, \{Y_n\}$ と確率変数 X と定数 c について，$n \to \infty$ のとき $X_n \xrightarrow{d} X$ かつ $Y_n \xrightarrow{P} c$ とする．このとき，
$$X_n Y_n \xrightarrow{d} cX, \quad (n \to \infty)$$
が成り立つことを示せ．（スラツキー (Slutsky) の定理）(cf. 本文の定理 7.1)

[4] $\mathbb{N} \ni n$ に対して，確率変数 X_n の分布関数 $F_n(x)$ がつぎで与えられている．

$$F_n(x) = \begin{cases} 0 & \left(x < \dfrac{1}{n}\right) \\ 1 & \left(x \geq \dfrac{1}{n}\right) \end{cases}$$

$n \to \infty$ とき，確率変数 X_n の収束について論ぜよ．

[5] $\mathbb{N} \ni n$ に対して，確率変数 X_n の分布関数 $F_n(x)$ がつぎで与えられている．

$$F_n(x) = \begin{cases} 0 & (x < 0) \\ 1 - \left(1 - \dfrac{x}{n}\right)^n & (0 \leqslant x < n) \\ 1 & (x \geq n) \end{cases}$$

$n \to \infty$ のとき，確率変数 X_n の収束について調べよ．

[6] $\{X_n\}$ をパラメータ λ_n のポアソン分布 $Po(\lambda_n)$ に従う確率変数列とする．また X を標準正規分布 $N(0,1)$ に従う確率変数とする．極限 $\lambda_n \to \infty$ の下で，確率変数 $Y_n = (X_n - \lambda_n)/\sqrt{\lambda_n}$ は X に法則収束することを示せ．
(ヒント：X_n の積率母関数は $M_n(t) = e^{\lambda n(e^t - 1)}$，$Y_n$ の積率母関数は $M_{Y_n}(t) = e^{-t\sqrt{\lambda_n}} \exp\{\lambda_n(e^{t\sqrt{\lambda_n}} - 1)\}$ で，$M_{Y_n}(t) \to e^{t^2/2}$ ($\lambda_n \to \infty$) を示して，連続定理を適用せよ．)

[7] c をある定数とする．$n \to \infty$ のとき，

$$X_n \xrightarrow{d} c \iff X_n \xrightarrow{P} c$$

が成り立つことを示せ．(cf. 本文中，補題 7.4)

[8] (ベルヌーイの大数の弱法則 (2)) $\{X_n\}$ は互いに独立で，パラメータ p_n のベルヌーイ分布に従う確率変数である．n 和を $S_n = X_1 + X_2 + \cdots + X_n$ とする．このとき

$$\frac{S_n - E(S_n)}{n} \to 0 \quad (P) \qquad (n \to \infty)$$

が成り立つことを示せ．(cf. 本文，問題 7.4)

[9] 確率変数列 $\{X_n\}$ は互いに独立で，$V(X_n) = \sigma_n^2 < \infty$ ($n = 1, 2, \cdots$) を満たすとする．さらにある正定数 $c > 0$ に対して $P(|X_n| \leqslant c) = 1$ であると仮定する．このとき，

$$\sum_{k=1}^{\infty}(X_k - E(X_k)) \text{ が確率 1 で収束する} \implies \sum_{k=1}^{\infty} \sigma_k^2 < \infty$$

が成り立つことを示せ.

[10] F を分布関数, G を実数値可微分関数で,
$$\lim_{x\to -\infty} G(x) = 0, \quad \lim_{x\to \infty} G(x) = 1, \quad \sup_x |G'(x)| \leqslant M \ (\exists M > 0)$$
を満たすとする. さらに G は $\mathbb{R}$ 上有界変動関数で, $F - G \in L^1$ であると仮定する. このとき, 任意の $T > 0$ に対して, 評価式
$$\sup_x |F(x) - G(x)| \leqslant \frac{2}{\pi} \int_0^T \left| \frac{\varphi_F(t) - \varphi_G(t)}{t} \right| dt + \frac{24M}{\pi T}$$
が成り立つことを示せ. ただし, $\varphi_F(t)$ は関数 F のフーリエ・スチルチェス変換を表す.

[11] $\{X_n\}$ を平均 0, 分散 σ_n^2 の独立な確率変数列とする. $\varphi_n^*(t)$ を n 和 $S_n = X_1 + \cdots + X_n$ の特性関数とし, 正数 $\delta \in (0, 1]$ に対して
$$\gamma_k^{2+\delta} = E|X_k - E(X_k)|^{2+\delta}, \quad \Gamma_n^{2+\delta} = \sum_{k=1}^n \gamma_k^{2+\delta}, \quad s_n^2 = \sum_{k=1}^n \sigma_k^2$$
と定める. このとき, 評価式
$$\left| \varphi_n^*\left(\frac{t}{s_n} \right) - e^{-t^2/2} \right| \leqslant 16 \left(\frac{\Gamma_n |t|}{s_n} \right)^{2+\delta} e^{-t^2/3}, \quad \forall |t| \leqslant \left\{ \frac{1}{36} \left(\frac{s_n}{\Gamma_n} \right)^{2+\delta} \right\}^{1/\delta}$$
が成り立つことを示せ.

第 8 章
標本と基本統計量

　ある事項に関して集められた資料やある目的のために取られた統計データはそのままでは単なる数字の羅列にすぎない．しかしそれらのデータを整理して，表やグラフを作ったり，平均値や標準偏差等の統計量に加工したりしてまとめ直すことによって，母集団分布についての大雑把な情報を得ることが可能になる．この章では統計データに関する基本的な処理方法について説明する．

8.1 母集団と標本

　調査というとき，全数調査と標本調査の 2 種類がある．調査の対象すべてについてデータを調べるのが**全数調査**であるが，膨大な時間と莫大な費用を要することが多く，調査の方法としてはあまり現実的ではない．それに対し**標本調査**の方は，調査対象の一部についてだけデータを取って調べる方法である．この標本調査であるが，当然そのデータの取り方が問題となる．データの取り方に偏りがあると正しい情報を引き出せないからである．調査対象の全体を**母集団** (population) といい，母集団を構成する要素が有限個のとき**有限母集団**，無限個のとき**無限母集団**という．母集団から取り出した要素を**標本**あるいは**サンプル** (sample) という．標本を母集団から取り出すことを**標本抽出** (sampling) という．母集団から n 個の標本を取り出すとき，n を**標本の大きさ** (sample size) と呼び，大きさ n の標本を抽出するなどという．標本抽出にはいくつかの種類がある．一度抽出したものを元に戻してから再び抽出することを繰り返し行う方法を**復元抽出**といい，一度抽出したものは元に戻さずに抽出を続ける方法を**非復元抽出**という．標本が互いに独立になるように抽出する方法を**無作為抽出** (random sampling) と呼んでいる．無作為抽出を行うには乱数を利用すればよい．

　母集団を構成する単位は身長とか体重のような特性あるいは標識をもっていて，一般にこの特性 X は一定の確率分布に従っていると考える．この分布を X の**母集団分布**という．このような母集団から大きさ n の標本 $X_1, X_2, \cdots, X_n$ を抽出

するとき，これらの標本 X_k は互いに独立で，各 X_k がすべて母集団の分布と同じ確率分布に従うと考えられる．この n 個の標本 $X_1, X_2, \cdots, X_n$ に対して，実際に母集団の特性 X を測定して得られた値 $x_1, x_2, \cdots, x_n$ をこの標本の**実現値**という．一般に，標本の組 $(X_1, X_2, \cdots, X_n)$ の関数 $T(X_1, X_2, \cdots, X_n)$ を**統計量**といい，それぞれの実現値 $(x_1, x_2, \cdots, x_n)$ から計算される値 $t(x_1, x_2, \cdots, x_n)$ を $T(X_1, X_2, \cdots, X_n)$ の実現値という．

8.2 統計データの処理

ある集団のある特性について調査するとき，それに関する1つのデータが得られるが，この特性を数量で表したものが**変量**である．変量の中で身長や体重や温度などのように連続的な値をとる変量を**連続変量**といい，人数や個数や件数などのように計数として数えられる値をとる変量を**離散変量**という．変量を複数の区間に分けて分類し表にすることで，その集団に関する特性の特徴を客観的に統合的に理解することができるようになる．また表を利用することで平均値や標準偏差などの計算が容易にできるようにもなる．このような表は**度数分布表**と呼ばれている．度数分布表の区間を**階級**あるいは**級**あるいは**クラス**といい，その階級に属するデータの個数を**度数**という．また階級の幅を**級間隔**といい，普通は一定の幅に固定して扱う．この階級ごとの中央の値を**階級値**といい，同じ階級に入る測定値はどれもその階級値に等しいとして扱う．度数分布表で与えられたデータをより視覚的に捉える方法として**ヒストグラム**あるいは柱状図を利用することがよくなされる．図に表すことでデータの特徴が直感的にわかりやすくなる．度数分布表の各級数の代わりに，全度数 N に対する各階級の度数の割合を用いて表に表したものを**相対度数分布表**という．この相対度数分布表を使ってヒストグラムを描くと全面積が1となっている．さらに度数分布表の階級の度数を値の小さいものから順に加えていくと**累積度数分布表**が得られ，全度数 N に対する各級数の累積度数の割合で表したものを**相対累積度数分布表**という．上記で述べたヒストグラムの代わりに，階級値を x 座標，度数を y 座標とする点 (x_i, y_i) を順次線分でつないでいってできる折れ線図形を**度数多角形**といい，これもデータを直感的にわかりやすく表現する方法である．

例 8.1 ある工場で1日に生産される製品の不良率 (単位：％) を 50 日間検査して表 8.1 の結果を得た．

このデータを8個の階級に分類して度数分布表を作ると表 8.2 のようになる．

表 8.1　工場の製品の不良率 (単位：%)

2.09	2.02	1.99	1.96	2.08	1.93	2.03	1.94
2.04	2.00	2.05	1.95	2.10	1.99	2.07	2.02
2.00	2.04	2.07	2.02	1.97	2.03	2.11	1.95
2.09	2.06	1.89	1.99	2.09	2.02	1.99	2.01
2.01	2.00	1.92	2.01	2.11	1.95	2.12	1.94
1.92	1.96	2.06	1.98	1.99	1.99	2.04	1.89
2.04	1.93						

表 8.2　8 階級別・度数分布表

階級	階級値	度数	累積度数	相対度数
1: $1.885 \sim 1.915$	1.90	2	2	0.040
2: $1.915 \sim 1.945$	1.93	6	8	0.120
3: $1.945 \sim 1.975$	1.96	6	14	0.120
4: $1.975 \sim 2.005$	1.99	10	24	0.200
5: $2.005 \sim 2.035$	2.02	9	33	0.180
6: $2.035 \sim 2.065$	2.05	7	40	0.140
7: $2.065 \sim 2.095$	2.08	6	46	0.120
8: $2.095 \sim 2.125$	2.11	4	50	0.080
合計		$n = 50$		1

問 8.1　上の例 8.1 で与えられた度数分布表をもとにして，(1) ヒストグラム，(2) 度数多角形，をそれぞれ描け (図 8.1)．

つぎにデータの特性値について紹介する．統計学の役割はラフに言ってしまえば，標本 $X_1, X_2, \cdots, X_n$ の実現値 $x_1, x_2, \cdots, x_n$ から母集団の分布に関するいろいろな情報を得ることにある．とりわけ，データを加工し適当な統計処理を施すことによって，データ全体を簡約化してデータの特徴を一口で表現することは大切である．このように統計資料の特徴付けによって得られる値を**特性値**と呼んでいる．さらにこの特性値はどの特性に焦点を合わせるかによって「代表値」と「散布度」に大別される．**代表値**の方はデータ全体を一口で表現するための数値あるいは特性であり，

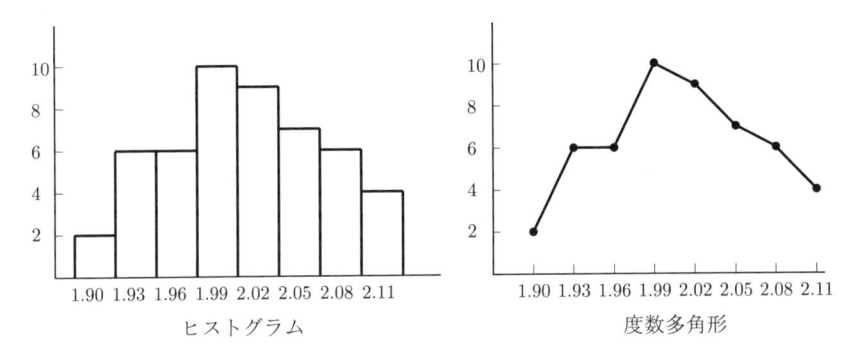

図 **8.1** 例 8.1 のヒストグラムと度数多角形

データの広がりの程度を測る尺度を与えているのが**散布度**である．別な言い方をすれば，代表値は分布の中心的な位置を示す値であって，代表的なものに平均値，中央値，最頻値などがある．一方，散布度は分布の代表値の周りのバラツキ具合を表す値であって，分散，標準偏差，範囲などがある．以下で個別に見ていくことにする．

平均値は代表値の中で最も重要なものであって，普通は $\bar{x}$ と書く．n 個のデータ $x_1, x_2, \cdots, x_n$ に対して

$$\bar{x} = \frac{x_1 + x_2 + \cdots x_n}{n} = \frac{1}{n}\sum_{k=1}^{n} x_k \tag{8.1}$$

で求められる．また度数分布表における k 番目の階級内の度数 f_k とその階級値 m_k に対して

$$\bar{x} = \frac{m_1 f_1 + m_2 f_2 + \cdots + m_N f_N}{n} = \frac{1}{n}\sum_{k=1}^{N} m_k f_k \tag{8.2}$$

である．ただし，度数分布表は N 個の階級からなり，$f_1 + f_2 + \cdots + f_N = n$ である．

問 8.2 上の例 8.1 のデータから (8.1) 式により平均値を求めよ．

問 8.3 例 8.1 の度数分布表から (8.2) 式により平均値を求めよ．

中央値 (メジアン) は n 個のデータを大きさの順に並べたとき，そのちょうど真ん中 (中央) に位置する値のことで，記号で Me と表す．たとえば，$x_1 \leqslant x_2 \leqslant$

$\cdots \leqslant x_n$ とすると

$$Me = \begin{cases} x_{(n+1)/2} & (n = \text{奇数のとき}) \quad (8.3) \\ \dfrac{1}{2}\{x_{n_2} + x_{n/2+1}\} & (n = \text{偶数のとき}) \quad (8.4) \end{cases}$$

で与えられる．**最頻値** (モード) は，データを度数分布表として整理したとき，その中で最も度数の大きい階級値の値のことをいい，記号で Mo で表す．たとえば，コンビニの弁当について金額別に分類したとき，最も売れ行きの高い商品の金額が最頻値 Mo である．

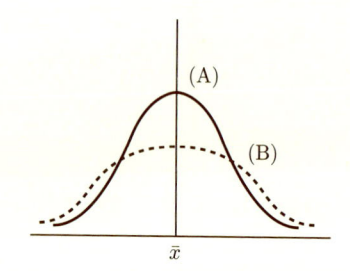

どのような統計データであれ，測定して得られたデータにはバラツキはつきものである．上で紹介した代表値は，データの分布の中心の位置がどこら辺にあるかについての情報は与えてくれるが，これだけでは分布の特徴を完全につかみ取ることはできない．たとえば，A, B 2 つの集団が平均値は一致していてもバラツキが異なると，当然その 2 つの集団の内部構造が違っているわけで，平均値だけでは分布の特徴を捉えるには限界があり，その両者のバラツキ具合を考慮に入れる必要が出てくる (図 8.2 参照)．

図 **8.2** A, B 2 つの集団の分布のグラフ

バラツキの大小を測る最も簡単な方法は，対象集団内の最大値 $x_{\max}$ と最小値 $x_{\min}$ の差によって表現される**範囲**を使うことである．記号では R で表す．$R = x_{\max} - x_{\min}$ である．この R は Range (範囲) から来ている．工場の製品の品質管理などで使用される．データ $\{x_k\}$ について，その平均値 $\bar{x}$ との差 $x_k - \bar{x}$ を**偏差**という．偏差の総和は 0 になるので，普通はこの偏差の 2 乗の総和 S を考える．この S のことを**平方和**という．式で書けば

$$S = \sum_{k=1}^{n}(x_k - \bar{x})^2 \quad (8.5)$$

である．また平均値の (8.2) 式のように度数分布表 $\{(f_k, m_k)\}$ を使うと

$$S = \sum_{k=1}^{N} (m_k - \bar{x})^2 f_k \qquad (n = \sum_{k=1}^{N} f_k) \tag{8.6}$$

となる．

問 8.4 上の (8.6) 式が成り立つことを確かめよ．

つぎにバラツキの指標の 1 つである分散について説明する．上で導入した平方和 S を対象集団の総数 n で割れば，1 単位当たり平均してどれだけ平均値からずれているかを表す量の 2 乗に相当する．これが**分散**であり，記号で s^2 で表す．分散の値は偏差を 2 乗しているため，元のデータの単位とは異なる．そこで測定単位をそろえるために分散の平方根をとったもの s が**標準偏差** (standard deviation) である．

$$s^2 = \frac{S}{n} = \frac{1}{n} \sum_{k=1}^{n} (x_k - \bar{x})^2 \qquad s = \sqrt{\frac{S}{n}} = \sqrt{\frac{1}{n} \sum_{k=1}^{n} (x_k - \bar{x})^2}$$

また度数分布表 $\{(f_k, m_k)\}$ のデータを用いれば

$$s^2 = \frac{1}{n} \sum_{k=1}^{N} (m_k - \bar{x})^2 f_k \qquad s = \sqrt{\frac{1}{n} \sum_{k=1}^{N} (m_k - \bar{x})^2 f_k}$$

となる．実はつぎの第 9 章で述べるように，ここで表記した分散 s^2 は母分散 σ^2 の推定値としては偏りがあるため，統計ではつぎの不偏分散 u^2 の方を多用する．

$$u^2 = \frac{S}{n-1} = \frac{1}{n-1} \sum_{k=1}^{n} (x_k - \bar{x})^2$$

平方和 S はつぎのようにも変形できることに注意しよう．

$$S = \sum_{k=1}^{n} x_k^2 - \frac{1}{n} \left(\sum_{k=1}^{n} x_k \right)^2 = \sum_{k=1}^{N} m_k^2 f_k - \frac{1}{n} \left(\sum_{k=1}^{N} m_k f_k \right)^2 \tag{8.7}$$

これを適用すると不偏分散 u^2 はつぎのようにも表現される．

$$u^2 = \frac{1}{n-1} \left\{ \sum_{k=1}^{n} x_k^2 - \frac{1}{n} \left(\sum_{k=1}^{n} x_k \right)^2 \right\} \tag{8.8}$$

問 8.5 上の (8.8) 式が成り立つことを確かめよ．

問 **8.6** 不偏分散 u^2 の (8.8) 式を (8.7) 式と度数分布表のデータを用いた表現に書き換えよ．

問 **8.7** 例 8.1 のデータに関して，分散 s^2 および不偏分散 u^2 の値を求めよ．

偏差値

2つの学級における生徒のある教科の点数を比較したい場合，平均や標準偏差が異なるので直接比較ができない．もし各生徒の点数が学級平均から標準偏差の何倍離れているかを表すことができれば，点数の分布における相対的な位置を比較することが可能になる．そうした統一基準を与えてくれるのが偏差値である．生徒の教科の点数を $x_1, x_2, \cdots, x_n$ とすると，平均 $\bar{x}$ は

$$\bar{x} = \frac{x_1 + x_2 + \cdots + x_n}{n} = \frac{1}{n}\sum_{i=1}^{n} x_i \tag{8.9}$$

で，また標準偏差 s は

$$s = \sqrt{\frac{1}{n}\sum_{i=1}^{n}(x_i - \bar{x})^2} \tag{8.10}$$

で得られる．i 番目の生徒の点 x_i の偏差値 (あるいは z 得点)z_i は

$$z_i = 50 + 10 \times \frac{x_i - \bar{x}}{s}, \qquad i = 1, 2, \cdots, n \tag{8.11}$$

となる．つまり偏差値とはテストの素点を線形変換して，平均が 50，標準偏差が 10 となるようにしたものである．さらに比較以外にもっと役に立つ情報も与えてくれる．もし得点の分布が正規分布に近ければ，言い換えると，得点をいくつかの階級に分けて度数分布表を作り，それを棒グラフとして表現したヒストグラムを描いたとき，ほぼ単峰で左右対称な釣鐘型になっていれば，偏差値全体のうちの約 68 % は点数区間 (40, 60) の中に入る．また約 95 % は区間 (30, 70) に，約 99.7 % は区間 (20, 80) に入る．したがって，もし偏差値が 70 以上なら，全体の中で上位約 2.5 % 以内に位置していることを意味する．

しかし，偏差値による位置はあくまでも対象とする集団内における相対的位置であることを注意しておきたい．実際，分布が歪んでいる場合に偏差値で全体における相対的位置を判断すると，とんでもない誤りに陥る危険性がある．また偏差値の取りうる範囲も 0 以上 100 以下とは限らない．簡単のため，対象生徒数を 100 人とした小テストを考えてみよう．極端な例として，たった 1 人だけが 100 点で残り全員が 0 点を取った場合，100 点を取った生徒の偏差値は 150 である．また半数が

100 点, 残り半数が 80 点の場合, 満点の生徒の偏差値は 60 で, 80 点を取った生徒の偏差値は 40 となる. 今度は半数が 100 点, 残り半数が 0 点の場合, やはり満点の生徒の偏差値は 60 で, 0 点の生徒の偏差値は 40 となってしまう. 偏差値の世界では, われわれの常識的感覚とはかけ離れたことが起こりうるので注意を要する.

8.3 2次元データの整理

ここでは, x で身長を, y で体重を表す 2 変数 (x, y) のデータの統計処理について簡単に述べる. このような 2 変数のデータの集まり $\{(x, y)\}$ を **2 次元データ** という.

たとえば, 下記のように学生 16 人の身長 x と体重 y の対応表 (表 8.3) が得られたとする. この 2 変数データ (x, y) を同時に考えて, 両変数間の関係を調べる 1 つ

表 **8.3** 学生の身長 (cm) と体重 (kg)

番号	身長	体重	番号	身長	体重
1	163	52	9	172	62
2	182	72	10	170	67
3	173	71	11	173	74
4	163	53	12	175	68
5	169	54	13	168	63
6	174	60	14	164	50
7	170	55	15	171	65
8	163	54	16	167	59

の方法として, 横軸に身長 x, 縦軸に体重 y をとり, xy-平面に 16 個の点をプロットして身長と体重の関係を視覚的に捉えるというものがある. このようなグラフを **散布図** (scatter diagram) あるいは **相関図** という. 図 8.3 を見れば, 身長が高くなるにつれて体重が増加する傾向のあることが見てとれる. このように散布図を眺めれば, x と y の大雑把な関係を知るのに役立つのである. 一般的に散布図において x, y の一方が増加するとき他方も増加する傾向があるとき, 2 つの変量の間には **正の相関** があるという. 上で見た身長と体重の関係以外に温度と金属棒の長さなどが正の相関をもつことが知られている. 逆に一方が増加するとき他方が減少する傾向

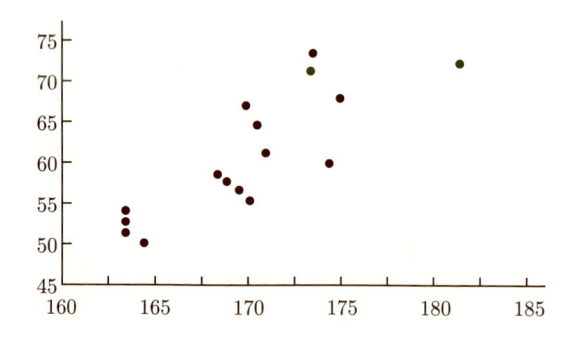

図 8.3　学生 16 人の身長・体重の散布図

にあるとき，**負の相関**があるという．経済学における収入とエンゲルス係数との関係が負の相関を呈する典型例である．また正負いずれの相関も考えられないときには**相関がない**という．雨量と工業生産指数などは相関がない例である．しかし相関がないということは必ずしも 2 つの変量の間に何の関係もないということを意味しないので，注意を要する (図 8.4 参照)．散布図を扱うときに注意すべき点は，他の点の分布状態と大きく飛び離れた点がある場合である．もしあるなら，測定ミス，他のデータの混入，記録の誤り等の原因が考えられるので，単なるデータの誤りとして片づけるのではなく，その原因をデータ取得時まで遡って注意深く調べることが統計解析上大切である．

いままで見てきた相関関係を客観的に数値で表現できればさらに便利である．そこで相関係数を考える．いま 2 つの変数の組 (x,y) に対して，n 組のデータ $\{(x_i,y_i); i=1,2,\cdots,n\}$ が得られたとする．データ $x_1,x_2,\cdots,x_n$ の平均値を $\bar{x}$, $y_1,y_2,\cdots,y_n$ の平均値を $\bar{y}$ とするとき，x と y の**共分散** (covariance) s_{xy} を

$$s_{xy} = \frac{1}{n}\sum_{i=1}^{n}(x_i-\bar{x})(y_i-\bar{y}) \tag{8.12}$$

と定義する．この式はつぎのように変形され，実際の計算を行う際には下記を用いる方が便利である．

$$\begin{aligned}s_{xy} &= \frac{1}{n}\left(\sum_{i=1}^{n}x_i y_i - n\bar{x}\bar{y}\right) \\ &= \frac{1}{n}\left\{\sum_{i=1}^{n}x_i y_i - \frac{1}{n}\left(\sum_{i=1}^{n}x_i\right)\left(\sum_{i=1}^{n}y_i\right)\right\}.\end{aligned} \tag{8.13}$$

(a) 正の相関　(b) 負の相関　(c) 相関がない　(d) 相関がない

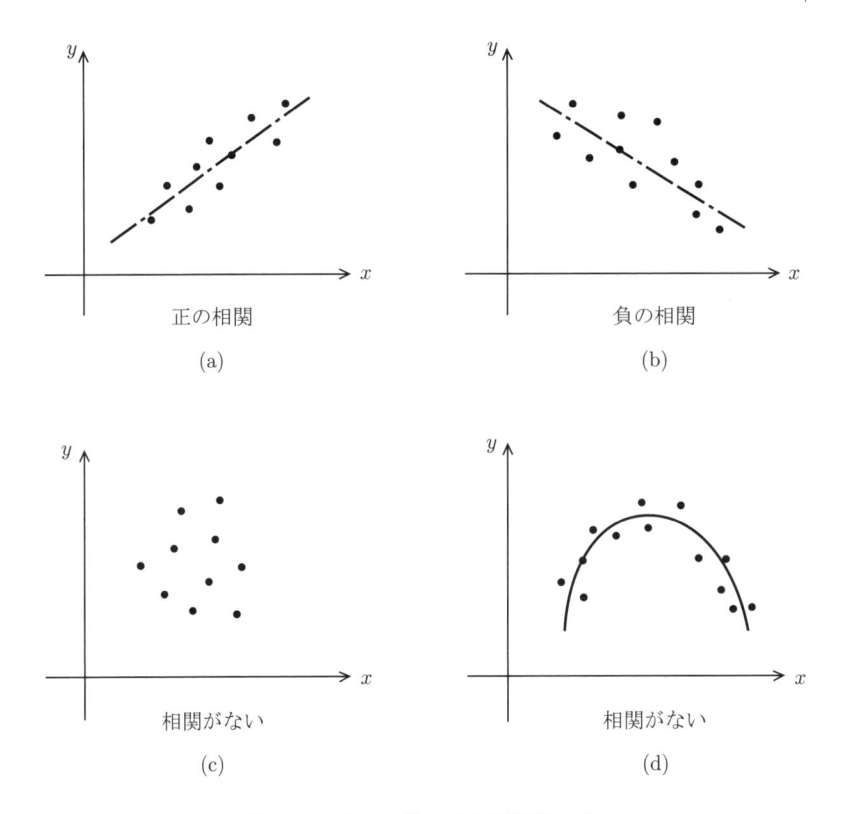

図 **8.4**　各種の散布図 (相関図) の例

さらに

$$s_x = \sqrt{\frac{1}{n}\sum_{i=1}^n (x_i - \bar{x})^2}, \quad s_y = \sqrt{\frac{1}{n}\sum_{i=1}^n (y_i - \bar{y})^2} \tag{8.14}$$

と置いて，x と y の**相関係数** (correlation coefficient) $r = r_{xy}$ をつぎで定義する．

$$r = r_{xy} = \frac{s_{xy}}{s_x s_y}. \tag{8.15}$$

正の相関があるとき $s_{xy} > 0$ となり，負の相関があるとき $s_{xy} < 0$ となる．したがって相関係数 r_{xy} は x と y の直線的関係の強さを測る指標であるということができる．またデータの測定単位に無関係に定まり，常に

$$-1 \leqslant r \leqslant 1 \tag{8.16}$$

を満たす. 特に $r=1$ のときは, 散布図において n 組の点は完全に右上がりの直線上に乗るが, 逆に $r=-1$ のときは, n 組の点は完全に右下がりの直線上に乗ることになる. また 2 つのデータ間に相関がなく無相関のときは $r=0$ となるが, $r=0$ だからといって x と y に全く関係がないということにはならないことに注意しよう (図 8.5 参照).

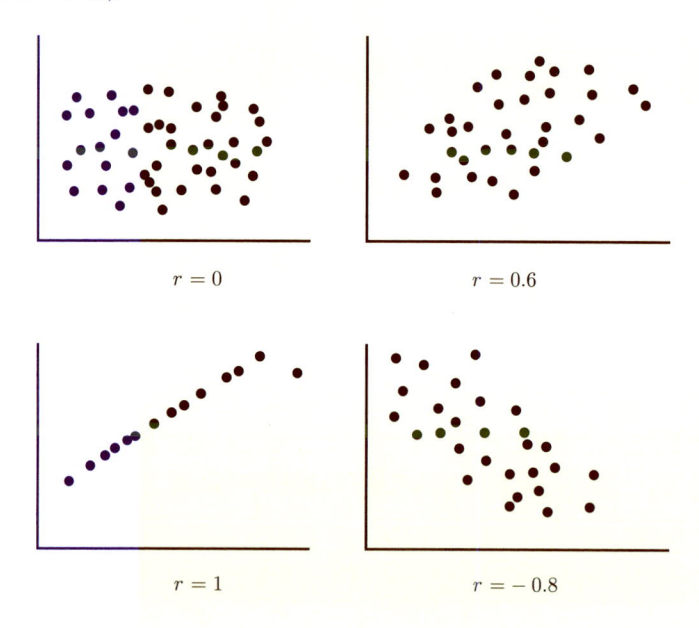

$r=0$

$r=0.6$

$r=1$

$r=-0.8$

図 **8.5** 相関係数 r と散布図 (相関図) の例

問 8.8 先に例として紹介した 16 人の学生の身長と体重のケースにおいて, 共分散 s_{sy}, 標準偏差 s_x, s_y および相関係数 r_{xy} を求めよ.

相関係数は 2 つの変数の直線的関係を測る尺度の 1 つに過ぎない. 相関係数だけから 2 つの量に相関があるとか, ないとかを判断するのは難しく危険なこともあるので, 普段から散布図も合わせて利用するように心掛けたいものである.

8 章の演習問題

[1] 表 8.4 はある日の主要電気関係会社の証券取引所における証券の終値 (単位:円)

表 8.4　主要電気関連会社の証券の終値 (単位：円)

295	112	261	93	95	193
287	345	280	115	107	231
215	79	211	97	78	167
93	294	150	133	83	221
168	271	220	150	170	130
317	126	310	145	217	135
380	105	252	375	305	130

である．これから度数分布表とヒストグラムを作れ．また平均値，中央値，および最頻値を求めよ．

［２］　ある同世代の男子 10 人の身長と平均歩幅を調べたところ，表 8.5 を得た．身長と平均歩幅との間に相関があるかどうか調べたい．(1) 散布図を描き，(2) 相関係数 r を求めた上で，(3) 両者の間の関係について述べよ．

表 8.5　同世代男子の身長と平均歩幅

身長 x (cm)	156	158	149	168	156	161	163	166	153	158
平均歩幅 y (cm)	72	70	61	74	67	74	70	72	67	67

［３］　表 8.6 は 10 組の兄弟に関して，同年齢時における体重の測定値を表にまとめたものである．(1) 散布図を描き，(2) 相関係数を求め，(3) 兄弟間の体重の相関について述べよ．

表 8.6　兄弟の同年齢時の体重比較

兄 x (kg)	59	58	57	59	54	60	59	63	59	60
弟 y (kg)	62	57	56	58	55	60	61	61	62	59

第 9 章
点推定と推定量

統計学において，母集団からの標本 (サンプル) をもとに母集団の特性について調べることを統計的推測という．この統計的推測の方法の 1 つに統計的推定と呼ばれるものがある．推定には点推定と区間推定の 2 種類あり，大雑把に言って前者は未知母数の値がこれこれであると直接的に言い当てることであり，後者は未知母数が含まれると思われる区間を具体的に構成することである．基本的な考え方が異なるので，2 つを分けて解説する．この章では点推定の問題を扱う．

9.1 点推定

前章で扱ったデータの処理はデータ間の位置関係やデータの散らばり方の特性値を求めるものであって，その結果自身は与えられたデータに関するものに限られていた．しかし，実際の統計処理で求められるのは，取り扱うデータの評価だけでは足らず，母集団全体の情報を取り出すことである．すなわち，データの背後にある大きな母集団を想定し，データをその母集団から無作為に抽出された標本とみなし，そのデータを処理することで母集団の性質を統計的に推測することが多い．このように標本から母集団の特性を調べることを統計学では統計的推測と呼んでいる．この統計的推測の方法論の 1 つに統計的推定がある．「推定」とは，母集団分布の母数が未知であるとき，その母集団から得られた標本の値から母数の近似値を求める方法のことを指す．ここでは点推定というものについて考えてみる．

ある母集団の母数 θ を考える．母集団からサイズ n の標本 (サンプル) $X_1, X_2, \cdots, X_n$ を抽出して，未知である母数 θ をある 1 点として推定することを**点推定** (point estimation) という．すなわち，未知母数 θ に対して $X_1, X_2, \cdots, X_n$ の関数 $\hat{\theta}(X_1, X_2, \cdots, X_n)$ を構成する．これで 1 つの統計量 $T = \hat{\theta}(X_1, X_2, \cdots, X_n)$ を定めたことになる．この統計量 T によって母数 θ を点として推定してやろうという考え方である．このとき，統計量 $T = \hat{\theta}(X_1, X_2, \cdots, X_n)$ のことを母数 θ の**推定量** (estimator) といい，その実現値である $t = \hat{\theta}(x_1, x_2, \cdots, x_n)$ のことを**推定値**

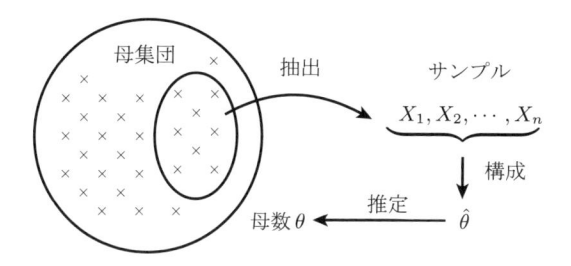

図 **9.1** 統計的推定の考え方の模式図

(estimate) という (図 9.1 参照).

1 つの母数に対してその推定量はただ 1 つとは限らない．一般に母数に対する推定量は複数存在し，その中でもいろいろな意味で良い性質をもつ特別な推定量が各種考えられている．それらについては 9.5 節で詳しく紹介する．

9.2 最尤法と最尤推定量

最尤法を一言でいうなら，母集団から 1 組の標本を抽出したとき，母数の値をいろいろと変化させていきこの標本の得られる確率がいつ最大になるかを調べて，最大値を与える母数の値を未知母数 θ の推定量とする方法である．つまり真実は出やすい所に出現すると考えて，その出やすさの割合＝確率という図式で表現してやって，その確率最大を導く母数の値でもって推定量とするというものである．

以下，連続型の場合にもう少し詳しく説明をしよう．母集団分布の型は既知として，その確率密度関数を $f(x;\theta)$ とする．θ は未知母数である．サイズ n の標本 $X_1, X_2, \cdots, X_n$ を無作為抽出して，標本値 $(x_1, x_2, \cdots, x_n)$ が得られたとする．標本値が $(x_1, x_2, \cdots, x_n)$ となる確率を記号 $L(\theta) \equiv L(x_1, \cdots, x_n; \theta)$ で表すことにする．この $L(\theta)$ において，$x_1, \cdots, x_n$ を固定して θ の関数とみなすとき，$L(\theta)$ を**尤度関数** (likelihood function) という．このとき $X_1, \cdots, X_n$ は互いに独立であるから

$$L(\theta) \equiv L(x_1, \cdots, x_n; \theta) = \prod_{i=1}^{n} f(x_i; \theta) = f(x_1; \theta) \times \cdots \times f(x_n; \theta) \tag{9.1}$$

となる．もし分布が離散型の場合には確率密度関数 $f(x;\theta)$ の代わりに確率関数 $p(x\,\theta)$ を用いればよい．すなわち

であって

$$p(x_i;\theta) = P(X_i = x_i), \qquad (i=1,2,\cdots,n)$$

$$L(\theta) \equiv L(x_1,\cdots,x_n) = \prod_{i=1}^{n} p(x_i;\theta) \qquad (9.2)$$

となる．ここで不等式 $L(x_1,\cdots,x_n;\theta_1) > L(x_1,\cdots,x_n;\theta_2)$ が成り立つということは，未知母数が θ_2 のときよりは θ_1 であるときの方が，実際に標本値 $(x_1,\cdots,x_n)$ の生起する確率がより大きいことを意味する．したがって未知母数 θ の推定において，実際に得られた標本値が最も出やすい θ の値，すなわち尤度関数 $L(\theta)$ の値を最大にする θ を推定量として採用しようというものである．この方法は尤度関数を最大にするという意味で**最尤法**あるいは**最尤推定法**と呼ばれる．尤度関数 $L(\theta)$ を最大にする

$$\theta = \hat{\theta}(x_1,x_2,\cdots,x_n)$$

を**最尤推定値** (maximum likelihood estimate) といい，そのときの

$$\theta = \hat{\theta}(X_1,X_2,\cdots,X_n)$$

を**最尤推定量** (maximum likelihood estimator) という．一般に最尤推定値を求めるには，微分法によって θ の推定値 $\hat{\theta}$ を導出するのが普通である．尤度関数の対数をとって

$$\log L(\theta) = \sum_{i=1}^{n} \log f(x_i;\theta)$$

を最大にすればよいので，方程式

$$\frac{d}{d\theta}\log L(\theta) = \sum_{i=1}^{n} \frac{d}{d\theta}\log f(x_i;\theta) = 0$$

を解いて得られる解の中から $L(\theta)$ を最大にする $\hat{\theta}$ を求めればよい．また母数が複数の場合にもほぼ同様にして得られる．たとえば k 個の母数 $\theta_1,\theta_2,\cdots,\theta_k$ に対しては，(9.1) 式 (あるいは (9.2) 式) と同様にして尤度関数を構成し

$$\frac{\partial}{\partial \theta_i}\log L(\theta_1,\theta_2,\cdots,\theta_k) = 0, \qquad (i=1,2,\cdots,k)$$

を解くことにより，母数 θ_i $(i=1,2,\cdots,k)$ の最尤推定値を求めることが可能である．つぎの例題を考えてみよう．

例題 9.1 $X_1, X_2, \cdots, X_n$ を成功率 p $(0 < p < 1)$ のベルヌーイ試行 $B(1, p)$ に従う確率変数列とする．未知母数 p の最尤推定量を求めよ．

解答 成功率 p のベルヌーイ試行に従う確率変数 X_i の確率関数 f は
$$f(x; p) = P(X_i = x) = p^x (1-p)^{1-x}, \qquad (x = 0, 1)$$
であるから，尤度関数 $L(p)$ は
$$L(p) = \prod_{i=1}^{n} f(x_i; p) = \prod_{i=1}^{n} p^{x_i} (1-p)^{1-x_i}$$
$$= p^{x_1 + \cdots + x_n} (1-p)^{n - (x_1 + \cdots + x_n)}$$
である．対数を取って
$$\log L(p) = (x_1 + \cdots + x_n) \log p + \{n - (x_1 + \cdots + x_n)\} \log(1-p)$$
さらに微分して
$$\frac{d}{dp} \log L(p) = \frac{x_1 + \cdots + x_n}{p} - \frac{n - (x_1 + \cdots + x_n)}{1-p}$$
$$= \frac{1}{p(1-p)} \left\{ \sum_{i=1}^{n} x_i - np \right\} = 0$$

p	0	$\cdots$	$\frac{1}{n} \sum x_i$	$\cdots$	1
$L'(p)$		$+$	0	$-$	
$L(p)$		↗		↘	

増減表より $p = \dfrac{1}{n} \sum_{i=1}^{n} x_i$ のとき $L(p)$ は最大となるから，最尤推定値は $\hat{p} = \hat{p}(x_1, \cdots, x_n) = (x_1 + \cdots + x_n)/n$ である．ゆえに母数 p の最尤推定量は
$$\hat{p}(X_1, \cdots, X_n) = \bar{X} = \frac{1}{n} \sum_{i=1}^{n} X_i \quad （標本平均）$$
となる． □

問 9.1 2項分布母集団 $B(m,p)$ でパラメータ p は未知であるとする．大きさ n の標本に対する未知母数 p の最尤推定量を求めよ．(ヒント：$X_i \sim B(m,p)$ ($i = 1, 2, \cdots, n$) のとき，

$$L(p) \equiv L(x_1, \cdots, x_n; p) = \prod_{i=1}^{n} {}_mC_{x_i} p^{x_i}(1-p)^{m-x_i}$$

である．)　(答え：最尤推定量は $\hat{p} = \bar{X}/m$．)

問 9.2 正規母集団 $N(\mu, \sigma^2)$ において母分散 σ^2 が既知のとき，サイズ n に対する母平均 μ の最尤推定量を求めよ．

問 9.3 正規母集団 $N(\mu, \sigma^2)$ において母分散 μ が既知のとき，サイズ n に対する母分散 σ^2 の最尤推定量を求めよ．

例題 9.2 (最尤法の応用例)　袋の中に N 個の赤玉が入っているとする．個数 N は未知として赤玉の個数を推定するために同じ型の白玉を M 個袋の中に入れる．この袋の中味をよくかき混ぜた後，n 個の玉を無作為に取り出したところ，その中に白玉が全部で x 個含まれていた．このとき N はいくらであるかを最尤法の考え方を用いて推定せよ．

解答　全部で $N + M$ 個の中から n 個取り出したのだから，その中の赤玉の個数は $n - x$ である．6.1.5 小節の超幾何分布の考え方に基づいて，未知母数 N の尤度関数を

$$L(N) = \frac{{}_NC_{n-x} \times {}_MC_x}{{}_{M+N}C_n}$$

とする．つぎに比を取って $L(N+1)/L(N) < 1$ を計算することにする．どこかで必ず関数 $L(N)$ は減少に転ずるはずで，その手前で最大になると考えて

$$\begin{aligned}
\frac{L(N+1)}{L(N)} &= \frac{{}_{N+1}C_{n-x} \times {}_MC_x}{{}_{M+N+1}C_n} \cdot \frac{{}_{M+N}C_n}{{}_NC_{n-x} \times {}_MC_x} \\
&= \frac{(N+1)!}{(n-x)!(N+1-n+x)!} \cdot \frac{n!(M+N+1-n)!}{(M+N+1)!} \cdot \\
&\quad \times \frac{(M+N)!}{n!(M+N-n)!} \cdot \frac{(n-x)!(N-n+x)!}{N!} \\
&= \frac{(N+1)(M+N+1-n)}{(N+1-n+x)(M+N+1)} < 1
\end{aligned}$$

であるから，$N > \{(n-x)M\}/x - 1$ を得る．N の値がこの不等式の左辺より大きくて一番近い整数で $L(N)$ は最大となる． □

注意 9.1 上記の例題の設定のもとでは直感的に
$$\frac{n-x}{x} \approx \frac{N}{M}$$
が成り立つであろうと考えられるから，この式より $N \approx \{(n-x)M\}/x$ が導かれるので例題で求めた最尤推定値が実際と良く合うと納得できる．

定理 9.1 母集団分布は正規分布 $N(\mu, \sigma^2)$ とし，パラメータ μ と σ^2 はともに未知であるとする．
(1) 未知母数 μ の最尤推定量は標本平均 $\bar{X}$ に一致する．
(2) 未知母数 σ^2 の最尤推定量は標本分散 S^2 に一致する．

定理 9.1 の証明 (1) サイズ n の標本 $X_1, X_2, \cdots, X_n$ に対する最尤推定量を計算する．母数 $\theta = (\theta_1, \theta_2) = (\mu, \sigma^2)$ に対する尤度関数は正規分布の確率密度関数を $f(x; \mu, \sigma^2)$ とするとき

$$L(\theta_1, \theta_2) \equiv L(\mu, \sigma^2) = \prod_{i=1}^{n} f(x_i; \mu, \sigma^2)$$
$$= \left(\frac{1}{\sqrt{2\pi\sigma^2}}\right)^n \exp\left\{-\frac{1}{2\sigma^2} \sum_{i=1}^{n} (x_i - \mu)^2\right\}$$

であるから

$$\log L(\mu, \sigma^2) = -\frac{n}{2} \log 2\pi\sigma^2 - \frac{1}{2\sigma^2} \sum_{i=1}^{n} (x_i - \mu)^2$$

偏微分して

$$\frac{\partial}{\partial \mu} \log L(\mu, \sigma^2) = \frac{1}{\sigma^2} \sum_{i=1}^{n} (x_i - \mu) = 0$$

これを解いて，母数 μ の最尤推定値は $\hat{\mu}(x_1, \cdots, x_n) = \frac{1}{n} \sum_{i=1}^{n} x_i$ となるから，最尤推定量は $\hat{\mu}(X_1, \cdots, X_n) = \frac{1}{n} \sum_{i=1}^{n} X_i = \bar{X}$ となり標本平均に一致する．

(2) 同様にして $\theta_2 = \sigma^2$ の最尤推定値は

を解くことにより

$$\frac{\partial}{\partial \theta_2} \log L(\mu, \theta_2) = -\frac{n}{2}\frac{1}{\theta_2} + \frac{1}{2\theta_2^2}\sum_{i=1}^{n}(x_i - \mu)^2 = 0$$

を解くことにより

$$\hat{\theta}_2 = \hat{\sigma}^2(x_1, \cdots, x_n) = \frac{1}{n}\sum_{i=1}^{n}(x_i - \mu)^2 = \frac{1}{n}\sum_{i=1}^{n}(x_i - \bar{x})^2$$

となるので，母数 σ^2 の最尤推定量は

$$\hat{\sigma}^2 = \frac{1}{n}\sum_{i=1}^{n}(X_i - \bar{X})^2 = S^2$$

となり，標本分散と一致する． □

注意 9.2 あとで述べる (cf. 9.5 節) が推定量の中には不偏推定量と呼ばれる不偏性という統計的に良い性質を備えた推定量がある．上の定理では正規母集団において，母分散 σ^2 の最尤推定量は標本分散 S^2 であることを言っているが，一般に標本分散は不偏推定量ではないことが知られている．最尤推定量は最尤法により求めた 1 つの推定量にすぎず，必ずしも不偏性や有効性などの統計的に好ましい性質をもっているとは限らないことに注意しよう．

いままで考察してきたほとんどの例では最尤推定量を求める際，微分が有効な手段であったが，以下では別の考え方を必要とする例を紹介する．

例題 9.3 $X_1, X_2, \cdots, X_n$ を一様分布 $U(0, \theta)$ から無作為に抽出した標本とする．ここでパラメータ θ は未知とする．このとき θ の最尤推定量を求めよ．

解答 一様分布 $U(0, \theta)$ の確率密度関数は $f(x) = 1/\theta$ $(0 \leqslant x \leqslant \theta)$ であるから，尤度関数は

$$L(\theta) \equiv L(x_1, \cdots, x_n; \theta) = \begin{cases} \dfrac{1}{\theta^n}, & 0 \leqslant x_i \leqslant \theta \quad (i = 1, 2, \cdots, n) \\ 0, & \text{その他} \end{cases}$$

ここで $\{x_i; i = 1, 2, \cdots, n\}$ は標本 $\{X_i\}$ の実現値であるから固定されていることに注意すれば，$L(\theta)$ が正である θ の範囲は $\max_{i} x_i \leqslant \theta$ である．したがって尤度関数 $L(\theta)$ を最大にするには θ の最小値をとればよい．したがって θ の最尤推定量は

$$\hat{\theta} \equiv \hat{\theta}(X_1, \cdots, X_n) = \max_{1 \leqslant i \leqslant n} X_i$$

となる. □

問題 9.1 $X_1, X_2, \cdots, X_n$ を一様分布 $U(\theta - 1/2, \theta + 1/2)$ から無作為抽出された標本とする. このときパラメータ θ を未知として, θ の最尤推定量を求めよ. (ヒント：最尤推定量が定まらない場合もある. 詳しくは章末の演習問題 [3] を参照せよ.)

9.3 モーメント法

ある母集団の k 個の母数 $\theta_1, \theta_2, \cdots, \theta_k$ の推定量を簡単に求める方法として**モーメント法** (method of moments) あるいは**モーメント推定法**がある. 具体的には, 母集団分布の k 次までの原点周りのモーメントとサイズ n の標本に対するモーメントを対応させた k 個の連立方程式をたてて, これを母数 $\theta_1, \theta_2, \cdots, \theta_n$ について解くことによって推定量を求める方法のことである.

いま $X_1, X_2, \cdots, X_n$ を $f(x; \theta_1, \theta_2, \cdots, \theta_k)$ をもつ母集団分布からの大きさ n の無作為標本とする. このとき

$$E\left(\frac{1}{n}\sum_{i=1}^{n} X_i^{\ell}\right) = g_{\ell}(\theta_1, \theta_2, \cdots, \theta_k) \quad (\ell = 1, 2, \cdots, k) \tag{9.3}$$

と置く. この g_{ℓ} は母集団分布の ℓ 次の原点周りのモーメントである. ランダムな量 $\frac{1}{n}\sum_{i=1}^{n} X_i^{\ell}$ はサンプル数 n が大きくなると $g_{\ell}(\theta_1, \cdots, \theta_k)$ に近づくので, $\theta_1, \theta_2, \cdots, \theta_k$ に関するつぎの連立方程式を考える.

$$g_{\ell}(\theta_1, \theta_2, \cdots, \theta_k) = \frac{1}{n}\sum_{i=1}^{n} X_i^{\ell} \quad (\ell = 1, 2, \cdots, k) \tag{9.4}$$

この方程式の解 $\hat{\theta}_1, \hat{\theta}_2, \cdots, \hat{\theta}_k$ をモーメント法による $\theta_1, \theta_2, \cdots, \theta_k$ の推定量という.

例題 9.4 $X_1, X_2, \cdots, X_n$ を正規分布 $N(\mu, \sigma^2)$ から無作為抽出された標本とする. このとき, μ と σ^2 のモーメント法による推定量 $\hat{\mu}$ と $\hat{\sigma}^2$ を求めよ.

解答 $(\theta_1, \theta_2) = (\mu, \sigma^2)$ として考えればよい. 各 i ごとに $X_i \sim N(\mu, \sigma^2)$ であるから

$$g_1(\mu,\sigma^2)=E\left(\frac{1}{n}\sum_{i=1}^{n}X_i\right)=\mu, \quad g_2(\mu,\sigma^2)=E\left(\frac{1}{n}\sum_{i=1}^{n}X_i^2\right)=\sigma^2+\mu^2$$

であるから，連立方程式

$$\mu=\frac{1}{n}\sum_{i=1}^{n}X_i, \quad \sigma^2+\mu^2=\frac{1}{n}\sum_{i=1}^{n}X_i^2$$

を解いて，推定量

$$\hat{\mu}=\frac{1}{n}\sum_{i=1}^{n}X_i, \quad \hat{\sigma}^2=\frac{1}{n}\sum_{i=1}^{n}(X_i-\hat{\mu})^2$$

を得る． □

問 9.4 $X_1,X_2,\cdots,X_n$ を2項分布 $B(1,p)$ から無作為抽出された標本とする．このとき，p のモーメント法による推定量 $\hat{p}$ を求めよ．（ヒント：$E\left(\dfrac{1}{n}\sum_{i=1}^{n}X_i\right)=p$ に注意すれば，推定量 $\hat{p}=\bar{X}$ が得られる．）

上記2つの例ではともに最尤推定量の場合と同じ結果になったが，つねにモーメント法による推定量が最尤推定量と一致するわけではない．つぎの例を見てみよう．

例題 9.5 $X_1,X_2,\cdots,X_n$ を一様分布 $U(0,\theta)$ から無作為抽出された標本とする．このとき，θ のモーメント法による推定量 $\hat{\theta}$ を求めよ．

解答 各 i ごとに $E(X_i)=\displaystyle\int_0^\theta (1/\theta)x\,dx=\theta/2$ であるから，

$$E\left(\frac{1}{n}\sum_{i=1}^{n}X_i\right)=\frac{\theta}{2}$$

が成り立つ．したがって，パラメータ θ のモーメント法による推定量は $\hat{\theta}=\dfrac{2}{n}\sum_{i=1}^{n}X_i=2\bar{X}$ となる． □

注意 9.3 いままで見てきたように，モーメント法による推定量を求める方が最尤法によって求める方法よりその計算ははるかに簡単である．しかし問題によっては最尤推定量の方がモーメント法による推定量より優れている場合がある．そこで数値計算など

では，最尤推定値を求めるに当たって先にモーメント法による推定値を計算しておいてそれを初期値として利用することが頻繁に行われている．

9.4 各種の統計量

標本 $X_1, X_2, \cdots, X_n$ の関数 $T = T(X_1, X_2, \cdots, X_n)$ を**統計量** (statistic) という．統計量も確率変数であるから，その分布を考えることができる．統計量を基に統計的推測を行うときには，その統計量の分布を調べることが重要である．典型的な統計量として，標本平均 $\bar{X}$ や標本分散 S^2 などがある．

$$\bar{X} = \frac{1}{n}\sum_{i=1}^{n} X_i, \qquad S^2 = \frac{1}{n}\sum_{i=1}^{n}(X_i - \bar{X})^2$$

$(X_1, X_2, \cdots, X_n)$ の分布 P を調べるといっても，具体的には期待値や分散などのような P の特性値 θ ($\theta \in \mathbb{R}^k$) に関する情報を知ることがとりわけ重要である．この場合 $(X_1, X_2, \cdots, X_n)$ の分布 P は P_θ と書かれ，このパラメータ θ が未知なのである．この θ のことを**母数** (parameter) といい，θ の取りうる値全体の空間を**母数空間** (parameter space) といい，記号で Θ と表す．

標本 $X = (X_1, X_2, \cdots, X_n)$ の分布を P_θ とする．ここで θ は未知母数である．このとき，X の分布に関連する確率関数 $p(\cdot; \theta)$，密度関数 $f(\cdot; \theta)$，平均 E_θ，分散 V_θ などはすべて θ に依存することに注意しよう．

定義 9.1 $X = (X_1, X_2, \cdots, X_n)$ と $Y = T(X)$ はともに離散型であるとする．このとき，任意の x, y に対して条件付き確率関数 $p^\theta_{X|Y}(x|y)$ が θ に無関係であるなら，$Y = T(X)$ は**十分統計量** (sufficient statistic) であるという．

いま $T(X) = y$ のときを考える．標本値 $x = (x_1, x_2, \cdots, x_n)$ については

$$x \in t^{-1}(y) \equiv \{x | t(x) = y\}$$

が成り立つ．つまり標本 x は標本空間の部分集合 $t^{-1}(y)$ の中にある．仮にある $x_0 \in t^{-1}(y)$ に対し

$$p^{\theta'}_{X|Y}(x_0|y) = 1, \qquad p^\theta_{X|Y}(x_0|y) = 0 \quad (\theta \neq \theta')$$

とする．このことは $T(X) = y$ のとき，$\theta = \theta'$ なら確実に標本 x_0 が得られ，$\theta \neq$

θ' なら絶対に標本 x_0 は出現していないことを意味する．つまり $T(X)$ の値 y に加えて，得られた標本が x_0 であることを知れば，母数 θ の値が θ' であることがわかる．すなわち標本 x_0 は $t(x_0) = y$ の値より多くの θ に関する情報を与えてくれている．しかし逆に条件付き確率関数 p^θ が θ に無関係なら，$T(X)$ の値 y を知った下で，$t^{-1}(y)$ の中のどの標本が実際に得られたのかを調べても，$T(X) = y$ が生起したという条件の下での条件付き確率 $p^\theta_{X|Y}(x|y)$ が θ に無関係であるから，これ以上 θ に関する情報は増えることはない．その意味で「十分」という用語が十分統計量に用いられているのである．連続型の場合にも同様に定義される．

> **定義 9.2** $X = (X_1, X_2, \cdots, X_n)$ と $Y = T(X)$ はともに連続型であるとする．このとき，任意の x, y に対して条件付き密度関数 $f^\theta_{X|Y}(x|y)$ が θ に無関係であるなら，$Y = T(X)$ は**十分統計量** (sufficient statistic) であるという．

注意 9.4 $Y = T(X)$ が十分統計量ならば，離散型および連続型の場合でも条件付き期待値 $E_\theta[f(X)|Y = y]$ は θ に無関係である．

実際にある統計量 $T(X)$ が与えられた場合に，その $T(X)$ が十分統計量なのかどうか判定するとき，上に述べた定義のままだと計算が困難であまり役に立たない．そこで標本 $X = (X_1, X_2, \cdots, X_n)$ の分布 P_θ から判定できる方法を提供してくれるのがつぎに紹介する因子分解定理である．

> **定理 9.2 (因子分解定理** (factorization theorem)**)** $\{P_\theta : \theta \in \Theta\}$ を $X = (X_1, X_2, \cdots, X_n)$ の分布の族とする．θ は未知母数である．$\mathfrak{X}$ を統計量 $T(X)$ の取りうる値全体の集合とする．P_θ は離散型で，p_θ で P_θ の確率関数を表す．ここですべての θ で $\sum_{i=1}^\infty p_\theta(x_i) = 1$ となる θ に無関係な $x_1, x_2, \cdots, x_k, \cdots$ が存在する．このとき，$Y = T(X)$ が十分統計量であるための必要十分条件は，すべての $t \in \mathfrak{X}$ とすべての $\theta \in \Theta$ で定義された関数 g と $x \in \mathbb{R}^n$ で定義された関数 h が存在して
> $$p_\theta(x) = g(t(x), \theta) h(x) \qquad (x \in \mathbb{R}^n, \theta \in \Theta)$$
> と表されることである．

定理 9.3 (**因子分解定理** (factorization theorem))　$\{P_\theta : \theta \in \Theta\}$ を $X = (X_1, X_2, \cdots, X_n)$ の分布の族とする. θ は未知母数である. $\mathfrak{X}$ を統計量 $T(X)$ の取りうる値全体の集合とする. P_θ は連続型で, f_θ で P_θ の密度関数を表す. このとき, $Y = T(X)$ が十分統計量であるための必要十分条件は, すべての $t \in \mathfrak{X}$ とすべての $\theta \in \Theta$ で定義された関数 g と $x \in \mathbb{R}^n$ で定義された関数 h が存在して

$$f_\theta(x) = g(t(x), \theta) h(x) \qquad (x \in \mathbb{R}^n, \theta \in \Theta)$$

と表されることである.

定理 9.2, 9.3 の証明　証明に興味ある読者は草間時武:「統計学」(サイエンス社) の 3 章, 3.3 節を参照されたい. □

例 9.1　$X_1, X_2, \cdots, X_n$ は独立で正規分布 $N(\mu, \sigma^2)$ に従う標本で, μ および σ^2 は未知母数とする. $X = (X_1, X_2, \cdots, X_n)$ の分布 $P_{(\mu, \sigma^2)}$ の確率密度関数 $f_{(\mu, \sigma^2)}(x), x = (x_1, x_2, \cdots, x_n)$ は, 各標本の独立性から

$$\begin{aligned} f_{(\mu, \sigma^2)}(x) &= \prod_{i=1}^{n} \frac{1}{\sqrt{2\pi\sigma^2}} \exp\left\{-\frac{(x_i - \mu)^2}{2\sigma^2}\right\} \\ &= (2\pi\sigma^2)^{-n/2} \exp\left\{-\frac{1}{2\sigma^2} \sum_{i=1}^{n} (x_i - \mu)^2\right\} \\ &= (2\pi\sigma^2)^{-n/2} \exp\left(-\frac{n\mu^2}{2\sigma^2}\right) \exp\left\{-\frac{1}{2\sigma^2}\left(\sum_{i=1}^{n} x_i^2 - 2\mu \sum_{i=1}^{n} x_i\right)\right\} \end{aligned}$$

ここで統計量 T を $T(X) = \left(\sum_{i=1}^{n} X_i, \sum_{i=1}^{n} X_i^2\right)$ と定める. このとき上の密度関数 $f_{(\mu, \sigma^2)}$ の最後の式は $\theta = (\theta_1, \theta_2) = (\mu, \sigma^2)$ と $\left(\sum_{i=1}^{n} x_i, \sum_{i=1}^{n} x_i^2\right)$ の関数の格好をしている. したがって $g(t(x), \theta)$ と書けることになる. ゆえに因子分解定理 (定理 9.3) により $T(X)$ は十分統計量である.

問題 9.2　上述の例 9.1 の場合, 別の統計量

$$T'(X) = \left(\frac{1}{n} \sum_{i=1}^{n} X_i, \frac{1}{n} \sum_{i=1}^{n} (X_i - \bar{X})^2\right)$$

も十分統計量であることを示せ.

例 9.2 $g_0(x), g_1(x), \cdots, g_k(x)$ は $x = (x_1, x_2, \cdots, x_n)$ の実数値関数，$a_0(\theta)$, $a_1(\theta), \cdots, a_k(\theta)$ は θ の実数値関数とする．θ は未知母数である．$X = (X_1, X_2, \cdots, X_n)$ の確率関数，あるいは確率密度関数が

$$\exp\left\{a_0(\theta) + g_0(x) + \sum_{i=1}^{k} a_i(\theta) g_i(x)\right\}$$

と表現されるとき，X の分布は**指数型分布** (exponential type distribution) であるという．この表式は

$$\exp\{g_0(x)\} \cdot \exp\left\{a_0(\theta) + \sum_{i=1}^{n} a_i(\theta) g_i(x)\right\}$$

と書き直せるから，因子分解定理より $T(X) = (g_1(X), g_2(X), \cdots, g_k(X))$ は十分統計量となる．

注意 9.5 指数型分布においては一定の条件の下で，十分統計量 $T(X) = (g_1(X), g_2(X), \cdots, g_k(X))$ の分布が再び指数型になることが知られている．章末の演習問題 [8] を参照せよ．

つぎに完備な統計量の定義を与える．

定義 9.3 標本 $X = (X_1, X_2, \cdots, X_n)$ の分布を P_θ とし，母数空間を Θ とする．統計量 $Y = T(X)$ の関数 $g(Y)$ を考える．すべての $\theta \in \Theta$ に対して $E_\theta(g(Y)) = 0$ を満たすなら $g(Y) \equiv 0$ が成り立つとき，$Y = T(X)$ は**完備統計量**であるという．また X の分布が P_θ のときの $Y = T(X)$ の分布を Q_θ とするとき，分布族 $\{Q_\theta : \theta \in \Theta\}$ は**完備** (complete) であるという．

つぎに簡単な例題を見てみよう．

例題 9.6 $X_1, X_2, \cdots, X_n$ は独立で，$B(1, \theta)$ $(0 < \theta < 1)$ に従っているとする．新しい統計量 Y を $Y = \sum_{i=1}^{n} X_i$ と定めるとき，Y が完備統計量であることを示せ．

解答 統計量 $Y = \sum_{i=1}^{n} X_i$ の分布は 2 項分布 $B(n,\theta)$ になる．したがって統計量 Y の関数 $g(Y)$ を考えて

$$E_\theta(g(Y)) = \sum_{y=0}^{n} g(y) \binom{n}{y} \theta^y (1-\theta)^{n-y}$$

$$= (1-\theta)^n \sum_{y=0}^{n} g(y) \binom{n}{y} \eta^y \quad (\eta = \frac{\theta}{1-\theta} \text{ と置いた})$$

ここで $E_\theta(g(Y)) = 0$ がすべての θ $(0 < \theta < 1)$ に対して成り立つとき

$$\sum_{y=0}^{n} g(y) \binom{n}{y} \eta^y = 0$$

が従う．$\eta = \dfrac{\theta}{1-\theta} \in (0, \infty)$ であるから，結局 $g(y) \binom{n}{y} = 0$ $(y = 0, 1, \cdots, n)$ が導かれる．したがってすべての $y \in \{0, 1, \cdots, n\}$ に対して $g(y) = 0$ となる．ゆえに $Y = \sum_{i=1}^{n} X_i$ は完備統計量である．また分布族 $\{B(n,\theta) : 0 < \theta < 1\}$ は完備である． □

先の例 9.2 で述べたような指数型分布族における十分統計量に関してはつぎの定理が成り立つ．

定理 9.4 指数型分布族 $\{\exp\{a_0(\theta) + g_0(x) + \sum_{i=1}^{k} a_i(\theta) g_i(x)\} : \theta \in \Theta\}$ における十分統計量 $T(X) = (g_1(X), g_2(X), \cdots, g_k(X))$ を考える．$\mathbb{R}^k$ の部分集合 $\{(a_1(\theta), a_2(\theta), \cdots, a_k(\theta)) : \theta \in \Theta\}$ が $\mathbb{R}^k$ の区間

$$\{(x_1, x_2, \cdots, x_k) : b_i < x_i < c_i, i = 1, 2, \cdots\}$$

を含むなら，$T(X)$ は完備統計量である．

定理 9.4 の証明 この定理の証明は本書のレベルをはるかに超えるので省略する． □

標本 $X = (X_1, X_2, \cdots, X_n)$ に対して，$T(X)$ を十分統計量とする．ある適当な条件の下では統計量 $T'(X)$ が $T(X)$ と独立ならば，$T'(X)$ の分布は未知母数 θ に無関係であることが示される．この主張を離散型のケースについて述べればつぎのようになる．

命題 9.1 $X = (X_1, X_2, \cdots, X_n)$ は離散型標本であって，X のとる値 $\{x_1, x_2, \cdots, \}$ が θ に無関係であるとする．$Y = T(X)$ を十分統計量とし，$Z = T'(X)$ を Y と独立な別の統計量とする．このとき Z の分布は θ に無関係である．

命題 9.1 の証明 この命題の証明は読者の演習とする．章末の演習問題 [9] を参照のこと． □

この命題の逆の主張は十分統計量 $Y = T(X)$ が完備であるときに成立することが示される．

命題 9.2 $X = (X_1, X_2, \cdots, X_n)$ は離散型標本であって，X のとる値 $\{x_1, x_2, \cdots, \}$ が θ に無関係であるとする．$Y = T(X)$ は完備な十分統計量であるとする．このとき $Z = T'(X)$ の分布が θ に無関係ならば，Y と Z は互いに独立である．

命題 9.2 の証明 この命題の証明は読者の演習とする．章末の演習問題 [10] を参照のこと． □

例 9.3 確率密度関数 $f_\theta(x) = 1/(2\theta)$ $(-\theta < x < \theta)$ をもつ分布族は完備でない．

例 9.4 確率密度関数 $f_\theta(x) = (2\pi\theta)^{-1/2} \exp\{-x^2/(2\theta)\}$ $(0 < \theta < \infty)$ をもつ分布族は完備でない．

問 9.5 上の例 9.3 の分布族が完備でないことを示せ．

問 9.6 上の例 9.4 の分布族が完備でないことを示せ．

つぎに有名なラオ＝ブラックウェル (Rao-Blackwell) の定理と呼ばれている結果について紹介する．この定理の主張はラフに言うと，標本 $X = (X_1, \cdots, X_n)$ の関数 $\varphi(X)$ を考えるときに，すべての θ についてその期待値同士の値が等しく，かつその分散同士の値が等しいかまたは小さい十分統計量 $Y = T(X)$ の関数 $\psi(X)$ が存在することを保証する内容となっている．

定理 9.5 $Y = T(X)$ を十分統計量とし，$Z = \varphi(X)$ をその期待値と分散が存在する統計量とする．このときすべての $\theta \in \Theta$ に対して
$$E_\theta(\varphi(X)) = E_\theta(\psi(Y)), \quad V_\theta(\varphi(X)) \geq V_\theta(\psi(Y))$$
が成り立つような $Y = T(X)$ の関数 $\psi(Y)$ が存在する．

定理 9.5 の証明 連続型の場合に示せば十分である．仮定より $Y = T(X)$ は十分統計量であるから，条件付き期待値 $E_\theta(\varphi(X)|Y)$ は θ に無関係であるので，これを Y の関数とみなして $\psi(Y) = E(\varphi(X)|Y)$ と置く．このとき $\theta \in \Theta$ に対して
$$E_\theta(\psi(Y)) = E_\theta(E_\theta(\varphi(X)|Y)) = E_\theta(\varphi(X))$$
が成り立つ．一方，$m(\theta) = E_\theta(\varphi(X))$ と置いて
$$V_\theta(\varphi(X)) = E_\theta[\{\varphi(X) - \psi(Y)\}^2] + E_\theta[\{\psi(Y) - m(\theta)\}^2]$$
$$+ 2E_\theta[\{\varphi(X) - \psi(Y)\}\{\psi(Y) - m(\theta)\}] \quad (*)$$
$(*)$ 式の右辺の第 3 項の期待値の中の項は $(Z - \psi(Y))(\psi(Y) - m(\theta))$ であり，Y と Z の関数であるから $f_\theta(y, z)$ を確率変数 (Y, Z) の確率密度関数として
$$E_\theta[\{\varphi(X) - \psi(Y)\}\{\psi(Y) - m(\theta)\}]$$
$$= \int_{-\infty}^{\infty} \int_{-\infty}^{\infty} (z - \psi(y))(\psi(y) - m(\theta)) f_\theta(y, z) dy dz \quad (**)$$
ここで $f_\theta(y)$ を Y の密度関数として $(**)$ 式を書き換えると
$$\int_{-\infty}^{\infty} (\psi(y) - m(\theta)) \left(\int_{-\infty}^{\infty} (z - \psi(y)) f_{Z|Y}^\theta(z|y) dz \right) f_\theta(y) dy$$
さらに

$$\int_{-\infty}^{\infty}(z-\psi(y))f^{\theta}_{Z|Y}(z|y)dz$$
$$=E_{\theta}(Z|Y=y)-\psi(y)\int_{-\infty}^{\infty}f^{\theta}_{Z|Y}(z|y)dz$$
$$=E_{\theta}(Z|Y=y)-\psi(y)=0$$

したがって (∗) 式から直ちに

$$V_{\theta}(\varphi(X))=E_{\theta}[\{\varphi(X)-\psi(Y)\}^{2}]+E_{\theta}[\{\psi(Y)-m(\theta)\}^{2}]$$
$$\geq E_{\theta}[\{\psi(Y)-m(\theta)\}^{2}$$
$$=E_{\theta}[\{\psi(Y)-E_{\theta}(\psi(Y))\}^{2}=V_{\theta}(\psi(Y))\quad(\theta\in\Theta)\quad\square$$

標本空間 $\mathfrak{X}$ の部分集合の族 $\{A_\lambda : \lambda \in \Lambda\}$ は以下の条件を満たすとき $\mathfrak{X}$ の**分割** (partition) と呼ばれる. i.e.

$$\mathfrak{X}=\bigcup_{\lambda\in\Lambda}A_{\lambda},\quad A_{\lambda}\cap A_{\lambda'}=\emptyset\quad(\lambda\neq\lambda')$$

また 2 つの分割 $\{A_\lambda : \lambda \in \Lambda\}$ と $\{B_{\lambda'} : \lambda' \in \Lambda'\}$ があるとき, 任意の $B_{\lambda'}$ に対して $B_{\lambda'} \subset A_\lambda$ となる A_λ をとることができるなら, 分割 $\{A_\lambda : \lambda \in \Lambda\}$ は分割 $\{B_{\lambda'} : \lambda' \in \Lambda'\}$ よりも**粗い**という. 統計量 $T(X)$ を考えるとき, $\{x : t(x) = a\}$ は a を動かすと $\mathfrak{X}$ の分割を与えるので, これを $D_{T(X)}$ と書き, $T(X)$ による分割という. そこで十分統計量による分割の粗さを 1 つの尺度としてつぎの定義を与える.

> **定義 9.4** 十分統計量 $T_0(X)$ による分割 $D_{T_0(X)}$ が他のいかなる十分統計量 $T(X)$ による分割 $D_{T(X)}$ よりも粗いとき, $T_0(X)$ を**最小十分統計量** (minimal sufficient statistic) という.

離散型標本 $X = (X_1, \cdots, X_n)$ のとる値 $x_1, x_2, \cdots$ は θ に無関係であるとする. 比 $p_\theta(x_j)/p_\theta(x_i)$ が θ に無関係のとき $x_i \sim x_j$ と書くことにすると, この関係 $\sim$ は同値律を満たし同値関係を与える. そこで一致している集合を同一視すれば $\{x_j : x_i \sim x_j\}$ ($i = 1, 2, \cdots$) は確かに $\mathfrak{X}$ の分割になっている. この分割を $\tilde{D}$ で表そう. 統計量 $T_0(X)$ による分割 D_{T_0} が $\tilde{D}$ と一致するなら $Y = T_0(X)$ は最小十分統計量である. 同じことは連続型標本の場合にも成立する.

例題 9.7 $X = (X_1, X_2, \cdots, X_n)$ は独立で，各 X_i が $B(1, \theta)$ $(0 < \theta < 1)$ に従う離散型標本とする．統計量 Y を $Y = T(X) = \sum_{i=1}^{n} X_i$ と定める．このとき以下が成り立つことを示せ．
(1) $Y = T(X)$ は十分統計量である．
(2) $Y = T(X)$ は最小十分統計量でもある．

解答 (1) 問題の設定のもとでは，$Y = X_1 + \cdots + X_n \sim B(n, \theta)$ であることに注意する．条件付き確率関数を調べると

$$p^\theta_{X|Y}(x|y) = \frac{1}{\binom{n}{y}}$$

であり，θ に無関係であるから $Y = T(X)$ は十分統計量である．

(2) 標本空間 $\mathfrak{X}$ は $(x_1, \cdots, x_n)$ $(x_i = 0, 1; i = 1, 2, \cdots, n)$ なる $\mathbb{R}^n$ の点全体である．$x = (x_1, \cdots, x_n)$, $x' = (x'_1, \cdots, x'_n)$ に対して

$$\frac{p_\theta(x')}{p_\theta(x)} = \frac{\prod_{i=1}^{n} p_\theta(x'_i)}{\prod_{i=1}^{n} p_\theta(x_i)} = \frac{\prod_{i=1}^{n} \theta^{x'_i}(1-\theta)^{1-x'_i}}{\prod_{i=1}^{n} \theta^{x_i}(1-\theta)^{1-x_i}}$$

$$= \frac{\theta^{\sum_{i=1}^{n} x'_i}(1-\theta)^{n-\sum_{i=1}^{n} x'_i}}{\theta^{\sum_{i=1}^{n} x_i}(1-\theta)^{n-\sum_{i=1}^{n} x_i}}$$

$$= \left(\frac{\theta}{1-\theta}\right)^{\sum_{i=1}^{n} x'_i - \sum_{i=1}^{n} x_i} \quad (*)$$

上の $(*)$ 式の最後の項を見れば，$\sum_{i=1}^{n} x'_i = \sum_{i=1}^{n} x_i$ でない限り，θ に関して定数にならない．したがって $p_\theta(x')/p_\theta(x)$ が θ に無関係ならば，

$$\sum_{i=1}^{n} x'_i = \sum_{i=1}^{n} x_i \quad \text{すなわち} \quad t(x') = t(x)$$

が成立する．逆に等式 $t(x') = t(x)$ ならば，$(*)$ 式から $p_\theta(x')/p_\theta(x)$ は θ に無関係である．ゆえに $Y = T(X)$ は最小十分統計量である． □

問題 9.3 $X = (X_1, X_2, \cdots, X_n)$ は独立で，各 X_i がポアソン分布 $Po(\lambda)$ ($\lambda \in \Theta = (0, \infty)$) に従う離散型標本とする．統計量 $Y = T(X) = \sum_{i=1}^{n} X_i$ は最小十分統計量であることを示せ．

9.5 他の種類の推定量

$X = (X_1, X_2, \cdots, X_n)$ を母数 θ をもつ母集団分布からのサイズ n の無作為抽出標本とする．標本空間 $\mathfrak{X}$ の分割 $\{A_1, \cdots, A_n\}$ を与える．1 標本が各分割に落ちる確率を $p_i(\theta) = P_{X_1}^{\theta}(X_1 \in A_i)$ $(i = 1, 2, \cdots, k)$ とする．$p_1(\theta) + \cdots + p_k(\theta) = 1$ である．つぎに各 i ごとに $X_1, \cdots, X_n$ のうち A_i に落ちる標本の個数を n_i とすると，n_i は確率変数となり，$n_1 + \cdots + n_k = n$ となる（図 9.2 参照）．

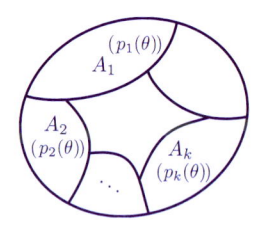

図 9.2　分割と落ちる確率

定義 9.5　上述の設定のもとで

$$\chi^2 = \frac{\sum_{i=1}^{k}(n_i - np_i(\theta))^2}{np_i(\theta)} \tag{9.5}$$

を**カイ 2 乗統計量** (chi-square statistic) という．この統計量を最小にする $\theta = \hat{\theta}(X)$ を**最小カイ 2 乗推定量** (minimum chi-square estimator) という．

上の定義において $np_i(\theta)$ は標本 n 個のうちの A_i に落ちる期待個数を表していることから，カイ 2 乗統計量 χ^2 は各分割に落ちる期待個数当たりの 2 乗誤差和と考えられる．また (9.5) 式の分母の $np_i(\theta)$ を n_i で置き換えて得られる

$$\chi^{*2} = \frac{\sum_{i=1}^{k}(n_i - np_i(\theta))^2}{n_i} \tag{9.6}$$

を最小にする $\theta = \hat{\theta}^*(X)$ を**修正最小 2 乗推定量**と呼ぶことがある．

例 9.5 $X_1, \cdots, X_n$ をベルヌーイ分布 $B(1,\theta)$ $(0 < \theta < 1)$ からの無作為標本とする．このとき X_1 の標本空間は $\mathfrak{X} = \{0,1\}$ で，標本 $X_1, \cdots, X_n$ のうち値 i $(= 0,1)$ をとる個数を n_i とすると

$$\chi^2 = \frac{\{n_0 - n(1-\theta)\}^2}{n(1-\theta)} + \frac{(n_1 - n\theta)^2}{n\theta}$$
$$= \frac{(n_1 - n\theta)^2}{n\theta(1-\theta)}$$

である．これが最小になるのは $\theta = n_1/n$ のときである．したがって θ の最小カイ 2 乗推定量は n_1/n となる．またこの統計量は最尤推定量であり，モーメント推定量でもある．

つぎに推定量の偏りを考えて，その偏りのなさから自然に不偏性の概念を導入する．$X = (X_1, \cdots, X_n)$ は母数 θ $(\in \Theta)$ をもつ母集団分布からの無作為標本である．X に基づく θ の関数 $g(\theta)$ の推定量を $\hat{g}(X)$ とする．任意の $\theta \in \Theta$ に対して

$$E_\theta(\hat{g}(X)) = g(\theta) + b(\theta) \tag{9.7}$$

であるとき，$b(\theta)$ を $\hat{g}(X)$ の $g(\theta)$ に対する**偏り** (bias) という．

定義 9.6 上の (9.7) 式において偏り $b(\theta) \equiv 0$ になるとき，言い換えると任意の $\theta \in \Theta$ い対して

$$E_\theta(\hat{g}(X)) = g(\theta) \tag{9.8}$$

が成り立つとき，$\hat{g}(X)$ を $g(\theta)$ の**不偏推定量** (unbiased estimator) という．

注意 9.6 一般に標本 X の統計量 $T(X)$ の値が未知母数と一致することは不可能なので，$T(X)$ の値の期待値が母数 θ と一致することで満足しようという発想から，不偏推定量の概念は来ている．不偏推定量は必ず存在するとは限らない．

問 9.7 $X_1, \cdots, X_n$ は未知の平均 μ をもつ母集団分布からの無作為標本である．母数 μ の推定量として $\hat{\mu}_1 = (2/n^2) \sum_{i=1}^{n} i X_i$ を考える．このとき推定量 $\hat{\mu}_1(X)$ の偏り $b(\mu)$ を求めよ．（答え：$b(\mu) = \mu/n$）

問 9.8 $X_1, \cdots, X_n$ は未知の平均 μ をもつ母集団分布からの無作為標本である．母数 μ の推定量として $\hat{\mu}_2 = (3/n^3) \sum_{i=1}^{n} i^2 X_i$ を考える．このとき推定量 $\hat{\mu}_2(X)$ の偏りが $b(\mu) = ((1/n) + 3)\mu/(2n)$ であることを確かめよ．

例題 9.8 $X = (X_1, \cdots, X_n)$ は母数 $\theta = \mu$ をもつ母集団分布からの無作為標本である．母平均 μ の推定量 $\hat{\mu}$ として

$$\hat{\mu}(X) \equiv \hat{\mu}(X_1, \cdots, X_n) = \bar{X} = \frac{1}{n} \sum_{i=1}^{n} X_i$$

を考える．標本平均 $\bar{X}$ は母数 μ の不偏推定量であることを示せ．

解答 $E_\theta(\hat{\mu}(X)) = \mu$ を示せばよい．実際，各 i ごとに $E_\theta(X_i) = \mu$ であるから

$$E_\mu(\bar{X}) = E_\mu \left(\frac{1}{n} \sum_{i=1}^{n} X_i \right) = \frac{1}{n} \sum_{i=1}^{n} E_\mu(X_i) = \frac{1}{n} \sum_{i=1}^{n} \mu = \frac{1}{n} \times n\mu = \mu \qquad \square$$

例題 9.9 $X = (X_1, \cdots, X_n)$ は母数 $\theta = (\theta_1, \theta_2) = (\mu, \sigma^2)$ をもつ母集団分布からの無作為標本とする．母平均 μ と母分散 σ^2 はともに未知とする．統計量 $T(X)$ として

$$T(X) \equiv T(X_1, \cdots, X_n) = \frac{1}{n-1} \sum_{i=1}^{n} (X_i - \bar{X})^2 (= U^2) \qquad (9.9)$$

を考える．この $T(X)$ が σ^2 の不偏推定量であることを示せ．

解答
$$E_\theta(T(X)) = \frac{1}{n-1} E_\theta \left(\sum_i X_i^2 - 2\bar{X} \sum_i X_i + n\bar{X}^2 \right)$$

$$= \frac{1}{n-1} E_\theta(\sum_i X_i^2 - n\bar{X}^2)$$

$$= \frac{1}{n-1} \left\{ \sum_i E_\theta(X_i^2) - n E_\theta(\bar{X}^2) \right\}$$

$$= \frac{1}{n-1}\left\{\sum_i(V_\theta(X_i)+E_\theta(X_i)^2)-n(V_\theta(\bar{X})+E_\theta(\bar{X})^2)\right\}$$
$$= \frac{1}{n-1}\left\{\sum_i(\sigma^2+\mu^2)-n\left(\frac{\sigma^2}{n}+\mu^2\right)\right\}=\sigma^2$$

ゆえに $T(X)$ は σ^2 の不偏推定量である. □

注意 9.7 上の例題より標本分散 $S^2=\frac{1}{n}\sum_{i=1}^n(X_i-\bar{X})^2$ は σ^2 の不偏推定量ではない. 実際

$$E_\theta(S^2)=\frac{n-1}{n}E_\theta\left(\frac{\sum_i(X_i-\bar{X})^2}{n-1}\right)=\frac{n-1}{n}\sigma^2\neq\sigma^2$$

また統計量 $\frac{1}{n}\sum_{i=1}^n(X_i-\mu)^2$ は μ が未知で計算不能であるため, σ^2 の推定量として用いることができないのである. 例題 9.9 の $T(X)$ を U^2 と書いて, **不偏標本分散**とか不偏分散などという.

問 9.9 X_1,X_2,X_3,X_4 を正規分布 $N(\mu,1)$ からの無作為標本とする.

（1） 統計量 $T=\frac{1}{2}(X_1+X_2+X_3-X_4)$ は母平均 μ の不偏推定量であるかどうか調べよ.

（2） 分散 $V(T)$ と $V(\bar{X})$ との大小を調べよ.

（3） 上の (2) の結果から統計量 T に関して統計的にどのようなことが言えるか.

問題 9.4 $X=(X_1,\cdots,X_n)$ を一様分布 $U(0,\theta)$ からの無作為標本とする. $\hat{\theta}_{MO}\equiv\hat{\theta}_{MO}(X)$ を θ のモーメント推定量とし, この分布の平均を μ とする.

（1） μ の推定量 $\hat{\mu}_1\equiv\hat{\mu}_1(X)$ として, $\hat{\mu}_1=\hat{\theta}_{MO}/2$ をとると, $\hat{\mu}_1$ は μ のモーメント推定量であることを示せ.

（2） またこの $\hat{\mu}_1$ は μ の不偏推定量でもあることを示せ.

問題 9.5 $X=(X_1,\cdots,X_n)$ を一様分布 $U(0,\theta)$ からの無作為標本とする. $\hat{\theta}_{ML}\equiv\hat{\theta}_{ML}(X)$ を θ の最尤推定量とし, この分布の平均を μ とする.

（1） μ の推定量 $\hat{\mu}_2\equiv\hat{\mu}_2(X)$ として, $\hat{\mu}_2=\hat{\theta}_{ML}/2$ をとると, $\hat{\mu}_2$ は μ の最尤推定量であることを示せ.

（2） $E_\mu(\hat{\mu}_2)$ を計算することにより, $\hat{\mu}_2$ の偏り $b(n)$ を求めよ.

（3） つぎに偏りを修正して, $\hat{\mu}_2^*$ を適当に定めて, この補正最尤推定量 $\hat{\mu}_2^*$ が μ の

不偏推定量になるようにせよ．

問題 9.6 上で導出した，2つの μ の不偏推定量 $\hat{\mu}_1$ と $\hat{\mu}_2^*$ の分散をそれぞれ求めて，どちらが推定量としてより良いか論ぜよ．

推定量は数多く存在するので，できるだけ良い性質をもった推定量を用いる方が好ましいことは言うまでもない．そこでここでは良さを測る尺度の1つである平均2乗誤差を紹介する．

定義 9.7 $X = (X_1, X_2, \cdots, X_n)$ を母数 θ の母集団分布からの無作為標本とする．また $\theta(\in \Theta)$ の実数値関数 $g(\theta)$ の推定量を $\hat{g} = \hat{g}(X)$ とする．このとき

$$\mathrm{MSE}_\theta(\hat{g}) = E_\theta |\hat{g}(X) - g(\theta)|^2 \tag{9.10}$$

により，$\hat{g}$ の**平均2乗誤差** (mean squared error) あるいは略して **MSE** を定義する．

いま $g(\theta)$ の2つの推定量 $\hat{g}_1 = \hat{g}_1(X)$ と $\hat{g}_2 = \hat{g}_2(X)$ があったとして，任意の $\theta \in \Theta$ に対して

$$\mathrm{MSE}_\theta(\hat{g}_1) \leqslant \mathrm{MSE}_\theta(\hat{g}_2) \tag{9.11}$$

ある $\theta_0 \in \Theta$ に対して

$$\mathrm{MSE}_{\theta_0}(\hat{g}_1) < \mathrm{MSE}_{\theta_0}(\hat{g}_2) \tag{9.12}$$

が成り立つとき，$\hat{g}_1$ は $\hat{g}_2$ より良いという．$g(\theta)$ の推定量 $\hat{g}^* = \hat{g}^*(X)$ より良い推定量が存在しないとき，$\hat{g}^*$ は**許容的** (admissible) であるといい，推定量 $\hat{g}$ より良い推定量が存在するとき，$\hat{g}$ は**非許容的** (inadmissible) であるという．またさらに (9.11) 式のみを満たしているときは，$\hat{g}_1$ は $\hat{g}_2$ より少なくとも同程度に良いという．

先に述べた偏りの定義式 (9.7) および平均2乗誤差の式 (9.10) より，$g(\theta)$ の推定量 $\hat{g} = \hat{g}(X)$ の平均2乗誤差 MSE と分散との関係式を求めると

$$\begin{aligned}\mathrm{MSE}_\theta(\hat{g}) &= V_\theta(\hat{g}) + (E_\theta(\hat{g}) - g(\theta))^2 \\ &= V_\theta(\hat{g}) + (b(\theta))^2 \end{aligned} \tag{9.13}$$

特に $g(\theta)$ の不偏推定量 $\hat{g} = \hat{g}(X)$ のときは $b(\theta) \equiv 0$ であるから，(9.13) 式より等式 $\mathrm{MSE}_\theta(\hat{g}) = V_\theta(\hat{g})$ が成り立ち，$\hat{g}$ の平均 2 乗誤差はその分散と等しくなる．ゆえに $g(\theta)$ の不偏推定量を比較するには分散の違いを見てやればよいことになる．

例 9.6 未知母数である平均 μ と分散 $\sigma^2 \,(> 0)$ をもつ正規母集団からの無作為標本を $X_1, X_2, \cdots, X_n$ とする．このとき標本分散 S^2 と不偏 (標本) 分散 U^2 に対して

$$\mathrm{MSE}_\theta(S^2) = \frac{2\sigma^4}{n-1}, \quad \mathrm{MSE}_\theta(U^2) = \frac{(2n-1)\sigma^4}{n^2}$$

であるから，評価式

$$\mathrm{MSE}_\theta(U^2) = \mathrm{MSE}_\theta(S^2) + \frac{3n-1}{n^2(n-1)}\sigma^4 > \mathrm{MSE}_\theta(S^2)$$

が成り立ち，標本分散 S^2 の方が不偏分散 U^2 より良いことがわかる．

一般に推定量全体のクラスの中で平均 2 乗誤差を最小にする推定を求めることはできない．そこでここでは対象とする推定量のクラスを特定の不偏推定量全体に制限することによって，その中で分散を最小にする不偏推定量を求めることを考えてみることにする．$X = (X_1, X_2, \cdots, X_n)$ は母数 θ をもつ母集団分布からの無作為標本であるとしよう．この標本 X に基づく θ の関数 $g(\theta)$ の不偏推定量全体のなすクラスを $\mathfrak{U}$ で表すことにする．

定義 9.8 母数 θ の関数 $g(\theta)$ のある不偏推定量 $\hat{g}^* = \hat{g}^*(X)$ が存在して，任意の $\theta \in \Theta$ に対して

$$\min_{\hat{g} \in \mathfrak{U}} V_\theta(\hat{g}) = V_\theta(\hat{g}^*) \tag{9.14}$$

が成立するとき，この $\hat{g}^*$ を**一様最小分散不偏推定量** (uniformly minimum variance unbiased estimator) 略して **UMVU** 推定量とか単に **UMVU** という．またある $\theta_0 \in \Theta$ に対して (9.14) 式が成立するとき，その不偏推定量のことを**局所最小分散不偏推定量**，略して **LMVU** 推定量とか単に **LMVU** という．

以下では母数 θ の関数 $g(\theta)$ の UMVU 推定量や LMVU 推定量を見つける方法

の1つである，情報不等式を用いる方法について解説する．まず $f_X(x,\theta)$ を X の同時確率関数もしくは同時確率密度関数とする．$x=(x_1,\cdots,x_n)$, $\theta\in\Theta\subset\mathbb{R}$ であり，$g(\theta)$ は定数関数でない，微分可能な実数値関数である．このとき以下の正則条件を課す．

(A.1)　$\mathrm{supp} f_X = \{x : f_X(x,\theta) > 0\}$ は θ に無関係である．

(A.2)　任意の x に対して，偏導関数 $\dfrac{\partial}{\partial\theta} f_X(x,\theta)$ が存在する．

(A.3)　$\displaystyle\int f_X(x,\theta)dx$ あるいは $\displaystyle\sum_x f_X(x,\theta)$ は θ に関して偏微分可能である．

(A.4)　任意の $\hat{g}\in\mathfrak{U}$ に対して，$\displaystyle\int \hat{g}(x)f_X(x,\theta)dx$ あるいは $\displaystyle\sum_x \hat{g}(x)f_X(x,\theta)$ は θ に関して偏微分可能である．

(A.5)　$0 < I_X(\theta) = E_\theta\left\{\dfrac{\partial}{\partial\theta}\log f_X(X,\theta)\right\}^2 < \infty$.

ここで $I_X(\theta)$ は**フィッシャー情報量** (Fisher information) あるいは **F 情報量**と呼ばれるもので，X がもっている θ に関する情報量を表す．$X=(X_1,\cdots,X_n)$ が確率関数（あるいは確率密度関数）$p(x,\theta)$ をもつ母集団分布からの無作為標本であるとき，X_1 の F 情報量は

$$I_{X_1}(\theta) = E_\theta\left\{\frac{\partial}{\partial\theta}\log p(X_1,\theta)\right\}^2$$

となり，$I_X(\theta) = nI_{X_1}(\theta)$ である．また X に基づく統計量 $T=T(X)$ の確率関数（あるいは確率密度関数）が f_T のときには，f_T に関する (A.2) 条件仮定のもとで，統計量 $T=T(X)$ のもっている θ に関する F 情報量は

$$I_T(\theta) = E_\theta\left\{\frac{\partial}{\partial\theta}\log f_T(T(X),\theta)\right\}^2$$

で定義される．このとき，さらに p と f_T に正則条件 (A.1), (A.2), (A.3) および (A.5) を仮定すれば $I_T(\theta) \leqslant nI_{X_1}(\theta)$ $(\forall\theta\in\Theta)$ が成り立つ．ここで等号成立は T が θ に関する十分統計量であるときに限る．無作為標本 X の F 情報量 $nI_{X_1}(\theta)$ に対する統計量 T の**情報量損失** (loss of information) を

$$L_T(\theta) = nI_{X_1}(\theta) - I_T(\theta)$$

によって定義すれば，上述の十分統計量の場合の話は情報無損失を意味する．すなわち，$L_T(\theta) \equiv 0$ が成り立つことと同値となる．

例題 9.10 $X = (X_1, X_2, \cdots, X_n)$ を正規分布 $N(\mu, \sigma^2)$ からの無作為標本とする．ただし分散 σ^2 は既知とする．
 (1) X_1 のもつ母平均 μ に関する F 情報量 $I_{X_1}(\mu)$ を求めよ．
 (2) X のもつ母平均 μ に関する F 情報量 $I_X(\mu)$ を求めよ．
 (3) 統計量 $T = T(X)$ を $T = \bar{X}$ (標本平均) と定めるとき，T のもつ母平均 μ に関する F 情報量 $I_T(\mu)$ を求めよ．
 (4) フィッシャー情報量の観点から統計量 $T = \bar{X}$ は母平均 μ に対する十分統計量であるといえるか吟味せよ．

解答 (1) 正規分布 $N(\mu, \sigma^2)$ の確率密度関数を $p(x; \mu, \sigma^2)$ とすれば
$$\log p(x; \mu, \sigma^2) = -\frac{1}{2}\log 2\pi - \frac{1}{2}\log \sigma^2 - \frac{1}{2\sigma^2}(x-\mu)^2$$
であって，$\dfrac{\partial}{\partial \mu}\log p(x;\mu,\sigma^2) = (x-\mu)/\sigma^2$ を得る．したがって X_1 のもつ μ に関する F 情報量は
$$I_{X_1}(\mu) = E_\mu\left\{\frac{\partial}{\partial \mu}\log p(X_1;\mu,\sigma^2)\right\}^2 = E_\mu\left[\frac{(X_1-\mu)^2}{\sigma^4}\right] = \frac{1}{\sigma^2}$$
となる．
 (2) $X = (X_1, \cdots, X_n)$ のもつ μ に関する F 情報量は公式から
$$I_X(\mu) = nI_{X_1}(\mu) = \frac{n}{\sigma^2}$$

 (3) $X_i \sim N(\mu, \sigma^2)$ のとき，統計量 $T = T(X) = \bar{X} = \dfrac{1}{n}\sum_{i=1}^{n}X_i$ は正規分布 $N(\mu, \sigma^2/n)$ に従うから，$\theta = (\theta_1, \theta_2) = (\mu, \sigma^2/n)$ として正規確率変数 T の確率密度関数を $f_T(t; \mu, \sigma^2/n) = f_T(t; \theta)$ とすれば，$T = \bar{X}$ のもつ μ に関する F 情報量は
$$I_T(\mu) = E_\mu\left\{\frac{\partial}{\partial \mu}\log f_T(T;\theta)\right\}^2 = \frac{n^2}{\sigma^4}E_\mu|T-\mu|^2 = \frac{n}{\sigma^2}$$

 (4) 上の (3) で求めた結果より等式 $I_T(\mu) = n/\sigma^2 = I_X(\mu) = nI_{X_1}(\mu)$ が成り立つ．これは統計量 $T = \bar{X}$ がもつ μ に関する F 情報量と標本 X がもつ μ に関する F 情報量とが同じであることを意味する．したがって T は母数 μ に対する十

分統計量でもあることがわかる. □

問題 9.7 $X = (X_1, X_2, \cdots, X_n)$ をベルヌーイ分布 $B(1, \theta)$ からの無作為標本とする.
 (1) X_1 のもつ母数 θ に関する F 情報量 $I_{X_1}(\theta)$ を求めよ.
 (2) X のもつ母数 θ に関する F 情報量 $I_X(\theta)$ を求めよ.
 (3) 統計量 $T = T(X)$ を $T = \sum_{i=1}^{n} X_i$ と定めるとき, T のもつ母数 θ に関する F 情報量 $I_T(\theta)$ を求めよ.
 (4) 統計量 $T = T(X)$ は母数 θ に対する十分統計量であることをフィッシャー情報量の観点から示せ.

つぎに母数 θ の関数 $g(\theta)$ の不偏推定量 $\hat{g}$ の分散の下界を与える情報不等式について紹介する.

定理 9.6 正則条件 (A.1) ～ (A.5) を仮定する. 母数 θ の関数 $g(\theta)$ の任意の不偏推定量 $\hat{g} = \hat{g}(X)$ ($\in \mathfrak{U}$) に関して (クラメール・ラオの不等式)

$$V_\theta(\hat{g}) \geq \frac{(g'(\theta))^2}{I_X(\theta)}, \quad (\theta \in \Theta) \tag{9.15}$$

が成り立つ. ここで $g'(\theta)$ は θ に関する 1 次導関数を表す. (9.15) 式で等号が成立するのは

$$\frac{\partial}{\partial \theta} \log f_X(x, \theta) = \frac{I_X(\theta)(\hat{g}(x) - g(\theta))}{g'(\theta)}$$

となるときに限る.

注意 9.8 定理の (9.15) 式の右辺の量をクラメール・ラオ (Cramér-Rao) の下界という. 定理 9.6 の主張のポイントは, 不偏推定量の分散がクラメール・ラオの下界よりも小さくなることはないという事実を示している点である. ある $\theta_0 \in \Theta$ でクラメール・ラオの下界に一致する不偏推定量 $\hat{g}$ のことを θ_0 における**有効推定量** (efficient estimator) という. またこの $\hat{g}$ は LMVU 推定量になる.

注意 9.9 任意の $\theta \in \Theta$ における有効統計量を $\hat{g}^* = \hat{g}^*(X)$ とするとき, この $\hat{g}^*$ は

$$V_\theta(\hat{g}^*) = \frac{(g'(\theta))^2}{I_X(\theta)} \quad (\forall \theta \in \Theta)$$

を満たすから，(9.15) 式の意味で $\hat{g}^*$ は θ の UMVU 推定量になる.

定理 9.6 の証明 $V_\theta(\hat{g}) < \infty$ と仮定しても一般性を失わない．標本 X が同時確率関数をもつ場合も同様に証明できるので，X が同時確率密度関数 $f_X(x, \theta)$ をもつ場合についてのみ証明する．条件 (A.1) より $\int f_X(x, \theta)dx = 1$ の両辺を θ について微分する．仮定 (A.2) および (A.3) より

$$\begin{aligned}
0 &= \int \frac{\partial}{\partial \theta} f_X(x, \theta) dx \\
&= \int \left(\frac{\partial}{\partial \theta} f_X(x, \theta) / f_X(x, \theta) \right) f_X(x, \theta) dx \\
&= E_\theta \left\{ \frac{\partial}{\partial \theta} \log f_X(X, \theta) \right\}
\end{aligned} \qquad (*1)$$

を得る．したがって (A.4) と (*1) の結果を用いて

$$\begin{aligned}
\frac{d}{d\theta} E_\theta[\hat{g}(X)] &= \int \frac{\partial}{\partial \theta} (\hat{g}(x) f_X(x, \theta)) dx \\
&= E_\theta \left[\hat{g}(X) \left(\frac{\partial}{\partial \theta} \log f_X(X, \theta) \right) \right] \\
&= E_\theta \left[(\hat{g}(X) - g(\theta)) \left(\frac{\partial}{\partial \theta} \log f_X(X, \theta) \right) \right]
\end{aligned}$$

と変形できるから，シュワルツの不等式と (A.5) により

$$\begin{aligned}
&\left(\frac{d}{d\theta} E_\theta[\hat{g}(X)] \right)^2 \\
&\leqslant E_\theta \{\hat{g}(X) - g(\theta)\}^2 \cdot E_\theta \left\{ \frac{\partial}{\partial \theta} \log f_X(X, \theta) \right\}^2 \\
&= V_\theta(\hat{g}) I_X(\theta)
\end{aligned} \qquad (*2)$$

を得る．つぎに (A.4) により $E_\theta[\hat{g}(X)] = g(\theta)$ の両辺を θ について微分して $\frac{d}{d\theta} E_\theta[\hat{g}(X)] = g'(\theta)$ になるから，(A.5) と (*2) 式とから直ちにクラメール・ラオの不等式

$$V_\theta(\hat{g}) \geq \frac{(g'(\theta))^2}{I_X(\theta)} \qquad (*3)$$

が成立することがわかる．この (*3) で等号成立のためには (*2) のシュワルツの不

等式における等号成立条件が成り立つ必要がある．すなわち，ある適当な $K(\theta)$ が存在して
$$\frac{\partial}{\partial \theta}\log f_X(x,\theta) = K(\theta)(\hat{g}(x)-g(\theta)) \tag{*4}$$
が成り立つかあるいは $\hat{g}(x)-g(\theta)=0$ が成り立つときである．しかし後者の成立時には $V_\theta(\hat{g})=0$ となってしまい矛盾するので，等号成立は (*4) 式成立のときに限ることになる．したがって (*4) 式を 2 乗して期待値をとって
$$I_X(\theta) = (K(\theta))^2 V_\theta(\hat{g})$$
が得られるが，先のクラメール・ラオの不等式で等号 = 成立時の式 $I_X(\theta)V_\theta(\hat{g}) = (g'(\theta))^2$ が得られるから $K(\theta)$ について解いて
$$K(\theta) = \pm I_X(\theta)/g'(\theta) \tag{*5}$$
となる．$K(\theta)$ と $g'(\theta)$ の符号は一致し，正値性 $I_X(\theta)>0$ により $K(\theta) = I_X(\theta)/g'(\theta)$ となる． □

定理 9.6 の系としてつぎの定理が導かれる．

定理 9.7　$X=(X_1,X_2,\cdots,X_n)$ を確率関数 (あるいは確率密度関数) $p(x,\theta)$ をもつ母集団分布からの無作為標本とする．正則条件 (A.1)〜(A.5) を仮定する．母数 θ の関数 $g(\theta)$ の任意の不偏推定量 $\hat{g}=\hat{g}(X)$ について
$$V_\theta(\hat{g}) \geq \frac{(g'(\theta))^2}{nI_{X_1}(\theta)} \tag{9.16}$$
が成り立つ．ここで等号成立は
$$\sum_{i=1}^{n}\frac{\partial}{\partial \theta}\log p(x_i,\theta) = nI_{X_1}(\theta)(\hat{g}(x)-g(\theta))/g'(\theta)$$
となるときに限る．

定理 9.7 の証明　証明は定理 9.6 の証明から明らかである．　□

例題 9.11　$X=(X_1,X_2,\cdots,X_n)$ を正規分布 $N(\mu,\sigma^2)$ からの無作為標本とする．母平均 μ の UMVU 推定量 $\hat{\mu}=\hat{\mu}(X)$ を情報不等式を用いて求めよ．

解答 正規分布 $N(\mu, \sigma^2)$ の確率密度関数を $p(x; \mu, \sigma^2)$ とする．無作為標本 $X = (X_1, \cdots, X_n)$ のもつ μ に関する F 情報量は $I_X(\mu) = n/\sigma^2$ となる．定理 9.7 より μ の不偏推定量 $\hat{\mu} = \hat{\mu}(X)$ についてクラメール・ラオの不等式

$$V_\mu(\hat{\mu}) \geq \sigma^2/n$$

を得る．この不等式の等号成立条件は

$$\sum_{i=1}^n \frac{\partial}{\partial \mu} \log p(X_i; \mu, \sigma^2) = \frac{n(\bar{X} - \mu)}{\sigma^2}$$

になるから，$\hat{\mu} = \hat{\mu}(X) = \bar{X}$ のとき成立する．ゆえに $\hat{\mu}(X) = \bar{X}$ は μ の UMVU 推定量である． □

例 9.7 $X = (X_1, X_2, \cdots, X_n)$ をベルヌーイ分布 $B(1, \theta)$ からの無作為標本とする．X の F 情報量は $I_X(\theta) = n/\{\theta(1-\theta)\}$ であるから，θ の任意の不偏推定量 $\hat{\theta} = \hat{\theta}(X)$ についてクラメール・ラオの情報不等式

$$V_\theta(\hat{\theta}) \geq \frac{\theta(1-\theta)}{n}$$

が成り立つ．その等号成立条件より $\hat{\theta}(X) = \bar{X}$ が導かれる．ゆえに標本平均 $\bar{X} = \frac{1}{n}\sum_{i=1}^n X_i$ は θ の UMVU 推定量である．(章末の演習問題 [12] を参照せよ．)

上記ではクラメール・ラオの不等式と呼ばれる情報不等式の応用として UMVU 推定量を見つける方法について解説した．しかしながら一様分布 $U(0, \theta)$ のように正則条件の (A.1) を満たさないためにクラメール・ラオの不等式を適用できないケースもある．もちろんこの場合においても母数 θ の UMVU 推定量は存在はしているのである．実際，十分統計量 $T = T(X)$ が存在するときには，この $T(X)$ に基づいて UMVU 推定量をうまく見つける方法が考えられている．やや程度が高いので本書では深く立ち入らないが，完備十分統計量 T^* が存在すれば，T^* に基づく $g(\theta)$ の不偏推定量 $\hat{g}^*$ が唯一の UMVU 推定量になることが知られている．詳しくは数理統計学の専門書にゆずる．興味のある読者は巻末の参考文献を参照されたい．

定義 9.9 $X = (X_1, X_2, \cdots, X_n)$ を母数 θ をもつ母集団分布からの無作為標本とする．X に基づく θ の実数値関数 $g(\theta)$ の推定量 $\hat{g} = \hat{g}(X)$ が $g(\theta)$

に確率収束するとき，すなわち任意の $\varepsilon > 0$ に対して
$$\lim_{n \to \infty} P_\theta(|\hat{g}(X) - g(\theta)| > \varepsilon) = 0 \quad (\forall \theta \in \Theta) \tag{9.17}$$
が成り立つとき，$\hat{g}$ を $g(\theta)$ の**一致推定量** (consistent estimator) という.

例 9.8 連続性の仮定のもとでは，モーメント推定量は一致推定量となる.

一致推定量に関してはつぎのことが知られている.

定理 9.8 $g(\theta)$ の推定量を $\hat{g} = \hat{g}(X) = \hat{g}_n(X)$ とする.
（1） 任意の $\theta \in \Theta$ に対して
$$\lim_{n \to \infty} \mathrm{MSE}_\theta(\hat{g}) = 0$$
ならば，$\hat{g}$ は $g(\theta)$ の一致推定量である.
（2） $b_n(\theta)$ を $\hat{g}$ の $g(\theta)$ に対する偏りとするとき，任意の $\theta \in \Theta$ に対して
$$\lim_{n \to \infty} b_n(\theta) = 0, \quad \lim_{n \to \infty} V_\theta(\hat{g}_n(X)) = 0$$
ならば，$\hat{g}$ は $g(\theta)$ の一致推定量である.
（3） $\hat{g} = \hat{g}_n$ が $g(\theta)$ の不偏推定量であって，すべての $\theta \in \Theta$ に対して
$$\lim_{n \to \infty} V_\theta(\hat{g}_n) = 0$$
ならば，$\hat{g}$ は $g(\theta)$ の一致推定量である.

定理 9.8 の証明 （1） 任意の $\theta \in \Theta$ と任意の $\varepsilon > 0$ に対して，評価式
$$\varepsilon^2 P_\theta(|\hat{g}(X) - g(\theta)| \geq \varepsilon) \leqslant \mathrm{MSE}_\theta(\hat{g})$$
が成り立つので，(1) の主張が従う.
（2） 平均 2 乗誤差の (9.13) 式より，(1) と (2) の極限による条件式は同値であるから，上の (1) から (2) の主張が直ちに従う.
（3） $\hat{g}$ が $g(\theta)$ の不偏推定量のときは，その偏りは消滅するから，(2) から (3) の主張が導かれる. □

他に推定量はいろいろあるが，以下にその中の若干について簡単に触れておく.

$g(\theta)$ の推定量 $\hat{g}$ が偏り $b_n(\theta)$ をもつとき,$B_n(\theta) \to 0 (n \to \infty)$, $\forall \theta \in \Theta$ が成り立てば,$\hat{g}$ を $g(\theta)$ の**漸近不偏推定量** (asymptotically unbiased estimator) という. $g(\theta)$ の不偏推定量は漸近不偏推定量になる.

例 9.9 未知の平均 μ と分散 σ^2 をもつ母集団分布からの無作為標本 $X_1, \cdots, X_n$ に関して,その標本分散 S^2 は $E_\theta(S^2) = \sigma^2 - (1/n)\sigma^2$ を満たすから,S^2 は σ^2 の漸近不偏推定量である.

いま $g(\theta)$ の推定量 $\hat{g} = \hat{g}(X)$ に対して

$$\mathcal{L}(\sqrt{n}\{\hat{g} - g(\theta)\}) \to N(0, v(\theta)) \quad (n \to \infty)$$

が成り立っているとする.$v(\theta)(>0)$ を $\hat{g}$ の**漸近分散** (asymptotic variance) といい,この $\hat{g}$ を $g(\theta)$ の**漸近正規推定量**という.このとき $\hat{g}$ の漸近分散 $v(\theta)$ と分散 $V_\theta(\hat{g})$ の間には,$v(\theta) \leq \lim_{n \to \infty} n V_\theta(\hat{g})$ なる関係式が成立する.

9 章の演習問題

[1] 母集団分布がポアソン分布 $P_o(\lambda)$ のとき,サイズ n の標本に対する未知母数 λ の最尤推定量を求めよ.

[2] 母集団分布が指数分布 $Ex(\lambda)$ のとき,サイズ n の標本に対する未知母数 λ の最尤推定量を求めよ.

[3] $X_1, X_2, \cdots, X_n$ を一様分布 $U(\theta - 1/2, \theta + 1/2)$ から無作為抽出された標本とする.このときパラメータ θ を未知として,θ の最尤推定量を求めよ.(問題 9.1 を見よ.)

[4] 母集団分布は幾何分布 $G(p)$ で母数 p は未知とする.このとき大きさ n の標本 $X_1, X_2, \cdots, X_n$ に基づく最尤推定量を求めよ.

[5] アーチェリー部に所属する A 君はインドア競技の射的練習をしている.円環状ターゲット中心部の黄色の高得点領域に的中するまでに要した射的回数を 100 回にわたって記録したデータが以下である.このデータを幾何分布 $G(p)$ からの標本値とみなして,母数 p の最尤推定値を求めよ.

射的数	1	2	3	4	5	6	7	8	9 以上	計
度数	21	22	16	15	10	8	5	2	1	100

[6]　モーメント法により，ポアソン分布 $Po(\lambda)$ から無作為抽出されたサイズ n の標本 $X_1, X_2, \cdots, X_n$ を用いて，パラメータ λ の推定量を求めよ．

[7]　モーメント法により，指数分布 $Ex(\lambda)$ から無作為抽出されたサイズ n の標本 $X_1, X_2, \cdots, X_n$ を用いて，パラメータ λ の推定量を求めよ．

[8]　$X = (X_1, X_2, \cdots, X_n)$ の分布 P_θ $(\theta \in \Theta)$ は離散型であり，$k = 1$ の指数型分布

$$p_\theta(x_i) \equiv p(x_i; \theta) = \exp\{a_0(\theta) + g_0(x_i) + a_1(\theta)g_1(x_i)\}$$

$$x_i \in \mathbb{R}^n \quad (i = 1, 2, \cdots)$$

に従っているとする．このとき十分統計量 $T(X) = g_1(X)$ の分布が $k = 1$ の指数型分布であることを示せ．

[9]　$X = (X_1, X_2, \cdots, X_n)$ は離散型標本であって，X のとる値 $\{x_1, x_2, \cdots,\}$ が θ に無関係であるとする．$Y = T(X)$ を十分統計量とし，$Z = T'(X)$ を Y と独立な別の統計量とする．このとき Z の分布は θ に無関係となることを示せ．

[10]　$X = (X_1, X_2, \cdots, X_n)$ は離散型標本であって，X のとる値 $\{x_1, x_2, \cdots,\}$ が θ に無関係であるとする．$Y = T(X)$ は完備な十分統計量であるとする．このとき $Z = T'(X)$ の分布が θ に無関係ならば，Y と Z は互いに独立となることを示せ．

[11]　$X = (X_1, X_2, \cdots, X_n)$ は独立で，各 X_i が幾何分布 $G(\theta)$ に従う離散型標本とする．θ は未知母数で，$\theta \in \Theta \equiv (0,1)$ である．統計量 Y を $Y = T(X) = \sum_{i=1}^{n} X_i$ とするとき，$Y = T(X)$ は最小十分統計量であることを示せ．

[12]　$X = (X_1, X_2, \cdots, X_n)$ をベルヌーイ分布 $B(1, \theta)$ からの無作為標本とする．母数 μ の UMVU 推定量 $\hat{\mu} = \hat{\mu}(X)$ を情報不等式を用いて求めよ．（例 9.7 を参照せよ．）

第 10 章
区間推定

この章では母集団の特性値である母数を推定する方法の 1 つについて学ぶ．たとえば，A 社製造の電子部品の説明書に連続使用時で平均寿命は 8〜10 万時間などと保証内容が記載されていたりする．与えられたデータに基づいてこのような保証を行うときに有効な手法の 1 つが区間推定である．さらに次章で扱う仮説検定により有意であると結論された場合に，その結論を数値的に観察するのにも区間推定は威力を発揮する．

10.1 正規母集団の母平均の区間推定

各節の項目についての具体的な解説に入る前に，まず**区間推定** (interval estimation) とはどんなものなのか大まかなイメージをもってもらうために，処理の流れと基本的なアイデアについて簡単に説明しておこう．母数 θ をもつ母集団分布 Π が確率密度関数 $f(x;\theta)$ で表されている場合を想定しよう．α を危険率とするとき，$1-\alpha$ を**信頼係数** (confidence coefficient) とか**信頼度**という．普通 α はできるだけ小さく押さえる方が望ましく，$0 < \alpha \ll 1$ である．したがって，信頼度 $1-\alpha \approx 1$ の場合を考える．そうして

$$P(\hat{\theta}_L < \theta < \hat{\theta}_U) = 1 - \alpha \tag{10.1}$$

が成り立つように，母集団 Π からの無作為標本 $X = (X_1, X_2, \cdots, X_n)$ を用いて θ に無関係な 2 つの統計量 $T_L = \hat{\theta}_L(X)$ と $T_U = \hat{\theta}_U(X)$ を構成する．ここで添え字の L と U は信頼下限 (lower bound) と信頼上限 (upper bound) からきている．これら統計量の実現値 $t_L = \hat{\theta}_L(x_1, \cdots, x_n)$ および $t_U = \hat{\theta}_U(x_1, \cdots, x_n)$ から得られる区間 (t_L, t_U) を信頼度 $1-\alpha$ の**信頼区間** (confidence interval) という．このとき，信頼区間の幅 $\delta = \hat{\theta}_U - \hat{\theta}_L$ を最小になるように決める方が望ましいことは言うまでもない．

10.1.1 分散既知のケース

つぎの問題を考えてみよう．これ以降の問題についても当てはまることであるが，まず問題のシチュエーション (situation) を分析しよく見極めることが大切である．何が問われているのか？ 問題を解決するためにはどういう前提条件が必要か？ 統計解析を行うにはどのような問題設定が妥当なのか？ よく考えることが重要である．統計の第一歩は，統計解析のキーワードが「分布」であると認識することである．したがって問題の背景に見え隠れする「統計学における分布に関する主張 (命題) は何か」をとらえることさえできれば，あとは計算あるのみ．これが統計を利用する際のコツなのである．

> **Situation 1.** ある私立中学校の入学試験受験者の中から無作為に選んだ 100 人の成績を調べた結果，平均点は 185 点であった．このデータから受験者全員の平均点について何が言えるか？

どんな条件があれば，高い確率で平均 μ を推定できるのかを考える．まずこの場合経験則から，「試験の成績＝試験の得点」は正規分布に従っているというのを大前提としてよいだろう．全体の分布 $N(\mu, \sigma^2)$ で平均 μ を実現値から推定したい訳だから，バラツキ具合を表すパラメータである分散 σ^2 は既知である場合を考えよう．そこでいま受験者の成績は標準偏差 $\sigma = 37$ 点の正規分布に従っているとする．推定の結果が低い確率でしか保証されないなら，解析すること自体無意味であるからつぎに精度を指定しよう．得た結果に信頼をもたせる意味でも 95 ％位の高確率で推定したいものである．これを統計用語で信頼度 95 ％ での区間推定という．つまり危険率は $\alpha = 0.05$ である．考え方としては，大きさ n の標本から統計命題に基づいて計算される区間に，ある精度で母数 θ が入るように区間 (T_L, T_U) を定めてやろうという発想である．精度を γ で表すと，

$$P(T_L < \theta < T_U) = \gamma = 1 - \alpha \tag{10.2}$$

を満たすように T_L, T_U を決めてやることである．さてこの場合，裏の統計的からくりは何であろうか？ $N(\mu, \sigma^2)$ に従う正規母集団からの大きさ n の標本 $X_1, X_2, \cdots, X_n$ であるから，標本はそれぞれ独立な確率変数で同一の正規分布に従っている．標本平均

$$\bar{X} = \frac{X_1 + X_2 + \cdots + X_n}{n} = \frac{1}{n}\sum_{i=1}^{n} X_i \tag{10.3}$$

を考えると，各 $k\ (k=1,2,\cdots,n)$ について $E(X_k)=\mu$ かつ $V(X_k)=\sigma^2$ であるので，簡単な計算から

$$E(\bar{X})=\mu, \qquad V(\bar{X})=\frac{\sigma^2}{n} \tag{10.4}$$

が従う．このことからつぎの正規分布に関する性質がキーポイントであることがわかる．

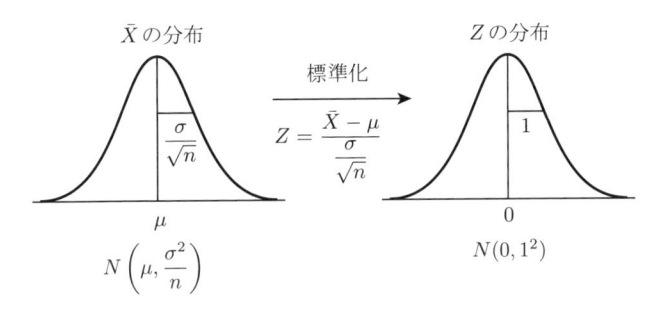

図 10.1 正規分布の標準変換

キーポイント． $X_1, X_2, \cdots, X_n$ を独立で同一分布 $N(\mu,\sigma^2)$ に従う確率変数とする．分散 σ^2 が既知のとき，

$$Z=\frac{\bar{X}-\mu}{\dfrac{\sigma}{\sqrt{n}}} \sim N(0,1) \tag{10.5}$$

である．

上の (10.5) の確率変数 Z が標準正規分布に従う (図 10.1 参照) ことから下記の c の値を定めよう．標準正規分布の密度関数のグラフは y 軸に関して対称であるから，

$$\gamma = 1-\alpha = 1-0.05 = 0.95$$
$$= P(|Z|<c) = P(-c<Z<c) = 2\cdot P(0<Z<c).$$

第 6 章の 6.4 節の正規分布の計算でやったように巻末の標準正規分布表を利用して，逆引きして先に確率 $\gamma=0.95$ を与えて逆に数表から c の値を求めると $c=1.96$ であることがわかる．そこで Situation 1 の問題では，$n=100, \sigma=37$ および標本平均の実現値 $\bar{x}$ が 185 点であることに注意して，

$$0.95 = P(|Z| < 1.96) = P\left(\left|\frac{\sqrt{n}(\bar{X} - \mu)}{\sigma}\right| < 1.96\right)$$
$$= P\left(|185 - \mu| < 1.96 \times \frac{37}{\sqrt{100}}\right)$$

を得る．したがって 0.95 という高い確率で

$$185 - 1.96 \times \frac{37}{\sqrt{100}} < \mu < 185 + 1.96 \times \frac{37}{\sqrt{100}}$$

が成り立つ．すなわち，

$$177.75 < \mu < 192.25 \tag{10.6}$$

が言える．したがって $(177.75, 192.25)$ が平均点の信頼度 95 % の信頼区間である．因みに 95 % の統計的意味は同じ無作為抽出を 100 回行った場合に 95 回は上の (10.6) の区間に入る程度の精度が保証されていることを意味する．

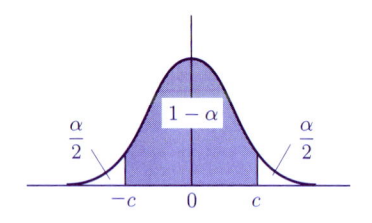

図 10.2　正規分布の危険率の図

さてここで一般の場合の定式化を与えておこう．キーポイントの (10.5) 式が成り立つことに注意して (図 10.2 参照)，危険率 α を与えたとき

$$P\left(-z\left(\frac{\alpha}{2}\right) < Z < z\left(\frac{\alpha}{2}\right)\right) = 1 - \alpha \tag{10.7}$$

を成り立たせるような点 $z\left(\frac{\alpha}{2}\right)$ を求める．この $z\left(\frac{\alpha}{2}\right)$ は標準正規分布 $N(0,1)$ の上側 $\alpha/2$ 点と呼ばれる点で，標準正規分布表から求めることができる．(10.7) 式を変形すれば

$$1 - \alpha = P\left(\bar{X} - z\left(\frac{\alpha}{2}\right)\frac{\sigma}{\sqrt{n}} < \mu < \bar{X} + z\left(\frac{\alpha}{2}\right)\frac{\sigma}{\sqrt{n}}\right) \tag{10.8}$$

なることが直ちにわかる．これよりつぎの定理を得る．

> **定理 10.1** 母分散 σ^2 が既知のとき，正規母集団の母平均 μ の信頼度 $1-\alpha$ の信頼区間 $(T_L(X), T_U(X))$ は
> $$\left(\bar{X} - z\left(\frac{\alpha}{2}\right)\frac{\sigma}{\sqrt{n}}, \quad \bar{X} + z\left(\frac{\alpha}{2}\right)\frac{\sigma}{\sqrt{n}}\right) \tag{10.9}$$
> である．

問 10.1 電気部品メーカーの A 社の製造工程はよく管理されている．この A 社製造の抵抗器の品質のバラツキは $\sigma = 1.0$ (単位 Ω：オーム) であるという．この製造部品の中からから無作為に 5 個の抵抗器を抜き取って抵抗を測定して表 10.1 の結果を得た．このときこの製品 (抵抗器) の抵抗値の母平均を信頼係数 95% で区間推定せよ．(ヒント：工程がよく管理されていることより，この抵抗器の母集団分布は母分散 $\sigma^2 = (1.0)^2$ 既知の正規分布 $N(\mu, 1)$ を仮定してよい．) (答え：(24.30, 26.06))

表 10.1　抵抗値の単位：Ω (オーム)

整理番号	1	2	3	4	5
測定値	24.3	23.7	26.3	26.1	25.5

10.1.2　分散未知のケース

前小節の Situation 1 では分散を既知として解答した．読者の中には「それはちょっと都合が良すぎるんじゃない？」といぶかしがる方もおられよう．つぎの Situation 2 では Situation 1 と同じ設定下で今度は分散が未知の場合に挑戦してみよう．

> **Situation 2.** ある私立中学校の入学試験受験者の中から無作為に選んだ 100 人の成績の平均点は 185 点であった．このデータから受験者全員の平均点の信頼度 95 % の信頼区間を求めよ．

ここでは正規母集団 $N(\mu, \sigma^2)$ の母分散 σ^2 が未知であるから，先の Situation 1

でのように推定のための統計量として $Z = \sqrt{n}(\bar{X} - \mu)/\sigma$ を用いることはできない．したがって母分散 σ^2 を，データから求めた分散の推定量で置き換える必要がある．そこで標本から定まる分散の推定量として

$$S^2 = \frac{1}{n} \sum_{i=1}^{n} (X_i - \bar{X})^2$$

の代わりに

$$U^2 = \frac{1}{n-1} \sum_{i=1}^{n} (X_i - \bar{X})^2 \tag{10.10}$$

を用いる．上の2つはともに標本分散であるが，(10.10) の U^2 の方は分散 σ^2 の不偏推定量 (9章の例題9.9を参照) であるため，S^2 と区別して不偏分散と呼ぶ．ここで母数 θ の推定量 T が不偏推定量であるというのは，

$$E[T] = \theta \tag{10.11}$$

を満たすことであった．つまりこの (10.11) は以下の意味で好ましい性質なのである．推定量のとる値は標本抽出の実験ごとに変わるが，実験を何回も行うと平均的には母数 θ が得られるという意味の「良さ」があることを表している．この意味の良さ (10.11) のことを「不偏性」と呼んでいる．したがってある推定量 T が母数 θ の不偏推定量であるとき，不偏性という良さをもった推定量であることになる．実際，この U^2 は $E(U^2) = \sigma^2$ を満たす．残念ながら，標本分散 S^2 の方はこの不偏性という良さをもっていない．ゆえに，ここでは母分散 σ^2 の代わりに σ^2 の不偏推定量である不偏分散 U^2 を用いることにする．つまり統計量

$$T = \frac{\bar{X} - \mu}{\frac{U}{\sqrt{n}}} \tag{10.12}$$

を用いることを提案する．

さてここで t 分布の話 (6章, 6.7節) を思い出す必要がある．その確率密度関数 f が

$$f(x) = \frac{\Gamma\left(\frac{n+1}{2}\right)}{\sqrt{n\pi}\,\Gamma\left(\frac{n}{2}\right)} \left(1 + \frac{x^2}{n}\right)^{-\frac{n+1}{2}} \quad (-\infty < x < \infty)$$

で与えられるような分布のことを自由度 n の t 分布という．記号で $t(n)$ と表す．ただし，Γ はガンマ関数のことで，

$$\Gamma(\alpha) = \int_0^\infty x^{\alpha-1} e^{-x} dx$$

である.t 分布は,X と Y が独立な確率変数で,それぞれ $X \sim N(0,1), Y \sim \chi^2(n)$ (自由度 n のカイ 2 乗分布) のとき,$X/\sqrt{Y/n}$ という変換を施すと出現する.つまり

$$T = \frac{X}{\sqrt{Y/n}} \sim t(n) \tag{10.13}$$

なのである.因みにカイ 2 乗分布は正規確率変数を 2 乗したときに出現する.たとえば $Z \sim N(0,1)$ のとき,$Y = Z^2$ は自由度 1 のカイ 2 乗分布 $\chi^2(1)$ に従う.またカイ 2 乗分布は再生性をもつので,n 個集まれば自由度 n のカイ 2 乗分布となる.実際,n 個の確率変数 X_k $(k = 1, 2, \cdots, n)$ がそれぞれ自由度 1 のカイ 2 乗分布に従っていれば,$Y = X_1 + X_2 + \cdots + X_n$ は自由度 n のカイ 2 乗分布に従うのである.ここで話を再び t 分布に戻そう.$T = X/\sqrt{Y/n} \sim t(n)$ のとき,

$$E[T] = 0, \quad (n > 1) \quad \text{で} \quad V[T] = \frac{n}{n-2}, \quad (n > 2)$$

となり,t 分布の密度関数のグラフは y 軸に関して左右対称で釣鐘型に近い形をしている.実際に n が限りなく大きくなると t 分布 $t(n)$ は限りなく $N(0,1)$ に近づくことが知られている.その意味で自由度の大きな t 分布は標準正規分布で近似できて便利である.

以上の準備の下で Situation 2 の解答に移ろう.この問題を解くカギは

キーポイント. $X_1, X_2, \cdots, X_n$ が独立で同一分布 $N(\mu, \sigma^2)$ に従う確率変数のとき,

$$T = \frac{\sqrt{n}(\bar{X} - \mu)}{U} \sim t(n-1) \tag{10.14}$$

が成り立つ.

ことである.この (10.14) が成立することを正確に議論するには正規確率変数の 2 次形式の分解に関する若干の知識がいるが,大雑把に言えば,$\sqrt{n}(\bar{X} - \mu)/\sigma$ と $(n-1)U^2/\sigma^2$ が独立となること,i.e.,

$$P\left(\frac{\sqrt{n}(\bar{X} - \mu)}{\sigma} \in A, \frac{(n-1)U^2}{\sigma^2} \in B\right)$$

$$= P\left(\frac{\sqrt{n}(\bar{X}-\mu)}{\sigma} \in A\right) \cdot P\left(\frac{(n-1)U^2}{\sigma^2} \in B\right) \quad (10.15)$$

が成り立つことと,および

$$\frac{(n-1)U^2}{\sigma^2} \sim \chi^2(n-1) \quad (10.16)$$

であることと先の (10.13) を考え合わせれば,おおむね納得できるであろう.(6 章の章末の演習問題 [26] を参照せよ.) 因みに (10.15) は簡単な直接計算によって示せる事柄で,線形代数の「直交行列」と「行列式の計算」および微分積分学の「多変数関数」と「多重積分の変数変換」の知識だけがあればよい.教養課程レベルの数学の学習を終えた大学 2 年生向きの手頃な演習問題である.

問 10.2 $\bar{X}$ をサイズ n の標本 $X_1, X_2, \cdots, X_n$ の標本平均,U^2 を不偏分散とするとき,$\sqrt{n}(\bar{X}-\mu)/\sigma$ と $(n-1)U^2/\sigma^2$ が独立であることを示せ.(ヒント:$Y_i = X_i - \mu \sim N(0, \sigma^2)$ と置いて,$\sqrt{n}\bar{Y}$ と $\sum_{i=1}^{n}(Y_i - \bar{Y})^2$ が独立であることを示せば十分である.たとえば

$$A = \{y = (y_1, \cdots, y_n) : \frac{1}{\sqrt{n}} \sum_{i=1}^{n} y_i \leqslant x_1, \sum_{i=1}^{n}(y_i - \bar{y})^2 \leqslant x_2\}$$

と置いて,積分表現

$$P(\sqrt{n}\bar{Y} \leqslant x_1, \sum_{i=1}^{n}(Y_i - \bar{Y})^2 \leqslant x_2)$$
$$= \left(\frac{1}{2\pi\sigma^2}\right)^{n/2} \int_A \exp\left(\frac{1}{2\sigma^2} \sum_{i=1}^{n} y_i^2\right) dy$$

に書き直して変数変換 $\sum_{i=1}^{n} z_i^2 = \sum_{i=1}^{n} y_i^2, \frac{1}{\sqrt{n}} \sum_{i=1}^{n} y_i = z_1$ を施してみよ.)

問 10.3 $\sum_{i=1}^{n}(X_i - \bar{X})^2/\sigma^2$ がカイ 2 乗分布 $\chi^2(n-1)$ に従うことを示せ.(ヒント:6 章の章末の演習問題 [25] を参照せよ.)

(10.14) によりわれわれが扱う統計量 T の分布の正体がつかめた以上は,区間推定の流れは先の Situation 1 の場合とさほど変わらない.

$$P(|T| < c) = \gamma = 1 - \alpha = 1 - 0.05 = 0.95 \quad (10.17)$$

として，今度は t 分布表から補間法により c を求めると $c = 1.9932$ である．（t 分布表は巻末を参照せよ．）したがって，

$$0.95 = P(-c < T < c) = P\left(-c < \frac{\bar{X} - \mu}{\frac{U}{\sqrt{n}}} < c\right)$$

$$= P\left(\bar{X} - c\frac{U}{\sqrt{n}} < \mu < \bar{X} + c\frac{U}{\sqrt{n}}\right)$$

となるから，0.95 という高い確率で

$$185 - 1.9932 \times \frac{U}{\sqrt{100}} < \mu < 185 + 1.9932 \times \frac{U}{\sqrt{100}}$$

が成り立つことより求められる．具体的には 100 人分の標本データから標本平均の平均値

$$\bar{x} = \frac{1}{100}\sum_{i=1}^{100} x_i$$

$$u = \sqrt{\frac{1}{100 - 1}\sum_{i=1}^{100}(x_i - \bar{x})^2}$$

の順に求めて，標準偏差 U の実現値 u を代入すれば得られる．ここでは検証の意味で U は σ の近似値を与えるから，仮に $u = 37$ として試算すると，信頼度 95 ％の信頼区間

$$(177.63,\ 192.38)$$

を得る．Situation 1 での答え (177.75, 192.25) に比べて若干幅が広がっているが，まあまあ遜色のない結果と言えよう．実際，求める精度は同じでも母分散 σ^2 を推定している分，結果が悪くなっても仕方のないことなのである．

ここで母分散 σ^2 が未知の場合の正規母集団の母平均 μ の区間推定の一般論を述べることにする．理論的根拠は先のキーポイントの (10.14) 式である．正規母集団 $N(\mu, \sigma^2)$ からの無作為標本 $X_1, X_2, \cdots, X_n$ に対して，統計量 $T = \sqrt{n}(\bar{X} - \mu)/U$ が自由度 $n - 1$ の t 分布 $t(n-1)$ に従う事実に注意する．危険率 α ($0 < \alpha \ll 1$) のとき，信頼度 $1 - \alpha$ に対して t 分布表から等式

$$P(-t_{n-1}(\alpha) < T < t_{n-1}(\alpha)) = 1 - \alpha \tag{10.18}$$

となるように t 分布の両側 α 点 $t_{n-1}(\alpha)$ を求める（図 10.3）．このとき

$$1-\alpha = P(-t_{n-1}(\alpha) < T < t_{n-1}(\alpha))$$
$$= P\left(-t_{n-1}(\alpha) < \frac{\sqrt{n}(\bar{X}-\mu)}{U} < t_{n-1}(\alpha)\right)$$
$$= P\left(\bar{X} - t_{n-1}(\alpha)\frac{U}{\sqrt{n}} < \mu < \bar{X} + t_{n-1}(\alpha)\frac{U}{\sqrt{n}}\right) \quad (10.19)$$

が得られる．これは非常に高い確率 $1-\alpha$ で (10.19) 式の右辺最後の項の確率 $P(\cdot)$ の中味の不等式が成立していることを意味している．したがって信頼区間の下限 T_L と上限 T_U はそれぞれ

$$T_L = \theta_L(X) = \theta_L(X_1, \cdots, X_n) = \bar{X} - t_{n-1}(\alpha)\frac{U}{\sqrt{n}},$$
$$T_U = \theta_U(X) = \theta_U(X_1, \cdots, X_n) = \bar{X} + t_{n-1}(\alpha)\frac{U}{\sqrt{n}}$$

となる．ゆえにつぎの定理を得たことになる．

定理 10.2 母分散 σ^2 が未知のとき，正規母集団の母平均 μ の信頼度 $1-\alpha$ の信頼区間 $(T_L(X), T_U(X))$ は

$$\left(\bar{X} - t_{n-1}(\alpha)\frac{U}{\sqrt{n}}, \quad \bar{X} + t_{n-1}(\alpha)\frac{U}{\sqrt{n}}\right) \quad (10.20)$$

である．

問 10.4 A 社製造の缶ジュースの中から無作為に 12 個を抜き取り内容量 $[m\ell]$ を測定したところ表 10.2 の結果を得た．内容量の信頼度 95％ の信頼区間を求めよ．

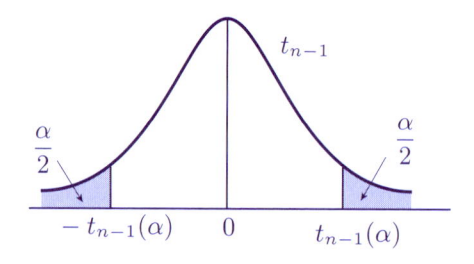

図 10.3 t 分布 $t(n-1)$ の両側 α 点

(ヒント：$\bar{x} = \dfrac{1}{12}\sum_{i=1}^{12} x_i = \dfrac{1}{12} \times 2972.5 = 247.71$

$$u^2 = \frac{1}{n-1}\left\{\sum_{i_1}^{n} x_i^2 - \frac{1}{n}(\sum_{i=1}^{n} x_i)^2\right\} = 1.870 \quad)$$

(答え：定理 10.2 より (246.84, 248.58))

表 **10.2** 缶ジュースの内容量 (単位：$m\ell$)

248.2	246.9	249.0	246.2	245.8	247.8
248.8	246.2	247.3	250.1	247.0	249.2

10.2 正規母集団の母分散の区間推定

10.2.1 母平均既知のケース

この項目について解説する前に，つぎのような具体的なシチュエーションを思い浮かべると理解しやすい．

> **Situation 3.** ガレキを運搬するトラックを考えよう．砂や砂利の運搬の場合と異なり，ガレキは形や大きさの大小に差がありまちまちであるから 1 台に積載できる量には当然差が出てしまう．使用するトラックは同型の同積載量のもので，運搬業務 1 スパン当たり 20 台のトラックが 1 群をなしてあたるものとする．このとき 1 群 20 台のトラックで運搬されたガレキの総重量 (単位：トン) はどの位のバラツキをもつだろうか？　何台かランダムに選んで積載量を調べることにより統計的に推測できるだろうか？

物事には順序があるので，まずは母平均が既知である場合を想定して考えることにする．$X = (X_1, X_2, \cdots, X_n)$ を正規母集団 $N(\mu, \sigma^2)$ からの無作為標本とする．このとき，既知母数 μ を用いた標本分散を

$$S^{*2} = \frac{1}{n}\sum_{i=1}^{n}(X_i - \mu)^2 \tag{10.21}$$

と定義する．

例題 10.1 標本分散 S^{*2} に対して，統計量

$$T = \frac{nS^{*2}}{\sigma^2} = \frac{\sum_{i=1}^{n}(X_i - \mu)^2}{\sigma^2} \tag{10.22}$$

は自由度 n のカイ 2 乗分布 $\chi^2(n)$ に従うことを示せ．

解答 各 i ごとに $X_i \sim N(\mu, \sigma^2)$ であるから，標準変換によって $Z_i = (X_i - \mu)/\sigma$ は標準正規分布 $N(0,1)$ に従う．一方，カイ 2 乗分布の性質 (6 章参照) から標準正規確率変数の 2 乗によってカイ 2 乗分布変数が出現するから，

$$Z_i^2 = \frac{(X_i - \mu)^2}{\sigma^2} \sim \chi^2(1) \quad (i = 1, 2, \cdots, n)$$

となる．またカイ 2 乗分布の再生性により

$$Z_1^2 + \cdots + Z_n^2 = \frac{\sum_{i=1}^{n}(X_i - \mu)^2}{\sigma^2} = \frac{nS^{*2}}{\sigma^2} = T \sim \chi^2(n)$$

が従う． □

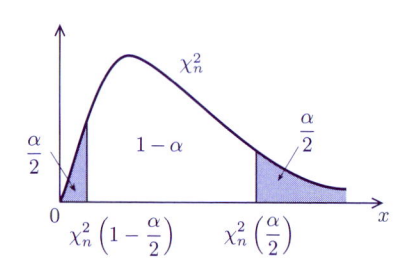

図 10.4 カイ 2 乗分布 $\chi^2(n)$ の上側 α 点

例題 10.1 より統計量 $T = nS^{*2}/\sigma^2$ は自由度 n のカイ 2 乗分布 $\chi^2(n)$ に従うから，危険率を α としたとき，信頼度 $1-\alpha$ に対してカイ 2 乗分布表から関係式

$$P\left(T < \chi_n^2\left(1 - \frac{\alpha}{2}\right)\right) = \frac{\alpha}{2}, \quad P\left(\chi_n^2\left(\frac{\alpha}{2}\right) < T\right) = \frac{\alpha}{2} \tag{10.23}$$

を満たす上側 $\alpha/2$ 点 $\chi_n^2\left(\frac{\alpha}{2}\right)$ と上側 $1-(\alpha/2)$ 点 $\chi_n^2\left(1 - \frac{\alpha}{2}\right)$ を求めればよい

(図 10.4). このとき明らかに等式

$$1-\alpha = P\left(\chi_n^2\left(1-\frac{\alpha}{2}\right) < T < \chi_n^2\left(\frac{\alpha}{2}\right)\right)$$
$$= P\left(\frac{nS^{*2}}{\chi_n^2\left(\frac{\alpha}{2}\right)} < \sigma^2 < \frac{nS^{*2}}{\chi_n^2\left(1-\frac{\alpha}{2}\right)}\right) \quad (10.24)$$

が成り立つことがわかる.これより母平均 μ が既知のときの正規母集団 $N(\mu, \sigma^2)$ の母分散 σ^2 の区間推定に関する定理が導かれる.

定理 10.3 標本分散を $S^{*2} = \frac{1}{n}\sum_{i_1}^{2}(X_i - \mu)^2$ とする.母平均 μ が既知のとき,正規母集団の母分散 σ^2 の信頼度 $1-\alpha$ の信頼区間 $(T_L(X), T_U(X))$ は

$$\left(\frac{nS^{*2}}{\chi_n^2\left(\frac{\alpha}{2}\right)}, \frac{nS^{*2}}{\chi_n^2\left(1-\frac{\alpha}{2}\right)}\right) \quad (10.25)$$

である.

上記で一般の定理を導出できたので,この節のはじめに述べたシチュエーションに解答を与えておこう.

例題 10.2 Situation 3 のガレキのトラック運搬問題を考察する.ランダムに 10 台のトラックを選びその積載量 (単位:トン) を調べたところ下記の結果を得た.

$$3.9 \quad 3.6 \quad 3.5 \quad 3.7 \quad 4.1$$
$$3.8 \quad 3.5 \quad 4.0 \quad 3.7 \quad 3.6$$

このとき,1 群 20 台のトラックで運搬されたガレキの総重量はどのくらいのバラツキをもつか,信頼度 95% の信頼区間を求めよ.母平均 μ は既知で $\mu = 3.6$ [トン] である.

解答 データを $\{x_i\}$ とする.このとき

$$s^{*2} = \frac{1}{n}\sum_{i=1}^{n}(x_i - \mu)^2 = \frac{1}{10}\sum_{i=1}^{10}(x_i - 3.6)^2 = 0.058$$

であり，定理 10.3 を適用してカイ 2 乗分布表から信頼上限値 t_U と信頼下限値 t_L を求めると

$$t_L = ns^{*2}/\chi_n^2(0.025) = 0.58/20.5 \approx 0.028$$
$$t_U = ns^{*2}/\chi_n^2(0.975) = 0.58/3.25 \approx 0.178$$

を得る．したがって母分散 σ^2 の信頼度 95% の信頼区間は (0.028, 0.178) である．これはトラック 1 台の積載量のバラツキに他ならない．そこで 1 群 20 台のトラックの総重量のバラツキは，分散の加法性から 20 倍となるので，求める信頼区間は (0.56, 3.56) [トン^2] である． □

10.2.2 母平均未知のケース

この小節でも前小節に引き続いて同じシチュエーションをモデルにして，ガレキのトラックによる運搬の総重量のバラツキ (Situation 3) について考察する．ただし今度は問題をもう少し現実に近づけて母平均 μ は未知である場合を想定して考えることにする．このときは標本分散

$$S^{*2} = \frac{1}{n}\sum_{i=1}^{n}(X_i - \mu)^2$$

は μ が未知のため使えないことに注意しよう．代わりに母平均 μ を標本から推定して不偏推定量である統計量・標本平均 $\bar{X}$ を用い，別の標本分散

$$S^2 = \frac{1}{n}\sum_{i=1}^{n}(X_i - \bar{X})^2$$

を考える．このとき前小節における例題 10.1 の結果に似ているが若干異なるつぎの命題が必要となる．

例題 10.3 標本分散 S^2 に対して，統計量

$$T = \frac{nS^2}{\sigma^2} = \frac{\sum_{i=1}^{n}(X_i - \bar{X})^2}{\sigma^2} = \frac{(n-1)U^2}{\sigma^2} \tag{10.26}$$

は自由度 $n-1$ のカイ 2 乗分布 $\chi^2(n-1)$ に従うことを示せ．ただし U^2 は不偏分散である．

注意 10.1 各標本 X_i は正規分布に従っているので，分散は X_i の 2 乗のオーダーだからカイ 2 乗分布 χ^2 が出現する．しかし，μ が既知のとき，分散 σ^2 を推定するのに標本分散 S^{*2}(10.21) 式を見よ) を用いたので自由度は n であるが，μ が未知のとき，母平均 μ を使わない標本分散 S^2 を用いたので自由度が $n-1$ となることに注意されたい．

解答 確率変数列 $\{\xi_1, \xi_2, \cdots, \xi_{n-1}\}$ をつぎで定める．

$$X_1 = \bar{X} + \sum_{i=1}^{n-1} \frac{\xi_i}{\sqrt{i(i+1)}} \tag{$*1$}$$

$$X_2 = \bar{X} + \frac{-\xi_1}{\sqrt{1 \cdot 2}} + \sum_{i=2}^{n-1} \frac{\xi_i}{\sqrt{i(i+1)}} \tag{$*2$}$$

$$X_3 = \bar{X} + \frac{-2\xi_2}{\sqrt{2 \cdot 3}} + \sum_{i=3}^{n-1} \frac{\xi_i}{\sqrt{i(i+1)}} \tag{$*3$}$$

$$\cdots\cdots\cdots\cdots$$

$$X_k = \bar{X} + \frac{-(k-1)\xi_{k-1}}{\sqrt{(k-1)k}} + \sum_{i=k}^{n-1} \frac{\xi_i}{\sqrt{i(i+1)}} \tag{$*k$}$$

$$\cdots\cdots\cdots\cdots$$

$$X_n = \bar{X} + \frac{-(n-1)\xi_{n-1}}{\sqrt{(n-1)n}} \tag{$*n$}$$

つぎに $(*1) - (*2)$ を計算して

$$X_1 - X_2 = \sqrt{2}\xi_1 \sim N(0, 2\sigma^2)$$

となることが正規分布の再生性から得られる．したがって ξ_1 は正規分布 $N(0, \sigma^2)$ に従うことがわかる．同様にして，$(*1) + (*2) - (*3) \times 2$ を計算して

$$X_1 + X_2 - 2X_3 = \frac{6\xi_2}{\sqrt{2 \cdot 3}} \sim N(0, 6\sigma^2)$$

となることより ξ_2 が正規分布 $N(0, \sigma^2)$ に従い，かつ ξ_1 と独立である．以下これと同様の操作を繰り返すことにより，結局 $\{\xi_1, \xi_2, \cdots, \xi_{n-1}\}$ が互いに独立な正規分布 $N(0, \sigma^2)$ に従う確率変数列であることがわかる．一方，和についてつぎの関係式

$$\sum_{i=1}^{n}(X_i - \bar{X})^2 = \sum_{i=1}^{n-1} \xi_i^2 \tag{$**$}$$

が成り立つ．各 k について $\xi_k \sim N(0, \sigma^2)$ であるから $\xi_k/\sigma \sim N(0, 1)$ であって，カイ 2 乗分布の定義より $\xi_k^2/\sigma^2 \sim \chi^2(1)$ が得られる．ここでカイ 2 乗分布の再生

性より直ちに
$$\frac{1}{\sigma^2}\xi_1^2 + \frac{1}{\sigma^2}\xi_2^2 + \cdots + \frac{1}{\sigma^2}\xi_{n-1}^2 \sim \chi^2(n-1)$$
が従う．これは (∗∗) 式から統計量 $T = \frac{1}{\sigma^2}\sum_{i=1}^{n}(X_i - \bar{X})^2$ が自由度 $n-1$ のカイ 2 乗分布 $\chi^2(n-1)$ に従うことを意味する． □

上の例題 10.3 よりキーとなる統計量
$$T = \frac{1}{\sigma^2}\sum_{i=1}^{n}(X_i - \bar{X})^2$$
の分布がわかったので，あとのストーリー展開は前小節 10.2.1 の母平均 μ が既知の場合とほぼ同様に行うことができる．実際
$$T = \frac{1}{\sigma^2}\sum_{i=1}^{n}(X_i - \bar{X})^2 = \frac{nS^2}{\sigma^2} = \frac{(n-1)U^2}{\sigma^2}$$
の分布がカイ 2 乗分布 $\chi^2(n-1)$ であることに注意して，危険率を α とする．信頼度 $1-\alpha$ に対してカイ 2 乗分布表から関係式
$$P\left(T < \chi_{n-1}^2\left(1-\frac{\alpha}{2}\right)\right) = \frac{\alpha}{2}, \quad P\left(\chi_{n-1}^2\left(\frac{\alpha}{2}\right) < T\right) = \frac{\alpha}{2} \qquad (10.27)$$
を満たす上側 $\alpha/2$ 点 $\chi_{n-1}^2\left(\frac{\alpha}{2}\right)$ と上側 $1-(\alpha/2)$ 点 $\chi_{n-1}^2\left(1-\frac{\alpha}{2}\right)$ を求めればよい．このとき明らかに等式
$$1-\alpha = P\left(\chi_{n-1}^2\left(1-\frac{\alpha}{2}\right) < T < \chi_{n-1}^2\left(\frac{\alpha}{2}\right)\right)$$

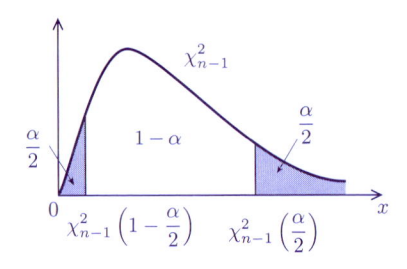

図 10.5 カイ 2 乗分布 $\chi^2(n-1)$ の上側 α 点

$$= P\left(\frac{nS^2}{\chi_{n-1}^2\left(\frac{\alpha}{2}\right)} < \sigma^2 < \frac{nS^2}{\chi_{n-1}^2\left(1-\frac{\alpha}{2}\right)} \right)$$

$$= P\left(\frac{(n-1)U^2}{\chi_{n-1}^2\left(\frac{\alpha}{2}\right)} < \sigma^2 < \frac{(n-1)U^2}{\chi_{n-1}^2\left(1-\frac{\alpha}{2}\right)} \right) \quad (10.28)$$

が成り立つことがわかる．これより母平均 μ が未知のときの正規母集団 $N(\mu,\sigma^2)$ の母分散 σ^2 の区間推定に関する定理が導かれる (図 10.5)．

定理 10.4 不偏分散を $U^2 = \dfrac{1}{n-1}\sum_{i=1}^{2}(X_i - \bar{X})^2$ とする．母平均 μ が未知のとき，正規母集団の母分散 σ^2 の信頼度 $1-\alpha$ の信頼区間 $(T_L(X), T_U(X))$ は

$$\left(\frac{(n-1)U^2}{\chi_{n-1}^2\left(\frac{\alpha}{2}\right)}, \frac{(n-1)U^2}{\chi_{n-1}^2\left(1-\frac{\alpha}{2}\right)} \right) \quad (10.29)$$

である．

上記で一般の定理を導出できたので，この節のはじめに述べたシチュエーションに解答を与えておこう．

例題 10.4 Situation 3 のガレキのトラック運搬問題を考察する．ランダムに 10 台のトラックを選びその積載量 (単位：トン) を調べたところ下記の結果を得た．

$$3.9 \quad 3.6 \quad 3.5 \quad 3.7 \quad 4.1$$
$$3.8 \quad 3.5 \quad 4.0 \quad 3.7 \quad 3.6$$

このとき，1 群 20 台のトラックで運搬されたガレキの総重量はどのくらいのバラツキをもつか，信頼度 95%の信頼区間を求めよ．ただし母平均 μ は未知とする．

解答 データを $\{x_i\}$ とする．まず不偏分散の実現値の計算から始める．

であり，定理 10.4 を適用してカイ 2 乗分布表から信頼上限値 t_U と信頼下限値 t_L を求めると

$$t_L = (n-1)u^2/\chi^2_{n-1}(0.025) = 0.3843/19.02 \approx 0.0202$$
$$t_U = (n-1)u^2/\chi^2_{n-1}(0.975) = 0.3843/2.70 \approx 0.1423$$

$$u^2 = \frac{1}{n-1}\sum_{i=1}^{n}(x_i-\bar{x})^2 = \frac{1}{10-1}\sum_{i=1}^{10}(x_i-3.74)^2 = 0.0427$$

を得る．したがって母分散 σ^2 の信頼度 95% の信頼区間は (0.020, 0.142) である．これはトラック 1 台の積載量のバラツキに他ならない．そこで 1 群 20 台のトラックの総重量のバラツキは，分散の加法性から 20 倍となるので，求める信頼区間は (0.40, 2.84) [トン^2] である．　　　　　　　　　　　　　　　　　　　　　　□

問 10.5 C 社製造の鉛 (Pb) の粗鉛資材の中から 10 本を無作為抽出して融点 (単位：℃) を測定して表 10.3 の結果を得た．C 社製の Pb の粗鉛資材の融点の分散を信頼係数 95% で区間推定せよ．(ヒント：$\bar{x} = 126.1$, $s^2 = 0.11$, 自由度 $n-1 = 10-1 = 9$, $1-\alpha = 0.95$ として $\chi^2_9(0.025) = 19.02$, $\chi^2_9(0.975) = 2.70$)(答え：(0.06, 0.41))

表 10.3　粗鉛資材の融点 (単位：℃)

整理番号	1	2	3	4	5
融点	126.5	126.7	125.9	125.6	126.4
整理番号	6	7	8	9	10
融点	126.1	125.8	126.2	125.8	126.0

10.3　母比率の区間推定

2 項分布に従う母集団を 2 項母集団という．この節では 2 項母集団の区間推定問題を扱う．2 項分布 $B(n,p)$ は独立試行回数 n と 1 回の試行におけるある事象の出現確率 p とで決定される (6 章参照)．つまり n は 2 項母集団から取られた標本の大きさで，p は 2 項母集団の母比率を表す．X を n 回中の対象事象の出現回数を表す確率変数とすると，$X \sim B(n,p)$ で

$$f(x;p) = P(X=x) = {}_nC_x p^x (1-p)^{n-k} \quad (k=0,1,\cdots,n)$$

なる確率関数 $f(x;p)$ を用いていままで解説してきたような母比率 p の推定理論を展開できるが，実際問題として計算がかなり複雑化するという難点がある．そこで標本数 n が大きい大標本のケースでは，2 項分布の正規近似 (6 章参照) を用いた「近似法」を使用し，標本数が小さい小標本のケースでは，2 項分布と F 分布との直接的関係 (6 章参照) を用いた「精密法」を使用するのが普通である．この他にも標本数 n が大きく $(n \geq 50)$，母比率 p が小さい $(0 < p \leqslant 0.01)$ ときにはポアソン近似を用いる方法もある．

10.3.1 大標本のケース

まずつぎのようなシチュエーションを考えよう．

> **Situation 4.** ある大学の 1 年生の中から無作為に 400 人を抽出して「いま現在，恋人がいるか」についてアンケート調査を行った．その結果，240 人が「いる」と答えた．この大学の 1 年生全体では恋人がいる人の割合は何 % であると言えるか？

単純比で考えると，$240 \div 400 = 0.6$ であるから，大体 60 % 位だろうと予想してしまうのは手っ取り早くてよい．しかし，同じ 400 人のアンケート調査でもその時々で「いる」と答える人が 240 人より多かったり少なかったりするだろう．あるときは極端に減ることもあり得るだろう．この問題はサンプルから全体の比率 (統計用語で母比率という) を統計的に推定する問題である (図 10.6)．全員調査が可能ならそれに越したことはないが，時間も費用もかかりあまり現実的ではない．最小

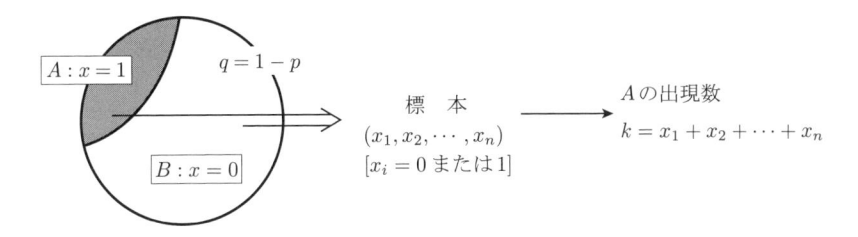

図 **10.6** 2 項母集団の母比率

限の労力と費用で効率を上げられるのがアンケート調査のメリットでもある．それにはある程度の精度を保証してやる必要がある．一体どうすれば良いだろうか？

母集団比率が p の母集団から大きさ n の標本 $X_1, X_2, \cdots, X_n$ を抽出したとき，その中にある特性 A をもつものが X 個あれば，X は2項分布 $B(n,p)$ に従う．すなわち $X = X_1 + \cdots + X_n \sim B(n,p)$ である．この確率変数 X の平均と分散はそれぞれ

$$E(X) = np, \qquad V(X) = np(1-p)$$

であるから，中心極限定理 (7章, 系 7.3) によって X の標準化確率変数の漸近分布は標準正規分布である．

キーポイント． (2項分布の正規近似) $0 < p < 1$ に対し，$n \gg 1$ のとき，$X \sim B(n,p)$ なら

$$\frac{X - np}{\sqrt{np(1-p)}} \sim N(0,1)$$

が近似的に成立する．

したがってサンプル数 n が十分大きいなら，2項分布は正規分布で近似できることになる．つまり n が十分大のときは X は正規分布 $N(np, np(1-p))$ に従っているとみなしてよいことになる．このとき標本比率 X/n の分布も n が十分大きいという前提のもとで正規分布 $N(p, p(1-p)/n)$ と考えてよい．このことから標準化の手続きにより，

キーポイント． $n \gg 1$ のもとで

$$T = \frac{\bar{X} - E(\bar{X})}{\sqrt{V(\bar{X})}} = \frac{\dfrac{X}{n} - p}{\sqrt{\dfrac{p(1-p)}{n}}} \sim N(0,1) \tag{10.30}$$

を得る．これが裏のからくり，すなわち Situation 4 の問題を解くための統計的キーポイントである．つぎに精度を指定しよう．高確率で推定したいので，危険率 α を $0 < \alpha \ll 1$ として，信頼度を $1-\alpha$ とする．標準正規分布 $N(0,1)$ の上側 $\alpha/2$ 点

を $z\left(\dfrac{\alpha}{2}\right)$ として

$$P(\ |T| < z(\alpha/2)\ ) = 1 - \alpha$$

が成り立たせるように，母比率 p の信頼上限 T_U と信頼下限 T_L を定めればよいことになる．$\hat{p}$ を標本比率とするとき，$\hat{p} = X/n = \bar{X} = (X_1 + \cdots + X_n)/n$ と書けることに注意して

$$\begin{aligned}
1 - \alpha &= P\left(-z(\alpha/2) < T < z(\alpha/2)\right) \\
&= P\left(-z(\alpha/2) < \frac{\sqrt{n}(\hat{p} - p)}{\sqrt{p(1-p)}} < z(\alpha/2)\right) \\
&= P\left(\hat{p} - z(\alpha/2)\sqrt{\frac{p(1-p)}{n}} < p < \hat{p} + z(\alpha/2)\sqrt{\frac{p(1-p)}{n}}\right)
\end{aligned} \qquad (10.31)$$

が得られる．ここで母比率 p の推定が目的であるから根号 $\sqrt{(\cdot)}$ の中の p はちょっと具合が悪いのだけれど，つぎのような議論によってなんとか切り抜けることができる．一般に正規母集団とは限らない母集団の母数 θ の信頼区間については，標本数 n が十分大であるなら近似的に信頼区間 $(\hat{\theta}_L, \hat{\theta}_U)$ が定まって

$$\hat{\theta} - z(\alpha/2)\sqrt{V(\hat{\theta})} < \theta < \hat{\theta} + z(\alpha/2)\sqrt{V(\hat{\theta})}$$

と書けることが知られている．ただし，$\hat{\theta}$ は母数 θ の最尤推定量で，$V(\hat{\theta})$ は $\hat{\theta}$ の分散である．またさらには 2 項母集団における母比率 p の最尤推定量は標本比率 $\hat{p} = X/n = \bar{X}$ であることを利用して根号 $\sqrt{(\cdot)}$ の中の p を $\hat{p}$ に置き換えることができる．したがって (10.31) 式より高い確率 $1 - \alpha$ で不等式

$$\hat{p} - z(\alpha/2)\sqrt{\frac{\hat{p}(1-\hat{p})}{n}} < p < \hat{p} + z(\alpha/2)\sqrt{\frac{\hat{p}(1-\hat{p})}{n}}$$

が成り立っている．これよりつぎの定理を得る．

定理 10.5 2 項母集団における母比率 p に対する信頼度 $1 - \alpha$ の信頼区間 (T_L, T_U) はつぎの区間で近似される．

$$\left(\hat{p} - z(\alpha/2)\sqrt{\frac{\hat{p}(1-\hat{p})}{n}},\ \hat{p} + z(\alpha/2)\sqrt{\frac{\hat{p}(1-\hat{p})}{n}}\right) \qquad (10.32)$$

これに基づいて Situation 4 の問題を片づけよう．信頼度 95 % とする．正規分布表から，$P(|T|<c)=1-\alpha=0.95$ なる c を求めると $c=z(\alpha/2)=z(0.025)=1.96$ である．定理 10.5 から直ちに p の信頼区間は

$$\hat{p}-c\sqrt{\frac{\hat{p}(1-\hat{p})}{n}}<p<\hat{p}+c\sqrt{\frac{\hat{p}(1-\hat{p})}{n}}$$

であるから，$n=400, c=1.96$，および $\hat{p}=0.6$ を代入すれば求める区間が得られる．実際，信頼度 95 % での大学 1 年生全体の恋人のいる人の割合の信頼区間は

$$0.552<p<0.648$$

である．よって恋人がいる学生の割合は 55 % から 64 % の間であることはほぼ確実である．つまりどう転んでも半数以上の学生は週末をともに過ごすお相手がいることになる．結果を信じるかどうかは別として，これが標本数が大きい（大標本の）場合の母比率の区間推定である．

問 10.6 ある果物農園で収穫したラ・フランス（西洋梨）の中から 100 個を抜き取り検査した．表面に傷があるなどして商品価値のない不良品が 9 個出た．この農園のラ・フランスの不良率を信頼係数 95% で区間推定せよ．（答え：信頼区間は $(0.034, 0.146)$ ）

10.3.2 小標本のケース

前小節では大標本の場合の母比率の区間推定を紹介したが，「実際のケースでは標本数が少ない場面によく出くわすけど，そういうときはどうするの？」とお思いの読者も多いのでは．ここでは少しシチュエーションを変えて，小標本の場合の母比率の区間推定について考察することにする．

> **Situation 5.** ある中学校の女子生徒 22 人にアンケートを実施し，「毎朝食事をとっているか」を調査した．その結果，3 人が食べてこないと答えた．このとき食事をとってこない女子学生の学校全体での割合をなるべく高い水準で知りたい．どうすればよいか？

ここでの問題点はサンプル数 $n=22$ は決して十分大きいとは言えないことである．典型的な小標本の場合に相当する．統計的に推定する対象である「全体の比率」を $p\ (0<p<1)$ とする．このとき，標本比率 $\dfrac{X}{n}$ の分布がわかればよい．ここま

では前小節の Situation 4 のときと同じである．標本数 n が十分大でないため，中心極限定理に基づいた 2 項分布の正規近似の手法を適用できない．つまり

$$\frac{X}{n} \sim N\left(p, \frac{p(1-p)}{n}\right)$$

を用いることができないわけである．2 項分布の正規近似がダメなら，2 項分布と関係の深い有用な別の分布を探し出すしかない．実は標本数が小さいときの対処法は，2 項分布の F 分布表現 (6 章参照) を用いることにより母比率の正確な信頼区間を求めることができるのである．ここでの統計的キーポイントはつぎの 2 項分布 $B(n,p)$ と自由度 (m,n) の F 分布との関係である．

キーポイント． n, k を $n \geq k \geq 1$ なる自然数で，$0 < p < 1$ とする．確率変数 X と Y がそれぞれ 2 項分布 $B(n,p)$ と自由度 $(2k, 2(n-k+1))$ の F 分布に従うとき，

$$P(X \geq k) = P\left(\frac{p/(2k)}{(1-p)/2(n-k+1)} \geq Y\right)$$

が成り立つ．

この厳密な関係式から，母比率 p の信頼度 95％ に対する信頼区間を求めることができる訳であるが，話を順番に進めよう．

まず区間推定の 1 つの作り方を考察する．母数 θ の信頼係数 $1-\alpha$ の信頼区間 (T_L, T_U) を作りたいとする．θ の推定量を $\hat{\theta}$ とする．関係式

$$P(\hat{\theta} \leqslant x_1) = P(\hat{\theta} > x_2) = \frac{\alpha}{2}$$

を満たすような x_1, x_2 は θ の関数と考えられるから，$x_1(\theta), x_2(\theta)$ と表すことにする．したがって $x_1(\theta) \leqslant x_2(\theta)$ となる．この 2 つの関数 $x_1(\theta), x_2(\theta)$ は θ の単調増加関数であるとする．$x_i(\cdot)$ の逆関数 $x_i^{-1}(\cdot)$ を $\theta_i^*(\cdot)$ $(i=1,2)$ と表すとき，

$$P(\hat{\theta} \leqslant x_1(\theta)) = P(\theta_1^*(\hat{\theta}) \leqslant \theta), \quad P(\hat{\theta} > x_2(\theta)) = P(\theta_2^*(\hat{\theta}) > \theta)$$

であるから

$$\theta_2^*(\hat{\theta}) \leqslant \theta < \theta_1^*(\hat{\theta})$$

が信頼係数 $1-\alpha$ の母数 θ の信頼区間である．実際，

$$P(\theta_2^*(\hat{\theta}) \leqslant \theta < \theta_1^*(\hat{\theta})) = P(\theta < \theta_1^*(\hat{\theta})) - P(\theta < \theta_2^*(\hat{\theta}))$$
$$= P(\hat{\theta} > x_1(\theta)) - P(\hat{\theta} > x_2(\theta))$$
$$= \{1 - P(\hat{\theta} \leqslant x_1(\theta))\} - P(\hat{\theta} > x_2(\theta))$$
$$= \left(1 - \frac{\alpha}{2}\right) - \frac{\alpha}{2} = 1 - \alpha$$

が成り立つからである.つまり θ の推定値 $\hat{\theta}^*$ が得られると方程式 $x_1(\theta) = \hat{\theta}^*$, $x_2(\theta) = \hat{\theta}^*$ の 2 つの解 θ_1, θ_2 に対して区間 $[\theta_2, \theta_1]$ を求めることができるのである.

そこで上述の方式に則ってサンプル数 n が小さい小標本の場合に,2 項分布 $B(n, p)$ の区間推定を求めることにする.そのため 2 項分布と F 分布の関係の復習から始める (6 章参照).つぎの結果は 2 項分布 B とベータ分布 B_E の関係を表すもので,部分積分法を繰り返すことにより得られる (6 章, 6.9 節, 補題 6.1 参照).

基本的関係式 I

$X \sim B(n,p), Y \sim B_E(k, n-k+1)$ $(k \geq 1)$ のとき
$$\sum_{x=k}^{n} \binom{n}{x} p^x (1-p)^{n-x} = \frac{1}{B_0(k, n-k+1)} \int_0^p x^{k-1}(1-x)^{n-k} dx$$
が成り立つ.ここで B_0 はベータ関数である.

これより直ちに $P(Y \leqslant p) = P(X \geq k)$ が成り立つので

基本的関係式 II

$X \sim B(n,p), Y \sim B_E(k, n-k+1)$ $(k \geq 1)$ のとき
$$F_X(k-1) + F_Y(p) = 1$$
が成り立つ (6 章, 定理 6.6 参照).

が得られる.また F 分布とベータ分布の間にはつぎの関係が樹立される.確率密度関数の簡単な計算から,$Y \sim F(m,n)$ のとき
$$Z = \frac{mY}{n + mY} \sim B_E\left(\frac{m}{2}, \frac{n}{2}\right)$$

が成り立つ (6 章, 6.9 節参照). したがってこの結果と上の基本的関係式 II より 2 項分布と F 分布の関係が得られる.

基本的関係式 III

$X \sim B(N,p), Y \sim F(m,n)$ のとき
$$F_X(k-1) + F_Y\left(\frac{np}{m(1-p)}\right) = 1$$
が成り立つ. ただし, $m = 2k, n = 2[N-(k-1)], k \geq 1$ である (6 章, 定理 6.7 参照).

したがってこの基本的関係式 III を用いると, 特に

基本的関係式 IV

$X \sim B(n,p), Y \sim F(m_1, n_1)$ のとき
$$P(k \leqslant X \leqslant n) = P(Y > \xi)$$
が成り立つ. ここで, $m_1 = 2(n-k+1), n_1 = 2k, \xi = n_1(1-p)/(m_1 p)$ である (6 章, 定理 6.5 参照).

が得られる. この厳密な関係式から, 母比率 p の信頼度 95 % に対する信頼区間を求めることができる.

$$\begin{cases} m_1 = 2(n-k+1), \\ n_1 = 2k, \end{cases} \quad \begin{cases} m_2 = 2(k+1), \\ n_2 = 2(n-k), \end{cases}$$

と置き, $F_1 = F_{n_1}^{m_1}\left(\dfrac{\alpha}{2}\right)$ を自由度 (m_1, n_1) の F 分布 $F_{n_1}^{m_1}$ の $100 \times \dfrac{\alpha}{2}$ % 点とし, $F_2 = F_{n_2}^{m_2}\left(\dfrac{\alpha}{2}\right)$ を自由度 (m_2, n_2) の F 分布 $F_{n_2}^{m_2}$ の $100 \times \dfrac{\alpha}{2}$ % 点とするとき,

$$\frac{n_2 p}{n_2(1-p)} = F_2 \quad \text{および} \quad \frac{n_1(1-p)}{m_1} = F_1$$

なる関係が成立することがわかる. この 2 つの方程式の第 1 式を解いて得られる p の値が信頼上限値 T_U を与える. また第 2 式を解いて得られる p の値が信頼下限値

T_L を与える．実際に方程式を解いて

$$T_L = \frac{n_1}{m_1 F_1 + n_1}, \quad T_U = \frac{m_2 F_2}{m_2 F_2 + n_2}$$

となる．したがって信頼度 95 % の高確率で信頼区間

$$\frac{n_1}{m_1 F_1 + n_1} < p < \frac{m_2 F_2}{m_2 F_2 + n_2}$$

が成り立つ．以上まとめてつぎの定理を得る．

定理 10.6 標本数 n が十分大であるとは言えないとする．このとき母比率 p の信頼係数 $1-\alpha$ に対する信頼区間 (T_L, T_U) は

$$\left(\frac{n_1}{m_1 F_{n_1}^{m_1}\left(\frac{\alpha}{2}\right) + n_1}, \frac{m_2 F_{n_2}^{m_2}\left(\frac{\alpha}{2}\right)}{m_2 F_{n_2}^{m_2}\left(\frac{\alpha}{2}\right) + n_2} \right) \tag{10.33}$$

である．

注意 10.2 この F 分布による方法は大標本のケースと異なり，一切の近似を使用しない精密法であり，正確に信頼度 $1-\alpha$ 以上の信頼区間が得られる．しかし標本 n が大きくなると，エフ分布表に載っていない自由度 (m, n) のところの値を得るために補間法を行う必要があり計算がわずらわしいという一面がある．

さて準備が整ったので Situation 5 に解答を与えよう．いま標本数を $n = 22$ とし，標本における特性 A (朝食不摂取派) の個数を $k = 3$ とし，信頼度 $\gamma = 0.95$ (信頼係数 95 %) として定理 10.6 の信頼区間の公式 (10.33) の上限と下限をそれぞれ求めることにする．

(i) 下限値 t_L の計算

$$m_1 = 2(n - k + 1) = 2(22 - 3 + 1) = 40$$
$$n_1 = 2k = 2 \times 3 = 6$$

F 分布表から $F_1 = F_6^{40}(0.025) = 5.01$ なので

$$t_L = \frac{n_1}{m_1 F_1 + n_1} = \frac{6}{40 \times 5.01 + 6} = 0.029$$

(ii) 上限値 t_U の計算

$$m_2 = 2(k+1) = 2(3+1) = 8$$
$$n_2 = 2(n-k) = 2(22-3) = 38$$

F 分布表から $F_2 = F_{38}^{8}(0.025) = 2.532$ なので

$$t_U = \frac{m_2 F_2}{m_2 F_2 + n_2} = \frac{8 \times 2.532}{8 \times 2.532 + 38} = 0.348$$

以上より，信頼度 95％ の朝食をとらない女子生徒の学校全体に占める割合 p の信頼区間は

$$0.029 < p < 0.348$$

である．大体 3％ ～ 35％ となり，小標本のため結果はバラツキが少し大きくなっている．

問 10.7 K社が新たに開始したインターネット上でのポイントがたまる新サービスについて，23名を対象に満足度調査をしたところ，14名が「満足している」と答えた．この新サービスに加入している全顧客の満足度に対する95％の信頼区間を求めよ．(答え：信頼度95％の信頼区間は (0.386, 0.802))

問題 10.1 H病院に入院中のガン患者19人中に大腸ガン患者が5人いることがわかった．大腸ガンの比率 p を信頼係数95％の信頼区間を求めよ．(演習問題 [8] 参照)

問題 10.2 T大学の学生食堂で無作為に14人の学生を選んで調べたところ，うち9人がスパゲッティ麺類好きであった．学生のスパゲッティ麺類好きの比率 p の信頼係数95％の信頼区間を求めよ．(演習問題 [9] 参照)

10.4　2標本の場合の区間推定

ここではデータが2組存在する場合の区間推定問題を扱う．この場合さらに2つに分類される．すなわち対応のあるデータと対応のないデータである．たとえば，自動車の左右のタイヤの摩耗度に関するデータは前者に当たる．また中学1年生の男子と女子の身長は後者に当たる．下記では対応のないデータのみを取り扱う．この場合を **2標本問題** (two-sample problem) という．この2標本データを本書ではつぎのように区別して記述する．母集団 A からのサイズ m の標本を $X_1, \cdots, X_m$，母

集団 B からのサイズ n の標本を $Y_1, \cdots, Y_n$ とし，全標本 $X_1, \cdots, X_m, Y_1, \cdots, Y_n$ は互いに独立とする．またそれぞれの標本平均，標本分散，不偏分散なども下記のように記号で書き分けて扱う．

$$\bar{X} = \frac{1}{m}\sum_{i=1}^{m} X_i, \qquad \bar{Y} = \frac{1}{n}\sum_{i=1}^{n} Y_i$$

$$S_X^2 = \frac{1}{m}\sum_{i=1}^{m}(X_i - \bar{X})^2, \quad S_Y^2 = \frac{1}{n}\sum_{i=1}^{n}(Y_i - \bar{Y})^2$$

$$U_X^2 = \frac{1}{m-1}\sum_{i=1}^{m}(X_i - \bar{X})^2, \quad U_Y^2 = \frac{1}{n-1}\sum_{i=1}^{n}(Y_i - \bar{Y})^2$$

10.4.1 2標本正規母集団の母平均差の区間推定

ここで扱う区間推定がどういう統計処理に役に立つのかイメージをもってもらうために下記のシチュエーションを想定する．この小節では母平均差の区間推定問題を a, b, c, d, e の5つのカテゴリーに分けて段階的に順次論じていくことにする．

> **Situation 6.** A 高校の生徒 50 人を無作為に選んで「1 週間に何時間勉強するか？」を調査したところ，平均学習時間は 21.4 [時間] であった．同様に B 高校の生徒 45 人についても調査したところ平均学習時間は 23.3 [時間] であった．このとき 2 校の生徒間での学習時間の差はどうなっているのだろうか？ 2 校の学習時間の平均の差はどのくらいあるのか？ 信頼係数 95% の高い水準で差の区間推定が可能なのだろうか？

このような具体的な問題意識のもとで，2 標本正規母集団 $N(\mu_1, \sigma_1^2)$, $N(\mu_2, \sigma_2^2)$ の母平均差 $\mu_1 - \mu_2$ の区間推定について考えてみよう．

a. μ_1, μ_2：未知かつ σ_1^2, σ_2^2：既知のケース

多少天下り的かも知れないが結論から言うと，このケースは比較的に容易でつぎの定理が成り立つ．

> **定理 10.7** 正規母集団 $N(\mu_1, \sigma_1^2)$ からのサイズ m の無作為標本を $\{X_i\}$ $(i=1,\cdots,m)$, 別の正規母集団 $N(\mu_2, \sigma_2^2)$ からのサイズ n の無作為標本を $\{Y_i\}$ $(i=1,\cdots,n)$ とする. また母平均 μ_1, μ_2 は未知で母分散 σ_1^2, σ_2^2 は既知とする. このとき母平均差 $\mu_1 - \mu_2$ に対する信頼係数 $100 \times (1-\alpha)$ % の信頼区間 (T_L, T_U) はつぎで与えられる.
> $$T_L = (\bar{X} - \bar{Y}) - z\left(\frac{\alpha}{2}\right)\sqrt{\frac{\sigma_1^2}{m} + \frac{\sigma_2^2}{n}}$$
> $$T_U = (\bar{X} - \bar{Y}) + z\left(\frac{\alpha}{2}\right)\sqrt{\frac{\sigma_1^2}{m} + \frac{\sigma_2^2}{n}}$$

である.

定理 10.7 の証明 各標本ごとに $X_i \sim N(\mu_1, \sigma_1^2), Y_j \sim N(\mu_2, \sigma_2^2)$ であるからその標本平均については

$$\bar{X} = \frac{1}{m}\sum_{i=1}^{m} X_i \sim N\left(\mu_1, \frac{\sigma_1^2}{m}\right),$$
$$\bar{Y} = \frac{1}{n}\sum_{j=1}^{n} Y_i \sim N\left(\mu_2, \frac{\sigma_2^2}{n}\right)$$

また $E(\bar{X}-\bar{Y}) = \mu_1 - \mu_2$ より $\mu_1 - \mu_2$ の不偏推定量が $\bar{X} - \bar{Y}$ であることに注意して, 正規分布の再生性 (6 章, 6.4 節参照) から

$$\bar{X} - \bar{Y} \sim N\left(\mu_1 - \mu_2, \frac{\sigma_1^2}{m} + \frac{\sigma_2^2}{n}\right)$$

が従う. このとき正規分布の標準化の手続きにより

― キーとなる統計的主張 I ―

統計量 $T = \dfrac{(\bar{X}-\bar{Y}) - (\mu_1 - \mu_2)}{\sqrt{\dfrac{\sigma_1^2}{m} + \dfrac{\sigma_2^2}{n}}}$ は標準正規分布 $N(0,1)$ に従う.

が成り立つので, 危険率 α とするとき, 信頼度 $1-\alpha$ に対して統計量 T は
$$P\left(|T| < z\left(\frac{\alpha}{2}\right)\right) = 1-\alpha$$

を満たす．簡単のため $z_0 = z\left(\dfrac{\alpha}{2}\right)$ と置くと，確率 $1-\alpha$ で不等式 $-z_0 < T < z_0$ が成り立つ．ゆえに

$$-z_0 < \frac{(\bar{X}-\bar{Y})-(\mu_1-\mu_2)}{\sqrt{\dfrac{\sigma_1^2}{m}+\dfrac{\sigma_2^2}{n}}} < z_0$$

この式を同値変形して母平均差 $\mu_1 - \mu_2$ の評価式の形に書き直して

$$(\bar{X}-\bar{Y}) - z\left(\frac{\alpha}{2}\right)\sqrt{\frac{\sigma_1^2}{m}+\frac{\sigma_2^2}{n}} < \mu_1 - \mu_2$$
$$< (\bar{X}-\bar{Y}) + z\left(\frac{\alpha}{2}\right)\sqrt{\frac{\sigma_1^2}{m}+\frac{\sigma_2^2}{n}} \qquad \square$$

問 10.8 正規母集団 $N(\mu_1, 0.08)$ からのサイズ 5 の無作為標本の測定値を

$$13.1 \quad 12.9 \quad 11.9 \quad 12.6 \quad 13.3$$

とし，別の正規母集団 $N(\mu_2, 0.05)$ からのサイズ 4 の無作為標本の測定値を

$$7.8 \quad 9.0 \quad 8.8 \quad 8.5$$

とする．このとき母平均差 $\mu_1 - \mu_2$ に対する信頼係数 80% の信頼区間を求めよ．

問 10.9 考察する対象の母集団，標本値は上の問 10.8 と同じとする．このとき母平均差 $\mu_1 - \mu_2$ に対する信頼係数 90% の信頼区間を求めよ．

注意 10.3 ここで扱ったケースのように，2 つの母平均 μ_1, μ_2 がともに未知のときに，2 つの母分散 σ_1^2, σ_2^2 がともに既知であるという状況はあまり現実的ではない．以降では 2 つの母分散がともに未知である場合を考察する．

b. μ_1, μ_2：未知かつ σ_1^2, σ_2^2：未知で m, n：十分大のケース

このケースでは特に標本数 m, n がともに約 50 以上であれば，上述の a のケースでの定理の主張において，信頼区間内の σ_1^2 と σ_2^2 のところを，分散が未知であるから標本から推定した不偏分散 U_X^2 と U_Y^2 で置き換えたものが近似的に信頼区間になる．実用上は何ら問題ない．

定理 10.8 正規母集団 $N(\mu_1, \sigma_1^2)$ からのサイズ m の無作為標本を $\{X_i\}$ $(i=1,\cdots,m)$，別の正規母集団 $N(\mu_2, \sigma_2^2)$ からのサイズ n の無作為標本を $\{Y_i\}$ $(i=1,\cdots,n)$ とする．また母平均 μ_1, μ_2 は未知で母分散 σ_1^2, σ_2^2 も未知とする．ただし標本数 m, n はともに十分大であると仮定する．このとき母平均差 $\mu_1 - \mu_2$ に対する信頼係数 $100 \times (1-\alpha)$ ％の信頼区間 (T_L, T_U) は近似的につぎで与えられる．

$$T_L = (\bar{X} - \bar{Y}) - z\left(\frac{\alpha}{2}\right)\sqrt{\frac{U_X^2}{m} + \frac{U_Y^2}{n}}$$

$$T_U = (\bar{X} - \bar{Y}) + z\left(\frac{\alpha}{2}\right)\sqrt{\frac{U_X^2}{m} + \frac{U_Y^2}{n}}$$

である．

問 10.10 母集団 $N(\mu_1, \sigma_1^2)$ からサイズ 60 の無作為標本を抽出し，それとは独立な別の母集団 $N(\mu_2, \sigma_2^2)$ からサイズの無作為標本を抽出して測定した結果，標本平均値 $\bar{x} = 170.2, \bar{y} = 156.7$, 不偏分散値 $u_X^2 = 43.5, u_Y^2 = 70.2$ を得た．このとき母平均差 $\mu_1 - \mu_2$ の信頼係数 90％の信頼区間を求めよ．

c. μ_1, μ_2：未知かつ等分散 $\sigma_1^2 = \sigma_2^2 = \sigma^2$：未知で m, n：十分小のケース

ここで扱うケースのように等分散 $\sigma_1^2 = \sigma_2^2$ ということだと，実際の問題に適用する前にまず等分散性の仮定を検証しなくてはならない．それには次章で扱う仮説検定という統計的手法に訴えて「等分散検定」を実施する必要がある．ここでは簡単のため等分散性は立証済みという前提で話を進めることにする．

まず標本から出発しよう．各標本ごとに $X_i \sim N(\mu_1, \sigma_1^2), Y_j \sim N(\mu_2, \sigma_2^2)$ であるから，標本平均については

$$\bar{X} \sim N\left(\mu_1, \frac{\sigma_1^2}{m}\right), \quad \bar{Y} \sim N\left(\mu_2, \frac{\sigma_2^2}{n}\right)$$

となる．ここで正規分布の再生性を思い出せば，直ちに

$$\bar{X} - \bar{Y} \sim N\left(\mu_1 - \mu_2, \frac{\sigma_1^2}{m} + \frac{\sigma_2^2}{n}\right)$$

が従うことがわかる．等分散という仮定を考慮に入れて $\bar{X} - \bar{Y}$ は平均 $\mu_1 - \mu_2$, 分

散 $\sigma^2\left(\dfrac{1}{m}+\dfrac{1}{n}\right)$ の正規分布に従うから標準化により

$$\frac{(\bar{X}-\bar{Y})-(\mu_1-\mu_2)}{\sqrt{\sigma^2\left(\dfrac{1}{m}+\dfrac{1}{n}\right)}} \sim N(0,1) \tag{10.34}$$

と言いたいところだが，いま扱っているケースでは分散は未知であった．したがって標本から分散を推定しなくてはならない．推定量

$$\begin{aligned}\hat{\sigma}^2 &= \frac{(X_1-\bar{X})^2+\cdots+(X_m-\bar{X})^2+(Y_1-\bar{Y})^2+\cdots+(Y_n-\bar{Y})^2}{(m-1)+(n-1)} \\ &= \frac{(m-1)U_X^2+(n-1)U_Y^2}{m+n-2}\end{aligned}$$

を考えよう．この $\hat{\sigma}^2$ のことを**合併標本分散**という．したがってこの合併標本分散 $\hat{\sigma}^2$ を (10.34) 式の σ^2 と置き換えて得られる統計量

$$T = \frac{(\bar{X}-\bar{Y})-(\mu_1-\mu_2)}{\sqrt{\hat{\sigma}^2\left(\dfrac{1}{m}+\dfrac{1}{n}\right)}} \tag{10.35}$$

の分布が何であるかがわかればよいということになる．

例題 10.5 統計量

$$W = \frac{1}{\sigma^2}(mS_X^2+nS_Y^2) \tag{10.36}$$

は自由度 $\phi=m+n-2$ のカイ2乗分布 $\chi^2(\phi)$ に従う．

解答 10.2 節の例題 10.3 により

$$T_1 = \frac{1}{\sigma^2}\sum_{i=1}^{m}(X_i-\bar{X})^2 \sim \chi^2(m-1)$$

$$T_2 = \frac{1}{\sigma^2}\sum_{j=1}^{n}(Y_j-\bar{Y})^2 \sim \chi^2(n-1)$$

であり，かつ T_1 と T_2 は互いに独立である．したがってカイ2乗分布の再生性 (6 章参照) により

$$\frac{1}{\sigma^2}\left\{\sum_{i=1}^{m}(X_i-\bar{X})^2+\sum_{j=1}^{n}(Y_j-\bar{Y})^2\right\}=\frac{1}{\sigma^2}(mS_X^2+nS_Y^2)$$

は自由度 $\phi=(m-1)+(n-1)=m+n-2$ のカイ2乗分布 $\chi^2(\phi)$ に従う． □

ここで問題の統計量を書き換えてみることにする．

$$\begin{aligned}T&=\frac{(\bar{X}-\bar{Y})-(\mu_1-\mu_2)}{\sqrt{\hat{\sigma}^2\left(\frac{1}{m}+\frac{1}{n}\right)}}\\&=\frac{(\bar{X}-\bar{Y})-(\mu_1-\mu_2)}{\sqrt{\frac{(m-1)U_X^2+(n-1)U_Y^2}{m+n-2}\left(\frac{1}{m}+\frac{1}{n}\right)}}\\&=\frac{(\bar{X}-\bar{Y})-(\mu_1-\mu_2)}{\sqrt{\frac{mS_X^2+nS_Y^2}{m+n-2}\left(\frac{1}{m}+\frac{1}{n}\right)}}\\&=\frac{(\bar{X}-\bar{Y})-(\mu_1-\mu_2)}{\sqrt{\frac{mS_X^2+nS_Y^2}{m+n-2}}\cdot\sqrt{\frac{1}{m}+\frac{1}{n}}}\\&=\frac{(\bar{X}-\bar{Y})-(\mu_1-\mu_2)}{\sqrt{\frac{\sigma^2}{m}+\frac{\sigma^2}{n}}}\cdot\left(\sqrt{\frac{\frac{1}{\sigma^2}(mS_X^2+nS_Y^2)}{m+n-2}}\right)^{-1}\end{aligned}$$

上述の計算の最後の変形式において前半の第1式に着目すると，

$$E(\bar{X}-\bar{Y})=\mu_1-\mu_2,\quad V(\bar{X}-\bar{Y})=\frac{\sigma^2}{m}+\frac{\sigma^2}{n}$$

となることより

$$V=\frac{(\bar{X}-\bar{Y})-(\mu_1-\mu_2)}{\sqrt{\frac{\sigma^2}{m}+\frac{\sigma^2}{n}}}\sim N(0,1)$$

であることがわかる．また上述の後半の第2式に注目すると根号 $\sqrt{(\cdot)}$ の中味が例題 10.5 の結果を踏まえて，

$$\frac{\text{自由度}\phi\text{のカイ2乗分布に従う }W}{\text{その自由度}\phi}$$

であることがわかる．6 章の t 分布の性質より，$X \sim N(0,1)$ かつ $Y \sim \chi^2(n)$ のとき $Z = X/\sqrt{Y/n} \sim t(n)$ であるから，この事実を適用すればつぎが得られることは容易に納得できる．すなわち，$V \sim N(0,1)$ かつ $W \sim \chi^2(m+n-2)$ のとき $G = V/\sqrt{W/(m+n-2)} \sim t(m+n-2)$ となる．このことは問題の統計量 T 自身が自由度 $\phi = m+n-2$ の t 分布 $t(m+n-2)$ に従うことを意味する．かくして重要な結果が導かれた．

キーとなる統計的主張 II

統計量 $T = \dfrac{(\bar{X} - \bar{Y}) - (\mu_1 - \mu_2)}{\sqrt{\hat{\sigma}^2 \left(\dfrac{1}{m} + \dfrac{1}{n}\right)}}$ は自由度 $\phi = m+n-2$ の t 分布 $t(m+n-2)$ に従う．ここで $\hat{\sigma}^2$ は合併標本分散である．

この結果より，危険率を α $(0 < \alpha \ll 1)$ に対して，$t^* = t_{m+n-2}(\alpha)$ を自由度 $m+n-2$ の t 分布 $t(m+n-2)$ の両側 $100 \times \alpha$ ％点とし，信頼係数 $100 \times (1-\alpha)$ ％ に対して

$$P(|T| < t_{m+n-2}(\alpha)) = 1 - \alpha$$

が成り立つ．したがって

$$P(-t_{m+n-2}(\alpha) < T < t_{m+n-2}(\alpha))$$
$$= P\left(-t^* < \frac{(\bar{X} - \bar{Y}) - (\mu_1 - \mu_2)}{\hat{\sigma}\sqrt{\dfrac{1}{m} + \dfrac{1}{n}}} < t^*\right)$$

であるから，確率 $1 - \alpha$ で不等式

$$(\bar{X} - \bar{Y}) - t^* \hat{\sigma} \sqrt{\frac{1}{m} + \frac{1}{n}} < \mu_1 - \mu_2$$
$$< (\bar{X} - \bar{Y}) + t^* \hat{\sigma} \sqrt{\frac{1}{m} + \frac{1}{n}}$$

が成り立つ．まとめてつぎの定理を得る．

定理 10.9 正規母集団 $N(\mu_1, \sigma_1^2)$ からのサイズ m の無作為標本を $\{X_i\}$ $(i = 1, \cdots, m)$, 別の正規母集団 $N(\mu_2, \sigma_2^2)$ からのサイズ n の無作為標本を $\{Y_i\}$ $(i = 1, \cdots, n)$ とする．また母平均 μ_1, μ_2 は未知で母分散 σ_1^2, σ_2^2 も未知とする．ただし標本数 m, n はともに十分小であると仮定する．$\sigma_1^2 = \sigma_2^2$ のとき，このとき母平均差 $\mu_1 - \mu_2$ に対する信頼係数 $100 \times (1-\alpha)$ ％の信頼区間 (T_L, T_U) はつぎで与えられる．

$$T_L = (\bar{X} - \bar{Y}) - t_{m+n-2}(\alpha) \hat{\sigma} \sqrt{\frac{1}{m} + \frac{1}{n}}$$

$$T_U = (\bar{X} - \bar{Y}) + t_{m+n-2}(\alpha) \hat{\sigma} \sqrt{\frac{1}{m} + \frac{1}{n}}$$

である．

問 10.11 放送衛星のプラットフォームに設置する通信機器用電子部品を 2 つの会社，A 社と B 社が開発・製造している．これら 2 社の製品に対し高速回転と振動を加えての耐久寿命テストを実施しつぎの結果を得た．A 社製では，サンプル数 $n_1 = 4$ [個]，平均寿命 $\bar{x}_1 = 2725$ [日間]，標準偏差 $s_1 = 38$ [日間] であり，B 社製では，サンプル数 $n_2 = 5$ [個]，平均寿命 $\bar{x}_1 = 2658$ [日間]，標準偏差 $s_1 = 42$ [日間] であった．2 社製品の母分散について $\sigma_1^2 = \sigma_2^2$ であると仮定して，平均差 $\mu_1 - \mu_2$ に対する信頼係数 90％の信頼区間を求めよ．

d. μ_1, μ_2：未知かつ $\sigma_1^2 \neq \sigma_2^2$：未知で m, n：十分小のケース

2 つの母分散 σ_1^2 と σ_2^2 がともに未知で，等分散かどうかも不明な一般の状況のときには，母平均の差 $\mu_1 - \mu_2$ に対する正確な信頼区間は残念ながらいまのところ知られていない．これはベーレンス・フィッシャーの問題 (Behrens-Fisher's problem) に対応し，ウェルチ (Welch) 検定と関連する問題である (次章参照)．しかしこの場合であっても近似的な信頼区間を求めることは可能である．

分散 σ_1^2, σ_2^2 が既知であるときは，$\bar{X} \sim N\left(\mu_1, \frac{\sigma_1^2}{m}\right)$ かつ $\bar{Y} \sim N\left(\mu_2, \frac{\sigma_2^2}{n}\right)$ であるから前項目のところでも見たように

$$Z = \frac{(\bar{X} - \bar{Y}) - (\mu_1 - \mu_2)}{\sqrt{\frac{\sigma_1^2}{m} + \frac{\sigma_2^2}{n}}} \sim N(0, 1)$$

となることは明らかである．しかし実際には母分散は未知であるから，上式の σ_1^2, σ_2^2 の代わりに分散の不偏推定量である不偏分散 U_X^2, U_Y^2 でそれぞれ置き換えて得られる統計量

$$T^* = \frac{(\bar{X} - \bar{Y}) - (\mu_1 - \mu_2)}{\sqrt{\dfrac{U_X^2}{m} + \dfrac{U_Y^2}{n}}}$$

を考える．この T^* の分布に関して以下のことが近似的に成り立つことが知られている．簡単のため

$$\phi^* = \frac{\left(\dfrac{U_X^2}{m} + \dfrac{U_Y^2}{n}\right)^2}{\dfrac{1}{m-1}\left(\dfrac{U_X^2}{m}\right)^2 + \dfrac{1}{n-1}\left(\dfrac{U_Y^2}{n}\right)^2} \tag{10.37}$$

と置く．

キーとなる統計的主張 III

統計量 $T^* = \dfrac{(\bar{X} - \bar{Y}) - (\mu_1 - \mu_2)}{\sqrt{\dfrac{U_X^2}{m} + \dfrac{U_Y^2}{n}}}$ は自由度 ϕ^* の t 分布 $t(\phi^*)$ に近似的に従う．

この ϕ^* のことを**等価自由度**という．いま $t_{\phi^*}(\alpha)$ で t 分布の両側 α 点を表すとき，信頼係数 $1-\alpha$ に対して

$$\begin{aligned}
1 - \alpha &\approx P(-t_{\phi^*}(\alpha) < T^* < t_{\phi^*}(\alpha)) \\
&= P\Bigg((\bar{X} - \bar{Y}) - t_{\phi^*}(\alpha)\sqrt{\frac{U_X^2}{m} + \frac{U_Y^2}{n}} < \mu_1 - \mu_2 \\
&\qquad\qquad < (\bar{X} - \bar{Y}) + t_{\phi^*}(\alpha)\sqrt{\frac{U_X^2}{m} + \frac{U_Y^2}{n}}\Bigg)
\end{aligned}$$

が成り立つ．ゆえにつぎの定理を得る．

定理 10.10　正規母集団 $N(\mu_1, \sigma_1^2)$ からのサイズ m の無作為標本を $\{X_i\}$ $(i = 1, \cdots, m)$, 別の正規母集団 $N(\mu_2, \sigma_2^2)$ からのサイズ n の無作為標本を $\{Y_i\}$ $(i = 1, \cdots, n)$ とする．また母平均 μ_1, μ_2 は未知で母分散 σ_1^2, σ_2^2 も未知とする．ただし標本数 m, n はともに十分小であると仮定する．$\sigma_1^2 \neq \sigma_2^2$ のとき，このとき母平均差 $\mu_1 - \mu_2$ に対する信頼係数 $100 \times (1 - \alpha)$ ％ の信頼区間 (T_L, T_U) はつぎで与えられる．

$$T_L = (\bar{X} - \bar{Y}) - t_{\phi^*}(\alpha) \sqrt{\frac{U_X^2}{m} + \frac{U_Y^2}{n}}$$
$$T_U = (\bar{X} - \bar{Y}) + t_{\phi^*}(\alpha) \sqrt{\frac{U_X^2}{m} + \frac{U_Y^2}{n}}$$

である．

問 10.12　公立 A 中学で「統計の学習」に関する小テスト (100 点満点) を 2 クラス A 組, B 組で実施した．A 組と B 組からそれぞれランダムに 6 名と 5 名の生徒を選んでモニタリングした結果が表 10.4 である．2 クラスで母分散は等しくないと仮定して，信頼度 95％ で 2 クラス間の母平均の差の信頼区間を求めよ．

表 10.4　統計の学習・小テスト結果

A 組	60	72	43	89	63	64
B 組	58	66	82	56	71	-

注意 10.4　実際に定理 10.10 を適用して信頼区間を求めるとき，t 分布の両側 α 点 $t_{\phi^*}(\alpha)$ の値がいるが自由度 ϕ^* を計算する必要がある．しかし定義式の (10.37) 式を見てもわかるように ϕ^* の値が整数値になることは期待できない．そこで ϕ^* に近い自然数を選ぶか，あるいは補間補正をすることになる．

e. 正規分布を仮定しない母集団で μ_1, μ_2：未知かつ σ_1^2, σ_2^2：未知で m, n：十分大のケース

必ずしも正規分布を仮定しない母集団 $\Pi(\mu_1, \sigma_1^2)$, $\Pi(\mu_2, \sigma_2^2)$ に対しては，この 2 つの母集団が正規分布とはかなり違っていても，標本数 m, n がともに十分大であるならば，問題の統計量

$$T = \frac{(\bar{X} - \bar{Y}) - (\mu_1 - \mu_2)}{\sqrt{\dfrac{U_X^2}{m} + \dfrac{U_Y^2}{n}}}$$

はほぼ標準正規分布 $N(0,1)$ に近似的に従うので，信頼区間は結果的に上で考えた b の正規母集団で母平均と母分散がともに未知で標本数が十分大のケースと一致する．

定理 10.11 一般母集団 $\Pi(\mu_1, \sigma_1^2)$ からのサイズ m の無作為標本を $\{X_i\}$ $(i = 1, \cdots, m)$，別の一般母集団 $\Pi(\mu_2, \sigma_2^2)$ からのサイズ n の無作為標本を $\{Y_i\}$ $(i = 1, \cdots, n)$ とする．また母平均 μ_1, μ_2 は未知で母分散 σ_1^2, σ_2^2 も未知とする．ただし標本数 m, n はともに十分大であると仮定する．このとき母平均差 $\mu_1 - \mu_2$ に対する信頼係数 $100 \times (1 - \alpha)$ ％ の信頼区間 (T_L, T_U) は近似的につぎで与えられる．

$$T_L = (\bar{X} - \bar{Y}) - z\left(\frac{\alpha}{2}\right)\sqrt{\frac{U_X^2}{m} + \frac{U_Y^2}{n}}$$
$$T_U = (\bar{X} - \bar{Y}) + z\left(\frac{\alpha}{2}\right)\sqrt{\frac{U_X^2}{m} + \frac{U_Y^2}{n}}$$

である．

ここで冒頭の Situation 6 に対して不偏分散の情報を加味したうえで解答を与えておこう．

例題 10.6 A 高校の生徒 50 人を無作為に選んで「1 週間に何時間勉強するか？」を調査したところ，平均学習時間は 21.4 [時間]，標準偏差は 6.2 [時間] であった．同様に B 高校の生徒 45 人についても調査したところ平均学習時間は 23.3 [時間]，標準偏差は 7.1 [時間] であった．このとき 2 校の生徒間での学習時間の平均の差はどのくらいあるか？ 信頼係数 95％ で平均差を区間推定せよ．

解答 定理 10.11 を用いる．正規分布表より $z(0.025) = 1.96$ である．信頼区間の上限値，下限値をそれぞれ求める．

$$t_U = (21.4 - 23.3) + 1.96 \times \sqrt{\frac{(6.2)^2}{50} + \frac{(7.1)^2}{45}} = -4.594$$

$$t_L = (21.4 - 23.3) - 1.96 \times \sqrt{\frac{(6.2)^2}{50} + \frac{(7.1)^2}{45}} = 0.794$$

したがって平均差 $\mu_1 - \mu_2$ に対する信頼係数 95%の信頼区間は

$$(-4.594, \ 0.794)$$

である. □

10.4.2 2 標本 2 項母集団の母比率差の区間推定

この小節では2つの2項母集団 Π_1 と Π_2 のそれぞれの母比率 p_1 と p_2 について,その差 $\delta = p_1 - p_2$ の区間推定について考える.

定理 10.12 2 項母集団 Π_1 からの大きさ m の標本を $(X_1, \cdots, X_m)$ とし,2 項母集団 Π_2 からの大きさ n の標本を $(Y_1, \cdots, Y_n)$ とする.標本比率を

$$\hat{p}_1 = \bar{X} = \frac{1}{m}\sum_{i=1}^{m} X_i, \qquad \hat{p}_2 = \bar{Y} = \frac{1}{n}\sum_{j=1}^{n} Y_j$$

と置けば,母比率の差 $\delta = p_1 - p_2$ に対して,信頼係数 $1-\alpha$ の信頼区間 (T_L, T_U) は

$$T_L = (\hat{p}_1 - \hat{p}_2) - z\left(\frac{\alpha}{2}\right)\sqrt{\frac{\hat{p}_1(1-\hat{p}_1)}{m} + \frac{\hat{p}_2(1-\hat{p}_2)}{n}}$$
$$T_U = (\hat{p}_1 - \hat{p}_2) + z\left(\frac{\alpha}{2}\right)\sqrt{\frac{\hat{p}_1(1-\hat{p}_1)}{m} + \frac{\hat{p}_2(1-\hat{p}_2)}{n}}$$

である.

定理 10.12 の証明 $E(\hat{p}_1) = E(\bar{X}) = p_1$ より $E(\delta) = E(\hat{p}_1 - \hat{p}_2) = p_1 - p_2$ であり,

$$V(\hat{p}_1 - \hat{p}_2) = \frac{p_1(1-p_1)}{m} + \frac{p_2(1-p_2)}{n}$$

に注意して,中心極限定理より統計量

$$T = \frac{(\hat{p}_1 - \hat{p}_2) - \delta}{\sqrt{\dfrac{p_1(1-p_1)}{m} + \dfrac{p_2(1-p_2)}{n}}}$$

は正規分布に収束する.したがってつぎが成り立つ.

> **キーとなる統計的主張 IV**
>
> $$T = \frac{(\hat{p}_1 - \hat{p}_2) - \delta}{\sqrt{\dfrac{p_1(1-p_1)}{m} + \dfrac{p_2(1-p_2)}{n}}} \sim N(0,1)$$
>
> が近似的に成立する．

この統計的主張を理論的根拠として，正規分布の上側 $100 \times \dfrac{\alpha}{2}$ ％ 点を $z\left(\dfrac{\alpha}{2}\right)$ と表すとき

$$1 - \alpha \approx P\left(|T| < z\left(\frac{\alpha}{2}\right)\right)$$

が成り立つ．したがって高い確率で不等式

$$-z\left(\frac{\alpha}{2}\right) < \frac{(\hat{p}_1 - \hat{p}_2) - \delta}{\sqrt{\dfrac{p_1(1-p_1)}{m} + \dfrac{p_2(1-p_2)}{n}}} < z\left(\frac{\alpha}{2}\right)$$

が意味をもつから，この不等式を母平均の差 δ について解き直せば求める信頼区間の表式が得られることになる．実際，平方根 $\sqrt{(\cdot)}$ 内の p_1, p_2 を $\hat{p}_1, \hat{p}_2$ に置き換えて

$$(\hat{p}_1 - \hat{p}_2) - z\left(\frac{\alpha}{2}\right)\sqrt{\frac{\hat{p}_1(1-\hat{p}_1)}{m} + \frac{\hat{p}_2(1-\hat{p}_2)}{n}} < \delta = p_1 - p_2$$
$$< (\hat{p}_1 - \hat{p}_2) + z\left(\frac{\alpha}{2}\right)\sqrt{\frac{\hat{p}_1(1-\hat{p}_1)}{m} + \frac{\hat{p}_2(1-\hat{p}_2)}{n}}$$

が導かれる． □

例題 10.7 ある工場では将来の受注増加を見越して増産態勢を整えるため，従来の金属加工プレス機に加えて新型の金属加工プレス機を導入した．この 2 機の機械による製品不良率を調べたところ下記の結果を得た．この 2 つの機械による不良率の差を信頼度 95％で区間推定せよ．

    従来型   製品数 600   不良品数 93
    新規型   製品数 400   不良品数 14

解答 従来型の母集団を Π_1 とし，新型の母集団を Π_2 とすると，
$$\hat{p}_1 = \frac{93}{600} = 0.155, \quad \hat{p}_2 = \frac{14}{400} = 0.035, \quad m = 600, n = 499$$

となり，正規分布表から $z(0.025) = 1.96$ であるから信頼限界値は

$$t_L = (0.155 - 0.035) - 1.96 \times \sqrt{\frac{0.155(1 - 0.155)}{600} + \frac{0.035(1 - 0.035)}{400}}$$
$$= 0.154$$

$$t_U = (0.155 - 0.035) + 1.96 \times \sqrt{\frac{0.155(1 - 0.155)}{600} + \frac{0.035(1 - 0.035)}{400}}$$
$$= 0.086$$

となる．ゆえに求める不良率の差の信頼区間は $(0.086, 0.154)$ である．

10 章の演習問題

[1] 表 10.5 のデータはある大河に棲息する大型の川魚の一種である大黄魚を無作為に捕獲して体長を測定した結果である．母集団の分布は正規分布を仮定して，母分散が 64 cm^2 が既知のときこの魚の体長の母平均 μ に対する信頼係数 95％の信頼区間を求めよ．

表 10.5 体長：単位 cm

整理番号	1	2	3	4	5	6	7	8	9	10
体長	118	134	120	133	115	126	110	131	128	125

[2] 上述の大魚の体長に関して [1] と全く同じ設定とし，同じ測定データが得られたとする．しかし今度は母分散が未知として，この魚の体長に関して母平均 μ を信頼係数 95％で区間推定せよ．

[3] 震災後にある仮設住宅に住む 1 人暮らしの老人を対象に健康診断を実施した．その中から無作為に選んだ 13 名の最高血圧値 (mmHg) は表 10.6 の通りであった．このような老人の最高血圧値は正規分布に従うとして母平均 μ の信頼度 95％の信頼区間を求めよ．

表 10.6　最高血圧値：単位 mmHg

整理番号	1	2	3	4	5	6	7
測定値	119	131	126	137	119	145	134
整理番号	8	9	10	11	12	13	
測定値	142	140	146	131	128	152	

[4]　上記の問題 [3] において，ある仮設住宅に住む 1 人暮らしの老人の最高血圧値の母分散 σ^2 の信頼度 95％の信頼区間を求めよ．

[5]　A 市での支持率が約 30％と予想される B 候補者の支持率を信頼度 99％で誤差は 1％以内になるように推定したい．この程度の精度を要求するには標本数をどのくらいにすればよいか見積もれ．

[6]　A 高校の生徒の中から 50 人を無作為に選んで「1 週間に何時間勉強するか？」についてアンケート調査を実施した．その結果，平均学習時間は $\bar{x} = 21.4$ [時間] で，標準偏差 (SD) は $s = 6.2$ [時間] であった．正規分布を仮定しない母集団とみなして，この A 高校全体では生徒の 1 週間当たりの平均学習時間を信頼度 95％で区間推定せよ．

[7]　製薬会社が新たに開発した分子標的型の新薬を 8 匹のマウスに投与したところ，うち 3 匹に顕著な効果が確認された．効果の割合を p として，その p に対して信頼度 95％の信頼区間を求めよ．

[8]　H 病院に入院中のガン患者 19 人中に大腸ガン患者が 5 人いることがわかった．大腸ガンの比率 p を信頼係数 95％の信頼区間を求めよ．

[9]　T 大学の学生食堂で無作為に 14 人の学生を選んで調べたところ，うち 9 人がスパゲッティ麺類好きであった．学生のスパゲッティ麺類好きの比率 p の信頼係数 95％の信頼区間を求めよ．

[10]　川沿いに立地している某化学薬品工場では排出水のある特性値を下げるために 2 つの排水処理システムの比較を行った．毎回同濃度の汚染水を 2 つの処理法で処理後，サンプルをとって対象化学物質の含有量 [mg] を測定して表 10.7 の結果を得た．正規母集団として処理後排水の物質含有量の平均差の信頼度 95％の信頼区間を求めよ．ただし

表 10.7　物質含有量 [mg]

測定回	1	2	3	4	5	6	7	8
A 方式	21.4	19.9	24.5	23.7	20.3	22.0	22.6	-
B 方式	24.2	24.9	25.1	23.2	21.7	23.9	24.3	22.3

母分散は等しいと仮定してよい．

[11]　問題の設定と対象データは上の問題 [10] と同じとする．今度は等分散を仮定しないで物質含有量の平均差の信頼度 95%の信頼区間を求めよ．

[12]　県内の公立病院に (アルコールを含む) 薬剤性肝障害で入院している患者から無作為に 24 例を抽出して，生化学的検査に用いられ，肝道系疾患で上昇する酵素 LAP の数値 [IU/ℓ] を調べた．その結果，平均値 $\bar{x} = 43.192$[IU/ℓ]，分散値 $s^2 = 51.971$ [(IU/ℓ)^2] を得た．このとき LAP は正規分布に従うと仮定して，県内同疾患入院患者の
（1）母平均 μ, および　　（2）母分散 σ^2
の 95%の信頼区間を求めよ．

[13]　ある高校の学生委員会委員長の選出に関するアンケート調査で，生徒 500 人中 280 人が候補者 A を支持するという結果が得られた．
（1）この候補者 A の支持率を信頼度 95%で推定せよ．
（2）アンケート調査で候補者 A の支持率を信頼度 95%で推定したいとき，信頼区間の幅が 0.05 以下になるようにしたい．このためには標本数をいくらにすれば良いか？

[14]　ある地区でのある TV 番組の視聴率は 1000 人中 360 人であった．
（1）この地区全体の視聴率 (全員に対する視聴率の占める割合)[%] の 95%の信頼区間を求めよ．
（2）信頼区間幅が 0.04 以下になるようにするには，標本数をいくらにすればよいか．

[15]　2 種類の鎮痛剤 A, B の効果を調べるため患者を，鎮痛剤 A を投与する組と鎮痛剤 B を投与する組の 2 つのグループに分けて臨床試験を行った．その結果，鎮痛剤 A を服用したグループから無作為に選んだ 10 人の患者の平均鎮痛時間は $\bar{x}_1 = 6.85$ [時間], (不偏) 標準偏差は $u_1 = 0.25$ [時間] であった．また同様に鎮痛剤 B を服用したグ

ループから選ばれた 12 人の患者の平均鎮痛時間は $\bar{x}_2 = 7.25$ [時間], (不偏) 標準偏差は $u_2 = 0.30$ [時間] であった. このとき鎮痛剤 A より B の方がより効くと言えるだろうか? 正規母集団を仮定して等分散 $\sigma_1^2 = \sigma_2^2 = \sigma^2$ として母平均の差 $\delta = \mu_1 - \mu_2$ に対して信頼係数 95% の信頼区間を求めよ.

[16] 局部炎症を抑える薬剤に 2 種類 A と B がある. 対象患者を 2 つのグループ: A 薬投与 (100 人), B 薬投与 (98 人) に分けて効果をモニターしたところ, 表 10.8 の結果を得た. 効果判定には, 特異炎症マーカーの血中濃度 (単位: μg) を測定することにより判断する方法をとるものとする. この結果から A 薬の方が B 薬より効果があると言えるだろうか? 正規母集団を仮定して等分散のもと, 母平均の差に対して信頼度 95% の信頼区間を求めよ. また等分散でない場合ではどうか調べよ.

表 10.8 炎症マーカー (測定値): 単位 μg

グループ	人数	平均	標準偏差
A	100	985	$\sqrt{80}$
B	98	1004	$\sqrt{60}$

第 11 章
仮説検定

統計的推測の方法論の中で前章までに扱った統計的推定と双璧の一翼を担うのが，この章で紹介する統計的仮説検定である．母集団の特性を表すある数値について，1 つの仮説が立てられているとき，標本から得られた数値によってその仮説の真偽を判定することを，統計では仮説検定と呼んでいる．検定の基本的な考え方から始めて，いろいろな種類の検定問題を簡潔に取り扱う．

11.1 検定の考え方

11.1.1 仮説検定の基本的な考え方

ローマ金貨を 30 回投げたら，表が 6 回しか出なかったとしよう．果たしてこの金貨は均質だと言えるだろうか？　内心「いや，ちょっと疑わしいな …」と思うとき，否定したい命題，いまここでは「この金貨は均質である」を帰無仮説 H_0 として立てる．**帰無仮説** H_0 は「正しくないだろう」という予想もしくは直感の下に否定されることを前提として立てられる仮説のことである．したがって**仮説検定**においては，何か適切な基準に照らし判断して，仮説を正しくないとして捨て去ることができるときに限り意味があることになる．帰無仮説を正しくないと判断することを「仮説を棄却する」という．H_0 が棄却されれば，期待した通りの結果になったという訳である．そのような判定基準に用いる確率を**有意水準** (= 危険率) という．普通は 5 % (場合によっては 1 %) に設定する．仮説の真偽を判定するのに用いられるのが，**検定統計量** (test statistic) と呼ばれる確率変数 T である．

金貨の例では有意水準を 1 % とするとき，表の出る回数 X は 2 項分布 $B(30, 0.5)$ に従うので，2 項分布の上側確率に関する数表から

$$P(X \leqslant 6) + P(X \geq 24)$$
$$= \sum_{x=0}^{6} {}_{30}C_x (0.5)^x (1-0.5)^{30-x} + \sum_{x=24}^{30} {}_{30}C_x (0.5)^x (1-0.5)^{30-x}$$

$$= \{1 - P(X \geq 7)\} + P(X \geq 24)$$

$$= 1 - 0.99928 + 0.00072 = 0.00144 < 0.01$$

となる．つまり表が 6 回しか出なかったのは，確率 1 ％ 未満でしか起こりえないような稀な現象が現実に起こったことになるので，何か前提条件が間違っていたのではないかと疑って，この「金貨は均質である」という仮説は正しくないと判断するのが仮説検定の考え方である．言い換えると，有意水準を 1 ％ と定めるとき，表の出る回数 X の値が

$$W = \{X \leq 6\} \bigcup \{X \geq 24\}$$

という範囲にあるとき，仮説を有意差があると言って棄却する．このような仮説が棄却される検定統計量の値の範囲 W のことを**棄却域**という．逆に検定統計量の値が棄却域 W に入らないとき，仮説は棄却されない．一方で仮説を棄却しないというのは，仮説を棄却する根拠に乏しいため棄却するまでに至らなかったことを意味するのであって，決して積極的に仮説 H_0 が正しいことを主張するものではない．**この点を初学者は誤解しやすいので注意を要する!!**（あくまでも今回は否定するに至らなかったから受け入れるのであって，それを正しいと主張するのではない！）．上の金貨の例では，仮説「金貨は均質である」を棄却するので，逆に「金貨は均質でない」ということを受容することを意味する．このように帰無仮説 H_0 に対して，H_0 が棄却されたときに受容する仮説を**対立仮説**といって，H_1 で表す．

さて，有意水準 5 ％ で仮説 H_0 を棄却するとき，確率 0.05 で起こりうることを捨て去ってしまう危険性がある．本当は H_0 が正しいのに「ア・ワ・テ・テ」棄却する誤り (**第 1 種の誤り**) のことである．「あわて者さん」の誤りである．また一方では，H_0 が本当は正しくないのに「ボ・ン・ヤ・リ・シ・テ」棄却しない誤り (**第 2 種の誤り**) もありうる．「ぼんやりさん」の誤りである．この第 1 種の誤り確率と第 2 種の誤り確率は，一般に一方を小さくすると他方が大きくなってしまい，両者を同時に小さくすることができない関係にある．そのため仮説検定では，第 1 種の誤り確率 (= 有意水準) α をまず初めに定めて，その条件の下でできる限り第 2 種の誤り確率が小さくなるように棄却域 W を選ぶという方法がとられる．

11.1.2 仮説検定の例

例示した方がわかりやすいので，日常使う電気製品を題材にとって説明することにする．一般に電化製品は騒音が低いに越したことはない．ドライヤーや電気カミソリ，掃除機や洗濯機などがそうである．たとえば，ある電化製品の稼働時の音の

大きさ (単位：デシベル [dB]) が新製品で**改善された**かどうかを問題にする．

「従来と変わらない」 あるいは 「従来と異なる」

かを与えられたデータから**統計的に判断する**ことが求められた場合に，よく用いられる統計的手法が「仮説検定」と呼ばれるものである．これは単に「検定」とだけ言われることも多い．

このように統計的に判断が求められるシチュエーションは他にもいろいろある．たとえば，つぎのようなものはすぐに思い浮かぶであろう．

(1) TV ドラマの視聴率：同じ時間帯の他局の番組より視聴率が高いか？
(2) 内閣支持率：前回調査時に比べて，今回の調査で上がったか？
(3) 薬品の効果：同じ病状に効く 2 つの薬剤を比べて，その効果に差があるか？
(4) 全国模擬テスト：ある学校のテストの成績は全国平均と比べて差があるか？
(5) 数学の中間テスト：A 組と B 組で得点のバラツキに差があるか？

仮説検定であるから，その名が示す通り仮説を立てて，実際にその仮説が起こっているのかどうか判定するわけである．否定したい命題を帰無仮説 H_0，またそれに対立する命題を対立仮説 H_1 として立てる．帰無仮説 H_0 を仮定した下で，標本調査の結果からめったに起こらないことが起きているならば，「それはおかしい，不自然だ！」として仮定を疑って仮説 H_0 を否定し，もう 1 つの対立仮説の方が起こっていると判断して仮説 H_1 を採択する．逆にそうでない場合には，仮説 H_0 を否定しないで認めることにする．この統計的手法の特徴は，非常に稀な現象，つまり生起する確率の低い現象が起きていて帰無仮説を否定できたときに，その威力が発揮されることである．

まずは問題の考察から始めよう．

Situation 1. ある電化製品の稼働時の音の大きさは平均で 55 [dB] とされている．今回新たに発売される新製品について，サンプリング調査を実施し標本 10 個を調べたところ，標本平均は 48 [dB] であった．この結果から新製品は音の大きさに関して従来の製品と異なると言えるだろうか？

検定アプローチで大切なことは前提条件を考えることである．上述のシチュエーションの問題を解くに当たり，どのような条件設定のもとで仮説検定という統計解析に乗せられるか，を考えることは大変重要である．まず大前提は何であろうか？

工業製品であるから個々の製品の質はバラつくのは当然のことである．そこで音

の大きさは正規分布 $N(\mu, \sigma^2)$ に従うものとする．これは一種の経験則であり，ここで正規分布を仮定することは妥当である．(もちろん，ある母集団から取られたデータに関しては，それが正規分布に従うのか従わないのかどちらかである．もっと言えば，それが正規分布に従うと見なせるのか見なせないのかどちらかであるから，本当はチェックすべき事柄である．実際あとの 11.8 節で見るように適合度検定により判断される．しかしここではあまり深くそのことには立ち入らず正規性を仮定して先に進むことにする．)

> **前提条件 1.**
> 「音の大きさ」は正規分布 $N(\mu, \sigma^2)$ に従う

また今回の場合，母集団の母分散 σ^2 は既知で $\sigma^2 = 10$ (単位：$[\text{dB}^2]$) であるとする．実は母分散が既知でないと解析ができないという訳ではない．母分散が未知のときには，適当な推定量を用いて標本から分散の値を推定してやればよいのである．そして母分散の代わりにその分散推定値を使えば，解析は多少手続きが煩雑になるが可能なのである．しかしここでは仮説検定自体の解説が主目的であるから，簡単のため分散は既知とする．

> **前提条件 2.**
> 母分散 σ^2 は既知とする． $\sigma^2 = 10\,[\text{dB}^2]$ を仮定

さて問題の「音の大きさが改善されたかどうか？」は新製品全体について判断したい訳だから，**代表値** (ここでは平均) を検定の対象に選ぶことにする．

つぎに考えるべきは精度である．どのような統計解析にも精度はつきものである．あまり良くない精度で結果が得られても誰も喜ばないであろう．そこで**危険率** α をできるだけ低く設定したいという観点から

$$\text{危険率}\quad \alpha = 0.05$$

とする．このことを統計用語で

<u>有意水準 5% で仮説検定を行う</u>

という．

仮説検定であるから，仮説を立てるのを忘れてはいけない！　どの時代でも新製品を世に出すからには売りたい訳だから，何らかの改良はなされているはずである．現に前の製品の騒音の平均が 55 [dB] であるのに，新製品の標本平均は 48 [dB] であった．したがってその点改良されていると思われるので，否定したい命題としては「従来と変わらない」が考えられる．ゆえにこれを帰無仮説として立てればよいであろう．そこで μ を新製品の音の大きさの母平均 (単位：[dB]) として

$$
\begin{array}{l}
\cdot 帰無仮説 \quad H_0: \mu = 55 \quad (従来と変わらない) \\
\cdot 対立仮説 \quad H_1: \mu \neq 55 \quad (従来と異なる)
\end{array}
$$

とする．

以上で設定が終わった訳ではない．検定で非常に重要な**棄却域** W を定める作業がまだ残っているのである．以下で棄却域 W の設定について考察しよう．確率変数 X で音の大きさを表す．このときわれわれの大前提から X は正規分布に従うから

$$X \sim N(\mu, \sigma^2)$$

である．また $X = (X_1, X_2, \cdots, X_n)$ をこの正規分布に従う母集団からのサイズ n の無作為標本とするとき，各標本 X_k は独立で，同じ型の正規分布に従う．

$$X_k \sim N(\mu, \sigma^2) \qquad (\forall k = 1, 2, \cdots, n)$$

また正規分布の再生性のお陰で標本平均 $\bar{X}$ も正規分布に従う．

$$標本平均 \quad \bar{X} = \frac{1}{n}\sum_{i=1}^{n} X_i \sim N\left(\mu, \frac{\sigma^2}{n}\right)$$

となる．そこでこの標本平均 $\bar{X}$ に標準化を行えば

---基本となる統計的事実 I---

$$統計量 \quad T = \frac{\bar{X} - \mu}{\frac{\sigma}{\sqrt{n}}} \sim N(0, 1)$$

である．いま仮説 $H_0: \mu = 55$ を仮定すると

$$T = \frac{\bar{X} - 55}{\frac{\sigma}{\sqrt{n}}} \sim N(0, 1)$$

が従うことになる．標本平均の値は母平均の周りにバラつくと考えられるから，仮説 $H_0: \mu = 55$ のもとでは高い確率で $\bar{X} \approx 55$ であるから，統計量 T が 0 から離れた値をとることはめったにないことである．したがって

$$P(|T| > z(\alpha)) = P\left(\left|\frac{\bar{X} - \mu}{\frac{\sigma}{\sqrt{n}}}\right| > z(\alpha)\right) = \alpha$$

と置いて，棄却域 W を

$$W = (-\infty, z(\alpha)) \cup (z(\alpha), \infty)$$

と定める．因みに有意水準 5% で $\alpha = 0.05$ のときは標準正規分布表より $z(\alpha) = z(0.05) = 1.96$ であるから

$$W = (-\infty, -1.96) \cup (1.96, \infty)$$

となる (図 11.1)．

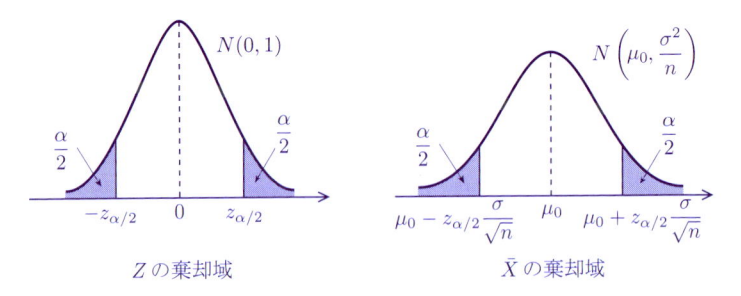

図 11.1 棄却域 W

さて以上で準備が終了したので，冒頭のシチュエーションをきちんと仮説検定の問題として定式化し直して解答を与えておこう．

例題 11.1 ある家電メーカーのドライヤーの稼働時の音の大きさは平均で 55 [dB] とされている．今回新たに発売される新製品について，サンプル調査を実施し標本 10 個を調べたところ，標本平均は 48 [dB] であった．騒音に関して新製品の方が改良されたと言えるかどうか知りたい．正規母集団を仮定し分散は既知で $\sigma^2 = 10$ [dB^2] として，このデータから新製品は音の大きさに関して従来の製品と異なると言えるか，有意水準 5% で検定せよ．

解答 従来と変わらないことを帰無仮説として立てる．すなわち，

$$H_0 : \mu = 55 \quad [\text{dB}]$$

とする．上述の考察から検定統計量としては $T = (\bar{X} - \mu)/(\sigma/\sqrt{n}) \sim N(0,1)$ を設定する．仮説 H_0 のもとでは $\mu = 55$ であることに注意して，題意より平均は $\bar{x} = 48$，サンプル数は $n = 10$，標準偏差は $\sigma = \sqrt{10}$ である．このとき棄却域は有意水準 5%のもとで $z(\alpha) = z(0.05) = 1.96$ であるから

$$W = (-\infty, -1.96) \cup (1.96, \infty)$$

である．統計量 T の実現値は

$$t = \frac{48 - 55}{\sqrt{10}/\sqrt{10}} = -7 \quad \in W$$

が成り立ち，検定統計量の実現値は棄却域に入る．したがって有意なことが実際には起こっていると判断して帰無仮説 H_0 を棄却する．代わりに対立仮説 $H_1 : \mu \neq 55$ の方を採択する．ゆえに有意水準 5%で新製品の音は従来のものとは異なると言える．これにより改良されていることが統計的に示されたことになる． □

11.2 母平均の検定

前節の例題において見たように，検定の問題では以下に掲げる事項について明確に理解し把握できていることが望まれる．
(1) **対象**となる統計量は何か
(2) 設定の**条件**は何か：母数は既知なのか，未知なのか
(3) 仮説検定を行うための**検定統計量** T は何か
(4) 検定統計量 T が従う**分布**は何か
(5) どのような**仮説**を立てればよいか：帰無仮説 H_0; 対立仮説 H_1
(6) **棄却域** W は何か

以上のことが明瞭になればあとは計算あるのみである．つまり検定ではこれらの要点さえ押さえれば恐るるに足らず，コワくないのである．以下の各小節すべてにおいて共通であるが，上記に述べた 6 つの事柄を明確に提示し，例題によって確認するというパターンにより解説を行う．また有意水準を α $(0 < \alpha \ll 1)$ で表し，通常は 5%, $(\alpha = 0.05)$, 1%, $(\alpha = 0.01)$ などにとることが多い．使用する分布，統計量や関連する記号等は 6 章および 10 章に準ずるので，あえて細かく解説はしていない．

11.2.1 母分散既知のケース

正規母集団 $N(\mu,\sigma^2)$ の母平均 μ に対する検定法について解説する．ここでは母分散 σ^2 は既知とする．正規母集団の母平均 μ に関する仮説 $H_0: \mu = \mu_0$ について，サイズ n の無作為標本 $X_1,\cdots,X_n$ に基づいて有意水準 α で検定する問題を考察する．したがって対立仮説としては $H_1: \mu \neq \mu_0$ を考える．ここで μ_0 はある定数である．

> 対象：母平均 μ
> 条件：母分散 σ^2 が既知

このとき，各標本について $X_k \sim N(\mu,\sigma^2)$ であるから統計量

$$T = \frac{\bar{X} - \mu_0}{\sigma/\sqrt{n}}$$

は標準正規分布 $N(0,1)$ に従う．

―― 統計量と分布に関する基礎事項 ――

$$\text{統計量} \quad T = \frac{\bar{X} - \mu_0}{\sigma/\sqrt{n}} \quad \sim \quad N(0,1)$$

標準正規分布表において，$z\left(\frac{\alpha}{2}\right)$ を $N(0,1)$ の上側 $\alpha/2$ 点あるいは $100 \times (\alpha/2)$ ％点とすると，上述の統計量 T に対する棄却域 W はつぎのようになる．議論は前小節での場合と同じ展開である．

$$W = \{T < -z(\alpha/2)\} \cup \{T > z(\alpha/2)\}$$

あるいは全く同じことであるが

$$W = (-\infty, -z(\alpha/2)) \cup (z(\alpha/2), \infty)$$

と書かれる．

上記のように棄却域 W が対象となる検定統計量の分布の上側と下側の両方に分かれて存在するケースを**両側検定**という．もし上下のどちらか片方だけが棄却域に設定される場合は**片側検定**という．また標本平均 $\bar{X}$ を検定統計量と見た場合は

Z の棄却域

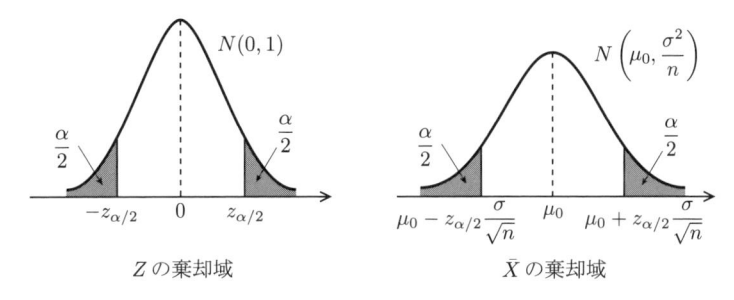

$\bar{X}$ の棄却域

図 **11.2** 棄却域 W

棄却域 W はつぎのようになる (図 11.2 参照).
$$W = \left\{ \bar{X} < \mu_0 - z(\alpha/2)\frac{\sigma}{\sqrt{n}} \right\} \bigcup \left\{ \bar{X} > \mu_0 + z(\alpha/2)\frac{\sigma}{\sqrt{n}} \right\}$$

また一方で，統計量 T の実現値 t が $t \in W$ なら仮説 H_0 は棄却されるが，$t \in W^c$ のときには (実現値 t が棄却域 W の中に入らないときは) 仮説 H_0 は棄却されない．そのときは対立仮説 H_1 を採択することになる．**棄却域** (critical region) に対し，棄却域 W の補集合 W^c あるいは $\bar{W}$ は**受容域** (acceptance region) と呼ばれる．この領域を書き直してみると

$$\begin{aligned} W^c &= \left\{ \mu_0 - z(\alpha/2)\frac{\sigma}{\sqrt{n}} < \bar{X} < \mu_0 + z(\alpha/2)\frac{\sigma}{\sqrt{n}} \right\} \\ &= \left\{ \bar{X} - z(\alpha/2)\frac{\sigma}{\sqrt{n}} < \mu_0 < \bar{X} + z(\alpha/2)\frac{\sigma}{\sqrt{n}} \right\} \end{aligned}$$

となることがわかる．これを見れば，前章 (10 章) の定理 10.1 における信頼度 $1-\alpha$ の信頼区間と完全に対応していることが理解できる．すなわち区間推定と仮説検定とはこのように密接な関係でつながっているのである．

定理 11.1 仮説 $H_0 : \mu = \mu_0$, $H_1 : \mu \neq \mu_0$ に対して有意水準 α の検定の μ の両側検定の棄却域は
$$W = \{T < -z(\alpha/2)\} \cup \{T > z(\alpha/2)\}$$
である．

> **例題 11.2** ある工場で生産されるプレス加工用の金属合板の降伏点は 10.00 [psi],標準偏差 0.40 [psi] であるといわれている.いまあるロットから 64 枚の試料を抜き取り検査したところ平均が 10.10 [psi] であった.正規分布を仮定して,このロットの製品はこの工場で生産される通常の製品にくらべて規格はずれであると言えるか,有意水準 5% で検定せよ.ただし psi は圧力の単位で重量ポンド毎平方インチの略である.

解答 仮説を $H_0 : \mu = 10.00$, $H_1 : \mu \neq 10.00$ とし,$\alpha = 0.05$, $n = 64$, $\sigma = 0.40$, $z(\alpha/2) = z(0.025) = 1.96$ として検定を行う.検定統計量 T は

$$T = \frac{\bar{X} - 10.00}{0.40/\sqrt{64}} \sim N(0, 1)$$

を満たしていて,棄却域は

$$W = (-\infty, -1.96) \cup (1.96, \infty)$$

と設定する (図 11.3 参照).このとき統計量 T の実現値は

$$t = \frac{10.10 - 10.00}{0.40/\sqrt{64}} = 2.00 \in W$$

となり,実現値 t は棄却域 W に入る.したがって仮説 H_0 を棄却する.すなわち,そのロットの製品は通常のものと比べて規格はずれであると言える. □

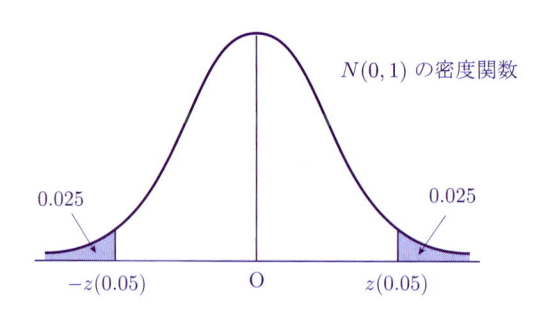

図 11.3 $N(0, 1)$ の棄却域 W

問 11.1 ある県の中学 3 年の男子生徒の身長の平均は 162.8 cm,標準偏差は 7.14 cm であった.また県内の A 中学校の 3 年男子生徒からランダムに選んだ 104

人の身長を測定したところ，平均は 165.1 cm であった．この A 中学校の男子生徒の身長の平均は県全体と異なると言えるか，有意水準 5%で検定せよ．

正規母集団の母平均 μ に関する帰無仮説 $H_0 : \mu = \mu_0$ は前と同じままとする．しかし今度は対立仮説として $H_1 : \mu < \mu_0$ である場合を考える．このときは本当は母平均 μ は μ_0 より小さいと思われるケースに当たる．したがって先で考えた検定統計量

$$T = \frac{\bar{X} - \mu_0}{\sigma/\sqrt{n}}$$

の値は負になると考えられる．そこでこのケースでは統計量 T に対して，棄却域 W を

$$W = \{T < -z(\alpha)\} \quad \text{or} \quad = (-\infty, -z(\alpha))$$

とするような**左片側検定**を用いることになる (図 11.4 参照)．

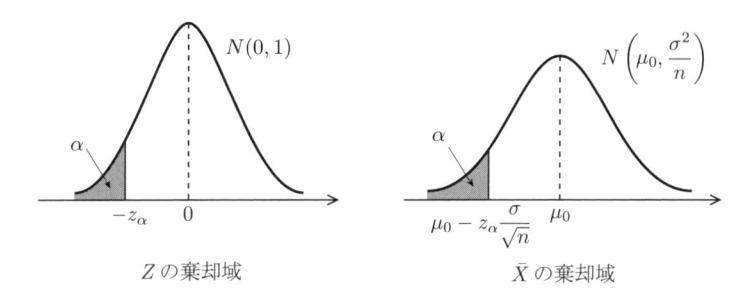

図 **11.4** T の左片側検定の棄却域 W

またさらに上とは逆に対立仮説が $H_1 : \mu > \mu_0$ である場合も同様に考えることができる．この場合は棄却域として

$$W = \{T > z(\alpha)\} \quad \text{or} \quad = (z(\alpha), \infty)$$

をとり，右片側検定を用いることとなる．以上を定理の形としてまとめるとつぎのようになる．

> **定理 11.2** 仮説 $H_0: \mu = \mu_0, H_1: \mu < \mu_0$ に対して有意水準 α の検定の μ の左片側検定の棄却域は
> $$W = \{T < -z(\alpha)\} \quad \text{or} \quad = (-\infty, -z(\alpha))$$
> である．

> **定理 11.3** 仮説 $H_0: \mu = \mu_0, H_1: \mu > \mu_0$ に対して有意水準 α の検定の μ の右片側検定の棄却域は
> $$W = \{T > z(\alpha)\} \quad \text{or} \quad = (z(\alpha), \infty)$$
> である．

> **例題 11.3** 浦和—所沢線沿いの A 駅と B 駅を結ぶあるバス路線の昼間 (朝夕のラッシュ時間帯を除く) の所要時間は，平均 30 分，標準偏差 5 分と公称されている．今回，交通調査の目的で所要時間を 10 回計測したところ，平均は 33.5 分であった．この所要時間は公称より長いと言えるか？ 正規母集団を仮定して有意水準 5%で検定せよ．

解答 正規母集団として有意水準 5% で，H_0「$\mu = 30$」として母分散既知の場合の母平均の右片側検定を行えばよい．つまり H_1「$\mu > 39$」である．$z(0.05) = 1.645, \mu_0 = 30, \sigma = 5, n = 10$ として棄却域は

$$W = \{Z > z(\alpha)\} = \left\{\bar{X} > \mu_0 + z(\alpha)\frac{\sigma}{\sqrt{n}}\right\} = \{\bar{X} > 32.60\}.$$

統計量 $\bar{X}$ の実現値 $\bar{x} = 33.5$ で W 内に入る．仮説 H_0 は棄却される．よってバスの所要時間は公称より長いと考えられる． □

11.2.2 母分散未知のケース

この小節では母分散 σ^2 が未知であるとき，正規母集団の母平均 μ に関する仮説検定について考察する．帰無仮説 $H_0: \mu = \mu_0$ について，サイズ n の標本

$X_1, \cdots, X_n$ により，有意水準 α で検定することを考える．母分散 σ^2 が未知であるため，前小節の議論や統計量は使えないので，σ^2 の代わりに標本から推定して，不偏分散 U^2 あるいは標本分散 S^2 を求めて検定統計量 T の計算を行う．

母数 μ に関する仮説

$$H_0 : \mu = \mu_0, \qquad H_1 : \mu \neq \mu_0$$

を考える．前章 (10 章) での議論を踏まえて，統計量 T を考える．

$$T = \frac{\bar{X} - \mu_0}{U/\sqrt{n}} = \frac{\bar{X} - \mu_0}{S/\sqrt{n-1}}$$

この統計量 T は自由度 $n-1$ の t 分布 $t(n-1)$ に従う．ここで有意水準 α に対して，t 分布 $t(n-1)$ の両側 α 点を $t_{n-1}(\alpha)$ として

$$\alpha = P(|T| > t_{n-1}(\alpha)) = P\left(\left|\frac{\bar{X} - \mu_0}{U/\sqrt{n}}\right| > t_{n-1}(\alpha)\right)$$

が成り立つ．

> 対象：母平均 μ
> 条件：母分散 σ^2 が未知

---- 統計量と分布に関する基礎事項 ----

統計量 $\quad T = \dfrac{\bar{X} - \mu_0}{U/\sqrt{n}} \quad \sim \quad t(n-1)$：自由度 $(n-1)$ の t 分布

この検定統計量 T に基づいて有意水準 α の両側検定を行う際の棄却域 W はつぎのように設定する．

$$W = \{T < -t_{n-1}(\alpha)\} \cup \{T > t_{n-1}(\alpha)\}$$
$$= (-\infty, -t_{n-1}(\alpha)) \cup (t_{n-1}(\alpha), \infty)$$

このように t 分布を用いる検定のことを「t 検定」という．

定理 11.4 仮説 $H_0 : \mu = \mu_0$, $H_1 : \mu \neq \mu_0$ に対して有意水準 α の検定の μ の両側検定の棄却域は
$$W = \{T < -t_{n-1}(\alpha)\} \cup \{T > t_{n-1}(\alpha)\}$$
である．

例題 11.4 得点の分布が正規分布 $N(100, \sigma^2)$ に従っている IQ テストがある．A 校の生徒の中からランダムに 12 名を選んでこのテストを受けてもらった．下記はその得点結果である．このデータから A 校の生徒の IQ は標準とは異なるのか，有意水準 5% で検定せよ．

整理番号	1	2	3	4	5	6
IQ スコア	124	94	110	106	118	97
整理番号	7	8	9	10	11	12
IQ スコア	103	111	127	108	89	131

解答 データからの平均値は $\bar{x} = 109.833$，また標本 (不偏) 標準偏差 U の値は $u = 13.231$ であった．IQ の標準の平均 100 とは明らかに異なっていると思われるから，$H_0 : \mu = 100$, $H_1 : \mu \neq 100$ と仮説を立てて，有意水準 $\alpha = 0.05$ で両側検定を行う．検定統計量
$$T = \frac{\bar{X} - \mu_0}{U/\sqrt{n}} = \frac{\bar{X} - 100}{U/\sqrt{12}}$$
は自由度 $n - 1 = 12 - 1 = 11$ の t 分布に従う．また t 分布表より $t_{n-1}(\alpha) = t_{11}(0.05) = 2.2010$ であるから，ここで棄却域 W を設定する．すなわち
$$W = (-\infty, -2.2010) \cup (2.2010, \infty)$$
実際，統計量 T の実現値は
$$x = \frac{\bar{x} - 100}{u/\sqrt{12}} = \frac{109.833 - 100}{13.231/\sqrt{12}} = 2.575 \in W$$

t が棄却域に入るので，帰無仮説 H_0 を棄却する．つまり A 校の生徒の IQ は標準とは異なっていると言える． □

問 11.2 ある高校の 1 年男子からランダムに 6 人を選んで身長を測定した．その結果

$$164 \quad 160 \quad 165 \quad 160 \quad 162 \quad 161 \quad (単位：cm)$$

を得た．これらのデータを平均 165 cm の正規母集団からの標本とみなせるか，有意水準 5%で検定せよ．（ヒント：標本平均値は $\bar{x} = 162$, $u^2 = 3.665$, $t_5(0.05) = 2.5706$ である．

仮説 $H_0 : \mu = 165$, $H_1 : \mu \neq 165$ を立てて検定．$t = -3.504 \in W$ ）

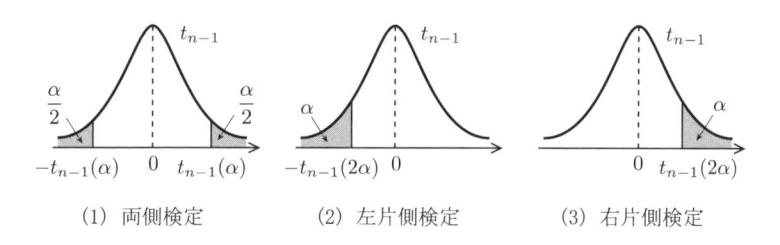

図 11.5 T の棄却域 W

(1) 両側検定　(2) 左片側検定　(3) 右片側検定

母分散が既知の場合と全く同様に右片側検定や左片側検定も考えることができる（図 11.5 参照）．

定理 11.5 仮説 $H_0 : \mu = \mu_0$, $H_1 : \mu < \mu_0$ に対して有意水準 α の検定の μ の左片側検定の棄却域は
$$W = \{T < -t_{n-1}(\alpha)\} \quad \text{or} \quad = (-\infty, -t_{n-1}(\alpha))$$
である．

> **定理 11.6** 仮説 $H_0: \mu = \mu_0$, $H_1: \mu > \mu_0$ に対して有意水準 α の検定の μ の右片側検定の棄却域は
> $$W = \{T > t_{n-1}(\alpha)\} \quad \text{or} \quad = (t_{n-1}(\alpha), \infty)$$
> である．

11.3 母平均差の検定

ここでは 2 組のデータの比較に関する問題を取り扱う．前章の 10 章のところでも注意したように，データが対をなすとなさないとでは統計的性質が異なるため，同じようなものだと思ってはいけない（11.3.4 小節参照）．見た目はとても似ていて紛らわしいが，対をなすデータではその取り扱い方法が異なるため注意を要する．ここでは対をなさない 2 標本問題を中心に考える．母集団 Π_1 からサイズ m の標本 $X_1, X_2, \cdots, X_m$ を，また母集団 Π_2 からサイズ n の標本 $Y_1, Y_2, \cdots, Y_n$ をそれぞれ無作為抽出して，

$$\text{標本平均} \bar{X}, \bar{Y}, \quad \text{標本分散} S_X^2, S_Y^2, \quad \text{および} \quad \text{不偏分散} U_X^2, U_Y^2$$

などを用いて考察する．この場合，2 組の標本は独立であるとする．すなわち，$X_1, \cdots, X_m, Y_1 \cdots, Y_n$ は互いに独立であるとする．

また正規母集団の場合に限って話を進める．すなわち，母集団 Π_1 の分布を正規分布 $N(\mu_1, \sigma_1^2)$ とし，母集団 Π_2 の分布を正規分布 $N(\mu_2, \sigma_2^2)$ とする．ここで扱う検定問題においては，「母平均に差はない」という帰無仮説 $H_0: \mu_1 = \mu_2$ を検定する．したがって仮説 H_0 は条件：$\mu_1 - \mu_2 = 0$ を課したのと同じであることに注意しよう．

11.3.1 母分散既知のケース

実際に，2 つの資料の母平均同士の間に有意な差があるかどうかを調べることは応用上重要である．ここではまず母分散 σ_1^2, σ_2^2 がともに既知である場合について考察する．

> 対象：母平均の差 $\mu_1 - \mu_2$
> 条件：母分散 σ_1^2, σ_2^2 が既知

10 章でも見たように，各標本ごとに，$X_i \sim N(\mu_1, \sigma_1^2), Y_j \sim N(\mu_2, \sigma_2^2)$ であるから，標本平均については

$$\bar{X} \sim N\left(\mu_1, \frac{\sigma_1^2}{m}\right), \quad \bar{Y} \sim N\left(\mu_2, \frac{\sigma_2^2}{n}\right)$$

である．したがって 2 つの標本平均の差 $\bar{X} - \bar{Y}$ の分布は

$$\bar{X} - \bar{Y} \sim N\left(\mu_1 - \mu_2, \frac{\sigma_1^2}{m} + \frac{\sigma_2^2}{n}\right)$$

となる．いま帰無仮説 $H_0 : \mu_1 = \mu_2$（たとえば，対立仮説 $H_1 : \mu_1 \neq \mu_2$）のもとで，検定統計量 T は

$$T = \left(\sqrt{\frac{\sigma_1^2}{m} + \frac{\sigma_2^2}{n}}\right)^{-1} \cdot (\bar{X} - \bar{Y}) \sim N(0, 1^2)$$

である．

―― 統計量と分布に関する基礎事項 ――

統計量 $\quad T = \left(\sqrt{\dfrac{\sigma_1^2}{m} + \dfrac{\sigma_2^2}{n}}\right)^{-1} \cdot (\bar{X} - \bar{Y}) \sim N(0, 1^2)$

この事実を利用して検定を行うのである．有意水準 α に対して，標準正規分布表における上側 $\alpha/2$ 点を $z(\alpha/2)$ として

$$P(|T| > z(\alpha/2)) = P\left(\left|\left(\sqrt{\frac{\sigma_1^2}{m} + \frac{\sigma_2^2}{n}}\right)^{-1} \cdot (\bar{X} - \bar{Y})\right| > z\left(\frac{\alpha}{2}\right)\right) = \alpha$$

が成り立つ．これよりつぎの定理が得られる．

定理 11.7 （1） 仮説 $H_0: \mu_1 = \mu_2$, $H_1: \mu_1 \neq \mu_2$ に対して有意水準 α の検定の $\mu_1 - \mu_2$ の両側検定の棄却域は
$$W = \{T < -z(\alpha/2)\} \cup \{T > z(\alpha/2)\}$$
$$= (-\infty, -z(\alpha/2)) \cup (z(\alpha/2), \infty)$$
である．

（2） 仮説 $H_0: \mu_1 = \mu_2$, $H_1: \mu_1 < \mu_2$ に対して有意水準 α の検定の $\mu_1 - \mu_2$ の左片側検定の棄却域は
$$W = \{T < -z(\alpha/2)\} \quad \text{or} \quad = (-\infty, -z(\alpha/2))$$
である．

（3） 仮説 $H_0: \mu_1 = \mu_2$, $H_1: \mu_1 > \mu_2$ に対して有意水準 α の検定の $\mu_1 - \mu_2$ の右片側検定の棄却域は
$$W = \{T > z(\alpha/2)\} \quad \text{or} \quad = (z(\alpha/2), \infty)$$
である．

下記の 2 つの問題は母平均の差の検定の練習問題であるが，それと同時に統計的な教訓も含んでいる．巷 (ちまた) ではまず「平均点は何点か？」とだけ聞き，平均点で何点も高いから云々〜という話をよく耳にする．本当に平均点だけで判断して大丈夫なのだろうか？ 下記はこのことに対して警鐘を鳴らす例示ともなっている．

例題 11.5 統一試験が実施された．その試験科目の 1 つである「英語」の成績は A 高校，B 高校とも標準偏差が 6 点の正規分布に従っているという．A 高校から 10 人，B 高校から 15 人の生徒をランダムに選んで「英語」の成績の平均点を出したら，それぞれ 75.2 点，73.8 点であった．この結果にもかかわらず，B 高校の生徒の「英語」の成績の母平均は A 高校の生徒の成績の母平均よりも 3 点高いと言えるか，有意水準 5％で検定せよ．

解答 仮説 $H_0: \mu_1 - \mu_2 = -3$, $H_1: \mu_1 - \mu_2 \neq -3$ を立てる．標準正規分布表より $z(0.025) = 1.96$ であるから，棄却域 W は

$$W = (-\infty, -1.96) \cup (1.96, \infty)$$

一方，検定統計量 T の実現値 t を求めると

$$t = \frac{75.2 - 73.8 + 3}{\sqrt{\dfrac{6^2}{10} + \dfrac{5^2}{15}}} = 1.796 < 1.96$$

である．したがって $t \in W^c$ となって，t は棄却域に属さないから，帰無仮説 H_0 を棄却できずに採択することになる．表向きは平均点で A 高校の方が B 高校より上であったが，検定の結果，B 高校の生徒の成績の母平均の方が A 高校の生徒の成績の母平均より 3 点高いと言えることとなってしまった!! □

問 11.3 大手予備校が行う全国模擬テストの結果は正規分布 $N(400, 85^2)$ に従っている．C 高校と D 高校からの受験者はそれぞれ 12 名と 16 名で，平均点はそれぞれ 420.6 点と 450.4 点であった．D 高校の方が C 高校よりも優秀であると言えるか，有意水準 5% で検定せよ．(ヒント：仮説を $H_0 : \mu_1 = \mu_2$, $H_1 : \mu < \mu_2$ とする．$z(0.05) = 1.6449$. 統計量 T の実現値 $t = -0.916$. $t \in W^c$ で仮説 H_0 は採択．平均点で 30 点近くも差があるにもかかわらず，D 高校の方が C 高校よりも優秀であるとは言えない結果になっている!!)

11.3.2　母分散未知：等分散のケース

前小節で扱ったケースのように，2 つの母平均 μ_1, μ_2 がともに未知であるにもかかわらず，2 つの母分散 σ_1^2, σ_2^2 がともに既知であるという状況はあまり現実的ではない．そこでこれ以降の 2 小節では 2 つの母分散が未知である場合の検定について考える．

まず手始めに 2 つの母分散は未知であるが，等分散 $\sigma_1^2 = \sigma_2^2 = \sigma^2$ である場合について考察する．10 章でも注意したが，あらかじめ等分散性をチェックする必要がある．この等分散性の検定法については 11.4 節で触れるのでここでは等分散性を仮定して話を進める．

> 対象：母平均の差 $\mu_1 - \mu_2$
> 条件：母分散 σ_1^2, σ_2^2 は未知
> 　　　等分散 $\sigma_1^2 = \sigma_2^2 = \sigma^2$

ここでは等分散のもとで

$$\text{「仮説 } H_0 : \mu_1 = \mu_2 \text{」}$$

を検定する．この帰無仮説 H_0 のもとで検定統計量

$$T = \frac{\bar{X} - \bar{Y}}{\sqrt{\hat{\sigma}^2 \left(\frac{1}{m} + \frac{1}{n}\right)}}$$

は自由度 $\phi = m + n - 2$ の t 分布 $t(\phi) \equiv t(m+n-1)$ に従う．ここで $\hat{\sigma}^2$ は合併標本分散であった．すなわち

$$\hat{\sigma}^2 = \frac{(m-1)S_X^2 + (n-1)S_Y^2}{m+n-2}$$

で定義される．

統計量と分布に関する基礎事項

統計量 $T = \dfrac{\bar{X} - \bar{Y}}{\sqrt{\hat{\sigma}^2 \left(\frac{1}{m} + \frac{1}{n}\right)}}$ $\sim$ $t(\phi) = t(m+n-2) : t$ 分布

仮説検定のための有意水準 α を与える．このとき t 分布表から，両側検定の場合は両側 α 点 $t_\phi(\alpha) = t_{m+n-2}(\alpha)$ を，片側検定の場合は両側 2α 点 $t_\phi(2\alpha) = t_{m+n-2}(2\alpha)$ を用いる．適宜読み替えればよい．以下では便宜上，対立仮説 $H_1 : \mu_1 \neq \mu_2$ の場合の両側検定を前提に説明する．片側検定の場合もほぼ同様である．

$$P(|T| > t_\phi(\alpha)) = P\left(\left|\frac{\bar{X} - \bar{Y}}{\sqrt{\hat{\sigma}^2 \left(\frac{1}{m} + \frac{1}{n}\right)}}\right| > t_\phi(\alpha)\right) = \alpha$$

が成り立つ．これに基づいて棄却域 W を定めてやればよい．

定理 11.8 （1） 仮説 $H_0: \mu_1 = \mu_2$, $H_1: \mu_1 \neq \mu_2$ に対して有意水準 α の検定の $\mu_1 - \mu_2$ の両側検定の棄却域は

$$W = \{T < -t(\phi)\} \cup \{T > t(\phi)\}$$
$$= (-\infty, -t(\phi)) \cup (t(\phi), \infty)$$

である．
（2） 仮説 $H_0: \mu_1 = \mu_2$, $H_1: \mu_1 < \mu_2$ に対して有意水準 α の検定の $\mu_1 - \mu_2$ の左片側検定の棄却域は

$$W = \{T < -t(2\phi)\} \quad \text{or} \quad = (-\infty, -t(2\phi))$$

である．
（3） 仮説 $H_0: \mu_1 = \mu_2$, $H_1: \mu_1 > \mu_2$ に対して有意水準 α の検定の $\mu_1 - \mu_2$ の右片側検定の棄却域は

$$W = \{T > t(2\phi)\} \quad \text{or} \quad = (t(2\phi), \infty)$$

である．ただし，$\phi = m + n - 2$ である．

注意 11.1 上述の検定法を「t 検定」と呼んでいる．詳しくは述べないが，この t 検定は一様最有力検定ではないが尤度比検定として導くことができる．「等分散性の検定」などにより等分散の仮定が保証されないときは，次小節で解説するウェルチ (Welch) 検定を使用することになる．具体的な問題を検定するときには，等分散性を言い切る自信がない場合このウェルチ検定を使った方が無難である．実際，非等分散 $\sigma_1^2 \neq \sigma_2^2$ のとき，ウェルチ検定の検出力は t 検定のそれより優っていることが知られている．

例題 11.6 一定の条件を満たす同環境下で孵化した稚魚群から無作為に選んだ魚を 10 匹と 8 匹の 2 グループ分けて飼育する．10 匹のグループには発育増進剤を混合した餌 A を与え，8 匹のグループには従来の餌 B を与えて飼育し，3ヶ月後に稚魚の体重（単位：[g]）を測定してつぎの結果を得た．体重データは等分散の正規分布に従うとして，餌 A, B によって体重の平均に差があると言えるか，有意水準 5%で検定せよ．

A：64, 56, 59, 63, 56, 63, 56, 60, 62, 61
B：58, 55, 54, 47, 59, 51, 61, 55

解答 餌 A のグループの母平均を μ_1, 餌 B のグループの母平均を μ_2 とする. 仮説 $H_0 : \mu_1 = \mu_2$, $H_1 : \mu_1 \neq \mu_2$ を立てて, 母平均差 $\mu_1 - \mu_2$ の両側検定を行う. 自由度は $\phi = m + n - 2 = 10 + 8 - 2 = 16$ で, 検定統計量 T は t 分布 $t(16)$ に従う. t 分布の両側 5%点は $t_{16}(0.05) = 2.1199$ となり, 棄却域 W を

$$W = \{T < -2.1199\} \cup \{T > 2.1199\}$$

と設定する. 所与のデータから $\bar{x} = 60, \bar{y} = 55, s_x^2 = 9.778, s_y^2 = 20.286$, したがって統計量 T の実現値 t は

$$t = \frac{60 - 55}{\sqrt{\dfrac{9 \times 9.778 + 7 \times 20.286}{10 + 8 - 2}\left(\dfrac{1}{10} + \dfrac{1}{8}\right)}} = 2.780$$

となる. $t \in W$ であるので H_0 を棄却する. ゆえに餌 A, B により稚魚の体重の平均に差が見られる. □

問 11.4 P 市で実施された 40 歳定期検診からランダムに選んだ男性 11 人, 女性 10 人の最低血圧値 (単位：mmHg) は以下の通りである. 分布に正規性と等分散性を仮定した上で, 男女間に差があると言えるか, 有意水準 5%で検定せよ.

男子：平均値　82.91　分散　86.32

女子：平均値　81.04　分散　101.77

(ヒント：$\hat{\sigma}^2 = 103.5379$, $t = 0.420$, $t_{19}(0.05) = 2.093$) (答え：男女の最低血圧値に差はない)

11.3.3　母分散未知：非等分散のケース

今度は 2 つの母分散 σ_1^2, σ_2^2 がともに未知であり, 等分散 $\sigma_1^2 = \sigma_2^2 = \sigma^2$ であるかどうか全くわからない一般的な場合について考察する. このケースは区間推定のところで解説した定理 10.10 と密接に関連しているので, 10.4 節の小節 10.4.1 のケース d を参照されるとよい.

注意 11.2 このような一般的な状況の場合, 母平均の差に関する正確な検定法は現在知られていない. これをベーレンス・フィッシャーの問題 (Behrens-Fisher's problem) という. これに対し, 近似的な検定方法がいくつか考案されている.

> 対象：母平均の差 $\mu_1 - \mu_2$
> 条件：母分散 σ_1^2, σ_2^2 は未知
> 非等分散 $\sigma_1^2 \neq \sigma_2^2$

ここでは有名なウェルチ (Welch) 検定と呼ばれている検定法について説明する．出発点は 11.3.1 小節の母分散が既知のケースのときの統計量である．仮説 $H_0 : \mu_1 = \mu_2$ の検定をするのであるから，この仮説を仮定する．すなわち，等母平均であるから直ちに

$$T = \frac{\bar{X} - \bar{Y}}{\sqrt{\dfrac{\sigma_1^2}{m} + \dfrac{\sigma_2^2}{n}}} \tag{11.1}$$

は標準正規分布 $N(0, 1^2)$ に従う．いま母分散は未知だから標本からの推定量で置き換えよう．手っ取り早く標本分散 S_X^2, S_Y^2 を考えて，上の (11.1) 式の σ_1^2 と σ_2^2 の代わりにこの標本分散で代用して，新しい統計量

$$T^* = \frac{\bar{X} - \bar{Y}}{\sqrt{\dfrac{S_X^2}{m} + \dfrac{S_Y^2}{n}}} \tag{11.2}$$

を考える．この確率変量 T^* の分布がわかればよい訳である．実はこの統計量 T^* は近似的に t 分布に従うのである．もう少し詳しく言うと，

「仮説　$H_0 : \mu_1 = \mu_2$」

のもとで，

$$\phi^* = \frac{\left(\dfrac{S_X^2}{m} + \dfrac{S_Y^2}{n}\right)^2}{\dfrac{1}{m-1}\left(\dfrac{S_X^2}{m}\right)^2 + \dfrac{1}{n-1}\left(\dfrac{S_Y^2}{n}\right)^2} \tag{11.3}$$

と置いて (この ϕ^* を等価自由度という)，この統計量 T^* は自由度 ϕ^* の t 分布 $t(\phi^*)$ に近似的に従う．

―― 統計量と分布に関する基礎事項 ――

$$\text{統計量} \quad T^* = \frac{\bar{X} - \bar{Y}}{\sqrt{\dfrac{S_X^2}{m} + \dfrac{S_Y^2}{n}}} \sim t(\phi^*) : \text{自由度}\phi^* \text{の} t \text{分布}$$

仮説検定のための有意水準 α を与える．このとき t 分布表から，両側検定の場合は両側 α 点 $t_{\phi^*}(\alpha)$ を，片側検定の場合は両側 2α 点 $t_{\phi^*}(2\alpha)$ を用いる．適宜読み替えればよい．以下では便宜上，対立仮説 $H_1 : \mu_1 \neq \mu_2$ の場合の両側検定を前提にして説明する．片側検定の場合もほぼ同様に考えればよいだけである．

$$P(|T^*| > t_{\phi^*}(\alpha)) = P\left(\left| \frac{\bar{X} - \bar{Y}}{\sqrt{\dfrac{S_X^2}{m} + \dfrac{S_Y^2}{n}}} \right| > t_{\phi^*}(\alpha) \right) = \alpha$$

が成り立つ．これに基づいて棄却域 W を定めてやればよい．

定理 11.9 （1） 仮説 $H_0 : \mu_1 = \mu_2, H_1 : \mu_1 \neq \mu_2$ に対して有意水準 α の検定の $\mu_1 - \mu_2$ の両側検定の棄却域は

$$W = \{T^* < -t(\phi^*)\} \cup \{T^* > t(\phi^*)\}$$
$$= (-\infty, -t(\phi^*)) \cup (t(\phi^*), \infty)$$

である．

（2） 仮説 $H_0 : \mu_1 = \mu_2, H_1 : \mu_1 < \mu_2$ に対して有意水準 α の検定の $\mu_1 - \mu_2$ の左片側検定の棄却域は

$$W = \{T^* < -t(2\phi^*)\} \quad \text{or} \quad = (-\infty, -t(2\phi^*))$$

である．

（3） 仮説 $H_0 : \mu_1 = \mu_2, H_1 : \mu_1 > \mu_2$ に対して有意水準 α の検定の $\mu_1 - \mu_2$ の右片側検定の棄却域は

$$W = \{T^* > t(2\phi^*)\} \quad \text{or} \quad = (t(2\phi^*), \infty)$$

である．ただし，ϕ^* は (11.2) 式で定まる数である．

注意 11.3 上の定理 11.9 を検定法に用いて使用する際には，t 分布の両側 α 点で

ある $t_{\phi^*}(\alpha)$ を求めなくてはならない．しかし実際には ϕ^* が自然数になることは望めない．そこで ϕ^* に最も近い自然数を選ぶか補間法により近似値を求める必要がある．

つぎの例題は前小節で扱った例題 11.6 と全く同じ問題であるが，比較のため今回は等分散の仮定なしで解答してみよう．

> **例題 11.7** 一定の条件を満たす同環境下で孵化した稚魚群から無作為に選んだ魚を 10 匹と 8 匹の 2 グループ分けて飼育する．10 匹のグループには発育増進剤を混合した餌 A を与え，8 匹のグループには従来の餌 B を与えて飼育し，3ヶ月後に稚魚の体重 (単位：[g]) を測定してつぎの結果を得た．体重データは等分散性のない正規分布に従うとして，餌 A, B によって体重の平均に差があると言えるか，有意水準 5%で検定せよ．
>
> A : 64, 56, 59, 63, 56, 63, 56, 60, 62, 61
> B : 58, 55, 54, 47, 59, 51, 61, 55

解答 餌 A のグループの母平均を μ_1，餌 B のグループの母平均を μ_2 とする．仮説 $H_0 : \mu_1 = \mu_2, H_1 : \mu_1 \neq \mu_2$ を立てて，母平均差 $\mu_1 - \mu_2$ の両側検定を行う．所与のデータから $\bar{x} = 60, \bar{y} = 55, s_x^2 = 9.778, s_y^2 = 20.286$ である．まず等価自由度 ϕ^* を計算しよう．

$$\phi^* = \frac{\left(\dfrac{9.778}{10} + \dfrac{20.286}{8}\right)^2}{\dfrac{1}{10-1}\left(\dfrac{9.778}{10}\right)^2 + \dfrac{1}{8-1}\left(\dfrac{20.286}{8}\right)^2} = 12.046$$

この値は 12 に近いので，この値を採用し，t 分布の両側 5%点は $t_{12}(0.05) = 2.179$ となる．自由度は $\phi^* = 12$ であるから，検定統計量 T^* は t 分布 $t(12)$ に近似的に従っていると考えられる．この t 分布の両側 5%点 $t_{12}(0.05)$ により，棄却域 W を

$$W = \{T^* < -2.179\} \cup \{T^* > 2.179\}$$

と設定する．したがって統計量 T^* の実現値 t^* は

$$t^* = \frac{60 - 55}{\sqrt{\dfrac{9.778}{10} + \dfrac{20.286}{8}}} = 2.667 > 2.179$$

となる．$t \in W$ であるので H_0 を棄却する．ゆえに餌 A, B により稚魚の体重の平均に差が見られる．結局，同じ結論に到達した． □

問 11.5 私立 P 高校の 2 年生の特進 (特別進学) クラスと特選 (特別選抜) クラスに対して，同一の校内実力テスト (数学) を実施した．表 11.1 はその得点結果である．特進と特選の両クラスの平均値の間に差があると言えるか，有意水準 5% で検定せよ．(答え：有意水準 5% で平均値に差があると言える．)

表 11.1 テスト結果の比較

クラス	受験者数	平均値	標本分散値
特進	$m = 20$	$\bar{x} = 72$	$s_x^2 = 83$
特選	$n = 25$	$\bar{y} = 65$	$s_y^2 = 105$

11.3.4 対をなす 2 標本の場合の検定

2 つの標本が互いに独立でないか，独立とみなせない場合は，いままで述べてきたような手法を用いることができない．たとえば，生徒に対して補習を行うとき，補習前と後に実施したテストの成績 (得点) がその典型例である．このような例を**対をなすデータ**という．それでは具体的に何が問題点なのだろうか？ もう少し詳しくみていこう．

> **Situation 2.** n 人の生徒に補習前と後と 2 回テストを実施した．補習前のテストの得点を X_i とし，補習後のテストの得点を Y_i $(i = 1, \cdots, n)$ とし，この得点を比較することによって補習の効果をみたい．どのようにすればよいだろうか？

同じ人の数学の得点 $\{X_i\}$ と理科の得点 $\{Y_i\}$ を比べて同じサイエンスに関連する科目だから数学好きの人は理科好きという傾向があるのか相関をみましょう，というのとは訳が違う．この場合補習科目が数学なら，同じ人の数学の得点 $\{X_i\}$ と数学の得点 $\{Y_i\}$ であったりするので，この 2 組の標本が独立とは考えられない．母平均の差 $\mu_1 - \mu_2$ を推測する場合，以前やってきていたように補習前の平均 $\bar{X}$

と補習後の平均 $\bar{Y}$ を求めるというやり方そのものが良くないのである．なぜかと言うと，上の例のような対をなすデータの場合には生徒間の変動が補習による差を見えなくしてしまうからである．これを回避する 1 つの方法はつぎのようにデータを変えてしまうことである．

対象：母平均の差 $\mu_1 - \mu_2$
条件：母分散 σ_1^2, σ_2^2 は未知
$D_i = X_i - Y_i$ で 1 標本問題に変換
$D_i \sim N(d, \sigma^2)$

$$D_i = X_i - Y_i \quad (i = 1, 2, \cdots, n)$$

と置いて，対をなす見かけ上 2 標本データを変換して 1 標本問題にする．このときこの標本データの $\{D_i\}$ の標本平均および不偏分散を

$$\bar{D} = \frac{1}{n}\sum_{i=1}^{n} D_i, \quad U_D^2 = \frac{1}{n-1}\sum_{i=1}^{n}(D_i - \bar{D})^2$$

とする．仮に D_i が正規分布 $N(d, \sigma^2)$ からのデータであるとき，母平均の差

$$d = \mu_1 - \mu_2$$

の検定に関しては，仮説 $H_0 : d = d_0$ のもとで，11.2.2 小節の「母分散未知のケース」の検定と同じ型の検定統計量 T を用いて解析を進めることができる．実際，

$$T = \frac{\bar{D} - d_0}{U_D/\sqrt{n}}$$

は自由度 $n - 1$ の t 分布 $t(n - 1)$ に従う．ゆえに定理 11.4, 定理 11.5 および定理 11.6 に帰着される．

統計量と分布に関する基礎事項

統計量 $\quad T = \dfrac{\bar{D} - d_0}{U_D/\sqrt{n}} \quad \sim \quad t(n-1)$：自由度 $n-1$ の t 分布

注意 11.4 この対をなすデータに関して，母平均の差 $d = \mu_1 - \mu_2$ の区間推定については 10 章, 10.1.2：母分散未知のケースの定理 10.2 に帰着される．

例題 11.8　予備校の冬期入試直前難問撃破英語ゼミの受講生 10 人について，講習前と後で実施された校内限定実力テストのそれぞれの得点 X_i と Y_i $(i = 1, 2, \cdots, 10)$ は表 11.2 の通りである．この冬期講習の効果はあったと言えるか，有意水準 1% で検定せよ．

表 11.2　冬期講習前後の実力テストの得点

整理番号	1	2	3	4	5	6	7	8	9	10
X_i	67	74	57	56	45	53	66	55	76	47
Y_i	68	76	55	66	53	61	67	68	75	57

解答　得点差は正規分布に従うとして検定を行う．
$$D_i = X_i - Y_i \quad (i = 1, 2, \cdots, 10)$$

と置く．冬期講習の効果を計るため，得点差の母平均 $d = \mu_1 - \mu_2$ に対して，仮説 $H_0 : d = 0$ を立てる．対立仮説は $H_1 : d < 0$ として左片側検定を行う．講習後には実力がついて平均値の意味で得点アップが期待できるので，講習の前と後の比較において $\mu_1 < \mu_2$ が成り立つと思われるからである．定理 11.5 を適用して，$\alpha = 0.01$ (1 %) より $t_9(0.02) = 2.821$ となり，検定統計量 T は

$$T = \frac{\bar{D} - d_0}{U_D/\sqrt{n}} \sim t(n-1)$$

である．棄却域 W を

$$W = (-\infty, -t_9(0.02)) = (-\infty, -2.821)$$

と設定する．このとき統計量 T の実現値は

$$t = \frac{\bar{d} - 0}{u_d/\sqrt{10}} = \frac{-5 - 0}{5.354/\sqrt{10}} = -.2.953$$

となって，$t \in W$ であることがわかる．したがって仮説 H_0 を棄却する．ゆえに冬期講習の効果はあったと言えることになる．　□

問 11.6 ある医療系の化学分析会社で新採用の臨床検査技師 A さんと B さんの 2 人の分析結果に差があるかどうかを調べた．10 組の検査試料を 2 人に分析してもらい，表 11.3 の結果を得た．2 人の分析結果に差があるかどうか，有意水準 5%で検定せよ．(ヒント：2 人の分析結果に差がないという仮説 $H_0: \mu_d = 0$, $H_1: \mu_d \neq 0$ を立てる．$\bar{d} = -0.2$, $u_d = 2.30$, $t = -0.2/(2.30/\sqrt{10}) = -0.274$, $t_9(0.05) = 2.262$. 分析結果には差がない．)

表 11.3　試料分析結果

試料	1	2	3	4	5	6	7	8	9	10
A さん	48	51	51	50	47	47	53	53	54	49
B さん	46	52	53	53	48	45	57	51	53	47

11.4　分散比の検定

2 つの正規母集団 $N(\mu_1, \sigma_1^2)$, $N(\mu_2, \sigma_2^2)$ からそれぞれ取られた 2 つの無作為標本 $(X_1, X_2, \cdots, X_m)$, $(Y_1, Y_2, \cdots Y_n)$ を考える．前述の母平均の差 $d = \mu_1 - \mu_2$ の推定や検定では，2 つの母分散 σ_1^2, σ_2^2 は未知ではあるが，等分散 $\sigma_1^2 = \sigma_2^2 = \sigma^2$ の仮定のもとに推定および検定を実行することができた．したがって一般的に 2 標本間の分散の同一性に関する情報をどうやって得るのかという問題が生じる．これが前述において少しだけ言及していた「等分散の検定」という話題である．

統計量としてそれぞれの標本分散を考えると

$$S_1^2 = \frac{1}{m}\sum_{i=1}^{m}(X_i - \bar{X})^2, \quad S_2^2 = \frac{1}{n}\sum_{i=1}^{m}(Y_i - \bar{Y})^2$$

いま仮説 $H_0: \sigma_1^2 = \sigma_2^2 (= \sigma^2)$, $H_1: \sigma_1^2 \neq \sigma_2^2$ のもとで，それぞれの不偏分散は

$$U_1^2 = \frac{m}{m-1}S_1^2, \quad U_2^2 = \frac{n}{n-1}S_2^2$$

と書けるから，つぎの統計量 F を考える．取った比 F が $F > 1$ を満たすように，U_1^2 と U_2^2 の大きい方を比の分子に採用するのであるが，ここでは $U_1^2 > U_2^2$ として話を進める．

$$\Xi_1 = \frac{mS_1^2}{\sigma^2} \sim \chi^2(m-1), \quad \Xi_2 = \frac{nS_2^2}{\sigma^2} \sim \chi^2(n-1)$$

であったことを思い起こそう．したがって

$$1 < F = \frac{U_1^2}{U_2^2} = \frac{\dfrac{m}{m-1}S_1^2}{\dfrac{n}{n-1}S_2^2}$$

$$= \frac{\dfrac{mS_1^2}{\sigma^2} \cdot \dfrac{1}{m-1}}{\dfrac{nS_2^2}{\sigma^2} \cdot \dfrac{1}{n-1}} = \frac{\Xi_1/(m-1)}{\Xi_2/(n-1)}$$

となる．ゆえに F 分布の定義から直ちに $F = U_1^2/U_2^2$ は自由度 $(m-1, n-1)$ の F 分布 $F(m-1, n-1) = F_{n-1}^{m-1}$ に従う．このことを利用して検定を考える．またなぜ比を取るのかというと，母分散の比 (ratio) を考えたとき，$r = \sigma_1^2/\sigma_2^2$ の推定量は，それぞれの推定量である不偏分散の比 $\hat{r} = U_1^2/U_2^2$ になるからである．

統計量と分布に関する基礎事項

統計量 $\quad F = \dfrac{U_1^2}{U_2^2} = \dfrac{\dfrac{\Xi_1}{m-1}}{\dfrac{\Xi_2}{n-1}} \quad \sim \quad F(m-1, n-1) : F$ 分布

これで準備は終了した．「等分散の検定」に話題を移そう．これは F 分布を検定に用いるため，**エフ検定** (F-test) とも呼ばれる．正規 2 標本の母分散の等分散性 (あるいは相等性) についての仮説

帰無仮説 $H_0 : r = 1$ (母分散は等しい)
対立仮説 $H_1 : r \neq 1$ (母分散は異なる)

を検定する．考察の対象は

エフ検定統計量 $\quad F = \hat{r}$

である．有意水準を α とすると，エフ検定の棄却域 W は

$$W = \left\{ F < F_{n-1}^{m-1}\left(1 - \frac{\alpha}{2}\right),\ F_{n-1}^{m-1}\left(\frac{\alpha}{2}\right) < F \right\}$$

となる．かくしてつぎの定理を得る．

定理 11.10 （1） 仮説 $H_0 : \sigma_1^2 = \sigma_2^2$, $H_1 : \sigma_1^2 \neq \sigma_2^2$ に対して有意水準 α の検定の F の両側検定の棄却域は
$$W = \left\{ F < F_{n-1}^{m-1}\left(1 - \frac{\alpha}{2}\right) \right\} \cup \left\{ F > F_{n-1}^{m-1}\left(\frac{\alpha}{2}\right) \right\}$$
$$= \left(0, F_{n-1}^{m-1}\left(1 - \frac{\alpha}{2}\right)\right) \cup \left(F_{n-1}^{m-1}\left(\frac{\alpha}{2}\right), \infty\right)$$

である．

（2） 仮説 $H_0 : \sigma_1^2 = \sigma_2^2$, $H_1 : \sigma_1^2 < \sigma_2^2$ に対して有意水準 α の検定の F の左片側検定の棄却域は
$$W = \{F < F_{n-1}^{m-1}(1-\alpha)\} \quad \text{or} \quad = (0, F_{n-1}^{m-1}(1-\alpha))$$

である．

（3） 仮説 $H_0 : \sigma_1^2 = \sigma_2^2$, $H_1 : \sigma_1^2 > \sigma_2^2$ に対して有意水準 α の検定の F の右片側検定の棄却域は
$$W = \{F > F_{n-1}^{m-1}(\alpha)\} \quad \text{or} \quad = (F_{n-1}^{m-1}(\alpha), \infty)$$

である．

例題 11.9 日本で一番人気の日本製タバコ A と輸入洋タバコ B について，それぞれから無作為に 10 本ずつを選び出してニコチン含有量を測定した．その結果 A の分散は 0.000138 [mg]，B の分散は 0.000149 [mg] であった．ニコチン含有量のバラツキに差があるかどうか，有意水準 5% で検定せよ．

解答 A, B 間のバラツキに差はないという仮説 $H_0 : \sigma_1^2 = \sigma_2^2$, $H_1 : \sigma_1^2 \neq \sigma_2^2$ を立てる．

$$m = n = 10, \quad s_1^2 = 0.000138, \quad s_2^2 = 0.000149,$$
$$u_1^2 = \frac{10}{10-1} \times 0.000138 = 0.0001533,$$

$$u_2^2 = \frac{10}{10-1} \times 0.000149 = 0.0001655$$

このとき，不等式 $u_1^2 < u_2^2$ が成り立つので，エフ検定統計量としては $F = U_2^2/U_1^2$ として実現値を求めると

$$f = \frac{u_2^2}{u_1^2} = \frac{0.0001655}{0.0001533} = 1.080$$

である．有意水準が $\alpha = 0.05$ のとき，F 分布表から $F_9^9(0.025) = 4.03$ であるから

$$f = 1.080 < 4.03 \quad \text{したがって} \quad f \in W^c$$

となり，帰無仮説 H_0 は棄却されない．ゆえに H_0 を受け入れることとなり，結果的に 2 つのタバコ A, B 間にバラツキの差はないと見られる． □

問 11.7 2 種類の飼料 A, B がある．ある実験用小動物を無作為抽出して 10 匹と 8 匹の 2 群 I, II に分けて，I 群には飼料 A を与え，II 群には飼料 B を与えて成長の差をみる実験を試みた．一定の期間経過後に体重 [g] を測定して表 11.4 のデータを得た．実験開始当初の対象動物の体重は一律として，2 種類の飼料による成長のバラツキは同じと言えるか，有意水準 10%で検定せよ．(ヒント：F 分布の上側 0.05 点は $F_7^9(0.05) = 3.68$，また $F_7^9(0.95) = F_9^7(0.05)^{-1} = 0.304$．棄却域は $W = \{F < 0.304, F > 3.68\}$, $u_1^2 = 9.778$, $u_2^2 = 11.543$, $f = 0.847 \in W^c$．)

表 11.4

	標本数	平均	標本分散
I	10	168.1	8.8
II	8	164.3	10.1

11.5 母分散の検定

11.5.1 母平均既知のケース

$(X_1, X_2, \cdots, X_n)$ を正規母集団 $N(\mu, \sigma^2)$ から無作為抽出した標本とする．母平均 μ が既知なので，ここでは標本平均 S^2 の代わりに統計量

$$S_0^2 = \frac{1}{n}\sum_{i=1}^n (X_i - \mu)^2$$

を用いる．仮説 $H_0 : \sigma^2 = \sigma_0^2, H_1 : \sigma^2 \neq \sigma_0^2$ を立てて，検定統計量 T としては

$$T = \frac{nS_0^2}{\sigma^2}$$

を考えることにする．この T は自由度 n のカイ 2 乗分布 $\chi^2(n)$ に従う．この事実を利用して両側検定をする．

母分散の検定：母平均 μ 既知
帰無仮説 $H_0 : \sigma^2 = \sigma_0^2$
対立仮説 $H_1 : \sigma^2 \neq \sigma_0^2$

——— 統計量と分布に関する基礎事項 ———

統計量 $\quad T = \dfrac{nS_0^2}{\sigma_0^2} = \dfrac{1}{\sigma_0^2}\sum_{i=1}^n (X_i - \mu)^2 \quad \sim \quad \chi^2(n) :$ カイ 2 乗分布

有意水準 α に対して，カイ 2 乗分布表の上側 α 点を $\chi_n^2(\alpha)$ とするとき

$$P\left(T < \chi_n^2\left(1 - \frac{\alpha}{2}\right), \quad T > \chi_n^2\left(\frac{\alpha}{2}\right)\right) = \alpha$$

が成り立つ．棄却域 W を

$$W = \left(0, \quad \chi_n^2\left(1 - \frac{\alpha}{2}\right)\right) \bigcup \left(\chi_n^2\left(\frac{\alpha}{2}\right), \quad \infty\right)$$

と定める．これにより母分散 σ^2 の両側検定が可能となる．対立仮説 H_1 が $\sigma^2 < \sigma_0^2$ あるいは $\sigma^2 > \sigma_0^2$ の場合の左片側検定あるいは右片側検定のときもほぼ同様であるから，まとめてつぎの定理を得る．

定理 11.11 （1）仮説 $H_0 : \sigma = \sigma_0^2, H_1 : \sigma^2 \neq \sigma_0^2$ に対して有意水準 α の検定の T の両側検定の棄却域は
$$W = \left\{T < \chi_n^2\left(1 - \frac{\alpha}{2}\right)\right\} \cup \left\{T > \chi_n^2\left(\frac{\alpha}{2}\right)\right\}$$
$$= \left(0, \chi_n^2\left(1 - \frac{\alpha}{2}\right)\right) \cup \left(\chi_n^2\left(\frac{\alpha}{2}\right), \infty\right)$$

である．

（2）仮説 $H_0 : \sigma^2 = \sigma_0^2, H_1 : \sigma^2 < \sigma_0^2$ に対して有意水準 α の検定の T の左片側検定の棄却域は
$$W = \{T < \chi_n^2(1 - \alpha)\} \quad \text{or} \quad = (0, \chi_n^2(1 - \alpha))$$

である．

（3）仮説 $H_0 : \sigma^2 = \sigma_0^2, H_1 : \sigma^2 > \sigma_0^2$ に対して有意水準 α の検定の T の右片側検定の棄却域は
$$W = \{T > \chi_n^2(\alpha)\} \quad \text{or} \quad = (\chi_n^2(\alpha), \infty)$$

である．

例題 11.10 身長が $N(167, \sigma^2)$（単位：cm）に従う集団からランダムに6人を選んで，身長を測定して
$$163 \quad 166 \quad 173 \quad 165 \quad 170 \quad 167$$
という結果を得た．このとき母分散が 2.25 であると言えるか，有意水準5％で検定せよ．

解答 母平均 $\mu = 167$ [cm] であるから，標本分散 $S_0^2 = \dfrac{1}{n}\sum_{i=1}^{n}(X_i - \mu)^2$ の値をデータ $\{x_i\}$ から求めると
$$s_0^2 = \frac{1}{6}\sum_{i=1}^{6}(x_i - 167)^2 = \frac{67}{6} = 11.17$$
また $\sqrt{11.17} = 3.342, \sqrt{2.25} = 1.5$ に注意して，仮説
$$H_0 : \sigma^2 = (1.5)^2 = 2.25, \qquad H_1 : \sigma^2 \neq (1.5)^2 = 2.25$$

を立てて，母平均既知のもとで母分散の両側検定を行う．自由度 6 のカイ 2 乗分布に従う検定統計量 T の実現値を計算して

$$t = \frac{6 \times 11.17}{(1.5)^2} = 29.79$$

有意水準 $\alpha = 0.05$ のとき，カイ 2 乗分布表から $\chi^2_6(0.025) = 14.45$, $\chi^2_6(1-0.025) = \chi^2_6(0.975) = 1.237$ であるから，棄却域 W は

$$W = (0, 1.237) \cup (14.45, \infty)$$

となる．したがって $t \in W$ となり，仮説 H_0 は棄却される．ゆえに有意水準 5%で，母分散の値が 2.25 であるとは言えない． □

問 11.8 部品メーカーが製造しているある特殊機器用の構築資材の部品の太さ（単位：mm）は正規分布 $N(6.40, \sigma^2)$ に従っている．この製品から無作為に 10 本を抽出してその太さを測定したところ下記の結果を得た．このときこの部品の太さの母分散は 0.01 であると言えるか，有意水準 5%で検定せよ．

6.52　6.31　6.34　6.40　6.28　6.44　6.44　6.49　6.68　6.33

11.5.2 母平均未知のケース

$(X_1, X_2, \cdots, X_n)$ を正規母集団 $N(\mu, \sigma^2)$ から無作為抽出した標本とする．母平均 μ を未知とする．ここで標本平均 S^2

$$S^2 = \frac{1}{n} \sum_{i=1}^{n} (X_i - \bar{X})^2$$

に対して，仮説 $H_0 : \sigma^2 = \sigma_0^2$, $H_1 : \sigma^2 \neq \sigma_0^2$ を立てて，検定統計量 T としては

$$T = \frac{nS^2}{\sigma^2} = \frac{(n-1)U^2}{\sigma^2}$$

を考えることにする．この統計量 T は自由度 $n-1$ のカイ 2 乗分布 $\chi^2(n-1)$ に従う．この事実を利用して両側検定をする．

> 母分散の検定：母平均 μ 未知
> 帰無仮説 $H_0 : \sigma^2 = \sigma_0^2$
> 対立仮説 $H_1 : \sigma^2 \neq \sigma_0^2$

―――― 統計量と分布に関する基礎事項 ――――

統計量 $T = \dfrac{(n-1)U^2}{\sigma_0^2} = \dfrac{1}{\sigma_0^2}\sum_{i=1}^{n}(X_i - \bar{X})^2 \sim \chi^2(n-1)$:

(自由度 $n-1$ のカイ 2 乗分布)

有意水準 α に対して，カイ 2 乗分布表の上側 α 点を $\chi^2_{n-1}(\alpha)$ とするとき

$$P\left(T < \chi^2_{n-1}\left(1 - \dfrac{\alpha}{2}\right),\ T > \chi^2_{n-1}\left(\dfrac{\alpha}{2}\right)\right) = \alpha$$

が成り立つ．棄却域 W を

$$W = \left(0,\ \chi^2_{n-1}\left(1 - \dfrac{\alpha}{2}\right)\right) \bigcup \left(\chi^2_{n-1}\left(\dfrac{\alpha}{2}\right),\ \infty\right)$$

と定める．これにより母分散 σ^2 の両側検定が可能となる．対立仮説 H_1 が $\sigma^2 < \sigma_0^2$ あるいは $\sigma^2 > \sigma_0^2$ の場合の左片側検定あるいは右片側検定のときもほぼ同様であるから，まとめてつぎの定理を得る．

定理 11.12 (1) 仮説 $H_0 : \sigma^2 = \sigma_0^2,\ H_1 : \sigma^2 \neq \sigma_0^2$ に対して有意水準 α の検定の T の両側検定の棄却域は

$$\begin{aligned} W &= \left\{T < \chi^2_{n-1}\left(1 - \dfrac{\alpha}{2}\right)\right\} \cup \left\{T > \chi^2_{n-1}\left(\dfrac{\alpha}{2}\right)\right\} \\ &= \left(0, \chi^2_{n-1}\left(1 - \dfrac{\alpha}{2}\right)\right) \cup \left(\chi^2_{n-1}\left(\dfrac{\alpha}{2}\right), \infty\right) \end{aligned}$$

である．

(2) 仮説 $H_0 : \sigma^2 = \sigma_0^2,\ H_1 : \sigma^2 < \sigma_0^2$ に対して有意水準 α の検定の T の左片側検定の棄却域は

$$W = \{T < \chi^2_{n-1}(1 - \alpha)\} \quad \text{or} \quad = (0, \chi^2_{n-1}(1 - \alpha))$$

である．

(3) 仮説 $H_0 : \sigma^2 = \sigma_0^2,\ H_1 : \sigma^2 > \sigma_0^2$ に対して有意水準 α の検定の T の右片側検定の棄却域は

$$W = \{T > \chi^2_{n-1}(\alpha)\} \quad \text{or} \quad = (\chi^2_{n-1}(\alpha), \infty)$$

である (図 11.6 参照)．

11.5 母分散の検定 | 339

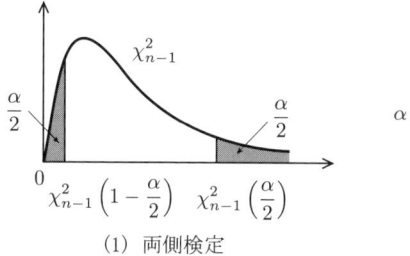

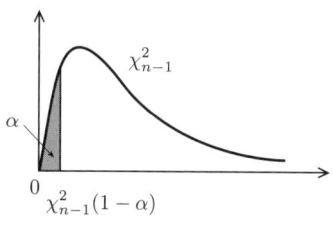

(1) 両側検定

(2) 左片側検定

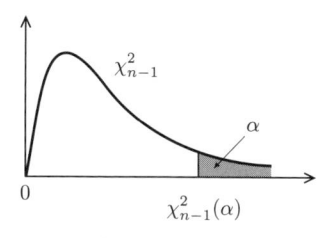

(3) 右片側検定

図 11.6　T の棄却域 W

例題 11.11　水産加工食品メーカーの R 工場で生産されている魚類缶詰の内容量の標準偏差は 0.245 [g] で管理されている．この R 工場の製品の中からランダムに 10 缶の製品を選んで内容量を測定したところ標準偏差は 0.268 [g] であった．この R 工場の生産管理水準が維持されていると言えるか，有意水準 5%で検定せよ．

解答　バラツキ具合に変動はないという仮説，すなわち本来の分散と同じ水準であるという仮説

$$H_0 : \sigma^2 = (0.245)^2 = 0.060, \qquad H_1 : \sigma^2 \neq (0.245)^2$$

を立てる．$n = 10$, $s^2 = (0.268)^2 = 0.072$ で，検定統計量 T の実現値は

$$t = \frac{10 \times 0.072}{0.060} = 12.0$$

である．一方，有意水準は $\alpha = 0.05$，自由度は $n - 1 = 10 - 1 = 9$，カイ 2 乗分布表より

$$\chi_9^2(1 - 0.05/2) = \chi_9^2(0.975) = 2.700$$

であるから，棄却域 W は

$$W = (0, 2.700) \cup (19.02, \infty)$$

となり，$t \in W^c$ である．したがって仮説 H_0 は棄却されないで，採択される．ゆえに有意水準 5%で，R 工場の生産管理水準は維持されていると言える結果となった．□

問 11.9 部品メーカーが製造しているある特殊機器用の構築資材の部品の太さ（単位：mm）に関して，従来の製品（部品）の太さのバラツキは分散が 0.01 [mm] であった．今回新たな投資を行い，製造工程に最新の制御電子機器を組み入れて効率化を図った．新機器導入後に，製造部品の無作為抽出を行って製造部品の太さ [mm] を測定して表 11.5 のデータを取得した．この新しい製造工程のもとで部品の太さのバラツキに変化が生じたと言えるか，有意水準 5%で検定せよ．（ヒント：標本平均は $\bar{x} = 6.423$，標本分散は $s^2 = 0.013$，棄却域は $W = (0, 2.70) \cup (19.02, \infty)$，検定統計量 T の実現値は $t = ns^2/\sigma_0^2 = 13.00$ ）

表 11.5 部品の太さの測定結果：単位 mm

整理番号	1	2	3	4	5
測定値	6.52	6.31	6.34	6.40	6.28
整理番号	6	7	8	9	10
測定値	6.44	6.44	6.49	6.68	6.33

11.6 母相関係数の検定

簡単な復習から始めよう．2 次元正規分布 $N_2(\mu_x, \mu_y, \sigma_x^2, \sigma_y^2, \rho)$ の同時確率密度関数 $f(x, y)$ はつぎで与えられる．

$$f(x, y) = \frac{1}{2\pi \sigma_x \sigma_y \sqrt{1-\rho^2}} \exp\left\{-\frac{Q}{2(1-\rho^2)}\right\}$$

ただし，密度関数の指数部内の Q は 2 次形式で

$$Q = \frac{(x-\mu_x)^2}{\sigma_x^2} - 2\rho \frac{(x-\mu_x)(y-\mu_y)}{\sigma_x \sigma_y} + \frac{(y-\mu_y)^2}{\sigma_y^2}$$

$(-1 < \rho < 1)$ である．$\text{Cov}(X, Y)$ で確率変数 X と Y の共分散を表し，$\rho(X, Y)$ を

$$\rho(X,Y) = \frac{\mathrm{Cov}(X,Y)}{\sqrt{V(X)}\sqrt{V(Y)}}$$

で定義し，X, Y の相関係数と呼ぶ．いま

$$(X,Y) \sim N_2(\mu_x, \mu_y, \sigma_x^2, \sigma_y^2, \rho) \tag{11.4}$$

であるとき，X と Y の相関係数 $\rho(X,Y)$ は $\rho(X,Y) = \rho$ を満たす．また (11.4) 式が成り立っているとき，X と Y はそれぞれ

$$X \sim N(\mu_x, \sigma_x^2), \qquad Y \sim N(\mu_y, \sigma_y^2)$$

である．さらに $X\ Y$ が独立であるための必要十分条件は $\rho = 0$ が成立することである．

 2 次元正規母集団 $N_2(\mu_x, \mu_y, \sigma_x^2, \sigma_y^2, \rho)$ を考察の対象とするが，ここではすべての母数 $\theta = (\mu_x, \mu_y, \sigma_x^2, \sigma_y^2, \rho)$ は未知であるという前提のもとに，この母集団から抽出された互いに独立な対になっているサイズ n の標本 $\{(X_i, Y_i)\}$ $(i = 1, 2, \cdots, n)$ による標本相関係数を用いて，母集団分布の相関係数 ρ に関する仮説検定問題を扱う．

11.6.1　正規母集団の母相関係数の検定

 $\{(X_i, Y_i)\}$ $(i = 1, 2, \cdots, n)$ を 2 次元正規母集団からのサイズ n の無作為抽出標本とする．また $\bar{X}, \bar{Y}$ および U_X^2, U_Y^2 をそれぞれ $X = (X_1, \cdots, X_n)$ と $Y = (Y_1, \cdots, Y_n)$ の標本平均および不偏標本分散とする．このとき，X と Y の U_X, U_Y に関する標本相関係数 R は

$$\begin{aligned} R &= \frac{\frac{1}{n-1}\sum_{i=1}^{n}(X_i - \bar{X})(Y_i - \bar{Y})}{\sqrt{U_X^2 U_Y^2}} \\ &= \frac{\sum_{i=1}^{n}(X_i - \bar{X})(Y_i - \bar{Y})}{(n-1)U_X U_Y} \end{aligned} \tag{11.5}$$

と書かれる．このとき，この R を用いて新しい統計量

$$Z = \frac{1}{2}\log\frac{1+R}{1-R}$$

を考えると，この Z は n が大きいとき漸近的に正規分布に従う．実際，

$$Z \sim N\left(\frac{1}{2}\log\frac{1+\rho}{1-\rho}, \frac{1}{n-3}\right)$$

であることが導かれる．したがって，このとき正規母集団の母相関係数 ρ に対して，統計量

$$T \equiv T(R) = T(X_1, \cdots, X_n, Y_1, \cdots, Y_n)$$

として

$$T = \sqrt{n-3}\left(\frac{1}{2}\log\frac{1+R}{1-R} - \frac{1}{2}\log\frac{1+\rho}{1-\rho}\right) \qquad (11.6)$$

を考えると，条件 $n \geq 10$ のもとで T は近似的に標準正規分布 $N(0,1)$ に従うことになる．

> 母数 $\mu_1, \mu_2, \sigma_1^2, \sigma_2^2, \rho$：未知
> ρ：正規母集団の母相関係数
> ρ に対する仮説検定

―――― 統計量と分布に関する基礎事項 ――――

統計量　$T = \sqrt{n-3}\left(\dfrac{1}{2}\log\dfrac{1+R}{1-R} - \dfrac{1}{2}\log\dfrac{1+\rho}{1-\rho}\right) \sim N(0, 1^2)$

：(標準正規分布)

いま $F(x) = \dfrac{1}{2}\log\{(1+x)/(1-x)\}, (-1 < x < 1)$ と置くとき，上の事実はつぎのように書ける．

$$T = \sqrt{n-3}(F(R) - F(\rho)) \sim N(0,1)$$
$$n \geq 10 \quad \text{のとき近似的に成り立つ}$$

ここでパラメータ x から z への変換

$$z = F(x) = \frac{1}{2}\log\frac{1+x}{1-x} \qquad (|x| < 1)$$

を z 変換あるいはフィッシャー (Fisher) 変換という．簡単のため，$\zeta = F(\rho), Z = F(R)$ と置けば，検定統計量 T は

$$T = \sqrt{n-3}(Z - \zeta)$$

と書ける．仮説

$$H_0 : \rho = \rho_0 \qquad H_1 : \rho \neq \rho_0$$

を立てて，有意水準 α に対して $z(\alpha)$ を標準正規分布 $N(0,1)$ の上側 α 点 ($100 \times \alpha$ ％点) とするとき，

$$\alpha = P(T < -z(\alpha/2), T > z(\alpha/2))$$

が成り立つ．したがって仮説 H_0 (対立仮説 H_1) のもとで検定統計量 T の棄却域 W を

$$W = \left\{ T < -z\left(\frac{\alpha}{2}\right), T > z\left(\frac{\alpha}{2}\right) \right\}$$

あるいは

$$= (-\infty, -z(\alpha/2)) \cup (z(\alpha/2), \infty)$$

と設定して両側検定を行う．また対立仮説 H_1 が $\rho < \rho_0$ あるいは $\rho > \rho_0$ のときの左片側検定あるいは右片側検定の場合についてもほぼ同様である．以上まとめて，つぎの定理を得る．

定理 11.13 (1) 仮説 $H_0 : \rho = \rho_0$, $H_1 : \rho \neq \rho_0$ に対して有意水準 α の検定の T の両側検定の棄却域は

$$W = \left\{ T < -z\left(\frac{\alpha}{2}\right) \right\} \cup \left\{ T > z\left(\frac{\alpha}{2}\right) \right\}$$
$$= \left(-\infty, -z\left(\frac{\alpha}{2}\right)\right) \cup \left(z\left(\frac{\alpha}{2}\right), \infty\right)$$

である．

(2) 仮説 $H_0 : \rho = \rho_0$, $H_1 : \rho < \rho_0$ に対して有意水準 α の検定の T の左片側検定の棄却域は

$$W = \{T < -z(\alpha)\} \quad \text{or} \quad = (-\infty, z(\alpha))$$

である．

(3) 仮説 $H_0 : \rho = \rho_0$, $H_1 : \rho > \rho_0$ に対して有意水準 α の検定の T の右片側検定の棄却域は

$$W = \{T > z(\alpha)\} \quad \text{or} \quad = (z(\alpha), \infty)$$

である．

> **例題 11.12** 妊娠 8〜10ヶ月の妊婦において中毒症患者の尿中に含まれるナトリウム Na とカリウム K の量 (単位：mEq/ℓ) の間には相関係数 $\rho = 0.3$ の相関があるという報告がなされた．このことを検証するため，対象となる症例から無作為に 100 例のデータを抽出して相関係数を計算したところ 0.21 という結果を得た．このことから $\rho = 0.3$ の相関があるという仮説は正しいと言えるか，有意水準 5% で検定せよ．

解答 仮説 $H_0 : \rho = 0.3$，$H_1 : \rho \neq 0.3$ を立てて，有意水準 $\alpha = 0.05$ として両側検定する．検定統計量として $T = \sqrt{n-3}(F(R) - F(\rho))$ を利用して，$n = 100$，$\rho = 0.03$ より

$$t = \sqrt{100-3}\left(\frac{1}{2}\log\frac{1+0.21}{1-0.21} - \frac{1}{2}\log\frac{1+0.3}{1-0.3}\right) = 0.9489$$

を得る．ここで $z(0.025) = 1.96$，また

$$\zeta = F(0.3) = 0.30952, \quad z = F(0.21) = 0.21317$$

は巻末の z 変換表を用いた．この表を使えば，対数 log の値を求めるのに関数機能付きの電卓を必要とせず便利である．また棄却域 W は

$$W = (-\infty, -1.96) \cup (1.96, \infty)$$

であるから，$t \in W^c$ となり，仮説 H_0 を棄却できないで受け入れることになる．したがって，相関が $\rho = 0.3$ であるという仮説を捨てられない．積極的にその仮説が正しいということを主張するものではないが，今回はそれを否定するに足るだけの根拠がなかったので採択せざるを得ない状況である． □

問 11.10 ある私立高校では従来，入学試験と卒業試験のときの「英語」の成績の間に相関があり，相関係数は 0.75 であるという．そこで今年度卒業した生徒の中から無作為に 20 名を選んで追跡調査をしたところ，標本相関係数の値は 0.66 であった．今年度の卒業生の相関係数は従来のものと異なると言えるか，正規母集団を仮定して有意水準 5% で検定せよ．

11.6.2 無相関の検定

2 次元正規母集団 $N_2(\mu_x, \mu_y, \sigma_x^2, \sigma_y^2, \rho)$ からの X, Y について，X と Y は無相関であるという仮説 $H_0 : \rho = 0$ を検定することを考える．R を 2 次元正規母集団

からのサイズ n の無作為標本 $\{(X_i, Y_i)\}$ $(i = 1, 2, \cdots, n)$ から作られた U_x, U_Y に関する標本相関係数とする.仮説 $H_0: \rho = 0$ のもとで,検定統計量としては

$$T = \frac{R\sqrt{n-2}}{\sqrt{1-R^2}} \tag{11.7}$$

が自由度 $n-2$ の t 分布 $t(n-2)$ に従うことを利用する.

---

2 次元正規分布 $N_2(\mu_1, \mu_2, \sigma_1^2, \sigma_2^2, \rho)$
R : 標本相関係数
ρ : 母相関係数
$H_0: \rho = 0$ 「無相関」の検定

統計量と分布に関する基礎事項

統計量 $T = \dfrac{R\sqrt{n-2}}{\sqrt{1-R^2}}$ $\sim$ $t(n-2)$: (t 分布)

定理 11.14 仮定 $\rho = 0$ のもとで,統計量
$$T = \frac{R\sqrt{n-2}}{\sqrt{1-R^2}}$$
は自由度 $n-2$ の t 分布 $t(n-2)$ に従う.

定理 11.14 の証明 各 i $(1 \leqslant i \leqslant n)$ について,(X_i, Y_i) を 2 次元正規分布 $N_2(\mu_x, \mu_y, \sigma_x^2, \sigma_y^2, \rho)$ からの標本とする.R はこの標本による不偏分散 U_X^2, U_Y^2 に関する標本相関係数であるから,R の確率密度関数は $|r| \leqslant 1$ に対して

$$f_n(r, \rho) = \frac{(1-\rho^2)^{(n-1)/2}(1-r^2)^{(n-4)/2}}{\sqrt{\pi}\, \Gamma\left(\dfrac{n-1}{2}\right) \Gamma\left(\dfrac{n-2}{2}\right)} \sum_{k=1}^{\infty} \Gamma^2\left(\frac{n+k-1}{2}\right) \frac{(2\rho r)^k}{k!}$$

で与えられる.ここで ρ は母相関係数である.各 $i = 1, 2, \cdots, n$ について,新たな確率変数 ε_i を

$$\varepsilon_i = (Y_i - \mu_y) - \frac{\rho \sigma_y}{\sigma_x}(X_i - \mu_x) \tag{11.8}$$

と定めると，$\{\varepsilon_i\}$ $(i=1,2,\cdots,n)$ は互いに独立である．また標本 X_i に対しても独立であることから，その分散は

$$V(\varepsilon_i) = (1-\rho^2)\sigma_y^2$$

と容易に計算される．一方，簡単のため $a = \mu_y - b\mu_x$, $b = \rho\sigma_y/\sigma_x$ と置いて上式 (11.8) を変形すると

$$Y_i = a + bX_i + \varepsilon_i \tag{11.9}$$

となる．このとき，各 i ごとに X_i と ε_i は独立であるから，条件 $X_i = x_i$ を与えたもとでの Y_i の条件付き分布は正規分布 $N(a + bx_i, (1-\rho^2)\sigma_y^2)$ である．そこで $X = (X_1, \cdots, X_n)$ および $x = (x_1, \cdots, x_n)$ に対して

$$W = \frac{\sum_{i=1}^n (X_i - \bar{X})(Y_i - \bar{Y})}{\sum_{i=1}^n (X_i - \bar{X})^2}$$

と定義すると，$X = x$ を与えたときの W の条件付き分布 $\mathfrak{P}(W \in (\cdot)|X = x)$ は再び正規分布となる．すなわち

$$W \sim N\left(b, \frac{(1-\rho^2)\sigma_y^2}{\sum_{i=1}^n (x_i - \bar{x})^2}\right) \quad (X = x \text{ のもとで})$$

が成り立つ．さらに

$$V = \sum_{i=1}^n (Y_i - \bar{Y})^2 - \sum_{i=1}^n (X_i - \bar{X})^2 W^2$$

と定義すれば，$V/(1-\rho^2)\sigma_y^2$ はカイ 2 乗分布 $\chi^2(n-2)$ に従う．また $X = x$ を与えたとき，W と V とは条件付き独立となっている．したがって $X = x$ を与えたもとで以下の統計量 T の条件付き分布は自由度 $n-2$ の t 分布 $t(n-2)$ になる．すなわち

$$T = \frac{W - b}{\sqrt{V/\left\{(n-2)\sum_{i=1}^n (X_i - \bar{X})\right\}^2}} \sim t(n-2)$$

である．いま仮定から $\rho=0$ であるから，$b=0$ になることに注意すれば，$X=x$ を与えたとき，
$$T = \frac{R\sqrt{n-2}}{1-R^2}$$
の条件付き分布は x に無関係であるから，T 自身の分布が $t(n-2)$ であることがわかる． □

定理より $T=\sqrt{n-2}R/\sqrt{1-R^2}$ は自由度 $n-2$ の t 分布 $t(n-2)$ に従うので，有意水準を α とするとき，t 分布の両側 α 点を $t_{n-2}(\alpha)$ として
$$P(|T|>t_{n-2}(\alpha)) = P\left(\left|\frac{\sqrt{n-2}R}{\sqrt{1-R^2}}\right|>t_{n-2}(\alpha)\right) = \alpha$$
が成り立つ．これによって仮説 $H_0:\rho=0, H_1:\rho\neq 0$ の場合の両側検定が行える．同様に $\rho<0$ や $\rho>0$ の場合の左および右片側検定のときもほぼ同じように検定ができることとなる．以上をまとめて，つぎの定理を得る．

定理 11.15 （1） 仮説 $H_0:\rho=0, H_1:\rho\neq 0$ に対して有意水準 α の検定の T の両側検定の棄却域は
$$W = \{T<-t_{n-2}(\alpha)\}\cup\{T>t_{n-2}(\alpha)\}$$
$$= (-\infty, -t_{n-2}(\alpha))\cup(t_{n-2}(\alpha), \infty)$$
である．
（2） 仮説 $H_0:\rho=0, H_1:\rho<0$ に対して有意水準 α の検定の T の左片側検定の棄却域は
$$W = \{T<-t_{n-2}(2\alpha)\} \quad \text{or} \quad = (-\infty, t_{n-2}(2\alpha))$$
である．
（3） 仮説 $H_0:\rho=0, H_1:\rho>0$ に対して有意水準 α の検定の T の右片側検定の棄却域は
$$W = \{T>t_{n-2}(2\alpha)\} \quad \text{or} \quad = (t_{n-2}(2\alpha), \infty)$$
である．

例題 11.13 動物園で飼育されているニホンザルの群れの中から無作為に授乳期にある子ザル 30 匹を選んで体長 [cm] と体重 [g] の相関関係を調べたところ相関係数が 0.74 であった．体長と体重の値は 2 次元正規分布に従うと仮定して，母相関係数 $\rho = 0$ という仮説を有意水準 5% で検定せよ．

解答 仮説 $H_0: \rho = 0$, $H_1: \rho \neq 0$ を立てて，有意水準 $\alpha = 0.05$ で両側検定する．$n = 30, r = 0.74$ であるから，検定統計量 T の実現値は

$$t = \frac{\sqrt{30-2} \times 0.74}{\sqrt{1-(0.74)^2}} = \frac{3.9157}{0.6726} = 5.822$$

となる．自由度は $n - 2 = 30 - 2 = 28$ で t 分布表から $t_{28}(0.05) = 2.0484$ である．このとき

$$|t| = 5.822 > 2.0484$$

が成り立つので仮説は棄却される．ゆえに有意水準 5% で母相関係数 $\rho = 0$ という仮説は棄却され，子ザルの体長と体重の間の関係は無相関ではないと言える． □

問 11.11 学期末テストの後，同学年の生徒の中からランダムに 42 人を抽出して，数学と英語のテストの成績 (得点) の相関係数を求めたら 0.32 であった．この程度の相関係数であれば数学と英語の成績は無相関であるとみなしてよいか，有意水準 5% で検定せよ．(ヒント：仮説 $H_0: \rho = 0$ について検定を行う．$t = 2.136 > t_{40}(0.1) = 1.6839$)

11.7　母比率の検定

11.7.1　大標本のケース

10.3 節で取り扱った母集団比率 p をもつ 2 項母集団における母比率の検定問題を考察する．母比率 p の母集団から無作為に抽出したサイズ n の標本を $X_1, X_2, \cdots, X_n$ とする．これらの標本 $\{X_i\}$ 中に，ある特性 A をもつものが k 個あったとすると，その和

$$X \equiv S_n = \sum_{i=1}^{n} X_i = X_1 + X_2 + \cdots + X_n$$

の分布は 2 項分布に従う. さらにサンプル数 n が十分に大きいときには中心極限定理 (7 章参照) により, $X = S_n$ は近似的に正規分布 $N(np, np(1-p))$ に従うので, このことを利用して検定を行うことができる.

母比率 $p = p_0$ の検定
大標本のケース：サンプル数 n が十分大
n 和 S_n は 2 項分布に従う
2 項分布の正規近似 (中心極限定理)

――― 統計量と分布に関する基礎事項 ―――

統計量　$T = \dfrac{X - np}{\sqrt{np(1-p)}}$ 　$\sim$ 　$N(0, 1^2)$ ：(標準正規分布)

n が十分大のとき近似的に従う

仮説 $H_0 : p = p_0$, $H_1 : p \neq p_0$ を立てる. 標本数 n が十分大きいときに, 近似的に標準正規分布 $N(0,1)$ に従う検定統計量

$$T = \frac{S_n - np_0}{\sqrt{np_0(1-p_0)}} = \frac{X - np_0}{\sqrt{np_0(1-p_0)}} \tag{11.10}$$

を利用して両側検定を行う. 上の (11.10) 式を変形して

$$T = \frac{(S_n/n) - p_0}{\sqrt{p_0(1-p_0)/n}}$$

の形で覚えておくと統計量 T の実現値 t を計算するとき便利なこともある. 有意水準 α に対して, 正規分布の上側 α 点を $z(\alpha)$ とするとき,

$$P(|T| > z(\alpha/2)) = P\left(\left|\frac{X - np_0}{\sqrt{np_0(1-p_0)}}\right| > z\left(\frac{\alpha}{2}\right)\right) = \alpha$$

が成り立つ. また棄却域 W は

$$W = \{T < -z(\alpha/2)\} \cup \{T > z(\alpha/2)\}$$

である．これにより母比率 $p = p_0$ の検定を行うことができる．他の $p < p_0$ あるいは $p > p_0$ のケースについてもほぼ同様に検定できる．まとめてつぎの定理を得る．

定理 11.16 （1） 仮説 $H_0 : p = p_0, H_1 : p \neq p_0$ に対して有意水準 α の検定の T の両側検定の棄却域は
$$W = \{T < -z(\alpha/2)\} \cup \{T > z(\alpha/2)\}$$
$$= (-\infty, -z(\alpha/2)) \cup (z(\alpha/2), \infty)$$
である．

（2） 仮説 $H_0 : p = p_0, H_1 : p < p_0$ に対して有意水準 α の検定の T の左片側検定の棄却域は
$$W = \{T < -z(\alpha)\} \quad \text{or} \quad = (-\infty, -z(\alpha))$$
である．

（3） 仮説 $H_0 : p = p_0, H_1 : p > p_0$ に対して有意水準 α の検定の T の右片側検定の棄却域は
$$W = \{T > z(\alpha)\} \quad \text{or} \quad = (z(\alpha), \infty)$$
である．

例題 11.14 狭心症に対する治療薬 A は交感神経 β 受容体遮断薬として働き，A 薬投与による治療効率は 65％と言われている．これに対して新たに開発された同じタイプの働きをする B 薬の治療効率を調べる臨床試験の結果は，43 例中 31 例で効果が認められた．新薬 B は A 薬より優れていると判断してよいか，有意水準 5％で検定せよ．

解答 仮説 $H_0 : p = 0.65, H_1 : p > 0.65$ を立てて，有意水準 5％で右片側検定を行う．$X/n = p = x/n = 31/43 = 0.721$ である．離散型の確率分布を連続型の確率分布で近似する場合によく用いられるイエーツ (Yates) の連続修正 (半整数補正) (6.4.4 小節参照のこと) を施して，検定統計量 T の実現値は

$$t = \frac{|0.721 - 0.65| - \dfrac{1}{2 \times 43}}{\sqrt{\dfrac{0.65 \times (1 - 0.65)}{43}}} = 0.82$$

つまり，$t = 0.82 < z(0.05) = 1.6449$ となり，$t \in W^c$ であるから仮説 H_0 は有意水準 5% で採択される．したがって，B 薬は従来の A 薬より必ずしも優れているとは認められない． □

問 11.12 P 工場で生産されるセンサー用精密機器の不良率は 2.5 % である．比較的大きな地震が起きた翌日に製造された商品から無作為に 100 個抽出して点検したところ，5 個の不良品が見つかったという．地震の影響で不良率が上昇したと言えるか，有意水準 5%で検定せよ．(ヒント：$H_0: p = 0.025$, $H_1: p > 0.025$ を立てて右片側検定．$z(0.05) = 1.6449$, $W = (1.6449, \infty)$. 半整数補正をして統計量 T の実現値は $t = 1.601$)

11.7.2　小標本のケース

標本数 n が少ないときには前小節のように中心極限定理による近似法が使えない．そこで 10.3 節で見たようにエフ分布を用いて母比率の検定を行う．n を対象とする標本のサイズとし，x でその中のある特性をもつ標本の数を表すことにする．このとき，10.3 節の議論に倣って

$$\begin{cases} m_1 = 2(n - x + 1) \\ n_1 = 2x \end{cases} \quad \text{および} \quad \begin{cases} m_2 = 2(x + 1) \\ n_2 = 2(n - x) \end{cases}$$

と置く．仮説 $H_0: p = p_0$ に対して，検定統計量として

$$T_1 = \frac{x(1 - p_0)}{(n - x + 1)p_0}, \quad T_2 = \frac{(n - x)p_0}{(x + 1)(1 - p_0)}$$

と置く．有意水準 α に対して，自由度 (m, n) のエフ分布 $F_n^m = F(m, n)$ の上側 α 点を $F_n^m(\alpha) \equiv F_{(m, n)}(\alpha)$ と書くとき，小標本に対する母比率 p の検定としてつぎの定理を得る．

定理 11.17 （1） 仮説 $H_0: p = p_0$, $H_1: p \neq p_0$ に対して有意水準 α の検定の棄却域は

$$W = \{T_1 > F_{m_1,n_1}(\alpha/2)\} \cup \{T_2 > F_{(m_2,n_2)}(\alpha/2)\}$$

である．

（2） 仮説 $H_0: p = p_0$, $H_1: p < p_0$ に対して有意水準 α の検定の棄却域は

$$W = \{T_2 > F_{(m_2,n_2)}(\alpha)\}$$

である．

（3） 仮説 $H_0: p = p_0$, $H_1: p > p_0$ に対して有意水準 α の検定の棄却域は

$$W = \{T_1 > F_{(m_1,n_1)}(\alpha)\}$$

である．

例題 11.15 ローマ金貨を19回投げたところ，表が5回しか出ず，あとはみな裏ばかりであった．この硬貨投げの結果からこのローマ金貨は均質でないと言えるか，有意水準5%で検定せよ．

解答 p を金貨の表が出る比率とする．問題の試行の結果より，仮説

$$H_0: p = 0.5 (均質として), \qquad H_1: p \neq 0.5$$

を立ててエフ検定を行う．$n = 19, x = 5$ であるから

$$\begin{cases} m_1 = 2(19 - 5 + 1) = 30 \\ n_1 = 2 \times 5 = 10 \end{cases} \quad および \quad \begin{cases} m_2 = 2(5 + 1) = 12 \\ n_2 = 2(19 - 5) = 28 \end{cases}$$

となる．またエフ分布表より

$$F_{(m_1,n_1)}(0.025) = F_{(30,10)}(0.025) = 3.31$$

$$F_{(m_2,n_2)}(0.025) = F_{(12,28)}(0.025) = 2.45$$

であるから，棄却域 W は

$$W = \{T_1 > 3.31\} \cup \{T_2 > 2.45\}$$

である．検定統計量 T_1, T_2 のそれぞれの実現値を計算して

$$t_1 = \frac{5(1-0.5)}{(19-5+1)\times 0.5} = 0.333$$

$$t_2 = \frac{(19-5)\times 0.5}{(5+1)(1-0.5)} = 2.333$$

を得る．このとき，$t_1, t_2 \in W^c$ であるので仮説を採択する．ゆえにローマ金貨は均質でないとまでは言えないことになる． □

11.7.3 母比率差の検定のケース

2つの2項母集団 Π_1 と Π_2 を考え，母集団 Π_1 からサイズ m の標本 $X_1, X_2, \cdots, X_m$ を取り出し，母集団 Π_2 からサイズ n の標本 $Y_1, Y_2, \cdots, Y_n$ を取り出す．このとき抽出した2つの標本グループの中に特性 A に属するものがそれぞれ k_1 個，k_2 個あったとき，これらの量から決まる2つの標本比率

$$p_1^* = \frac{k_1}{m}, \qquad p_2^* = \frac{k_2}{n}$$

の差の検定について考える．

まず2つの2項母集団 Π_1, Π_2 の特性 A に関する母比率をそれぞれ p_1, p_2 とする．仮説

$$H_0 : p_1 = p_2 \qquad H_1 : p_1 \neq p_2$$

を立てて両側検定を行う．つぎに標本比率 p_1^* と p_2^* に共通な量 (等価比率)

$$p^* = \frac{mp_1^* + np_2^*}{m+n}$$

を定める．このとき検定統計量 T として

$$T = \frac{p_1^* - p_2^*}{\sqrt{p^*(1-p^*)\left(\frac{1}{m}+\frac{1}{n}\right)}}$$

を考えると，T は正規分布 $N(0,1)$ に従うので，これを利用して検定を行うことができる．

2項母集団 Π_1, Π_2：特性 A の母比率 p_1, p_2
R：標本比率 $p_1^* = \dfrac{k_1}{m}, \quad p_2^* = \dfrac{k_2}{n}$
$H_0 : p_1 - p_2 = 0$ 「母比率差」の検定

───── 統計量と分布に関する基礎事項 ─────

$$\text{統計量}\quad T = \frac{p_1^* - p_2^*}{\sqrt{p^*(1-p^*)\left(\dfrac{1}{m}+\dfrac{1}{n}\right)}} \sim N(0, 1^2) \quad :(\text{標準正規分布})$$

有意水準 α に対して，正規分布の上側 α 点を $z(\alpha)$ として

$$P(|T| > z(\alpha/2)) = P\left(\left|\frac{p_1^* - p_2^*}{\sqrt{p^*(1-p^*)\left(\dfrac{1}{m}+\dfrac{1}{n}\right)}}\right| > z(\alpha/2)\right) = \alpha$$

が成り立つ．これより棄却域 W は

$$W = (-\infty, -z(\alpha/2)) \cup (z(\alpha/2), \infty)$$

と定まる．これに基づいて母比率の差の検定を行える．対立仮説の $H_1 : p_1 \neq p_2$ 以外のケースについてもほぼ同様である．まとめてつぎの定理を得る．

定理 11.18　(1) 仮説 $H_0 : p_1 = p_2, H_1 : p_1 \neq p_2$ に対して有意水準 α の検定の T の両側検定の棄却域は

$$\begin{aligned}W &= \{T < -z(\alpha/2)\} \cup \{T > z(\alpha/2)\} \\ &= (-\infty, -z(\alpha/2)) \cup (z(\alpha/2), \infty)\end{aligned}$$

である．

(2) 仮説 $H_0 : p_1 = p_2, H_1 : p_1 < p_2$ に対して有意水準 α の検定の T の左片側検定の棄却域は

$$W = \{T < -z(\alpha)\} \quad \text{or} \quad = (-\infty, -z(\alpha))$$

である．

(3) 仮説 $H_0 : p_1 = p_2, H_1 : p_1 > p_2$ に対して有意水準 α の検定の T の右片側検定の棄却域は

$$W = \{T > z(\alpha)\} \quad \text{or} \quad = (z(\alpha), \infty)$$

である．

例題 11.16 今年の年賀状 400 通を調べて，宛名の縦書きと横書きのものをそれぞれ男女別に仕分けしたところ表 11.6 の結果を得た．この結果から性別によって書き方に相違があると言えるか，有意水準 5% で検定せよ．

表 11.6 年賀状・宛名書きの分類

-	男性	女性	計
縦書き	185	64	249
横書き	117	34	151
計	302	98	400

解答 男性の縦書き比率を p_1，女性の縦書き比率を p_2 とする．男女の差はないとする仮説

$$H_0 : p_1 = p_2, \quad H_1 : p_1 \neq p_2$$

を立てる．つぎに標本比率を求めると

$$p_1^* = \frac{185}{302} = 0.613, \quad p_2^* = \frac{64}{98} = 0.653$$

となる．男女に共通な等価比率 p^* を計算すると

$$p^* = \frac{185 + 64}{302 + 98} = \frac{249}{400} = 0.623$$

である．したがって検定統計量 T の実現値を計算して

$$t = \frac{0.613 - 0.653}{\sqrt{0.623(1 - 0.623)\left(\frac{1}{302} + \frac{1}{98}\right)}} = \frac{-0.04}{0.0563} = -0.710$$

を得る．有意水準は $\alpha = 0.05$ であるから正規分布表より $z(\alpha/2) = z(0.025) = 1.96$ であり，棄却域 W は

$$W = (-\infty, -1.96) \cup (1.96, \infty)$$

ゆえに $t \in W^c$ となり，H_0 は棄却されず採択される．よって有意水準 5% で男女別で書き方に差があるとは言えないことになった． □

11.8 適合度の検定

これまで多くの種類の検定について解説してきたが，すべて母数の値に関するものばかりであった．ここでは少し嗜好を変えた検定について説明する．統計ではつぎのような問題に直面することがある．1 つの資料から度数分布表を作り度数折れ線を描いたときに，想定される母集団分布の度数曲線によく適合しているかどうかについて調べる問題である．いままでは身長の測定値やテストの得点値のデータを扱ってきたが，経験則からとか正規分布とみなして … と簡単に言い切って区間推定なり仮説検定なりの統計解析を行ってきたが，対象となるデータはある特定の確率分布に適合しているかいないかのどちらかである．もし適合していたら従来通りに統計解析を進めればよいことになる．

11.8.1 単純仮説のケース

実験で得られたデータがある分布に従う母集団からの観測値とみなせるかどうかを判断する際に有効な検定手法を紹介する．級の幅は必ずしも一定である必要はないが，n 個の標本から成る資料 (データ) を k 個の級 (事象) に分類し，その度数分布

$$f_1, f_2, \cdots, f_k, \quad (\sum_{i=1}^{k} f_i = f_1 + \cdots + f_k = n) \tag{11.11}$$

が与えられているとする．これに対して同じ級 (事象)$E_1, \cdots, E_k$ に分けられた母集団 Π を想定する．その事象 E_j が起こる確率を p_j $(j = 1, 2, \cdots, k)$ とする．言い換えれば，k 個の級に分けられた母集団分布

$$\{np_i\} \quad (i = 1, 2, \cdots, k) \quad \left(\sum_{i=1}^{k} p_i = 1\right) \tag{11.12}$$

を想定する．このとき資料の分布 (11.11)$\{f_j\}$ が母集団分布 (11.12) $\{np_j\}$ に適合するという仮説を検定する問題を考える．この種の検定のことを**適合度の検定**と呼んでいるが，この適合度検定法に 1 つの有力な方法を提供するのがピアソンの χ^2 検定法である．その理論的根拠を与えているのがつぎの定理である．

定理 11.19 $\{A_i\}$ を互いに排反な事象で
$$P(A_i) = p_i, \quad (i = 1, 2, \cdots, k)$$
とし,$\Omega = A_1 \cup A_2 \cup \cdots \cup A_k$ であるとする.確率変数 X_i は n 回の独立試行の中で事象 A_i に入る度数を表すものとする.このとき n が十分大であるなら
$$Z = \sum_{i=1}^{k} \frac{(X_i - np_i)^2}{np_i}$$
は近似的に自由度 $k-1$ のカイ 2 乗分布 $\chi^2(k-1)$ に従う.ただし,np_i は事象 A_i が起こる期待度数を表す.

注意 11.5 この定理において,条件 $np_i \geq 5$ を満たすときにその近似度がよいことが知られている.

度数分布:$\{f_j\}$
$\Omega = \underset{j}{\cup} E_j, \quad P(E_j) = p_j, \quad \sum_j p_j = 1$
母集団分布:$\{np_j\}$

ここで,仮説
$$H_0 : 事象\ E_i\ の起こる確率\ P(E_i) = p_i \quad (i=1,2,\cdots,k)$$
を立てる.各度数 f_j (11.11) に対する期待度数 np_j (11.12) を求めて,偏差の平方予期度数に対する比を作り,それらの総和を検定対象にすえる.すなわち,検定統計量 T として
$$T = \sum_{i=1}^{k} \frac{(度数 - 期待度数)^2}{期待度数} = \sum_{i=1}^{k} \frac{(f_i - np_i)^2}{np_i} = \sum_{i=1}^{k} \frac{f_i^2}{np_i} - n \quad (11.13)$$
を構成する.上の定理より,仮説のもとでこの統計量 T が自由度 $k-1$ のカイ 2 乗分布 $\chi^2(k-1)$ に従うことを利用して検定を行う.有意水準 α のとき,カイ 2 乗分布の上側 α 点を $\chi^2_{k-1}(\alpha)$ とすると,

$$P(T > \chi^2_{k-1}(\alpha)) = \alpha$$

が成り立つ．

統計量と分布に関する基礎事項

統計量 $T = \sum_{i=1}^{k} \dfrac{(f_i - np_i)^2}{np_i} \underset{\text{近似的に}}{\sim} \chi^2(k-1)$ ：(自由度 $k-1$ のカイ2乗分布)

定理 11.20 仮説 $H_0 : p_i = p_{0i}$, $H_1 : p_i \neq p_{0i}$ $(i = 1, 2, \cdots, k)$ に対して (11.13) の検定統計量 T を用いるとき，有意水準 α の検定の棄却域は
$$W = \{T > \chi^2_{k-1}(\alpha)\} \quad \text{or} \quad = (\chi^2_{k-1}(\alpha), \infty)$$
である．

例題 11.17 オーストリアの植物学者メンデル (Mendel) が発見した遺伝の法則によると，エンドウ豆の種子の交雑において，円形黄色，角形黄色，円形緑色，角形緑色の種子の個数の比は $9:3:3:1$ になるという．いまエンドウ豆の交配実験を行って表 11.7 の結果が得られた．この結果はメンデルの主張を裏付けると言えるか，有意水準 5% でカイ2乗検定せよ．

表 11.7 エンドウ豆の交配実験の結果

種子の型	円形黄色	角形黄色	円形緑色	角形緑色	計
実現数	315	101	108	32	556

解答 メンデルの理論に依って種子が発生する割合が $9:3:3:1$ であるという仮説 H_0 に対して χ^2 検定を行う．つぎにこの仮説 H_0 のもとで，それぞれの種子が観察される期待度数は，$9+3+3+1=16$ より
$$556 \times \frac{9}{16} = 312.75, \quad 556 \times \frac{3}{16} = 104.25$$

$$556 \times \frac{9}{16} = 104.25, \quad 556 \times \frac{1}{16} = 34.75$$

となる．これより検定統計量 T の実現値 t を求めると

$$t = \frac{(315-312.75)^2}{312.75} + \frac{(101-104.25)^2}{104.25} + \frac{(108-104.25)^2}{104.25} + \frac{(32-34.75)^2}{34.75}$$
$$= 0.47$$

またカイ2乗分布表から $\chi_3^2(0.05) = 7.81473$ となり，$t \in W^c$ で仮説 H_0 は棄却されずに採択される．ゆえに有意水準5%でメンデルの主張は裏付けられる． □

問 11.13 100人の学生を無作為に選んで IQ テストを実施し表 11.8 のような結果を得た．この得点は正規分布 $N(100, 16^2)$ に従うと言えるか，有意水準10%で検定せよ．(ヒント：カテゴリー数 $k=8$, 自由度 $k-1 = 8-1 = 7$, $T \sim \chi^2(7)$, $\chi_7^2(0.10) = 12.02$, 棄却域は $W = \{T > 12.02\}$, T の実現値は $t = 5.982$, $t \in W^c$．)

表 11.8　IQ テストの得点分布

IQ 得点	75 以下	76 ~83	84 ~91	92 ~99	100 ~107	108 ~115	116 ~123	124 以上	計
人数	9	13	15	22	15	14	7	5	100

11.8.2　複合仮説のケース

前小節での適合度検定は母数の値に関する帰無仮説 H_0 を検定するものであった．この小節では未知母数がある場合の確率分布に対する適合度検定を考える．母集団分布が m 個の未知母数を含んでいる場合には，標本から得られる推定値を用いて期待度数を求める必要がでてくる．

もう少し詳しく見ていこう．いま対象の母集団からサイズ n の標本を抽出したとき，その標本の値が事象 $E_1, \cdots, E_k$ のどれかに属するとする．$P(E_j) = p_j$ として，p_j を事象 E_j に属する母比率 $(j = 1, 2, \cdots, k)$ と考えて，

$$p_1 + p_2 + \cdots + p_k = 1$$

である．そこで帰無仮説 $H_0 : p_j = p_{0j}$ $(j = 1, 2, \cdots, k)$ の検定を考えるのだが，

実は上述したように未知母数 $\theta = (\theta_1, \theta_2, \cdots, \theta_m)$ が含まれているから，仮説の p_{0j} はある特定の値ではなく，$p_{0j}(\theta) \equiv p_{0j}(\theta_1, \cdots, \theta_m)$ と書かれるべきものである．したがって実際には帰無仮説

$$H_0 : p_1 = p_{01}(\theta), p_2 = p_{02}(\theta), \cdots, p_k = p_{0k}(\theta)$$

の検定を考えることになる．ただし，$p_{01}(\theta) + \cdots + p_{0k}(\theta) = 1$ である．E_j の観測度数 f_j $(j = 1, \cdots, k)$ に対して

$$\sum_{i=1}^{k} f_i = f_1 + f_2 + \cdots + f_k = n$$

である．仮説 H_0 のもとで，期待度数は $np_{0i}(\theta)$ であるが，いま母数 $\theta (= \{\theta_j\})$ は未知であるから，期待度数の値を求めるために，θ を標本から推定する必要がでてくるのである．ここでは未知母数 $\theta = (\theta_1, \cdots, \theta_m)$ の推定量として最尤推定量 $\hat{\theta}_j$ $(j = 1, 2, \cdots, m)$（9 章，9.2 節参照）を用いる．このように未知母数 $\theta = (\theta_1, \cdots, \theta_m)$ を標本から推定した最尤推定量

$$\hat{\theta} = (\hat{\theta}_1, \hat{\theta}_2, \cdots, \hat{\theta}_m)$$

で置き換えて，期待度数 $\{np_{0j}(\theta)\}$ の推定量

$$np_{01}(\hat{\theta}), np_{02}(\hat{\theta}), \cdots, np_{0m}(\hat{\theta})$$

が得られる．このとき仮説 H_0 のもとで，n が十分大きいならば，検定統計量

$$T^* = \sum_{i=1}^{k} \frac{(f_i - np_{0i}(\hat{\theta}))^2}{np_{0i}(\hat{\theta})} \tag{11.14}$$

は近似的に自由度 $k - m - 1$ のカイ 2 乗分布 $\chi^2(k - m - 1)$ に従う．また各期待度数の推定値が 5 以上であればよい近似であることも知られている．

母集団：未知母数 $\theta = (\theta_1, \cdots, \theta_m)$
期待度数：$np_{0j}(\theta)$
θ（推定）$\Rightarrow$ 最尤推定量 $\hat{\theta} = (\hat{\theta}_1, \cdots, \hat{\theta}_m)$
推定量：$np_{0j}(\hat{\theta})$ を用いる

―― 統計量と分布に関する基礎事項 ――

統計量 $T^* = \sum_{i=1}^{k} \dfrac{(f_i - np_{0i}(\hat{\theta}))^2}{np_{0i}(\hat{\theta})} \underset{\text{近似的に}}{\sim} \chi^2(k-m-1)$

：（自由度 $k-m-1$ のカイ 2 乗分布）

このとき，つぎの定理が成り立つ．

定理 11.21 仮説 $H_0 : p_i = p_{0i}(\hat{\theta}), H_1 : p_i \neq p_{0i}(\hat{\theta})\ (i = 1, 2, \cdots, k)$ に対して (11.14) の検定統計量 T^* を用いるとき，有意水準 α の検定の棄却域は
$$W = \{T^* > \chi^2_{k-m-1}(\alpha)\} \quad \text{or} \quad = (\chi^2_{k-m-1}(\alpha), \infty)$$
である．

例題 11.18 ある救急総合病院では 1 日に救急車で運び込まれる救急患者数を 60 日間にわたって調査した．表 11.9 がその結果である．このデータからこの病院の 1 日の救急患者数はポアソン分布に従うと言えるか，有意水準 10% で検定せよ．

表 11.9 1 日の救急患者数

患者数 (人)	0	1	2	3	4	5	6	7	計
観測度数 (日)	3	13	18	15	7	3	0	1	60

解答 9 章の点推定での議論よりポアソン分布 $Po(\lambda)$ の平均 λ の最尤推定量 $\hat{\lambda}$ は標本平均 $\bar{x}$ であるから，表のデータ $\{x_i\}$ より $\bar{x} = 2.4$ となる．したがってポアソン分布の平均 λ の最尤推定値は 2.4 であると点推定される．このことより期待度数 $g_j = np_{0j}$ を計算する．表では事象は E_1 から E_8 と 8 つのカテゴリーに分割されているが，E_6, E_7, E_8 では $f_6 = 3, f_7 = 0, f_8 = 1$ と値が 5 以下であるからま

とめて E'_6 と全部で 6 つのカテゴリーに集約して考えることにする．たとえば g_1 を求めるには，患者数が 0 の場合の期待度数であるから

$$g_1 = 60 \times \frac{e^{-2.4}(2.4)^0}{0!} = 60 \times 0.091 = 5.443$$

と計算できる．他も同様に計算して

$$g_2 = 13.063, \quad g_3 = 15.676, \quad g_4 = 12.541,$$
$$g_5 = 7.525, \quad g_6 = 5.752$$

を得る．$k = 6$，また自由度は $k - m - 1 = 6 - 1 - 1 = 4$ より検定統計量 T^* は近似的にカイ 2 乗分布 $\chi^2(4)$ に従う．さらに $\chi^2_4(0.10) = 7.78$ で T^* に対する棄却域は

$$W = \{T^* > 7.78\}$$

と定まる．このとき統計量 T^* の実現値は

$$t^* = \frac{(3 - 5.443)^2}{5.443} + \frac{(13 - 13.063)^2}{13.063} + \frac{(18 - 15.676)^2}{15.676}$$
$$+ \frac{(15 - 12.541)^2}{12.541} + \frac{(7 - 7.525)^2}{7.525} + \frac{(4 - 5.752)^2}{5.752}$$
$$= 2.494$$

すると $t^* = 2.494 \in W^c$ となり，仮説 H_0 は棄却されずに，採択されることになる．ゆえに 1 日の救急患者数はポアソン分布に従うということを有意水準 10% で受け入れることになる． □

問 11.14 品種改良された新種の野菜の発芽状況を調査した．新種の野菜の種を 1 列に 10 粒ずつまくものとする．全部で 80 列について統計をとることにして，一定日数後に発芽数を数えた結果が表 11.10 である．この発芽数の分布は 2 項分布に従うと言えるか，有意水準 5% で検定せよ．

表 11.10　新種の野菜の発芽数調査

発芽数	0	1	2	3	4	5	6	7	8	9	10	計
出現度数	6	20	28	12	8	6	0	0	0	0	0	80

11.9 独立性の検定

11.9.1 $\ell \times m$ 分割表による検定

A と B の 2 つの属性に着目し，母集団 Π からのサイズ n の標本を 2 つの属性に分類する．つぎに属性 A, B をさらに細分することを考えて，属性 A を

$$A_1, A_2, \cdots, A_\ell$$

の ℓ 個の階級に，また属性 B を

$$B_1, B_2 \cdots, B_m$$

の m 個の階級にそれぞれ分けて，(A_i, B_j) 両属性に属する標本の数を f_{ij} とする．n 個の標本を対 (A_i, B_j) の $\ell \times m$ 個に分割した $\{f_{ij}\}$ 表を作って表すのが便利である．ただし，ここで

$$\sum_{i=1}^{\ell} f_{ij} = f_{\cdot j}, \qquad \sum_{j=1}^{m} f_{ij} = f_{i\cdot}$$

$$\text{また} \quad \sum_{i=1}^{\ell} f_{i\cdot} = \sum_{j=1}^{m} f_{\cdot j} = n$$

である．このような表を $\ell \times m$ 分割表と呼んでいる (表 11.11)．ここで仮説

$$H_0 : 2 \text{つの属性 } A \text{ と } B \text{ は独立である}$$

を立てて，この仮説 H_0 を標本によって検定することを考える．仮説 H_0 のもとでは独立性から

表 11.11 f_{ij} 表 ($\ell \times m$ 分割表)

$A \setminus B$	B_1	$\cdots$	$\cdots$	B_j	$\cdots$	$\cdots$	B_m	計
A_1	f_{11}	$\cdots$	$\cdots$	f_{1j}	$\cdots$	$\cdots$	f_{1m}	$f_{1\cdot}$
$\vdots$	$\vdots$			$\vdots$			$\vdots$	$\vdots$
$\vdots$	$\vdots$			$\vdots$			$\vdots$	$\vdots$
A_i	f_{i1}	$\cdots$	$\cdots$	f_{ij}	$\cdots$	$\cdots$	f_{im}	$f_{i\cdot}$
$\vdots$	$\vdots$			$\vdots$			$\vdots$	$\vdots$
$\vdots$	$\vdots$			$\vdots$			$\vdots$	$\vdots$
A_ℓ	$f_{\ell 1}$	$\cdots$	$\cdots$	$f_{\ell j}$	$\cdots$	$\cdots$	$f_{\ell m}$	$f_{\ell \cdot}$
計	$f_{\cdot 1}$	$\cdots$		$f_{\cdot j}$	$\cdots$		$f_{\cdot m}$	n

$$P(A_i \cap B_j) = P(A_i) \cdot P(B_j)$$

が成り立ち，個々の確率は $P(A_i) = f_{i\cdot}/n$, $P(B_j) = f_{\cdot j}/n$ であるから $P(A_i \cap B_j)$ は

$$P(A_i \cap B_j) = \frac{f_{i\cdot}}{n} \times \frac{f_{\cdot j}}{n}$$

と計算される．またこの仮説のもとでの実現値 f_{ij} に対する期待度数は

$$nP(A_i \cap B_j) = n \times \frac{f_{i\cdot}}{n} \times \frac{f_{\cdot j}}{n} = \frac{f_{i\cdot} f_{\cdot j}}{n}$$

として求まるので，前節のときの期待度数に対するのと同じ考え方により検定統計量 T を

$$T = \sum_{i=1}^{\ell} \sum_{j=1}^{m} \left(f_{ij} - \frac{f_{i\cdot} f_{\cdot j}}{n} \right)^2 \bigg/ \left(\frac{f_{i\cdot} f_{\cdot j}}{n} \right) \tag{11.15}$$

として構成する．このとき標本数 n が十分大なら，この統計量 T が自由度 $(\ell-1)(m-1)$ のカイ2乗分布 $\chi^2((\ell-1)(m-1))$ に近似的に従うことを利用して検定を行う．

統計量と分布に関する基礎事項

統計量
$$T = \sum_{i=1}^{\ell} \sum_{j=1}^{m} \left(f_{ij} - \frac{f_{i\cdot} f_{\cdot j}}{n} \right)^2 \bigg/ \left(\frac{f_{i\cdot} f_{\cdot j}}{n} \right)$$

は自由度 $(\ell-1)(m-1)$ のカイ2乗分布に近似的に従う

上で述べたカイ2乗分布の自由度については，前節の適合度の検定におけるカイ2乗分布の自由度に対して注意したのと全く同じ理由で推定したパラメータの個数の分だけ減るのである．実際，カテゴリー総数は $k = \ell \times m$ であり，制約条件

$$\sum_{i=1}^{\ell} f_{i\cdot} = \sum_{j=1}^{m} f_{\cdot j} = n$$

を考慮して，未知母数の個数は $m' = (\ell-1) + (m-1)$ となるので，前の適合度検定における定理と同じように求めることができて

$$k - m' - 1 = \ell \times m - (\ell-1) - (m-1) - 1$$

$$= (\ell-1)(m-1)$$

となるからである.

注意 11.6 各期待度数の推定量 $f_{i\cdot}f_{\cdot j}/n$ の値が 5 以上であれば, カイ 2 乗分布の近似は良いことが知られている.

つぎの定理が得られる.

定理 11.22 仮説

H_0：属性 A と B は独立である

H_1：属性 A と B は独立でない

に対して, (11.15) 式で定まる検定統計量 T を用いるとき, 有意水準 α の検定の棄却域は

$$W = \{\,T > \chi^2_{(\ell-1)(m-1)}(\alpha)\,\}$$
$$\text{or} = (\,\chi^2_{(\ell-1)(m-1)}(\alpha),\,\infty\,)$$

である (図 11.7 参照).

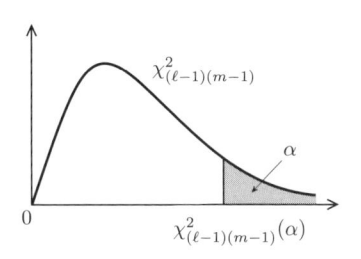

図 11.7 T の棄却域 W

例題 11.19 C 大学の「数理統計学」の講義に関して, 受講生に難易度アンケート調査を実施して表 11.12 の結果を得た. 学生の所属学科と難易度の受け止め方の間に何らかの関連性があると言えるか, 有意水準 5% で検定せよ.

表 11.12 数理統計学の難易度アンケートの結果

	難しい	ふつう	易しい	計
情報学科学生	32	24	9	65
数学科学生	20	34	16	70
計	52	58	25	135

解答 仮説 H_0：「所属学科と難易度の受け止め方には関連がない」を立てて，これを検定する．たとえば，f_{11} に対応する期待度数は

$$\frac{f_{1\cdot} \times f_{\cdot 1}}{n} = \frac{65 \times 52}{135} = 25.037$$

他の f_{ij} に対応する期待度数も同様にして

$$\frac{f_{i\cdot} \times f_{\cdot j}}{n} \quad (i=1,2; j=1,2,3)$$

($\ell=2, m=3$ のケース) を計算して期待度数の推定値表を得る．

25.037	27.926	12.037
26.963	30.074	12.963

また統計量 T(11.15) の自由度は $\phi = (\ell-1)(m-1) = (2-1)(3-1) = 2$ であるから，T は近似的にカイ2乗分布 $\chi^2(2)$ に従う．χ^2 分布表より，$\chi^2_2(0.05) = 5.99$ である．このときの棄却域 W は

$$W = \{T > \chi^2_2(0.05)\} = \{T > 5.99\}$$

一方，統計量 T の実現値は

$$\begin{aligned}
t &= \frac{(32-25.037)^2}{25.037} + \frac{(24-27.926)^2}{27.926} + \frac{(9-12.037)^2}{12.037} \\
&\quad + \frac{(20-26.963)^2}{26.963} + \frac{(34-30.074)^2}{30.074} + \frac{(16-12.963)^2}{12.963} \\
&= 6.277
\end{aligned}$$

となる．したがって $t = 6.277 \in W$ となり，仮説 H_0 は棄却される．ゆえに学生

の所属学科と難易度の受け止め方には関連があると言える. □

問 11.15 鎮痛剤 A, B, C について，患者 50 人を無作為に選んで効き方を調べて下記のような結果を得た．薬剤の間で効力に違いがあると言えるか，有意水準 5%で検定せよ．(ヒント：期待度数は順に

	A	B	C	計
効果あり	31	35	29	95
効果なし	19	15	21	55
計	50	50	50	150

31.7	31.7	31.7
18.3	18.3	18.3

となる．統計量 T の実現値は $t = 1.609$，自由度は $(2-1) \times (3-1) = 2$, $\chi_2^2(0.05) = 5.991$, $t = 1.609 < 5.991$, H_0 は棄却されない．)

11.9.2 2×2 分割表による検定

ここで扱う 2×2 分割表は前小節における $\ell \times m$ 分割表の特別な場合，$\ell = m = 2$ のケースに相当する．この 2×2 分割表に基づく検定を考える．基本的には数理的取り扱いは変わらず全く同じではあるが，二者 × 二者の関係に限定されている分，公式等が簡単な表現になるので，ここで特記しておくことにする．

表記の簡単のため，以下では $f_{11} = a$, $f_{12} = b$, $f_{21} = c$, $f_{22} = d$ と書き表すことにする．このとき 2×2 分割表は表 11.13 のようになる．

表 11.13 2×2 分割表

$A \setminus B$	B_1	B_2	計
A_1	a	b	$a+b$
A_2	c	d	$c+d$
計	$a+c$	$b+d$	n

このとき検定統計量 T は

$$T = \frac{n(ad-bc)^2}{(a+b)(c+d)(a+c)(b+d)} \tag{11.16}$$

と簡潔に表現される．もちろん，この統計量 T は，n が十分大のもとで，近似的に自由度が $(2-1)(2-1) = 1$ のカイ2乗分布 $\chi^2(1)$ に従う．

統計量と分布に関する基礎事項

統計量

$$T = \frac{n(ad-bc)^2}{(a+b)(c+d)(a+c)(b+d)}$$

は自由度 1 のカイ 2 乗分布 $\chi^2(1)$ に近似的に従う．

定理 11.23 仮説

$$H_0 : 属性 A と B は独立である$$
$$H_1 : 属性 A と B は独立でない$$

に対して，(11.16) 式で定まる検定統計量 T を用いるとき，有意水準 α の検定の棄却域は

$$W = \{ T > \chi_1^2(\alpha) \}$$
$$\text{or} = (\chi_1^2(\alpha), \infty)$$

である．

例題 11.20 ほ乳類ではビタミン B 不足が胎児の性決定に影響を及ぼすという研究報告がある．これを検証するためマウスを用いて試験を実施した．親マウスをビタミン B を不足気味にしたグループとビタミン B を十分に与えたグループの 2 群に分けて生まれてくる子マウスの性別 (オス・メス：単位　匹) を集計した．この結果からビタミン B と胎児のオス・メスに関係があると言えるか，有意水準 5% で検定せよ．

	オス	メス	計
ビタミンB不足	153	123	276
ビタミンB十分	150	145	295
計	303	268	571

解答 仮説 H_0：「ビタミンBと胎児のオス・メスとは独立である」を立てる．これを標本からの検定により棄却したい．有意水準5%であるから，$\chi_1^2(0.05) = 3.841$，検定統計量 T の棄却域 W は

$$W = \{\, T > \chi_1^2(0.05) \,\}$$

である．統計量 T の実現値は

$$t = \frac{571 \times (123 \times 150 - 145 \times 153)^2}{276 \times 295 \times 268 \times 303} = 1.200$$

となる．$t = 1.200 < 3.841$ となって，$t \in W^c$ であるから仮説 H_0 を棄却できない．ゆえに，ビタミンBと胎児のオス・メスとは独立であるという仮説を否定できない． □

問 11.16 人気タレントが出演しているラブ・コメディ映画を鑑賞した男女に対して，結末に感動したかどうかアンケートに回答してもらった．この結果から結末の感じ方に男女で差があると言えるか，有意水準5%で検定せよ．

	男	女	計
感動した	105	93	198
興ざめした	28	14	42
計	133	107	240

注意 11.7 2×2 分割表において検定統計量 T (11.16) を用いて検定を行うとき，表内に現れる度数 a, b, c, d のうち1つでもその値が5以下の場合は，近似があまりよいとは言えない．このときは以下に示すイエーツの補正式を用いた方がカイ2乗分布 χ^2 の近似度がよいことが知られている．

注意 11.8 2×2 分割表による検定を行う際には，度数 a, b, c, d に対する期待度数 a', b', c', d' は 5 以上でなくてはならない．また度数 a, b, c, d に応じて n もある程度大きい数であることが求められる．たとえ a, b, c, d が 5 以上であっても十分に大きくないなら，検定統計量 T (11.16) 式の代わりにつぎのイエーツの補正式を用いる方が望ましい．

上述の場合に相当するときには，つぎの**イエーツ (Yates) の補正式** を用いる．

$$T^* = \frac{n\left(|ad-bc| - \dfrac{n}{2}\right)^2}{(a+b)(c+d)(a+c)(b+d)} \tag{11.17}$$

2×2 分割表で a, b, c, d の値があまり大きくない整数のとき，そのどれか 1 つが 1 だけ異なる値をとっても統計量 T の値に与える影響は大きい．そこで表 11.14 のように，周辺度数はそのままにしておいて，a, b, c, d は前後 ± 0.5 の範囲の数を代表する整数値であると考える．仮説「A, B は独立である」が正しいにもかかわらず間違って棄却する誤り（第 1 種の誤り）を犯す危険を避けるため，度数 a, b, c, d のそれぞれを半目盛り分ずらして統計量 T の値を小さくする方にシフトして補正してやることを考える．そうした結果導出されるのが上のイエーツの補正式 (11.17) である．

表 11.14 半目盛り補正 2×2 分割表

$A \backslash B$	B_1	B_2	計
A_1	$a \pm \dfrac{1}{2}$	$b \pm \dfrac{1}{2}$	$a+b$
A_2	$c \pm \dfrac{1}{2}$	$d \pm \dfrac{1}{2}$	$c+d$
計	$a+c$	$b+d$	n

例題 11.21 ある突然変異で銅の代謝に異常をもつ系統のラットは肝臓に銅が蓄積しやすく劇症肝炎での死亡率が高い．このラットの死亡率にオス・メスで差があるのか調べるため観察を行い下記の結果を得た．このデータからラットのオス・メスでその死亡率に差があると言えるか，有意水準 5% で検定せよ．

	生存	死亡	計
オス	18	6	24
メス	10	12	22
計	28	18	46

解答 （1）仮説 H_0：「オス・メスの死亡率は独立である」を立てて検定する．検定統計量として (11.16) 式の T を用いる．有意水準 5%より $\chi_1^2(0.05) = 3.841$ で T の棄却域は

$$W = (3.841, \infty)$$

となる．一方，統計量 T の実現値は

$$t = \frac{46 \times (18 \times 12 - 10 \times 6)^2}{28 \times 18 \times 24 \times 22} = 4.207$$

であって，$t \in W$ となり，仮説 H_0 は棄却される．これによると，死亡率にオス・メスで差がありそうである．

（2）今度は検定統計量 T^* に (11.17) イエーツの補正式を採用して計算してみる．統計量 T^* の実現値を求めると

$$t^* = \frac{46 \times \left(|18 \times 12 - 10 \times 6| - \dfrac{46}{2}\right)^2}{28 \times 18 \times 24 \times 22} = 3.058$$

である．$t < \chi_1^2(0.05)$ で $t \in W^c$ となり，仮説 H_0 を棄却できない．H_0 が採択されるので，上の (1) とは逆にオス・メスの死亡率は独立となる．

この例のように，ラットのオス・メスの死亡率に有意な差が認められるかどうかははっきりせず，微妙なケースもある． □

問 11.17 ある進学校の英語の授業では，2 年生から習熟度別授業を実施している．特進クラスの 40 名に対して，クラス分け実力テストを行い，A クラスに 18 名，B クラスに 22 名を割り振ることとした．この実力テストの第 4 問：長文読解の英文和訳問題の正解者は A クラス中 15 名，B クラス中 12 名であったという．この第 4 問は習熟度別クラス分けの能力判定に有効であったと言えるか，有意水準 5%で検定せよ．（ヒント：仮説 H_0：「A クラスと B クラスは独立である」を立てて検定する．イエーツの補正式を用いる．$\chi_1^2(0.05) = 3.841, t^* = 2.543$ ）

11.9.3 フィッシャーの直説法による検定

2×2 分割表の各級の度数の中にスターリングの公式で近似できないほど小さい値のものが含まれているとき,つぎのフィッシャーの直説法が使われる.2×2 分割表について,a/b_1 と b/b_2 との差

$$D = \frac{a}{b_1} - \frac{b}{b_2} \tag{11.18}$$

を検定することを考える.

$A \setminus B$	B_1	B_2	計
A_1	a	b	a_1
A_2	c	d	a_2
計	b_1	b_2	n

周辺度数を固定して保ったままにした場合,総数の n 個を 2×2 の分割表に分類する仕方の総数は

$$N = \frac{n!}{b_1! b_2!} \times \frac{n!}{a_1! a_2!}$$

であり,その中で定まった分布 $\{a,b,c,d\}$ を生じる分類の仕方の総数は

$$N_1 = \frac{n!}{a! \times b! \times c! \times d!}$$

である.したがって,周辺分布を固定して考えるときの限定された分類で,この定まった分布 $\{a,b,c,d\}$ が出現する確率は

$$P(a,b,c,d) = \frac{N_1}{N} = \frac{b_1! \times b_2! \times a_1! \times a_2!}{n! \times a! \times b! \times c! \times d!} \tag{11.19}$$

と求まる.

注意 11.9 実際問題において,この式を用いて確率を計算するには階乗表があればよいが,近似式であるスターリング (Stirling) の公式:

$$n! \approx \sqrt{2\pi n}\, n^n e^{-n}$$

で代用することができる.

そこで，実際に観測された観測度数 a_0, b_0, c_0, d_0 に対する差

$$D_0 = \frac{a_0}{b_1} - \frac{b_0}{b_2} > 0$$

と比べて，それ以上の差 $D = \frac{a}{b_1} - \frac{b}{b_2}$ を生じる分布全体にわたって式 (11.19) の和をとると

$$P_0 \equiv P(D \geq D_0) = \sum_{D \geq D_0} P(a, b, c, d) \qquad (11.20)$$

が得られる．

このことより，もし P_0 が小さいならば，危険率 $\alpha = P_0$ をもって D_0 となる．すなわち，不等式

$$\frac{a_0}{b_1} > \frac{b_0}{b_2}$$

が成り立つと言えることになる．これは 2 つの属性 A, B が関連していると想定して，$\frac{a_0}{b_1} > \frac{b_0}{b_2}$ であるかどうかを検定する問題において，「A と B は独立である」という帰無仮説 H_0 を設けて，その仮説 H_0 を危険率 P_0 で棄却することに対応する．

例 11.1 いま具体的につぎの 2×2 分割表が与えられているとする．2 つの属性

$A \setminus B$	B_1	B_2	計
A_1	7	2	9
A_2	3	4	7
計	10	6	16

A と B の独立性を検定する問題を考える．この例においては，最小度数は $A_1 \cap B_2$ の 2 (< 5) である．周辺分布を一定に保つという条件のもとで，$A_1 \cap B_2$ の度数が $\{2, 1, 0\}$ となるような度数分布を考えると，つぎの 3 ケースがあり得る．

7	2
3	4

8	1
2	5

9	0
1	6

これらの 3 つの場合のいずれかが生起する確率が有意水準より小さいならば,「属性 a と B が独立である」という仮説 H_0 を棄却するというのがフィッシャーの直接法 (あるいは直接確率計算法) である.

問 11.18 私鉄の A 路線の乗客を対象に,朝の通勤時間帯に女性専用車両を設ける新サービスについての満足度に関するアンケート調査をして表 11.15 のような結果を得た. このデータから女性と男性とでサービスに対する満足度に違いがあると言えるか, 有意水準 5% で検定せよ.

表 11.15 女性専用車の満足度

	B_1:満足	B_2:不満足	計
A_1:女	9	1	10
A_2:男	5	8	13
計	14	9	23

11.10 検出力とネイマン・ピアソンの定理

11.10.1 検出力

いままで各種様々な検定について紹介してきたが, ここでもう 1 度その手法の手順と意義について振り返っておこう. 仮説検定の考え方を定式化するとおおよそつぎのようになる.

(1) **有意水準を定める**:検定では物事に対する統計的判断が求められている. ある対象事象の生起する確率が小さいとき, それは確率的現象のバラツキのためではなく, 本当に稀な奇異な現象が起こったためだと判断した. それがどの程度小さいかという判断の基準を「有意水準」(significance level) という. 有意水準は記号で α として表し, 通常は 10% ($\alpha = 0.10$), 5% ($\alpha = 0.05$), あるいは 1% ($\alpha = 0.01$) などとした.

(2) **仮説を立てる**:問題としている母数に対して, 帰無仮説 H_0 と対立仮説 H_1 を設定する. たとえば,

$$\lceil H_0 : \mu = \mu_0, \quad H_1 : \mu \neq \mu_0 \rfloor$$

という仮説を立てる．ここでのポイントは，データ (観測値) から見て，$\mu \neq \mu_0$ でありそうな場合，否定したい命題，無に帰したい命題 $\mu = \mu_0$ の方を帰無仮説 H_0 として設定し，問われていること，あるいは主張したい命題を対立仮説 H_1 の方にもってくる．ある統計的な判断基準に基づいて，

「帰無仮説 H_0　vs.　対立仮説 H_1」

のどちらか一方を選ぶという判定形式に持ち込む．

(3) **p 値を算出する**：検定統計量を T とし，その実現値を t と表すとき，たとえば右片側検定の場合で，確率 $P(T > t)$ の値のことを **p 値**という．すなわち，$p = P(T > t)$ である．したがって，p 値が有意水準 α より小さければ，i.e. $p < \alpha$ なら帰無仮説 H_0 は棄却される．逆に p 値が有意水準 α より大きければ，i.e. $p > \alpha$ なら帰無仮説 H_0 は採択される．

(4) **判定する**：仮に有意水準 5% で検定する場合で考えると，"p 値 ≤ 0.05" のとき，帰無仮説を棄却して対立仮説を採択する．すなわち，「有意水準 5% で観測値 μ_0 は対象母集団の母数 μ とは異なっている」と推論する．一方，"p 値 > 0.05" のとき，帰無仮説を棄却できない．すなわち，「有意水準 5% で観測値 μ_0 は母集団の母数 μ と同じであり，異なっているとまでは言えない」と推論する (図 11.8 参照).

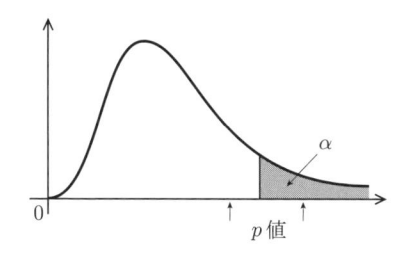

図 11.8　有意水準 α と p 値

上述した判定形式を注意深く吟味検討する必要がある．この判定形式においては，帰無仮説が棄却できたときに，本来主張したかった対立仮説の方を強く主張できる，言い換えれば主張したかった対立仮説を選択できる証拠 (エヴィデンス) が

与えられる．しかしながら，帰無仮説を棄却できなかった場合には，帰無仮説を受け入れるための証拠(エヴィデンス)は得られない，つまり今回は対立仮説を強く主張するのに十分は統計的根拠が得られなかったので仕方なく帰無仮説の方を採択するということである．つまり，実際には異なっていても $(\mu \neq \mu_0)$，今回は高々 n 回の測定(あるいは観測)であったため，そのことが明らかに成らなかったと言うことだけかもしれないと考えるのである．

有意水準 α を設定
仮説を立てる
　　　　　帰無仮説 H_0　　　対立仮説 H_1

──────── 仮説検定：判定基準 ────────

　　　　　帰無仮説 H_0　vs.　対立仮説 H_1
p 値の算出　　　　$p = P(T > t)$
(仮説検定の**判定**)$\Longleftrightarrow$
　　　　　if $p \leqslant \alpha$　$\Longrightarrow$　H_1 を採択
　　　　　if $p > \alpha$　$\Longrightarrow$　H_0 を採択

このように，有意水準を定め，帰無仮説と対立仮説を立てて，データからどちらの仮説が妥当であるかを推論する上述のような手続きを**仮説検定** (testing statistical hypothesis) とか**統計的検定** (statistical test) と呼んでいるのである．さてこの仮説検定をもう少し別の観点から詳しく見てみよう．

仮説検定は，帰無仮説 H_0 に対立仮説 H_1 を対比させ，H_0 が棄却できるかどうかを判定する統計的手法であった．与えられた限定的データから判定するわけであるが，データ自身がバラツキをもっているので，この種の統計的判定は誤ってしまう可能性がある．そしてこの誤りには2種類考えられる．

──────── 仮説検定における2種類の誤り ────────

・**第1種の誤り**：H_0 が正しいにもかかわらず，H_1 を正しいと判定する誤り
・**第2種の誤り**：H_1 が正しいにもかかわらず，H_0 を正しいと判定する誤り

注意 11.10　第 1 種の誤りと第 2 種の誤りの両方を犯す確率を小さくできれば，それが一番よい検定となることは間違いない．しかし実際問題として標本数が一定のとき，この 2 つの誤り確率を同時に小さくすることはできない．というのは実は両者は，一方の誤り確率を小さく抑えようとすると他方の誤り確率が大きくなってしまう関係にあるからである．

上述の考察で既に見たように，仮説検定では p 値が有意水準以下なら帰無仮説を棄却し，対立仮説を採択する．有意水準 α は，第 1 種の誤り確率を有意水準以下に押さえる基準値のことに他ならない．このことから，p 値による判定についてはつぎの 2 点の特徴が窺える．

---
p 値による判定の特徴

・第 1 種の誤り確率を有意水準以下に抑える
・第 2 種の誤り確率に対して如何なる関与もしていない

もうこれでおわかりのように，p 値による判定における問題点はズバリ言って

---
p 値による判定の問題点
　　p 値は第 2 種の誤りを考慮していない !!

以上の考察で明らかなように，p 値だけしか見ない検定結果は，標本の個数の取り方次第ではどうにでもできてしまう可能性がある．したがって，p 値による検定は

前提条件
　　第 2 種の誤り確率を考慮して標本数が適正に定められている

が満たされていなければ，妥当性を欠いたものになってしまう．したがって特に臨床研究では，それが安直にとられた症例数に関する記述の場合，p 値による検定に基づいた報告には問題がある．それゆえ臨床試験では，プロトコルに症例数設定の根拠を記入することが厳しく求められている．それはこの重大な問題点を解消する

ために他ならない．以上のことを踏まえて「検出力」をつぎのように定義する．

仮説検定における有意水準を α とする．$0 < \alpha < 1$ であるが，その意味からして $\alpha \ll 1$ であることが望ましい．標本 $X = (X_1, X_2, \cdots, X_n)$ に基づいて，棄却域 W を定める．記号 P_X^H は仮説 H のもとでの X によって誘導された確率を表す．したがってたとえば，

$P_X^{H_0}$：帰無仮説 H_0 のもとでの X によって誘導された確率

となる．棄却域 W による検定の第 1 種の誤りの確率は $\alpha = \alpha_W = P_X^{H_0}(X \in W)$ と書き表すことができて，第 2 種の誤りの確率は $\beta = \beta_W = P_X^{H_1}(X \in W^c)$ と書けることになる．棄却域 W のもとでの検出力を記号で γ_W と表すことにする．

> **定義 11.1** 統計的検定における**検出力** (power) をつぎで定義する．
> 「検定の検出力」$= 1 - $「第 2 種の誤りの確率」
> i.e. $\quad \gamma_W = 1 - \beta_W = P_X^{H_1}(X \in W)$ \hfill (11.21)

つまり，検出力 γ_W とは何かというと，対立仮説 H_1 が真であるとき，仮説 H_0 を棄却する確率を表している．したがって，第 2 種の誤りの確率 β_W を最小にすることは，検出力を最大にすることと同値になる．

注意 11.11 検出力と第 2 種の誤りの確率は本質的に同じものである．しかし，統計的検定では検出力という言葉の方が多く用いられている．

注意 11.12 仮説検定では第 1 種の誤りの確率は有意水準以下に抑えられている．したがって，第 2 種の誤りの確率が小さいほど，つまり検出力 γ_W が 1 に近いほど，検定の精度は高いことを意味する．

例 11.2 p 値による判定について例示してみよう．有意水準を $\alpha = 0.05$ とする．また仮説

$$H_0 : \mu = \mu_0 (= m), \qquad H_1 : \mu \neq \mu_0 \quad (\mu \neq m)$$

を立てる．このとき仮説検定の p 値による判定はつぎのように判断することである．母数 μ をもつ母集団からの無作為標本を $X = (X_1, X_2, \cdots, X_n)$ とする．まず検定としては母数＝母平均 μ と標本平均 $\bar{X}$ との比較で，検定統計量としては

$$T \equiv T(X) = \frac{\bar{X} - \mu}{U/\sqrt{n}} \sim t(n-1)$$

を想定している．ここで U は不偏分散 U^2 の標準偏差である．このとき，p 値は定義から

$$p = P(\bar{X} > \bar{x} | \mu = \mu_0 = m)$$

と書ける．したがって p 値による判定は

$$\text{if} \quad p \leqslant \alpha = 0.05 \quad \Longrightarrow \quad H_0 \text{ を棄却}$$
$$\text{if} \quad p > \alpha = 0.05 \quad \Longrightarrow \quad H_0 \text{ を棄却しない}$$

となる．実際このとき，等式

$$P\left(\bar{X} \geq \mu_0 + t_{n-1}(\alpha)\frac{U}{\sqrt{n}} \Big| \mu = \mu_0 \right) = \alpha$$

すなわち

$$P\left(\bar{X} \geq m + t_{n-1}(0.05)\frac{U}{\sqrt{n}} \Big| \mu = m \right) = 0.05$$

が成り立つ．ここで $t_{n-1}(\alpha)$ は自由度 $n-1$ の t 分布の上側 $100 \times \alpha$ ％点である．さらにこのとき第1種の誤りの確率および第2種の誤りの確率はそれぞれ

$$\text{第 1 種の誤り確率} = P\left(\bar{X} \geq \mu_0 + t_{n-1}(\alpha)\frac{U}{\sqrt{n}} \Big| H_0 \right),$$
$$\text{第 2 種の誤り確率} = P\left(\bar{X} < \mu_0 + t_{n-1}(\alpha)\frac{U}{\sqrt{n}} \Big| H_1 \right) \quad (11.22)$$

と表現される．(11.22) 式から

$$\beta_W = P\left(T < t_{n-1}(0.05) + \frac{m - \mu_0}{U/\sqrt{n}}\right)$$

と書けるので，$m = 130, n = 10$ として $\mu_0 > 130$ なる μ_0 を与えると，(11.22) 式から第2種の誤りを犯す確率が算出できる．検出力 γ_W は定義より $1 - \beta_W$ で求まるから縦軸に検出力，横軸に μ_0 の値をとってグラフを描くと図 11.9 を得る．

これからわかることは，検出力は単調に増加する．標本数 n の大小で比較すると，$n = 50$ の方が $n = 10$ よりも検出力は本質的に大きい．また標本数を $n = 50$ のように比較的に大きくとって検定を行えば，第2種の誤りの確率を非常に小さく

図 11.9　検出力のグラフ

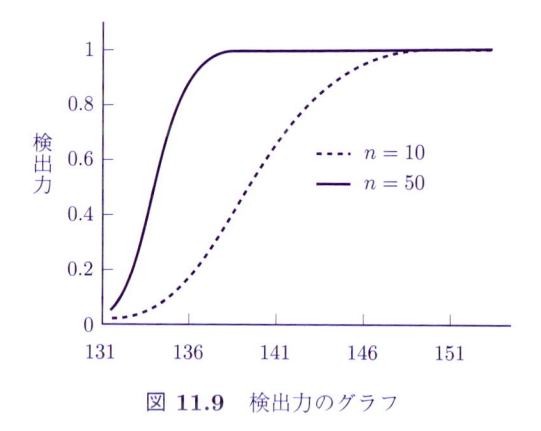

できる傾向があることが窺える．実際，一般的に言って，標本の個数を増やせば検定の検出力は増加する．また適正な標本の大きさ n は，有意水準 α と検出力 γ_W を指定して決定される．

$$\text{標本数 } n \nearrow \text{大} \implies \text{検出力 } \gamma_W \nearrow \text{アップする}$$

11.10.2　一様最強力検定

つぎの最後の小節で統計的検定理論において有名なネイマン・ピアソンの定理を紹介する．そのためここではその準備を行う．一般的な記述を導入することから始める．

$X = (X_1, X_2, \cdots, X_n)$ を母集団分布 P_θ からの無作為標本とする．母数 θ は未知とする．θ の取りうる値の集合は母数空間で Θ で表す．$\Theta \supset \Theta_0$ に対して，仮説

$$H_0 : \theta \in \Theta_0, \qquad H_1 : \theta \in \Theta_0^c$$

を立てる．Θ_0 がただ 1 点からなるとき，i.e. $\Theta_0 = \{\theta_0\}$ のとき，$H_0 : \theta = \theta_0$ を**単純仮説**といい，Θ_0 が 2 つ以上の要素からなるとき，$H_0 : \theta \in \Theta_0$ を**複合仮説**という．対立仮説 H_1 に対しても同様に定義される．仮説検定とは，一口で言ってしまえば，標本 $X = (X_1, \cdots, X_n)$ の実現値 $x = (x_1, \cdots, x_n)$ から仮説 H_0 の真偽を判断する統計手法のことである．統計量 $\varphi(X) = \varphi(X_1, \cdots, X_n)$ で $0 \leqslant \varphi(X) \leqslant 1$ を満たすものを**検定** (test) あるいは**検定関数** (test function) という．たとえば

$$\text{確率 } \varphi(x) \text{ で，} \quad H_0 : \theta \in \Theta_0 \quad \text{を棄却}$$

$$\text{確率 } 1-\varphi(x) \text{ で,} \quad H_0: \theta \in \Theta_0 \quad \text{を採択}$$

と定めれば，φ は 1 つの検定の方法を与えていることになる．特に $\varphi(X)$ が 0 か 1 の値しか取らないとき，φ を**非ランダム検定**という．

つぎに仮説検定における誤りについて考える．第 1 種の誤り確率 p_1^{er} は，仮説 H_0 が正しいのに仮説を棄却してしまう確率だから

$$p_1^{er} = \alpha_W = P_\theta(H_0: \theta \in \Theta_0 \text{ を棄却}), (\theta \in \Theta_0)$$

と表すことができ，第 2 種の誤り確率 p_2^{er} は，仮説が間違いのとき仮説を採択してしまう確率だから

$$p_2^{er} = \beta_W = P_\theta(H_0: \theta \in \Theta_0 \text{ を採択}), (\theta \in \Theta_0^c)$$

と表すことができる．φ の棄却域を W とする．

つぎに検定 $\varphi(X)$ を用いるときの上記 2 種類の誤り確率を求めてみよう．$\varphi(X)$ が非ランダム検定の場合，X が連続型であるとすると，$X \in W$ のとき仮説 H_0 を棄却するのであるから，第 1 種の誤り確率 p_1^{er} は集合

$$\{P_\theta(X \in W) \,|\, \theta \in \Theta_0\}$$

の中のいずれかの値をとることになる．また

$$\varphi(x) = \begin{cases} 1, & (x \in W), \\ 0, & (x \in W^c) \end{cases}$$

であることに注意して，X が連続型であるので

$$P_\theta(X \in W) = \int_W f_\theta(x)dx = \iint \cdots \int_W f_\theta(x_1, \cdots, x_n)dx_1 \cdots dx_n$$
$$= \int_{\mathcal{X}} \varphi(x) f_\theta(x) dx = E_\theta(\varphi(X)) \tag{11.23}$$

である．X が離散型のときもほぼ同様に導ける．

問 11.19 X が離散型のとき，(11.23) に対応する確率 $P_\theta(X \in W)$ の式を導け．

$X \in W^c$ のときに仮説 H_0 を採択することより，第 2 種の誤り確率 p_2^{er} は集合

$$\{P_\theta(X \in W^c) \,|\, \theta \in \Theta_0^c\}$$

の中のいずれかの値をとることになる．したがって (11.23) 式より直ちに

$$P_\theta(X \in W^c) = 1 - P_\theta(X \in W) = 1 - E_\theta(\varphi(X))$$
$$= E_\theta(1 - \varphi(X))$$

を得る．一般の検定 $\varphi(X)$ の場合にも，同様に考えることにより公式

第 1 種，第 2 種の誤り確率の公式

$$p_1^{er} = P_\theta(H_0 : \theta \in \Theta_0 \text{ を棄却}) = E_\theta(\varphi(X)) \qquad (11.24)$$

$$p_2^{er} = P_\theta(H_0 : \theta \in \Theta_0 \text{ を採択}) = E_\theta(1 - \varphi(X)) \qquad (11.25)$$

が得られる．

問 11.20 一般の検定 $\varphi(X)$ に対して，X が離散型のとき上の公式 (11.24) と (11.25) を導け．

問 11.21 一般の検定 $\varphi(X)$ に対して，X が連続型のとき上の公式 (11.24) と (11.25) を導け．

$E_\theta(\varphi(X))$ を θ の関数として領域 Θ_0 に限定して考えるとき，これを検定 $\varphi(X)$ の**検出力関数** (power function) という．

定義 11.2 (統計的検定における検出力の定義)　θ における検出力関数の値 $E_\theta(\varphi(X))$ を「θ における $\varphi(X)$ の**検出力** (power)」という．特に $\theta \in \Theta_0^c$ のとき，

$$\text{「検定の検出力」} \gamma_W = E_\theta(\varphi(X)) \qquad (11.26)$$

である．

実際，上述の定義 11.1 と合わせるとつぎのようになる．

「検定の検出力」$\gamma_W = 1 - $「第 2 種の誤りの確率」
$$= 1 - \beta_W$$

$$= P_X^{H_1}(X \in W)$$
$$= 1 - P_X^{H_1}(X \in W^c)$$
$$= E_\theta(\varphi(X))$$
$$= 1 - \{1 - E_\theta(\varphi(X))\}$$
$$= 1 - \lceil 仮説が間違いのとき仮説を採択してしまう確率 \rfloor$$
$$= \lceil 仮説が間違いのとき仮説を棄却する確率 \rfloor$$

注意 11.13 上記のように「検出力」の定義式を書き直してみると明らかなように，仮説が間違いのとき仮説を棄却するということは，間違いを検出するということであるから検出力というのである．

つぎに，考え得る第 1 種の誤り確率の上限

$$\hat{\varphi} = \sup_{\theta \in \Theta_0} E_\theta(\varphi(X))$$

を考えて，これを $\varphi(X)$ の**有意水準** (level of significance) あるいは単に**水準** (level) という．第 1 種の誤り確率 p_1^{er} と第 2 種の誤り確率 p_2^{er} とを同時に小さく取れればよいのだが，それはできない．どちらか一方を小さく取ると他方が大きくなる関係にあるからである．そこで水準が α 以下の検定の中で第 2 種の誤り確率をできるだけ小さく抑えることを考える．これを「有意水準 α の検定問題」という．α としてはなるべく小さく取るのであるが，

$$\alpha = 0.10, \quad \text{or} \quad 0.05, \quad \text{or} \quad 0.01, \quad \text{or} \quad 0.005$$

などとする．このようにまず第 1 種の誤り確率を α 以下に制限したもとで，つぎに第 2 種の誤り確率を小さくするような方策をとる．ということは第 1 種の誤り確率を犯さないように p_1^{er} を大変重要視する立場に立って方策が取られている．いま

$$\Phi(\alpha): 水準が \alpha 以下の検定 \varphi(X) の全体$$

とする．

> **定義 11.3** (一様最強力検定)
> $$\min_{\varphi(X) \in \Phi(\alpha)} \{1 - E_\theta(\varphi(X))\} = 1 - E_\theta(\varphi_0(x)) \quad (\theta \in \Theta_0^c)$$
> となる $\varphi_0(X) \in \Phi(\alpha)$ を有意水準 α の検定問題における**一様最強力検定** (uniformly most powerful test) あるいは **UMP 検定**という．

注意 11.14 集合 Θ_0^c が 1 点のみからなるとき，すなわち単純対立仮説のときは，上の $\varphi_0(X)$ のことを単に**最強力検定**という．

上の定義 11.3 はどういう意味かというと，θ が Θ_0^c のどの値を取ろうとも，UMP 検定 $\varphi_0(X)$ は有意水準 α 以下の検定全体の集合 $\Phi(\alpha)$ の中で第 2 種の誤り確率を最小とする検定であることを主張している．実は定義 11.3 の定義式はつぎのように書き換えても同じことである．すなわち

$$\max_{\varphi(X) \in \Phi(\alpha)} E_\theta(\varphi(X)) = E_\theta(\varphi_0(X)), \quad (\theta \in \Theta_0^c)$$

この式は，φ_0 がすべての $\theta \in \Theta_0^c$ において，$\Phi(\alpha)$ の中で検出力を最大にする検定であることを意味している．

注意 11.15 点推定問題において一様最良推定量がほとんどの場合に存在しないように，ここで定義した一様最強力検定も存在しないケースが多いが，仮説が単純であるときは一様最強力検定が存在する．このことを示す定理が次小節の主テーマになっているネイマン・ピアソンの定理である．

11.10.3 ネイマン・ピアソンの定理

前小節の最後の注意でも述べたように，点推定問題では一様最良推定量がほとんどの場合に存在しないのと同じように，有意水準 α の検定問題においては一様最強力検定が存在しないケースが多い．しかし，仮説が単純であるときは一様最強力検定が存在することが示される．ただ存在を保証してくれるだけではなく，一様最強力検定とはどのようなものであるかについても解答を与えてくれるのが，本節のテーマになっているネイマン・ピアソンの定理である．なお，対象の一様最強力検定自体は有意水準の α に関係して定まるものであることを認識しておく必要がある．

定理 11.24 (ネイマン・ピアソン (Neyman-Pearson) の定理 I)　母数空間 $\Theta = \{\theta_0, \theta_1\}$ に対して，単純仮説を $H_0 : \theta = \theta_0, H_1 : \theta = \theta_1$ とする．標本確率変数の確率密度関数を $f_\theta(x)$ とする．関数 φ_0 をつぎで定める．

$$\varphi_0(x) = \begin{cases} 1, & f_{\theta_1}(x) > cf_{\theta_0}(x) \\ \eta, & f_{\theta_1}(x) = cf_{\theta_0}(x) \\ 0, & f_{\theta_1}(x) < cf_{\theta_0}(x) \end{cases} \tag{11.27}$$

(11.27) 式を満たす検定 $\varphi_0(X)$ は有意水準 α の検定問題における一様最強力検定である．ただし，$c \, (> 0)$ と $\eta \, (0 \leqslant \eta \leqslant 1)$ は $E_\theta(\varphi_0(X)) = \alpha$ を満たすように定められた定数である．

定理 11.25 (ネイマン・ピアソン (Neyman-Pearson) の定理 II)　母数空間 $\Theta = \{\theta_0, \theta_1\}$ に対して，単純仮説を $H_0 : \theta = \theta_0, H_1 : \theta = \theta_1$ とする．標本確率変数の確率関数を $p_\theta(x)$ とする．関数 φ_0 をつぎで定める．

$$\varphi_0(x) = \begin{cases} 1, & p_{\theta_1}(x) > cp_{\theta_0}(x) \\ \eta, & p_{\theta_1}(x) = cp_{\theta_0}(x) \\ 0, & p_{\theta_1}(x) < cp_{\theta_0}(x) \end{cases} \tag{11.28}$$

(11.28) 式を満たす検定 $\varphi_0(X)$ は有意水準 α の検定問題における一様最強力検定である．ただし，$c \, (> 0)$ と $\eta \, (0 \leqslant \eta \leqslant 1)$ は $E_\theta(\varphi_0(X)) = \alpha$ を満たすように定められた定数である．

定理 11.24 の証明　$\varphi(X)$ を有意水準が α 以下である検定とする，i.e.

$$E_{\theta_0}(\varphi(X)) \leqslant \alpha$$

が成立している．また

$$\{\varphi_0(x) > \varphi(x)\} \subset \{\varphi_0(x) = 1\} \cup \{\varphi_0(x) = \eta\} = \{f_{\theta_1}(x) \geq cf_{\theta_0}(x)\}$$

$$\{\varphi_0(x) < \varphi(x)\} \subset \{\varphi_0(x) = 0\} \cup \{\varphi_0(x) = \eta\} = \{f_{\theta_1}(x) \leqslant cf_{\theta_0}(x)\}$$

である．このとき，$D_1 = \{\varphi_0 = \varphi\}, D_2 = \{\varphi_0 > \varphi\}, D_3 = \{\varphi_0 < \varphi\}$ と置いて

$$\int_{\mathcal{X}} (\varphi_0(x) - \varphi(x))(f_{\theta_1}(x) - cf_{\theta_0}(x))dx$$
$$= \int_{D_1} (\varphi_0(x) - \varphi(x))(f_{\theta_1}(x) - cf_{\theta_0}(x))dx$$
$$+ \int_{D_2} (\varphi_0(x) - \varphi(x))(f_{\theta_1}(x) - cf_{\theta_0}(x))dx$$
$$+ \int_{D_3} (\varphi_0(x) - \varphi(x))(f_{\theta_1}(x) - cf_{\theta_0}(x))dx$$
$$= \int_{D_2} (\varphi_0(x) - \varphi(x))(f_{\theta_1}(x) - cf_{\theta_0}(x))dx$$
$$+ \int_{D_3} (\varphi_0(x) - \varphi(x))(f_{\theta_1}(x) - cf_{\theta_0}(x))dx \geq 0$$

が得られる．したがって

$$E_{\theta_1}(\varphi_0(X)) - E_{\theta_1}(\varphi(X)) + c\{E_{\theta_0}(\varphi(X)) - E_{\theta_0}(\varphi_0(X))\}$$
$$\int_{\mathcal{X}} (\varphi_0(x) - \varphi(x))(f_{\theta_1}(x) - cf_{\theta_0}(x))dx \geq 0 \quad (11.29)$$

が成り立つ．仮説に関する仮定から

$$E_{\theta_0}(\varphi(X)) \leqslant \alpha, \quad E_{\theta_0}(\varphi_0(X)) = \alpha$$

であるから

$$c\{E_{\theta_0}(\varphi_0(X)) - E_{\theta_0}(\varphi(X))\} \leqslant 0$$

が導かれる．ゆえにこの式と上の (11.29) 式とから直ちに

$$E_{\theta_1}(\varphi_0(X)) \geq E_{\theta_1}(\varphi(X))$$

が成立することがわかる．すなわち，$\varphi_0(X)$ は有意水準 α の検定問題における UMP 検定である． □

注意 11.16 任意の α に対して，定理の主張の中の定数 c, η は存在する．また逆に，有意水準 α の検定問題の一様最強力検定 $\varphi_0(X)$ は概ね (11.27)) (or (11.28)) 式の形をしている．

問 11.22 定理 11.24 の証明に倣って，定理 11.25 のネイマン・ピアソンの定理 II を証明せよ．

例 11.3　$X_1, X_2, \cdots, X_n$ を独立で，各々が正規分布 $N(\theta, 1)$ に従う標本とする．母数空間 $\Theta = \{\theta_0, \theta_1\}$ $(\theta_0 < \theta_1)$ に対して，仮説 $H_0 : \theta = \theta_0$ を検定する．有意水準 α のこの仮説検定問題における一様最強力検定 (UMP 検定) は

$$\varphi_0(x) = \begin{cases} 1, & \sum_{i=1}^n x_i > c \\ \eta, & \sum_{i=1}^n x_i = c \\ 0, & \sum_{i=1}^n x_i < c \end{cases}$$

に対して，$\varphi_0(X)$ で与えられる．一方，$\sum_{i=1}^n x_i = c$ となる $x = (x_1, \cdots, x_n)$ で φ をどのように決めても検出力関数 $E_{\theta_0}(\varphi_0(X))$ の計算には影響を与えないため，

$$\varphi_1(x) = \begin{cases} 1, & \sum_{i=1}^n x_i > c \\ 0, & \sum_{i=1}^n x_i < c \end{cases}$$

で定まる関数 φ_1 に関して $\varphi_1(X)$ も UMP 検定である．

問題 11.1　$X_1, X_2, \cdots, X_n$ を独立で，各々が正規分布 $N(0, \theta)$ に従う標本とする．母数空間 $\Theta = \{\theta_0, \theta_1\}$ $(0 < \theta_0 < \theta_1)$ に対して，仮説 $H_0 : \theta = \theta_0$ を検定する．有意水準 α のこの仮説検定問題における一様最強力検定 (UMP 検定) $\varphi_0(X)$ を具体的に求めよ．

11 章の演習問題

[1]　食品メーカー A 社のある菓子の袋詰め自動機械は内容量が平均 300 [g]，標準偏差 6 [g] となるように設定されている．ある日無作為に 15 個の製品を抜き取り検査したところ，内容量の平均は 297.5 [g] であった．内容量の分布は正規分布であるとして，この機械は再調整が必要か有意水準 5% で検定せよ．

[2]　某工場で製造されるプレス加工用金属版の厚さは平均 0.100 [mm] であるという．ある日の製品からランダムに 30 枚を抜き取って測定したところ，標本の平均は 0.1032 [mm]，標準偏差は 0.0024 [mm] であった．この日の製品は規格はずれであると言えるか，正規母集団として有意水準 5% で検定せよ．

[3] ある養殖魚では孵化後の稚魚でいる3ヶ月間に体重が平均 56.5 [g] 増加するという．いまその養殖魚からランダムに 10 匹を選び，孵化後稚魚でいる3ヶ月間に特定の餌を与え続けた．そしてその間の体重の増加具合を測定したところ，平均で 60.32 [g]，標準偏差は 3.54 [g] であった．特定の餌を与えたことが稚魚の体重増加に特別に影響を与えたと言えるか，体重に正規分布を仮定して有意水準 5% で検定せよ．

[4] 全国一斉学力テストの教科「国語」の平均点は 130 点であった．ある学校から無作為に抽出した 60 名の生徒の平均は 125 点，標準偏差は 19 点であった．この学校の国語の得点の母平均は全国平均と違いがあると言えるか，有意水準 5% で検討せよ．

[5] J 食品会社はジャムを自動的に瓶詰めする 2 つの機械 A, B を所有しており，内容量 350 [g] の瓶入りジャムをオートメーション化して製造している．この自動瓶詰め機械 A, B による 1 回ごとの内容量の重量は，それぞれ分散 15.72 [g]，16.03 [g] の正規分布に従っているという．いま機械 A による製品から 100 個，機械 B による製品から 150 個をそれぞれ無作為に抜き取り内容量（重さ）を測定した結果，それぞれの平均は A が 371.1 [g]，B が 369.8 [g] であった．機械 A, B によって作られる製品の重量に差があると言えるか，有意水準 1% で検定せよ．

[6] 同学年の男子生徒 40 人，女子生徒 35 人をランダムに選んで知能検査を行って，表 11.16 のような結果を得た．上記学年の年齢の知能指数の分布は分散 15^2 の正規分布に従っている．このとき各設問に答えよ．
（1） 男子生徒と女子生徒の知能指数の差について，信頼係数 95% の信頼区間を求めよ．
（2） 男子生徒と女子生徒の知能指数の間に差があると言えるか，有意水準 5% で検定せよ．

表 11.16　知能検査結果

	人数	平均	標準偏差
男子生徒	40	103	17
女子生徒	35	101	12

[7] 農業試験場において穀物 A に対する新化学肥料の有効性を調べる試験が実施された．同じ条件・環境下で 13 地区で穀物 A を施肥と非施肥の 2 群に分けて栽

培し，つぎの収穫結果を得た．穀物 A の収穫の母集団はすべて同じ分散をもつ正規分布として，新化学肥料の有効性について有意水準 2.5 % で検定せよ．

施肥：32, 33, 32, 30, 28, 31

非施肥：26, 30, 27, 30, 29, 25, 29

[8] A 産地と B 産地の石炭を購入して，その灰分 (単位：%) を測定して表 11.17 のような結果を得た．灰分の割合が低い方ほど品位が高いと言われる．A, B 両産地の石炭の品位に差があるか，有意水準 1%で検定せよ．

表 11.17 石炭の灰分 (単位：%)

A 産地	14.5	16.3	15.2	14.3	10.4	13.6	18.6	12.3
B 産地	16.0	19.3	16.3	18.6	19.4	-	-	-

[9] 甲状腺刺激ホルモン遺伝子制御領域にウィルス癌遺伝子を組み込んで得られる遺伝子導入マウスは，生後 7 週目で脳下垂体腫瘍を発症する．そのため成長ホルモン分泌にも影響がある可能性が指摘されている．遺伝子導入マウスと正常マウスとから無作為にそれぞれオス 8 匹とオス 9 匹を選んで，その体重 [g] を生後 7 週目に測定してつぎの結果を得た．遺伝子導入マウスの発育は悪いといえるか．

遺伝子導入マウス　17.3 15.5 16.0 18.8 17.0 15.4 17.7 16.5

正常マウス　17.0 20.0 18.8 19.5 16.7 21.1 17.6 18.3 20.5

[10] 20 歳男子の身長は正規分布 $N(171.3, 5.0^2)$ に従っているとする．ある大学の 20 歳の男子学生 100 名を任意抽出し身長を測定した結果，平均 172.4 cm，分散 5.2^2 cm^2 であった．

(1) この大学の 20 歳男子学生の平均身長を信頼度 95%で推定せよ．

(2) この大学の 20 歳男子学生の平均身長は，全国平均と等しいと言えるか，有意水準 5%で検定せよ．

[11] ある清涼飲料工場ではそれぞれ母分散が 0.52 [mℓ^2]，0.66 [mℓ^2] である 2 つのメーカーの自動瓶詰めロボット A, B を使用して 250 mℓ のドリンクを製造している．製品の内容量検査のため，それぞれ 20 個ずつのサンプルを抜き取り調査した

ところ，その平均がそれぞれ A で 250.82 [ml]，B で 251.43 [ml] であった．製品の内容量に関して，機械 A, B で差がないと言えるか？ 有意水準 5%で検定せよ．

[12] 全国における偏差値が正規分布 $N(50, 10^2)$ に従っているとみなせる知能検査を，ある中学校の 1 年生 44 名に対して実施して結果，偏差値の平均は 52.4 であった．

(1) この中学校の 1 年生は全国と比べて平均的な生徒であると言えるか？ 有意水準 5%で答えよ．

(2) 上の例でもし全国のデータの母分散が未知である場合には，どのような統計解析が可能であるか論ぜよ．

[13] 前立腺の進行ガンで骨転移症例患者に対する最先端高度ガン治療の臨床試験を考察する．従来の外科手術＋放射線照射＋抗ガン剤投与によるガン三大治療 (複合的集中治療) に加えて 2 種類の異なる免疫療法を併用した場合の治療効果比較を計るのが目的である．現在免疫療法を行っている全国 10 カ所の病院および関連施設の協力をえて，上述症例患者 18 人を無作為に 2 つのグループ A, B に分けて臨床試験を実施した．

　　　A グループ：複合的集中治療＋アルファ・ベータ T 細胞療法　8 人

　　　B グループ：複合的集中治療＋樹状細胞ワクチン療法　10 人

効果をみるためのバイオマーカーとして，治療後の血清骨代謝マーカー BAP [ng/ml] を測定して下記の結果を得た．BAP が低値に押さえられた方が予後の生存率が改善される傾向にあることが知られている．

患者 No	1	2	3	4	5	6	7	8	9	10
A	45.1	56.7	67.0	76.2	55.3	47.7	74.0	53.9	-	-
B	53.0	66.1	68.6	75.2	68.9	57.0	76.3	61.2	67.8	55.9

(1)　(a)　各 A, B グループの標本平均を求めよ．
　(b)　各 A, B グループの標本分散を求めよ．
　(c)　各 A, B グループの不偏 (標本) 分散を求めよ．
　(d)　A, B グループのマーカー値はそれぞれ正規分布 $N(\mu_1, \sigma^2)$, $N(\mu_2, \sigma^2)$ に従うと仮定する．この症例から A, B どちらがより効果的であると言えるか，有意

水準 5%で検定せよ．

（2） 上記と同じ設定の下で，母平均の差を $\delta = \mu_1 - \mu_2$ と置くとき，この δ の 95%の信頼区間を求めよ．結果の統計的意味も合わせて答えよ．

（3） 上記で求めた信頼区間を半分に改善したい．他の設定条件は同じとした場合，全症例数 n をどれくらいの数確保する必要があるか，見積もれ．

[14] 大学の数理情報学科の 1 年生から 8 名を任意抽出して，必須科目の「確率統計の基礎」と「微分積分学」の定期試験の得点を調べた (表 11.18 参照)．この 2 科目間の成績には相関があると言えるか，両科目の得点は正規分布に従うとして有意水準 5%で検定せよ．

表 11.18　定期試験の結果 (得点)：各科目 100 点満点

整理番号	1	2	3	4	5	6	7	8
確率統計の基礎	75	96	57	43	67	78	70	86
微分積分学	77	91	68	49	53	58	72	80

[15] ウラン鉱から単位時間に放出される放射線 α 粒子の数は理論的にポアソン分布に従うとされる．表 11.19 は実際の観測結果である．この結果から理論が正しいことが裏付けされると言えるか，有意水準 5%で検定せよ．

表 11.19　ウラン鉱から放出される α 粒子数の分布

α 粒子の数	0	1	2	3	4	5	小計
観測度数	1	5	16	17	26	11	76
α 粒子の数	6	7	8	9	10	11	累計
観測度数	9	9	2	1	2	1	100

[16] 表 11.20 のような肺ガンと喫煙との関係を調べた調査結果がある．このデータから喫煙者に肺ガンが多いと言えるか，有意水準 0.5 % で検定せよ．

表 11.20

	喫煙者	非喫煙者	計
肺ガン患者	1418	47	1465
対照患者	1345	120	1465
計	2763	167	2930

[17]　$X_1, X_2, \cdots, X_n$ を独立で，各々が2項分布 $B(1, \theta)$ に従う標本とする．母数空間 $\Theta = \{\theta_0, \theta_1\}$ ($\theta_0 < \theta_1 < 1$) に対して，仮説 $H_0 : \theta = \theta_0, H_1 : \theta = \theta_1$ を検定する．有意水準 α のこの仮説検定問題における一様最強力検定 (UMP 検定) を具体的に求めよ．

付章

Appendix

A.1 積分公式の証明

この節では，本文 5.3 節の定理 5.3 の証明の中で使われた有名な積分公式
$$\int_0^\infty \frac{\sin x}{x} dx = \frac{\pi}{2}$$
の証明を紹介する．A.1.3 小節で紹介する複素関数論に基づく証明が最もよく知られているオーソドックスなものである．子細については読者各自で専門書に当たって頂きたい．

A.1.1 （その 1）・微分可能性定理に基づく証明

ここでは積分記号下での微分に関する微分可能性定理に基づく証明を紹介する．柴垣和三雄：「ルベーグ積分入門」(森北出版) の議論に従った．詳細についてはこの書物の第 10 章：ルベーグ積分の応用を参照されるとよい．なおルベーグ積分に関しては，本シリーズ「テキスト　理系の数学」第 11 巻・長澤壮之：「ルベーグ積分」(数学書房) を参照のこと．可測集合 $E\ (\subset \mathbb{R}^n)$ に対して，$E \times [a,b]$ 上の実数値関数 (一般には複素数値でもよい)f を考え，$f(\cdot, t)$ は各 t ごとに E 上可測で可積分であると仮定する．任意の $t \in [a,b]$ に対して
$$F(t) = \int_E f(x,t)dx$$
と置く．このとき次の連続性定理が成り立つ．$f(x, \cdot) \in C[a,b], dx$-a.e. $x \in E$ であるとする．E 上で定義されたある非負値可積分関数 $\varphi \in L^1(E)$ が存在して，不等式
$$|f(x,t)| \leqslant \varphi(x), \quad \forall t \in [a,b]$$
を満たせば，$F(t) \in C[a,b]$ となる．つぎの微分可能性定理が必要である．

> **定理 A.1** $f(x,\cdot) \in C(a,b) \cap C^1(a,b)$, dx-a.e. $x \in E$ であるとする. t に関する偏導関数を $f_t(x,t) = \dfrac{\partial}{\partial t} f(x,t)$ と表す. ある非負値関数で, E 上可積分である $\varphi \in L^1(E)$ が存在して, 不等式
> $$|f_t(x,t)| \leqslant \varphi(x), \qquad dx\text{-a.e.} \quad x \quad (各\ t \in [a,b])$$
> を満たせば, $F(t) = \displaystyle\int_E f(x,t)dx \in C^1(a,b)$ であって,
> $$F'(t) = \int_E f_t(x,t)dx \qquad \forall t \in [a,b]$$
> が成り立つ.

関数 $f(x,t) = e^{-tx}\dfrac{\sin x}{x}$ に対して,
$$F(t) = \int_0^\infty e^{-tx}\frac{\sin x}{x}dx \qquad (t>0) \tag{A.1}$$
と置く. 任意の正定数 $\delta\ (>0)$ を固定し, $t \in [\delta,\infty)$ に対して
$$|f(x,t)| \leqslant e^{-\delta x}, \qquad \int_0^\infty e^{-\delta x}dx = \frac{1}{\delta} < +\infty \tag{A.2}$$
であるから直ちに
$$\int_0^\infty |f(x,t)|dx = \int_0^\infty \left|e^{-tx}\frac{\sin x}{x}\right|dx < +\infty$$
$F(t)$ は各 t ごとに絶対収束する. つまり積分 (A.1) は存在する. 各 $x \in \mathbb{R}_+$ ごとに, $f(x,\cdot) \in C[\delta,\infty)$ であり,
$$|f(x,t)| \leqslant \varphi(x) = e^{-\delta x} \in L^1_+(\mathbb{R})$$
であるので, 連続性定理から $F(t) \in C[\delta,\infty)$ が従う. さらに δ の任意性から $F(t) \in C(0,\infty)$ となる. つぎに
$$\left|\frac{\partial}{\partial t}f(x,t)\right| = |e^{-tx}\sin x| \leqslant e^{-\delta x} \in L^1_+(\mathbb{R})$$
であるから, 定理 A.1 が適用できて, $F(t) = \displaystyle\int_0^\infty e^{-tx}\frac{\sin x}{x}dx \in C^1_t(0,\infty)$ で, しかも
$$F'(t) = \int_0^\infty \frac{\partial}{\partial t}\left(e^{-tx}\frac{\sin x}{x}\right)dx = -\int_0^\infty e^{-tx}\sin x\, dx \tag{A.3}$$
上の (A.3) 式の最後の積分に 2 回部分積分法を用いることにより, $F'(t)$ を求めることができて

$$F'(t) = -\frac{1}{1+t^2}, \qquad (t > 0)$$

不定積分法より，積分定数を C として $F(t) = -\tan^{-1} t + C$ を得る．この積分定数 C はつぎのようにして求まる．

$$\lim_{t\to\infty} F(t) = C - \lim_{t\to\infty} \tan^{-1} t = C - \frac{\pi}{2}$$

を考える．$x > 0$ で $f(x,t) = e^{-tx}\dfrac{\sin x}{x} \to 0 \ (t \to \infty)$ となり，$t \geq 1$ では

$$|f(x,t)| \leq e^{-x}\frac{|\sin x|}{x} \in L^1_+(\mathbb{R}_+)$$

であるから，ルベーグの被圧収束定理より積分と極限操作の順序交換が可能となり

$$\lim_{t\to\infty} F(t) = \int_0^\infty \lim_{t\to\infty} e^{-tx}\frac{\sin x}{x} dx = 0$$

となるので，$C = \dfrac{\pi}{2}$ を得る．すなわち，$\lim_{t\to 0} F(t) = \dfrac{\pi}{2}$ が成り立つ．あとは極限 $\lim_{t\to 0} F(t)$ が積分 $\int_0^\infty \dfrac{\sin x}{x} dx$ に収束することを言えばよいが，積分 $\int_0^\infty e^{-tx}\dfrac{\sin x}{x} dx$ にルベーグ収束定理を用いて積分と極限操作 $t \to 0$ とを交換して計算する論法はここでは使えないことに注意しよう．なぜなら関数 $\dfrac{\sin x}{x}$ は $(0,\infty)$ でルベーグ可積分ではないからである．しかし広義積分可能である．(本シリーズ「テキスト　理系の数学」第 2 巻・小池茂昭：「微分積分」の第 7 章，例 7.13 を参照せよ．) したがって広義積分の収束に基づいて，収束

$$\lim_{R\to\infty} \int_0^R e^{-tx}\frac{\sin x}{x} dx$$

が $[0,\infty)$ でパラメータ t に関して一様収束であることから，リーマン積分の積分記号下の極限操作により

$$\begin{aligned}
\lim_{t\to 0} F(t) &= \lim_{t\to 0} \lim_{R\to\infty} \int_0^R e^{-tx}\frac{\sin x}{x} dx \\
&= \lim_{R\to\infty} \int_0^R \lim_{t\to 0} e^{-tx}\frac{\sin x}{x} dx \\
&= \lim_{R\to\infty} \int_0^R \frac{\sin x}{x} dx = \int_0^\infty \frac{\sin x}{x} dx
\end{aligned}$$

が導かれる．　□

A.1.2　(その 2)・フビニの定理に基づく証明

フビニの定理に基づく証明については，盛田健彦：「実解析と測度論の基礎」(培風館) の議論を参考にした．$T, R \geq 1$ なる実数に対して，$D_T = [0, T], D_R = [0, R]$ と置く．

$D = D_T \times D_R$ 上の可積分関数 $f(t,x) = e^{-tx}\sin x$ を考えて，フビニの定理を適用し積分順序交換をすることにより

$$\iint_D f(t,x)dtdx = \int_{D_T}\left(\int_{D_R} e^{-tx}\sin x dx\right)dt \tag{A.4}$$

$$= \int_{D_R}\left(\int_{D_T} e^{-tx}dt\right)\sin x dx \tag{A.5}$$

を得る．一方，積分 (A.4) において部分積分法を用いて計算すると

$$J := \int_0^R e^{-tx}\sin x dx = \frac{1-(t\sin R + \cos R)e^{-tR}}{t^2} - \frac{1}{t^2}J$$

となるので，結局

$$J = \frac{1-(t\sin R + \cos R)e^{-tR}}{1+t^2} \tag{A.6}$$

を得る．また積分 (A.5) において $\int_0^T e^{-tx}dt = \frac{1}{x}(1-e^{-Tx})$ であるから，それぞれの結果を (A.4), (A.5) に代入して等式

$$\int_{D_T}\frac{1-(t\sin R + \cos R)e^{-tR}}{1+t^2}dt = \int_{D_R}(1-e^{-Tx})\frac{\sin x}{x}dx \tag{A.7}$$

が導かれる．(A.7) の右辺の積分の被積分関数は有界であり

$$\lim_{T\to\infty}(1-e^{-Tx})\frac{\sin x}{x} = \frac{\sin x}{x}, \quad dx\text{-a.e.}x$$

が成り立つので，(A.7) の両辺で極限 $T \to \infty$ をとるときルベーグの有界収束定理より

$$\lim_{T\to\infty}\int_{D_R}(1-e^{-Tx})\frac{\sin x}{x}dx = \int_{D_R}\frac{\sin x}{x}dx$$

$$= \int_{\mathbb{R}_+}\frac{1-(t\sin R + \cos R)e^{-tR}}{1+t^2}dt$$

となる．さらに $g(x) = \dfrac{\sin x}{x}$ はルベーグの意味では積分可能ではないが

$$I = \int_0^\infty \frac{\sin x}{x}dx := \lim_{R\to\infty}\int_0^R \frac{\sin x}{x}dx$$

と考えて広義積分として意味付けられる．また (A.6) の J の分子の有界性 ($\in (0,1]$)，分母の有界性および可積分性

$$\lim_{R\to\infty}J = \frac{1}{1+t^2} \in L_+^1(\mathbb{R})$$

からルベーグの有界収束定理を用いて

$$\lim_{R\to\infty}\int_{\mathbb{R}_+} J dt = \int_{\mathbb{R}_+} \frac{1}{1+t^2} dt = [\tan^{-1}]_0^\infty$$
$$= \frac{\pi}{2} = \int_0^\infty \frac{\sin x}{x} dx$$

を得る．

A.1.3 (その3)・複素関数論におけるコーシーの積分定理に基づく証明

積分法の方法では値を求めることが困難な実関数の定積分であっても，複素積分を利用することにより比較的容易にその積分値を計算できる場合がある．積分

$$I = \int_0^\infty \frac{\sin x}{x} dx$$

の計算では複素関数論におけるコーシー (Cauchy) の積分定理を応用して求める方法が有名である．

定理 A.2 (コーシーの積分定理) C を複素平面内の単純閉曲線とする．複素関数 $f(z)$ ($z = x+iy$, $x,y \in \mathbb{R}$, $i = \sqrt{-1}$) が C およびその内部において正則であるならば

$$\int_C f(z) dz = 0$$

が成り立つ．

なお複素積分の詳細については，本シリーズ「テキスト　理系の数学」第7巻・上江洲達也・椎野正寿：「関数論」(数学書房) を参照されたい．複素関数 $f(z) = \dfrac{e^{iz}}{z}$ ($z = x+iy$) に対して，つぎの正の向きの積分路 $C = C_1 \cup C_2 \cup C_3 \cup C_4$ を考える．ただし，

$$C_1 : z = Re^{i\theta} \ (0 \leqslant \theta \leqslant \pi), \qquad C_2 : -R \leqslant x \leqslant -\varepsilon,$$
$$C_3 : z = \varepsilon e^{i\theta} \ (0 \leqslant \theta \leqslant \pi; 逆向き), \qquad C_4 : \varepsilon \leqslant x \leqslant R$$

C で囲まれた領域を D とするとき，$C = \partial D$ である (図 A.1)．この関数 $f(z) = \dfrac{e^{i\theta}}{z}$ は上の積分路 $C = C_1 \cup C_2 \cup C_3 \cup C_4$ (周 ∂D) および内部 $\mathring{D}$ で正則である．簡単のため

$$I_i = \int_{C_i} f(z) dz, \qquad (i = 1,2,3,4)$$

と置く．定理 A.2 (コーシーの積分定理) より直ちに

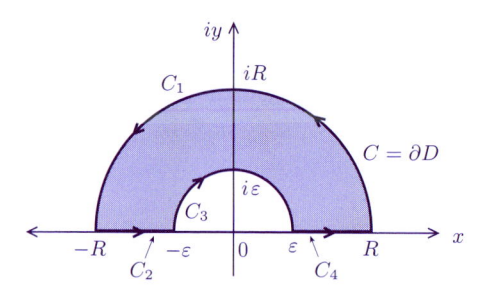

図 **A.1** 積分路 C

$$\int_C f(z)dz = \int_C \frac{e^{iz}}{z}dz = 0 \tag{A.8}$$

すなわち, $I_1 + I_2 + I_3 + I_4 = 0$ である.

（a） I_1 について：積分路 C_1 では $z = R(\cos\theta + i\sin\theta)$ に対して $dz = Rie^{i\theta}d\theta = zid\theta$ となることに注意して

$$|I_1| = \left|\int_{C_1} \frac{e^{iz}}{z}dz\right| = \left|\int_0^\pi ie^{iz}d\theta\right| \leqslant \int_0^\pi e^{-R\sin\theta}d\theta$$
$$= 2\int_0^{\pi/2} e^{-R\sin\theta}d\theta \leqslant \int_0^{\pi/2} e^{-R\frac{2}{\pi}\theta}d\theta = \frac{\pi}{R}(1-e^{-R})$$

となる. ここで $\sin\theta \geq \frac{2}{\pi}\theta$ $(0 \leqslant \theta \leqslant \frac{\pi}{2})$ を用いた. ゆえに

$$\lim_{R\to\infty} |I_1| = 0 \implies I_1 \to 0 \, (R \to \infty) \tag{A.9}$$

を得る.

（b） I_2 について：積分路 C_2 は実軸上にあるから

$$I_2 = \int_{C_2} \frac{e^{iz}}{z}dz = \int_{-R}^{-\varepsilon} \frac{e^{ix}}{x}dx = \int_R^\varepsilon \frac{e^{-ix}}{x}dx \tag{A.10}$$

（c） I_4 について：I_2 の場合と同様で $I_4 = \int_\varepsilon^R \frac{e^{ix}}{x}dx$ である. I_2, I_4 とも実軸上の話なので合わせて考えると, (A.10) より

$$I_2 + I_4 = \int_\varepsilon^R \frac{e^{ix} - e^{-ix}}{x}dx = 2i\int_\varepsilon^R \frac{\sin x}{x}dx \tag{A.11}$$

を得る. 上ではオイラーの公式 $e^{ix} = \cos x + i\sin x$ を用いた.

（d） I_3 について：θ の増加方向と逆向きの積分路 C_3 において，$dz = i\varepsilon e^{i\theta}d\theta$ に注意して

$$I_3 = \int_{C_3} \frac{e^{iz}}{z}dz = -i\int_0^\pi e^{i\varepsilon e^{i\theta}}d\theta = -i\int_0^\pi e^{\varepsilon(-\sin\theta + i\cos\theta)}d\theta \tag{A.12}$$

以上，(a), (b), (c) および (d) の結果より，(A.8) を考慮に入れると

$$\int_0^R \frac{\sin x}{x}dx = \frac{1}{2}\int_0^\pi e^{\varepsilon(-\sin\theta + i\cos\theta)}d\theta - \frac{1}{2i}I_1 \tag{A.13}$$

なる関係式が得られる．ゆえに最終的に

$$\begin{aligned}
I &= \int_0^\infty \frac{\sin x}{x}dx = \lim_{\varepsilon\downarrow 0}\lim_{R\to\infty}\int_\varepsilon^R \frac{\sin x}{x}dx \\
&= \lim_{\varepsilon\downarrow 0}\lim_{R\to\infty}\left\{\frac{1}{2}\int_0^\pi e^{\varepsilon(-\sin\theta + i\cos\theta)}d\theta - \frac{1}{2i}I_1\right\} \\
&= \frac{1}{2}\times\lim_{\varepsilon\downarrow 0}\int_0^\pi e^{\varepsilon(-\sin\theta + i\cos\theta)}d\theta - \frac{1}{2i}\times\lim_{R\to\infty}I_1 = \frac{1}{2}\int_0^\pi d\theta - 0 = \frac{\pi}{2}
\end{aligned}$$

と計算される．

A.2　7.1 節および 7.2 節の諸結果の証明

ここでは本文の 7.1 節および 7.2 節中に引用されたいくつかの重要な結果の証明について簡単に紹介することを目的としている．

A.2.1　ルベーグの収束定理

7.1 節の命題 7.1 の証明の中で引用した有界収束定理について簡単に紹介する．

定理 A.3（ルベーグ (Lebesgue) の収束定理）　$(E, \mathfrak{B}, \mu)$ を測度空間とする．関数 $f_n(x)$ $(n = 1, 2, \cdots)$ は E で $\mathfrak{B}$-可測で，E 上で可積分な関数 $\varphi(x) \geq 0$ が存在して，E の各点で $|f_n(x)| \leqslant \varphi(x)$ $(n = 1, 2, \cdots)$ とする．このとき

$$\liminf_{n\to\infty}\int_E f_n d\mu \geq \int_E \liminf_{n\to\infty} f_n d\mu,$$

$$\limsup_{n\to\infty}\int_E f_n d\mu \leqslant \int_E \limsup_{n\to\infty} f_n d\mu$$

が成り立つ．特に $f = \lim_{n\to\infty} f_n$ が存在すれば

$$\lim_{n\to\infty}\int_E f_n d\mu = \int_E f d\mu$$

が成り立つ．

定理 A.3 の証明　大抵の「測度論」あるいは「ルベーグ積分」の教科書にある．特に本シリーズ「テキスト　理系の数学」第 11 巻・長澤壮之：「ルベーグ積分」(数学書房) を参照されるとよい．　□

系 A.1 (有界収束定理)　$\mu(E) < \infty$ なる集合 E 上の可測関数列 $\{f_n\}$ が一様有界であるとき，すなわち定数 $M > 0$ が存在して E 上で $|f_n(x)| \leqslant M$ ($n = 1, 2, \cdots$) となり，$f = \lim_{n \to \infty} f_n$ が存在するならば，f_n, f ともに E 上可積分であって
$$\lim_{n \to \infty} \int_E f_n d\mu = \int_E f d\mu$$
が成り立つ．

証明　定理 A.3 の関数 φ として，$\varphi(x) = M$ と置くと，測度の有限性：$\mu(E) < \infty$ により φ は E 上可積分となり，定理 A.3 を適用することによってこの系の主張が得られる．　□

A.2.2　命題 7.2 (一意性定理) の証明

この定理は特性関数が分布関数によって一意に決定されることを主張している．任意に実数 $a, b \in \mathbb{R}$ ($a < b$) と $\varepsilon > 0$ を選び，近似関数列 $\{f^\varepsilon(x)\}$ を

$$f^\varepsilon(x) = \begin{cases} 0, & x < a \\ \dfrac{1}{\varepsilon}x - \dfrac{a}{\varepsilon}, & x \in [a, a+\varepsilon] \\ 1, & x \in [a+\varepsilon, b] \end{cases} = \begin{cases} -\dfrac{1}{\varepsilon}x + 1 + \dfrac{b}{\varepsilon}, & x \in [b, b+\varepsilon] \\ 0, & x \geq b+\varepsilon \end{cases}$$

で定義する．まず等式
$$\int_{-\infty}^{\infty} f^\varepsilon(x) dF(x) = \int_{-\infty}^{\infty} f^\varepsilon(x) dG(x) \tag{A.14}$$

が成り立つことを示そう．包含関係 $[a, b+\varepsilon] \subset [-n, n]$ を満たすように整数 n を十分大きくとる．また $\{\delta_n\}$ を $1 \geq \delta_n \downarrow 0, n \to \infty$ となる正数列とする．端点での値が一致する他の連続関数がすべてそうであるように，ワイエルシュトラス (Weierstrass) の近似定理より関数 $f^\varepsilon(x)$ は三角多項式によって一様に近似される．実際，近似三角多項式列 $\{f_n^\varepsilon(x)\}$ で
$$f_n^\varepsilon(x) = \sum_k^{\text{finite}} a_k \exp\left(i\pi x \frac{k}{n}\right)$$

で与えられるものがとれて，評価式 $\sup_{-n \leqslant x \leqslant n} |f^\varepsilon(x) - f_n^\varepsilon(x)| \leqslant \delta_n$ を満たすようにできる．ここで周期関数 f_n^ε を全域 $\mathbb{R}$ に拡張し，簡単のためそれを再び同じ記号で表す．このとき $\sup_x |f_n^\varepsilon(x)| \leqslant 2$ であることに注意する．仮定の積分等式を用いて直ちに

$$\int_{-\infty}^{\infty} f_n^\varepsilon(x) dF(x) = \int_{-\infty}^{\infty} f_n^\varepsilon(x) dG(x)$$

が従う．このことに注意して不等式

$$\left| \int_{-\infty}^{\infty} f^\varepsilon(x) dF(x) - \int_{-\infty}^{\infty} f^\varepsilon(x) dG(x) \right| = \left| \int_{-n}^{n} f^\varepsilon dF(x) - \int_{-n}^{n} f^\varepsilon dG(x) \right|$$

$$\leqslant \left| \int_{-n}^{n} (f^\varepsilon - f_n^\varepsilon) dF(x) \right| + \left| \int_{-n}^{n} f_n^\varepsilon dF(x) - \int_{-n}^{n} f_n^\varepsilon dG(x) \right|$$

$$+ \left| \int_{-n}^{n} (f_n^\varepsilon - f^\varepsilon) dG(x) \right|$$

$$\leqslant \delta_n + \left| \int_{-n}^{n} f_n^\varepsilon dF(x) - \int_{-n}^{n} f_n^\varepsilon dG(x) \right| + \delta_n$$

$$\leqslant 2\delta_n + \left| \int_{-\infty}^{\infty} f_n^\varepsilon dF(x) - \int_{-\infty}^{\infty} f_n^\varepsilon dG(x) \right| + 2F([-n, n]^c) + 2G([-n, n]^c)$$
(A.15)

を得る．(A.15) で極限 $n \to \infty$ をとれば，右辺の各項は 0 に行き，(A.14) の成立がわかる．一方，定義から明らかに $\varepsilon \to 0$ で $f^\varepsilon(x) \to 1_{(a,b]}(x)$ に収束する．したがって極限をとることで (A.15) から等式

$$\int_{-\infty}^{\infty} 1_{(a,b]}(x) dF(x) = \int_{-\infty}^{\infty} 1_{(a,b]}(x) dG(x)$$

が導かれる．すなわち，$F(b) - F(a) = G(b) - G(a)$ である．ここで a, b は任意であったから，$F(x) = G(x)$ ($\forall x \in \mathbb{R}$) が成立する． □

A.2.3 定理 7.2（ヘリーの定理）の証明

$T = \{x_1, x_2, \cdots\}$ を $\mathbb{R}$ の稠密な可算部分集合とする．数列 $\{G_n(x_1)\}$ は有界であるから，ある適当な部分列 $N_1 = \{n_1^{(1)}, n_2^{(1)}, \cdots\}$ がとれて，$G_{n_i^{(1)}}(x_1)$ が $i \to \infty$ のときある極限 ξ_1 に収束する．つぎに N_1 の中から $G_{n_i^{(2)}}(x_2)$ が $i \to \infty$ のときある極限 ξ_2 に収束するような部分列 $N_2 = \{n_1^{(2)}, n_2^{(2)}, \cdots\}$ を取り出すことができる．この操作をつぎつぎに繰り返していくことができる．一方，$T \subset \mathbb{R}$ 上の関数 $G_T(x)$ を $G_T(x_i) = \xi_i$ ($x_i \in T$) と定める．つぎにカントールの対角線集合 $N = \{n_1^{(1)}, n_2^{(2)}, \cdots\}$ を考える．このとき各点 $x_i \in T$ ごとに

$$G_{n_m^{(m)}}(x_i) \to G_T(x_i) \qquad (m \to \infty)$$

が成り立つ．最終的に $G(x) = \inf\{G_T(y); y \in T, y > x\}$ と置くことによって，すべての元 $x \in \mathbb{R}$ に対して関数 $G = G(x)$ を定義することができる．そうするとこの G が求めるもので $G_{n_m^{(m)}}(x) \to G(x)$ ($\forall x \in P_C(G)$) なることが示される．以下，この G が求める条件を満たすことを確かめていくことにする．

G_n は単調非減少関数であるから，$x < y$ を満たす T の元 x, y に対して $G_{n_m^{(m)}}(x) \leqslant G_{n_m^{(m)}}(y)$ であるから，結局，$G_T(x) \leqslant G_T(y)$ が成り立ち，G の定義から $G = G(x)$ の非減少性がわかる．右連続性はつぎのようにしてわかる．$x_k \downarrow x$ と $d = \lim_k G(x_k)$ とする．明らかに $G(x) \leqslant d$ である．実際，$G(x) = d$ を示す必要がある．誤謬法に訴える．いま $G(x) < d$ と仮定しよう．G の定義から，$G_T(y) < d$ を満たすような $x < y$ なる $y \in T$ が存在する．しかし，十分大なる k に対して $x < x_k < y$ であるから，$G(x_k) \leqslant G_T(y) < d$ および $\lim_k G(x_k) < d$ となるが，これは $d = \lim_k G(x_k)$ に矛盾する．以上で，$G \in \mathfrak{G}$ が言えたことになる．

最後に，$G_{n_m^{(m)}}(x^0) \to G(x^0)$ ($\forall x^0 \in P_C(G)$) をチェックする．$x^0 < y \in T$ なら，$\limsup_m G_{n_m^{(m)}}(x^0) \leqslant \limsup_m G_{n_m^{(m)}}(y) = G_T(y)$ であり，これより

$$\limsup_m G_{n_m^{(m)}}(x^0) \leqslant \inf\{G_T(y); y > x^0, y \in T\} = G(x^0) \tag{A.16}$$

一方，$x^1 < y < x^0, y \in T$ とするとき，$G(x^1) \leqslant G_T(y) = \lim_m G_{n_m^{(m)}}(y) = \liminf_m G_{n_m^{(m)}}(y) \leqslant \liminf_m G_{n_m^{(m)}}(x^0)$ となる．したがって，$x^1 \uparrow x^0$ とすることにより

$$G(x^0-) \leqslant \liminf_m G_{n_m^{(m)}}(x^0) \tag{A.17}$$

しかし，$G(x^0-) = G(x^0)$ なら，(A.16) および (A.17) から $G_{n_m^{(m)}}(x^0) \to G(x^0)$ ($m \to \infty$) が結論される． □

A.2.4 定理 7.3 (プロホロフの定理) の証明

ここでは $\mathbb{R}$ 上の確率測度に関するプロホロフの結果についての証明を紹介する．

(必要性) $\mathfrak{P} = \{P_\lambda; \lambda \in \Lambda\}$ を相対コンパクトだが緊密でない，$\mathbb{R}$ 上で定義された確率測度の族とする．このとき，ある正数 $\varepsilon > 0$ が存在して，任意のコンパクト集合 $K \subset \mathbb{R}$ に対して，$\sup_\lambda P_\lambda(\mathbb{R} \setminus K) > \varepsilon$ が成り立つ．ゆえに各区間 $I = (a, b)$ に対して，$\sup_\lambda P_\lambda(\mathbb{R} \setminus I) > \varepsilon$ である．したがって，すべての区間 $I_n = (-n, n), n \geq 1$ に対して，ある確率測度 P_{λ_n} がとれて，不等式 $P_{\lambda_n}(\mathbb{R} \setminus I_n) > \varepsilon$ が成り立つ．元の族 $\mathfrak{P}$ は相対コ

ンパクトであるから，$\{P_{\lambda_n}\}_{n\geq 1}$ から適当な部分列 $\{P_{\lambda_{n(k)}}\}$ を選び出すことができて，$P_{\lambda_{n(k)}} \xrightarrow{w} Q$ とすることができる．ただし，Q はある確率測度である．このとき，7.1 節の確率測度の弱収束の性質のところで述べた同値命題の (3) より直ちに

$$\limsup_{k\to\infty} P_{\lambda_{n(k)}}(\mathbb{R}\setminus I_n) \leqslant Q(\mathbb{R}\setminus I_n) \qquad \forall n \geq 1 \tag{A.18}$$

が成り立つ．しかし，$n\to\infty$ のとき $Q(\mathbb{R}\setminus I_n)\downarrow 0$ となるのに反して，(A.18) 式の左辺は以前正数 $\varepsilon\,(>0)$ より大きい値のままである．これは明らかに矛盾である．ゆえに，相対コンパクト集合は緊密でなくてはならない．

(十分性) 族 $\mathfrak{P}$ は緊密とし，$\{P_n\}$ を $\mathfrak{P}$ から取り出された確率測度列とする．また $\{F_n\}$ をその P_n に対応する分布関数列とする．このときヘリーの定理 (定理 7.2) により，適当な部分列 $\{F_{n(k)}\}$ とある一般化分布関数 $G\in\mathfrak{G}$ がとれて，収束 $F_{n(k)}(x)\to G(x)$ ($\forall x\in P_C(G)$) が成り立つことまではわかる．つぎのステップは，族 $\mathfrak{P}$ が緊密であると仮定されているから，実はこの関数 $G=G(x)$ が真の分布関数であり，条件 $G(-\infty)=0$ および $G(\infty)=1$ を満たすことを調べることである．

$\varepsilon>0$ をとり，$I=(a,b]$ を不等式 $\sup_n P_n(\mathbb{R}\setminus I)<\varepsilon$ あるいは $1-\varepsilon\leqslant P_n(I)$ ($n\geq 1$) が成り立つような区間とする．この a,b に対して $a'<a,\,b'>b$ なる点 $a',b'\in P_C(G)$ を選ぶ．このとき

$$1-\varepsilon \leqslant P_{n(k)}(I) \leqslant P_{n(k)}(a',b'] = F_{n(k)}(b') - F_{n(k)}(a')$$
$$\to G(b') - G(a')$$

したがって $G(\infty)-G(-\infty)=1$ となり，条件から $0\leqslant G(-\infty)\leqslant G(\infty)\leqslant 1$ であるから $G(-\infty)=0$ かつ $G(\infty)=1$ が従う．ゆえに極限関数 $G=G(x)$ は分布関数となり，収束 $F_{n(k)}\Rightarrow G$ が従う．Q を分布関数 G に対応する確率測度とすると，弱収束の同値性より $P_{n(k)}\xrightarrow{w} Q$ が得られる． □

A.2.5 Key Lemmas の証明

[1] **補題 7.1 の証明** $P_n \not\to P$ と仮定する．このとき，ある有界連続関数 $f(x)$ が存在して $\int f(x)dP_n \not\to \int f(x)dP$ である．したがって正数 $\varepsilon>0$ と無限部分列 $\{n'\}\subset\{n\}$ がとれて

$$\left|\int_{\mathbb{R}} f(x)P_{n'}(dx) - \int_{\mathbb{R}} f(x)P(dx)\right| \geq \varepsilon > 0 \tag{A.19}$$

一方，プロホロフの定理 (定理 7.3) によれば，$\{P_{n'}\}$ の中から適当な部分列 $\{P_{n''}\}$ を選んで弱収束 $P_{n''}\xrightarrow{w} Q$ が成り立つようにできる．ただし，Q は確率測度である．補題

の仮定から Q は P と一致する．ゆえに $\int f(x)dP_{n''} \to \int f(x)dP$ となるが，これは (A.19) に矛盾する．

[2] **補題 7.2 の証明** $\{P_n\}$ が緊密のとき，プロホロフの定理 (定理 7.3) より適当な部分列 $\{P_{n'}\}$ とある確率測度 P が存在して，$P_{n'} \xrightarrow{w} P$ が成り立つ．しかし，列全体 $\{P_n\}$ は P には収束しないと仮定する．i.e. $P_n \not\xrightarrow{w} P$．したがって，補題 7.1 の結果から部分列の列 $\{P_{n''}\}$ とある確率測度 Q がとれて，弱収束 $P_{n''} \xrightarrow{w} Q$ するが $P \neq Q$ という結論が従う．ここで各 $t \in \mathbb{R}$ ごとの極限 $\lim_n \varphi_n(t)$ の存在性を利用する．このとき

$$\lim_{n' \to \infty} \int_\mathbb{R} e^{itx} P_{n'}(dx) = \lim_{n'' \to \infty} \int_\mathbb{R} e^{itx} P_{n''}(dx)$$

が成り立つ．ゆえに

$$\int_\mathbb{R} e^{itx} P(dx) = \int_\mathbb{R} e^{itx} Q(dx), \qquad t \in \mathbb{R}$$

となる．一方，一意性定理 (命題 7.2) は特性関数が分布を一意に決定することを主張するもので，結局，$P = Q$ が結論されることになる．しかしこれは明らかに前提とした条件 $P_n \not\xrightarrow{w} P$ に矛盾する．補題 7.2 の後半の主張は弱収束の定義から直ちに従う．

[3] **補題 7.3 の証明** フビニの定理を用いて

$$\frac{1}{a}\int_0^a \{1 - \mathrm{Re}\varphi(t)\}dt = \frac{1}{a}\int_0^a \left(\int_{-\infty}^\infty (1 - \cos(tx))dF(x)\right)dt$$

$$= \int_{-\infty}^\infty \left(\frac{1}{a}\int_0^a (1-\cos(tx))dt\right)dF(x) = \int_{-\infty}^\infty \left(1 - \frac{\sin ax}{ax}\right)dF(x)$$

$$\geq \inf_{|y| \geq 1}\left(1 - \frac{\sin y}{y}\right) \cdot \int_{|ax| \geq 1} dF(x) = \frac{1}{K}\int_{|x| \geq 1/a} dF(x)$$

A.3 簡単な補題集

クロネッカー (Kronecker) の補題 $\{b_n\}$ を $b_n \nearrow \infty$ なる正の増加列とする．実数列 $\{x_n\}$ に対して，$\sum_{k=1}^n x_k$ が収束するなら，

$$\frac{1}{b_n}\sum_{k=1}^n b_k x_k \to 0 \qquad (n \to \infty)$$

が成り立つ．特に $b_n = n$ のとき，$x_n = y_n/n$ に対して $\sum_{k=1}^\infty y_k/n < \infty$ なら，

$$\frac{1}{n}\sum_{k=1}^\infty y_k \to 0 \qquad (n \to \infty)$$

が成り立つ．

テプリッツ (Toeplitz) の補題 $\{a_n\}$ を $b_n = \sum_{k=1}^{n} a_k \nearrow \infty \ (n \to \infty)$ なる非負実数列とする．実数列 $\{x_n\}$ が $x_n \to x \ (n \to \infty)$ なら
$$\frac{1}{b_n} \sum_{k=1}^{n} a_k x_k \to x \quad (n \to \infty)$$
特に $a_k = 1$ のとき, $\frac{1}{n} \sum_{k=1}^{n} x_k \to x$ が成り立つ．

ボレル・カンテリ (Borel-Cantelli) の補題 $A_1, A_2, \cdots$ を事象列とする．
(1) $\quad \sum_{n=1}^{\infty} P(A_n) < \infty \quad \Longrightarrow \quad P\left(\limsup_{n \to \infty} A_n\right) = 0$
(2) 事象列 $\{A_n\}$ が独立のとき
$$\sum_{n=1}^{\infty} P(A_n) = \infty \quad \Longrightarrow \quad P\left(\limsup_{n \to \infty} A_n\right) = 1$$
が成り立つ．

A.4 重要な公式集

確率 (測度)： $0 \leqslant P(A) \leqslant 1, \quad P(\Omega) = 1, \quad$ (事象 $A \subset \Omega$)
$\qquad$ 互いに排反な事象列 $\{A_k\}_k$ に対して, $\quad P\left(\bigcup_k A_k\right) = \sum_k P(A_k)$

条件付き確率： $P(A|B) = \dfrac{P(A \cap B)}{P(B)}, \quad (P(B) > 0)$

事象の独立性： A と B が互いに独立 (i.e. $A \perp\!\!\!\perp B$) $\Longrightarrow P(A \cap B) = P(A)P(B)$

確率関数： $\{p(x_i)\}_i, \quad p(x_i) \geq 0, \quad \sum_i p(x_i) = 1$
$\qquad X$ が離散型確率変数のとき, $\quad P(X = x_k) = p(x_k)$

確率密度関数： $f(x) \geq 0, \quad \displaystyle\int_{-\infty}^{\infty} f(x)dx = 1$
$\qquad X$ が連続型確率変数のとき, $\quad P(a < X \leqslant b) = \displaystyle\int_a^b f(x)dx$

分布関数： $F_X(x) = P(X \leqslant x)$ は右連続, 単調増加関数

$$\lim_{x \to -\infty} F_X(x) = 0, \quad \lim_{x \to \infty} F_X(x) = 1$$

平均： $E(X) = \mu = \sum_i x_i p(x_i), \qquad E[g(X)] = \sum_i g(x_i) p(x_i)$

$$E(X) = \mu = \int_{-\infty}^{\infty} x f(x) dx, \qquad E[g(X)] = \int_{-\infty}^{\infty} g(x) f(x) dx$$

$X \perp\!\!\!\perp Y$ ならば $\implies E(XY) = E(X)E(Y)$

分散： $V(X) = \sigma^2 = E[(X - \mu)^2] = E(X^2) - \mu^2$

$$V(X) = \sum_i (x_i - \mu)^2 p(x_i), \qquad V(X) = \int_{-\infty}^{\infty} (x - \mu)^2 f(x) dx$$

$X \perp\!\!\!\perp Y$ ならば $\implies V(X + Y) = V(X) + V(Y)$

共分散： $E(X) = \mu, E(Y) = m$ のとき

$$\mathrm{Cov}(X, Y) = E[(X - \mu)(Y - m)] = E(XY) - \mu m$$

相関係数 $\rho(X, Y) = \dfrac{\mathrm{Cov}(X, Y)}{\sqrt{V(x) V(Y)}}$

2 項分布 $B(n, p)$： $P(X = x) = \binom{n}{x} p^x q^{n-x} \quad (x = 0, 1, 2, \cdots, n;\ p + q = 1)$

$$E(X) = np, \qquad V(X) = npq$$

幾何分布 $G(p)$： $P(X = x) = q^x p \quad (x = 1, 2, 3, \cdots;\ p + q = 1)$

$$E(X) = \frac{1}{p}, \qquad V(X) = \frac{q}{p^2}$$

ポアソン分布 $P_o(\lambda)$： $P(X = x) = e^{-\lambda} \dfrac{\lambda^x}{x!} \quad (x = 0, 1, 2, \cdots;\ \lambda > 0)$

$$E(X) = \lambda, \qquad V(X) = \lambda$$

一様分布 $U(a, b)$： 確率密度関数 $f(x) = \dfrac{1}{b - a} \quad (a \leqslant x \leqslant b)$

$$E(X) = \frac{a + b}{2}, \qquad V(X) = \frac{(b - a)^2}{12}$$

指数分布 $Ex(\lambda)$： 確率密度関数 $f(x) = \lambda e^{-\lambda x} \quad (x \geq 0;\ \lambda > 0)$

$$E(X) = \frac{1}{\lambda}, \qquad V(X) = \frac{1}{\lambda^2}$$

正規分布 $N(\mu, \sigma^2)$： 確率密度関数 $f(x) = \dfrac{1}{\sqrt{2\pi}\sigma} \exp\left\{ -\dfrac{(x - \mu)^2}{2\sigma^2} \right\}$

$(-\infty < x < \infty;\ -\infty < \mu < \infty,\ \sigma > 0)$

$$E(X) = \mu, \qquad V(X) = \sigma^2$$

カイ 2 乗分布 $\chi^2(n)$: 確率密度関数 $f(x) = \left\{2^{n/2}\Gamma\left(\dfrac{n}{2}\right)\right\}^{-1} x^{n/2-1} \exp\left\{-\dfrac{x}{2}\right\}$

$(x > 0)$

ガンマ関数 $\Gamma(\alpha) = \displaystyle\int_0^\infty x^{\alpha-1} e^{-x} dx$

$E(X) = n \qquad V(X) = 2n$

$X \sim N(0,1) \implies Y = X^2 \sim \chi^2(1)$

$\{X_k\}$: i.i.d. $\ X_k \sim N(0,1)(\forall k) \implies Y = X_1^2 + \cdots + X_n^2 \sim \chi^2(n)$

t 分布 $t(n)$: 確率密度関数 $f(x) = \Gamma\left(\dfrac{n+1}{2}\right)\left\{\sqrt{n\pi}\,\Gamma\left(\dfrac{n}{2}\right)\right\}^{-1} \left(1 + \dfrac{x^2}{n}\right)^{-(n+1)/2}$

$(-\infty < x < \infty)$

$E(X) = 0 \quad (n > 1) \qquad V(X) = \dfrac{n}{n-2} \quad (n > 2)$

$X \perp\!\!\!\perp Y,\ \ X \sim N(0,1),\ \ Y \sim \chi^2(n) \implies T = X/\sqrt{Y/n} \sim t(n)$

$t(n) \Rightarrow N(0,1) \quad (n \to \infty)$

F 分布 $F(m,n)$: 確率密度関数 $f(x) = C(m,n) \cdot x^{m/2-1}\left(1 + \dfrac{m}{n}x\right)^{-(m+n)/2}$

$C(m,n) = \Gamma\left(\dfrac{m+n}{2}\right)\left(\dfrac{m}{n}\right)^{m/2}\left\{\Gamma\left(\dfrac{m}{2}\right)\Gamma\left(\dfrac{n}{2}\right)\right\}^{-1} \quad (x > 0)$

$E(X) = \dfrac{n}{n-2} \quad (n > 2) \qquad V(X) = \dfrac{2n^2(m+n-2)}{m(n-2)^2(n-4)} \quad (n > 4)$

$X \perp\!\!\!\perp Y,\ \ X \sim \chi^2(m),\ \ Y \sim \chi^2(n) \implies F = \dfrac{X/m}{Y/n} \sim F(m,n)$

$F(m,n) \Rightarrow \chi^2(m) \quad (n \to \infty)$

$\boxed{\text{データに関する代表値}}$: データ $x = \{x_1, x_2, \cdots, x_n\}, \quad y = \{y_1, y_2, \cdots, y_n\}$

平均: $\quad \bar{x} = \dfrac{1}{n}(x_1 + x_2 + \cdots + x_n)$

分散: $\quad s^2 = s_x^2 = \dfrac{1}{n}\sum_{i=1}^n (x_i - \bar{x})^2 = \dfrac{1}{n}\sum_{i=1}^n x_i^2 - (\bar{x})^2$

不偏分散: $\quad u^2 = u_x^2 = \dfrac{1}{n-1}\sum_{i=1}^n (x_i - \bar{x})^2 = \dfrac{1}{n-1}\left\{\sum_{i=1}^n x_i^2 - n(\bar{x})^2\right\}$

共分散： $s_{xy} = \dfrac{1}{n} \sum_{i=1}^{n} (x_i - \bar{x})(y_i - \bar{y}) = \dfrac{1}{n} \sum_{i=1}^{n} x_i y_i - \bar{x} \cdot \bar{y}$

相関関数： $r = r_{xy} = \dfrac{s_{xy}}{s_x \cdot s_y}$

$$= \dfrac{\sum_{i=1}^{n} x_i y_i - n \cdot \bar{x} \cdot \bar{y}}{\sqrt{\sum_{i=1}^{n} x_i^2 - n(\bar{x})^2} \cdot \sqrt{\sum_{i=1}^{n} y_i^2 - n(\bar{y})^2}}$$

$-1 \leqslant r = r_{xy} \leqslant 1$

正規母集団から作られた統計量

標準化： $X \sim N(\mu, \sigma^2) \implies Y = \dfrac{X - \mu}{\sigma} \sim N(0, 1)$

標本平均： $\bar{X} = \dfrac{1}{n} \sum_{i=1}^{n} X_i$

$$T = \dfrac{\sqrt{n}(\bar{X} - \mu)}{\sigma} \sim N(0, 1)$$

$$T^2 = \dfrac{n(\bar{X} - \mu)^2}{\sigma^2} \sim \chi^2(1)$$

$$\dfrac{1}{\sigma^2} \sum_{i=1}^{n} (X_i - \mu)^2 \sim \chi^2(n)$$

分散量： 標本分散 S^2, 不偏 (標本) 分散 U^2

$$\dfrac{1}{\sigma^2} \sum_{i=1}^{n} (X_i - \bar{X})^2 = \dfrac{n}{\sigma^2} S^2 = \dfrac{n-1}{\sigma^2} U^2 \sim \chi^2(n-1)$$

$$\dfrac{\sqrt{n-1}(\bar{X} - \mu)}{S} = \dfrac{\sqrt{n}(\bar{X} - \mu)}{U} \sim t(n-1)$$

演習問題の略解とヒント

1 章の演習問題

[1] (1)　$\{x|1 \leqslant x \leqslant 8\}$　(2)　$\{x|a \leqslant x \leqslant b\}$　(3)　$\{x|1 \leqslant x < a, b < x \leqslant 8\}$

[2] (1)　$\{2,3,4,6,8,9\}$,　(2)　$\{2,3,5,6,7,9\}$,　(3)　$\{6\}$,　(4)　$\{2\}$,
(5)　$\varnothing$,　(6)　$\{2,6\}$,　(7)　$\varnothing$,　(8)　$\{2\}$,　(9)　$\{2\}$

[3]　$P(\Omega) = 1$ であるから，加法定理 (定理 1.2) より，$P(A \cap B) = P(A) + P(B) - P(A \cup B) = 0.7 + 0.7 - 1 = 0.4$

[4]　加法定理 (定理 1.2) より，
$$P(B) = P(A \cap B) + P(A \cup B) - P(A) = \frac{1}{2} + \frac{1}{4} - \frac{1}{3} = \frac{5}{12}.$$

[5]　加法定理 (定理 1.2) を繰り返し用いて展開すればよい．
$$P(A \cup B \cup C)$$
$$= P(A) + P(B) + P(C)$$
$$- \{P(A \cap B) + P(A \cap C) + P(B \cap C)\} + P(A \cap B \cap C)$$

[6]　n 台中少なくとも 1 台は故障しない事象を F と置くと，$P = 1 - P(F^c) = 1 - (0.01)^n \geq 0.9999$．これを変形して，$n \geq 2$．2 台以上を同時に使用すればよい．

[7]　(1)　1 つのボールごとに行き先が n 通りずつあると考えて，n^M
(2)　$n > M$ であるから，${}_nC_M = n!/\{M!(n-M)!\}$

[8]　A の袋が選ばれる事象を "A"，黒・赤・黒の順にカードが取り出される事象を BRB で表す．ベイズの公式を用いて，

$$P(A|BRB) = \frac{P(BRB|A)P(A)}{P(BRB|A)P(A) + P(BRB|B)P(B)} = \frac{16}{25}$$

[9] 選ばれた部品が工場 A の製品である確率を $P(A)$, 不良品である事象を D で表すとき, $P(A) = 0.2$, $P(B) = 0.3$, $P(C) = 0.5$, また $P(D|A) = 0.03$, $P(D|B) = 0.02$, $P(D|C) = 0.016$ と書けるので，求める確率は

$$P(A|D) = \frac{0.2 \times 0.03}{0.2 \times 0.03 + 0.3 \times 0.02 + 0.5 \times 0.016} = 0.3$$

[10] 選ばれた患者が肺ガン患者である事象を A, 選ばれた患者が検査薬に反応する事象を B で表す．条件より，$P(A) = 0.02$, $P(A^c) = 0.98$, $P(B|A) = 0.85$, $P(B|A^c) = 0.1$. ベイズの公式を用いて

$$P(A|B) = \frac{0.02 \times 0.85}{0.02 \times 0.85 + 0.98 \times 0.1} = 0.147826\cdots \approx 0.148.$$

[11] この例は $P(A \cap B \cap C) = P(A)P(B)P(C)$ であっても必ずしも A と B の独立性が成り立つとは限らない反例を与えている．

$$P(A \cap B) = P(\{\omega_2\}) = \frac{3}{4} - \frac{\sqrt{2}}{2}, \quad P(A)P(B) = \frac{2}{4}\left(1 - \frac{\sqrt{2}}{2}\right)$$

であるから，A と B の独立性は成り立たない．ゆえに事象 A, B, C は独立ではない．

2 章の演習問題

[1] (ヒント) x を $x < 0$, $0 \leqslant x < 1$ と $x \geq 1$ の場合に分けて集合 $\{1_A \leqslant x\}$ を調べればよい．

[2] (ヒント) 上の [1] の結果を利用して定義 2.1 をチェックすればよい．

[3] (1) $x < 0$ のとき，$F_X(x) = 0$; $0 \leqslant x < 1$ のとき，$F_X(x) = 3x^2 - 2x^3$; $x \geq 1$ のとき，$F_X(x) = 1$. (2) $7/27$

[4] (1) 全積分 $= 1$ を確かめる．
(2) $x < 0$ で $F_X(x) = 0$, $x \geq 1$ で $F_X(x) = 1$. $0 \leqslant x < 1$ では $F_X(x) = x^3$.

演習問題の略解とヒント | 411

(3) 上で求めた分布関数を利用する． $P(X > 1/2) = 7/8$.

[5] $f_Y(y) = \dfrac{1}{2\sqrt{y}}\{f_X(\sqrt{y}) + f_X(\sqrt{y})\}$.

[6] $f_Y(y) = f_X(y) + f_X(-y)$

[7] $g^{-1}(y)$ は $g(x) = y$ を満たす x に等しいとして，確率変数 Y の確率密度関数 $f_Y(y)$ は次式で与えられる．

$$f_Y(y) = \begin{cases} f_X(g^{-1}(y))\left|\dfrac{d}{dy}g^{-1}(y)\right|, & (y = g(x)) \\ 0 & (y \neq g(x)) \end{cases}$$

[8] (1) まず Z の分布関数 $F_Z(z)$ を考える．積分記号下の微分を実行して

$$q(z) = \dfrac{d}{dz}F_Z(z) = \int_{-\infty}^{\infty}\left(\dfrac{d}{dz}\int_{-\infty}^{z}f(u-v,v)du\right)dv = \int_{-\infty}^{\infty}f(z-v,v)dv.$$

(注) 求める密度関数 $q(z)$ の積分表示は変数変換して $\int_{-\infty}^{\infty}f(x,z-x)dx$ と表してもよい．

(2) 独立性から，$g(x) = f(x,\infty), h(y) = f(\infty,y), f(x,y) = g(x)h(y)$ を成り立つから

$$q(z) = \int_{-\infty}^{\infty}g(x)h(z-x)dx = \int_{-\infty}^{\infty}g(z-y)h(y)dy = (g*h)(z).$$

ここで最後の表現 $g*h$ は関数 g と h の**畳み込み**，あるいは**関数の合成積**と呼ばれるもので，フーリエ解析などでよく使われる記号である．また解答において，上の議論によらず定理 2.3 から直接導いてもよい．

[9] 2.3.1 小節の同時確率密度関数の定義より計算して，$f(x) = e^{-\frac{1}{2}x^2}/\sqrt{2\pi}$ を得る．これは標準正規分布 $N(0,1)$ の確率密度関数に他ならない．

[10] (1) $f_X(x) = xe^{-x}\ (x \geq 0); = 0\ (x < 0)$
   (2) $f_Y(y) = e^{-y}\ (y \geq 0); = 0\ (y < 0)$
   (3) 定理 2.3 から X と Y は互いに独立である．

[11] (1) $f_X(x) = 2 - 2x\ (0 < x < 1); = 0$ (その他)

(2)　$f_Y(y) = 2y\ (0 < y < 1); = 0$ (その他)

(3)　$f_{XY}(x,y) \neq f_X(x)f_Y(y)$ であるので，定理 2.3 から X と Y は独立でない．

[12]　(1)　独立性の定義から X と Z は互いに独立である．

(2)　独立性の定義から Y と Z は互いに独立である．

(3)　$P(X \in I, Y \in J, Z \in K) = P(X \in I)P(Y \in J)P(Z \in K)$ が成立しないので，独立性の定義より X, Y, Z は互いに独立ではない．

3 章の演習問題

[1]　$f_U(u) = \displaystyle\int f_X(u+y)f_Y(y)dy$

[2]　$f_V(v) = \displaystyle\int f_X(x)f_Y\left(\dfrac{v}{x}\right)\left|\dfrac{1}{x}\right|dx$

[3]　$f_W(w) = \displaystyle\int f_X(xw)f_Y(x)|x|dx$

4 章の演習問題

[1]　関係式 $k\,_nC_k = n\,_{n-1}C_{k-1},\ k(k-1)\,_nC_k = n(n-1)\,_{n-2}C_{k-2}$ を利用する．$E(X) = np,\ V(X) = E(X^2) - \{E(X)\}^2 = np(1-p) = npq$

[2]　幾何分布の場合，$E(X), E(X^2)$ を直接求めるのは難しい．普通は無限級数
$$\sum_{k=0}^{\infty} x^k = 1 + x + x^2 + \cdots + x^k + \cdots = \dfrac{1}{1-x}, \quad (|x| < 1) \tag{1}$$
を利用する．$E(X) = 1/p,\ V(X) = E(X^2) - \{E(X)\}^2 = q/p^2$

[3]　公式 $V(X) = E(X^2) - \{E(X)\}^2$ を利用する．$E(X) = \mu,\ V(X) = \sigma^2$

[4]　分散の定義と期待値の性質より従う．

[5]　0

[6] 期待値の線形性と分散の公式により，求める相関係数は

$$\rho(Z,W) = \frac{\mathrm{Cov}(Z,W)}{\sqrt{V(Z)V(W)}} = \frac{\sigma_X^2 - \sigma_Y^2}{\sqrt{(\sigma_X^2 + \sigma_Y^2)^2 - 4\rho^2 \sigma_X^2 \sigma_Y^2}}$$

[7] (1) X の周辺密度関数を計算して，$f_X(x) = 2x (0 \leqslant x \leqslant 1)$; $f_X(x) = 0$ (その他)，$E(X) = \frac{2}{3}$, $V(X) = \frac{1}{18}$.

(2) $f_Z(z) = 2(2-z)$ $(1 \leqslant z \leqslant 2)$; $f_Z(z) = 0$ (その他)，$E(Z) = \frac{4}{3}$, $V(Z) = \frac{1}{18}$. (3) $\rho(X,Y) = -\frac{1}{2}$ (4) $\rho(X,Z) = \frac{1}{2}$.

(5) $Y \geq 1 - X$ であるから，X が小さいとき Y は大きくなければならないことより，X と Y 間には負の相関がある．一方，$Z = X + Y$ であるから，X が大きいときは Z も大きくなりやすい．よって X と Z は正の相関をもつ．

[8] 確率変数の独立性の定義と例題 4.5 を用いよ．

[9] 第 2 章で述べた結果より，問題 [9] の条件の下では，確率変数 X, Y の独立性から新しい確率変数 $Z = g(X)$ と $W = h(Y)$ が互いに独立であることが従うので，例題 4.5 から直ちに $E[g(X)h(Y)] = E[g(X)]E[h(Y)]$ が得られる．

[10] 確率変数 $X_1, X_2, \cdots, X_n$ が互いに独立であるとき，第 2 章の結果より $f_1(X_1), f_2(X_2), \cdots, f_n(X_n)$ の独立性が成り立つので，上記問題 [8] の結果から直ちに

$$E\left(\prod_k f_k)X_k)\right) = \prod_k E(f_k(X_k))$$

5 章の演習問題

[1] $0 < p < 1, q = 1 - p, r \in \mathbb{N}$ に対して，求める X の積率母関数は

$$M_X(t) = \left(\frac{p}{1 - qe^t}\right)^r, \quad (-\infty < t < \infty)$$

[2] $0 < p < 1, q = 1 - p$ に対して，求める X の積率母関数は

$$M_X(t) = \frac{p}{1 - qe^t}, \quad (-\infty < t < \infty)$$

[3] $\lambda > 0$ に対して，求める X の積率母関数は $M_X(t) = \exp\{\lambda(e^t - 1)\}$, $(-\infty < t < \infty)$

[4] (1) 定義より $M_X(t) = 2/(2-t)$, $(t < 2)$
  (2) $M_X(t)$ を微分して，$E(X) = M_X'(0) = 1/2$. また $V(X) = E(X^2) - (E(X))^2 = M_X''(0) - (M_X'(0))^2 = 1/4$

[5] (1) $a < b$ なる実数 a, b に対して，

$$M_X(t) = \int_a^b \frac{e^{tx}}{b-a} dx = \frac{e^{bt} - e^{at}}{(b-a)t}$$

  (2) $M_X(t)$ を微分して $E(X) = M_X'(0) = (a+b)/2$, $V(x) = M_X''(0) - (M_X(0))^2 = (a-b)^2/12$.

[6] 確率変数 $\{X_k\}$ の独立性と命題 5.2 および例題 5.4 より，確率変数 Y は正規分布 $N\left(c_0 + \sum_{k=1}^n c_k \mu_k, \sum_{k=1}^n c_k^2 \sigma_k^2\right)$ に従う．

[7] 定義から $\varphi_X(t) = \exp\{\lambda(e^{it} - 1)\}$

[8] 定義から $\varphi_X(t) = \lambda/(\lambda - it)$

[9] 定義から $\varphi_X(t) = \exp\left\{i\mu t - \frac{1}{2}\sigma^2 t^2\right\}$

[10] 特性関数 $\varphi_X(t) = \exp\{\lambda(e^{it} - 1)\}$ を t で微分して
$$E(x) = -i\varphi_X'(0) = -i(i\lambda) = \lambda,$$
$$V(X) = -\varphi_X''(0) + (\varphi_X'(0))^2 = -(-\lambda - \lambda^2) + (i\lambda)^2 = \lambda$$

[11] 特性関数 $\varphi_X(t) = \exp\left\{i\mu t - \frac{1}{2}\sigma^2 t^2\right\}$ を t で微分して
$$E(x) = -i\varphi_X'(0) = -i(i\mu) = \mu,$$
$$V(X) = -\varphi_X''(0) + (\varphi_X'(0))^2 = \mu^2 + \sigma^2 + (i\mu)^2 = \sigma^2$$

6 章の演習問題

[1] 発症率 $p = 0.05$ のベルヌーイ試行に対して，患者数 $n = 30$ のうち副作用の発症する人数を確率変数 X にとると，X は 2 項分布 $B(30, 0.05)$ に従う．求める確率 P は

$$P = p(0) = \binom{30}{0} \times (0.05)^0 \times (0.95)^{30} \approx 0.215$$

となる．約 20%ということだから，5 分の 1 の確率である．この結果の意味を考察することは有意義である．医学的見地から考えると，100 万人に対して 5 万人程度に副作用が出る薬であっても，30 人を使った臨床試験では 5 回に 1 回は副作用が 0 (全く出ない) という結論になってしまうことを意味している．

[2] 陽性を示す人数を表す X は離散型確率変数で 2 項分布に従うと考えられる．X の取りうる値は $\mathfrak{X} = \{0, 1, 2, 3, 4, 5\}$ であり，$X \sim B(5, 0.6)$ で，その確率関数 $p(x)$ を $(x = 0, 1, 2, 3, 4, 5)$ に対しておのおの求める．その確率関数を表にまとめたものと，そのグラフは下記の通りである．

表 1 2 項分布 $B(5, 0.6)$ の確率関数

X	0	1	2	3	4	5	計
$p(x)$	0.0102	0.0768	0.2304	0.3456	0.2592	0.0778	1

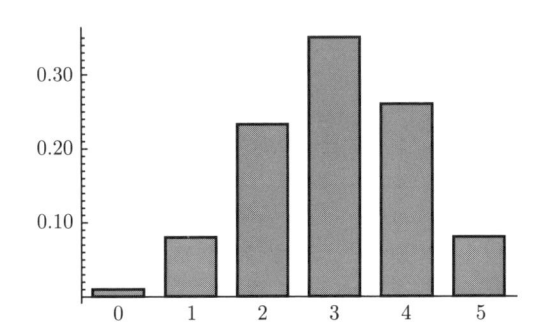

図 1 2 項分布 $B(5, 0.6)$ の確率関数 $p(x)$ のグラフ

[3] 第 5 章で導入した積率母関数を利用すればよい．$q = 1 - p$ と置く．第 5 章の

例題 5.3 より X と Y の積率母関数はそれぞれ

$$M_X(t) = (q+pe^t)^n, \qquad M_Y(t) = (q+pe^t)^m$$

となる．独立性から命題 5.2 を用いて

$$M_Z(t) = M_X(t)M_Y(t) = (q+pe^t)^{n+m}$$

[4]　(1)　$p(0) = 0.670$ 　　　(2)　$p(2) = 0.0536 \approx 0.054$

[5]　(1)　不良品の出現確率は $p = 0.02$ で，無作為抽出の全試行回数は $n = 10$，確率変数 X で 10 個中に含まれる不良品の個数を表すと，$X \sim B(10, 0.02)$．X の確率関数を $p(x)$ とすれば，求める確率は $p(2) = 0.01531$

(2)　ポアソン分布を当てはめる．まずパラメータ λ を求めると $\lambda = np = 10 \times 0.02 = 0.2$ であるから，X の確率分布をポアソン分布 $Po(0.2)$ で近似する．すなわち，$p(2) = 0.01637$．両者の誤差はわずか 0.00106 であるから，厳密な 2 項分布の値に対して，ポアソン分布で求めた値は良い近似値を与えていると言える．

(3)　$P = 0.1429$

[6]　$M_X(t) = p^n(1-qe^t)^{-n}, \quad (q = 1-p)$

[7]　$\varphi_X(t) = p^n(1-qe^{it})^{-n}, \quad (q = 1-p)$

[8]　確率母関数を利用すればよい．

[9]　まず X の期待値 $E(X)$ を求める．(a) $n - M \leqslant 0$ のとき，$E(X) = nL/N$．一方，(b) $n - M > 0$ のとき，$E(X) = nL/N$．同様に計算して公式より

$$V(X) = E(X(X-1)) + E(X) - \{E(X)\}^2 = \frac{nL}{N}\frac{M(N-n)}{N(N-1)}$$

[10]　確率母関数を利用して求めればよい．

$$E(X_i) = G_i(1,1,\cdots,1) = np_i,$$
$$E(X_i(X_i-1)) = G_{ii}(1,1,\cdots,1) = n(n-1)p_i^2$$
$$E(X_iX_j) = G_{ij}(1,1,\cdots,1) = n(n-1)p_ip_j \quad (i \neq j)$$

より

$$V(X_i) = np_i(1-p_i), \quad \mathrm{Cov}(X_i, X_j) = -np_ip_j \quad (i \neq j)$$

[11] X は一様分布 $U(0,5)$ に従うと見なせる．したがって $\mu = E(X) = 5/2$, $\sigma^2 = V(X) = 25/12$ となり，$\sigma = 5/2\sqrt{3}$ を得る．ゆえに求める確率は

$$P(\mu - \sigma \leqslant X \leqslant \mu + \sigma) = \sqrt{3}/3$$

[12] 幾何分布と同様に，指数分布も無記憶性をもつ，過去を記憶しない分布である．指数分布の対応する箇所を参照のこと．

[13] 製品の故障間隔 X は指数分布 $Ex(1/1250)$ に従っている．このとき求める確率は

$$1 - \frac{1}{e} = 0.632120558 \approx 0.632$$

[14] 任意の実数 x に対して，$f_X(x) \geq 0$ なることは明らか．$f_X(x)$ が密度関数であることをいうためには

$$\int_{-\infty}^{\infty} f_X(x)dx = 1 \qquad (*)$$

を示せば十分である．この積分は直接求積法ではその値を求めることができないため，2 重積分に直して計算する．この計算は微分積分学における有名な計算問題である．たとえば，本シリーズ第 2 巻，小池茂昭「微分積分」(数学書房) の第 13 章，例 13.5 (p.206) を参照せよ．

[15] 確率変数の独立性と特性関数の性質より

$$\varphi_{a_1X_1+\cdots+a_nX_n}(t) = \exp\left\{i\left(\sum_{k=1}^n a_k\mu_k\right)t - \frac{1}{2}\left(\sum_{k=1}^n a_k^2\sigma_k^2\right)t^2\right\}$$

これから明らかに正規分布に従っていることがわかる．すなわち，$Y = a_1X_1 + \cdots + a_nX_n \sim N\left(\sum_{k=1}^n a_k\mu_k, \sum_{k=1}^n a_k^2\sigma_k^2\right)$ である．

[16] (1) 定義から

$$\varphi(t) = E(e^{itX}) = \int_{-\infty}^{\infty} \frac{1}{\sqrt{2\pi}} e^{itx} e^{-\frac{x^2}{2}} dx = \frac{2}{\sqrt{2\pi}} \times \frac{\sqrt{2\pi}}{2} e^{-\frac{t^2}{2}} = e^{-\frac{t^2}{2}}$$

(2) X と Y は関係 $Y = m + \sigma X$ を満たしている．(1) の結果から確率変数 X の特性関数は $\varphi(t) = \exp\{-t^2/2\}$ である．Y の特性関数を $\psi(t)$ とすると，特性関数の性質から

$$\psi(t) = e^{imt}\varphi(\sigma t) = e^{imt}e^{-\frac{\sigma^2}{2}t^2} = e^{imt - \frac{1}{2}\sigma^2 t^2}$$

(3) X と Y の特性関数をそれぞれ $\varphi_1(t), \varphi_2(t)$ とするとき，独立性の仮定より，確率変数 $Z = X + Y$ の特性関数 $\varphi_Z(t)$ は

$$\varphi_Z(t) = \varphi_1(t) \cdot \varphi_2(t) = \exp\left\{i(m_1 + m_2)t - \frac{1}{2}(\sigma_1^2 + \sigma_2^2)t^2\right\}$$

(4) 各 $X_k\ (k = 1, 2, \cdots, n)$ の特性関数を $\varphi_k(t)$ とする．上の (3) の結果を受けて，数学的帰納法から確率変数 $X = \sum_{k=1}^{n} X_k$ の特性関数は

$$\varphi_X(t) = \varphi_{X_1 + \cdots + X_n}(t) = \prod_{k=1}^{n} \varphi_k(t)$$

となるので，$X = \sum_{k=1}^{n} X_k$ の分布は正規分布 $N\left(\sum_{k=1}^{n} m_k, \sum_{k=1}^{n} \sigma_k^2\right)$ である．(正規分布の再生性)

(5) 正規分布 $N\left(m, \dfrac{\sigma^2}{n}\right)$

[17] (1) 0.0643 (2) 0.9564 (3) 0.7079

[18] (1) 0.3625 (2) 0.9146

[19] (1) 約 20 人 (2) 約 7 番目

[20] ガンマ分布の再生性を積率母関数を用いて示す．確率変数 X と Y の独立性から求める $Z = X + Y$ の積率母関数は

$$M_Z(t) = M_{X+Y}(t) = M_X(t) \cdot M_Y(t) = \left(\frac{\beta}{\beta - t}\right)^{\alpha_1 + \alpha_2}$$

となる．これより $Z \sim Ga(\alpha_1 + \alpha_2, \beta)$ がわかる．

[21] (ヒント) 問題 6.11 と同様に積率母関数を利用して数学的帰納法より示すこ

とができる.

[22] 題意の下で標準化 $Z_k = (X_k - \mu)/\sigma$ は $N(0,1)$ に従い，例題 6.11 より各 k ごとに $X_k^2 \sim \chi^2(1)$ となる. また一般に $X \perp\!\!\!\perp Y$ のとき $X^2 \perp\!\!\!\perp Y^2$ であるから，X_k^2 $(k=1,2,\cdots,n)$ が互いに独立になることに注意して前問題 [21] のカイ 2 乗分布の再生性を用いれば，結果が得られる.

[23] 正規分布であるから，多重積分による分布の積分表現を用いて，任意の $x,y \in \mathbb{R}$ に対して，直接的に

$$P(\sqrt{n}\bar{Y} \leqslant x, \sum_{k=1}^{n}(Y_k - \bar{Y})^2 \leqslant y) = P(\sqrt{n}\bar{Y} \leqslant x)P\left(\sum_{k=1}^{n}(Y_k - \bar{Y})^2 \leqslant y\right)$$

が成り立つことを計算して導くことによって示せる. ただし，$Y_k = X_k - \mu$, $(k=1,2,\cdots,n)$ で $X_k \sim N(0,\sigma^2)$ であり，$\bar{Y} = \left(\sum_{k=1}^{n} Y_k\right)/n$ である.

[24] 確率変数 $\bar{X} = \dfrac{1}{n}\sum_{k=1}^{n} X_k$ が正規分布 $N\left(\mu, \dfrac{\sigma^2}{n}\right)$ に従うことに注意すれば，

$$Z := \frac{\sqrt{n}(\bar{X} - \mu)}{\sigma} \sim N(0,1)$$

であるから，カイ 2 乗分布の定義と性質から $Z^2 = n(\bar{X} - \mu)^2/\sigma^2$ が自由度 1 のカイ 2 乗分布 $\chi^2(1)$ に従うことが得られる.

[25] 簡単な変形で

$$\frac{1}{\sigma^2}\sum_{k=1}^{n}(X_k - \mu)^2 = \frac{1}{\sigma^2}\sum_{k=1}^{n}(X_k - \bar{X} + \bar{X} - \mu)^2$$
$$= \frac{1}{\sigma^2}\sum_{k=1}^{n}(X_k - \bar{X})^2 + \frac{n(\bar{X} - \mu)^2}{\sigma^2}$$

を得る. 上式において，左辺と右辺の第 2 項は正規分布するものの 2 乗であるから，それぞれ $\chi^2(n)$, $\chi^2(1)$ に従っている. 一方，6.6 節より $\chi^2(n)$ に従う確率変数の特性関数は $(1-2it)^{-n/2}$ であることと，上の問題 [23] より $S^2 \perp\!\!\!\perp \bar{X}$ で右辺の第 1 項と第 2 項が独立になることと，「$X \perp\!\!\!\perp Y$ のとき，その特性関数について $\varphi_{X+Y}(t) = \varphi_X(t) \cdot \varphi_Y(t)$ (積)」になるという事実から

$$\frac{1}{(1-2it)^{n/2}} = \psi(t) \cdot \frac{1}{(1-2it)^{1/2}}$$

を得る．ただし，$\psi(t)$ は $\sum_k (X_k - \bar{X})^2/\sigma^2$ の特性関数である．これより直ちに

$$\psi(t) = (1-2it)^{-\frac{n-1}{2}}$$

が従う．これは自由度 $(n-1)$ のカイ 2 乗分布 $\chi^2(n-1)$ の特性関数に他ならない．

[26] 標本平均 $\bar{X}$ は正規分布 $N\left(\mu, \dfrac{\sigma^2}{n}\right)$ に従うから，その標準化 $(\bar{X}-\mu)/(\sigma/\sqrt{n})$ は $N(0,1)$ に従う．また上の問題 [25] の結果より $(n-1)U^2/\sigma^2$ は $\chi^2(n-1)$ に従う．このとき，t 分布の定義から

$$\frac{\dfrac{\bar{X}-\mu}{\sigma/\sqrt{n}}}{\sqrt{\dfrac{(n-1)U^2}{\sigma^2}/(n-1)}} = \frac{\sqrt{n}(\bar{X}-\mu)}{U}$$

は $t(n-1)$ に従う．

[27] まず標本平均については $\bar{X} \sim N(\mu_1, \sigma^2/m)$, $\bar{Y} \sim N(\mu_2, \sigma^2/n)$ に従うから，正規分布の再生性により

$$\bar{X} - \bar{Y} \sim N\left(\mu_1 - \mu_2, \frac{\sigma^2}{m} + \frac{\sigma^2}{n}\right)$$

したがって標準化すれば標準正規分布に従うので

$$\frac{\bar{X} - \bar{Y} - (\mu_1 - \mu_2)}{\sigma\sqrt{\dfrac{1}{m} + \dfrac{1}{n}}} \sim N(0,1)$$

となる．一方，上の問題 [25] の結果より

$$\frac{(m-1)U_1^2}{\sigma^2} \sim \chi^2(m-1), \quad \frac{(n-1)U_2^2}{\sigma^2} \sim \chi^2(n-1)$$

であるから，カイ 2 乗分布の再生性より直ちに

$$\frac{(m+n-2)U^2}{\sigma^2} = \frac{(m-1)U_1^2 + (n-1)U_2^2}{\sigma^2} = \frac{(m-1)U_1^2}{\sigma^2} + \frac{(n-1)U_2^2}{\sigma^2}$$

は $\chi^2(m-1+n-1)$ に従う．以上より t 分布の発生源である統計量の定義から

$$\frac{\bar{X}-\bar{Y}-(\mu_1-\mu_2)}{\sigma\left(\frac{1}{m}+\frac{1}{n}\right)^{1/2}} \cdot \left\{\frac{(m+n-2)U^2}{\sigma^2}\times(m+n-2)^{-1}\right\}^{-1/2}$$

$$=\frac{\bar{X}-\bar{Y}-(\mu_1-\mu_2)}{\sigma\left(\frac{m+n}{mn}\right)^{1/2}}\times\frac{\sigma}{U}$$

$$=\frac{\bar{X}-\bar{Y}-(\mu_1-\mu_2)}{U}\sqrt{\frac{mn}{m+n}} \sim t(m+n-2)$$

[28] $\{X_k\}$ は正規分布 $N(\mu,\sigma^2)$ に従う i.i.d. だから，$\bar{X}\sim N\left(\mu,\frac{\sigma^2}{n}\right)$ であり，その標準化は $\frac{\sqrt{n}(\bar{X}-\mu)}{\sigma}\sim N(0,1)$ を満たす．また標準正規分布に従う確率変数 Z の平方 Z^2 はカイ 2 乗分布 $\chi^2(1)$ に従うから，

$$\frac{n(\bar{X}-\mu)^2}{\sigma^2}\sim\chi^2(1)$$

である．また演習問題 [25] より $(n-1)U^2/\sigma^2\sim\chi^2(n-1)$ であるから，定理 6.4 より

$$\frac{n(\bar{X}-\mu)^2/\sigma^2}{\{(n-1)U^2/\sigma^2\}/(n-1)}=\frac{n(\bar{X}-\mu)^2}{U^2}$$

は $F(1,n-1)$ に従うことがわかる．

[29] 問題 [25] より，

$$\frac{(m-1)U_1^2}{\sigma_1^2}\sim\chi^2(m-1),\qquad \frac{(n-1)U_2^2}{\sigma_2^2}\sim\chi^2(n-1)$$

が成り立つから，定理 6.4 を適用して

$$\frac{\left(\frac{(m-1)U_1^2}{\sigma_1^2}\right)/(m-1)}{\left(\frac{(n-1)U_2^2}{\sigma_2^2}\right)/(n-1)}=\frac{U_1^2/\sigma_1^2}{U_2^2/\sigma_2^2}\sim F(m-1,n-1)$$

[30] まず標本平均については $\bar{X} \sim N\left(\mu_1, \dfrac{\sigma^2}{m}\right)$ および $\bar{Y} \sim N\left(\mu_2, \dfrac{\sigma^2}{n}\right)$ が成り立つ．さらに正規分布の再生性により

$$T = \frac{\bar{X} - \bar{Y} - (\mu_1 - \mu_2)}{\sigma\sqrt{\dfrac{1}{m} + \dfrac{1}{n}}} \sim N(0,1)$$

となる．したがって $\{N(0,1)\}^2 = \chi^2(1)$ であるから

$$T^2 = \frac{\{\bar{X} - \bar{Y} - (\mu_1 - \mu_2)\}^2}{\sigma^2\left(\dfrac{1}{m} + \dfrac{1}{n}\right)} \sim \chi^2(1)$$

が得られる．一方，演習問題 [25] の結果を適用すれば，それぞれ

$$\frac{(m-1)U_1^2}{\sigma^2} \sim \chi^2(m-1), \qquad \frac{(n-1)U_2^2}{\sigma^2} \sim \chi^2(n-1)$$

が従う．さらにカイ 2 乗分布の再生性を用いて

$$\frac{(m-1)U_1^2 + (n-1)U_2^2}{\sigma^2} \sim \chi^2((m-1) + (n-1)) = \chi^2(m+n-2)$$

となる．ゆえに最終的に F 分布の生成源 (定理 6.4) より

$$\frac{\chi^2(m)/m}{\chi^2(n)/n} = F(m,n)$$

であることに注意して，上で得られた結果に当てはめると

$$\frac{\{\bar{X} - \bar{Y} - (\mu_1 - \mu_2)\}^2 / \sigma^2 \left(\dfrac{1}{m} + \dfrac{1}{n}\right)}{\{((m-1)U_1^2 + (n-1)U_2^2)/\sigma^2\}/(m+n-2)}$$
$$= \frac{\{\bar{X} - \bar{Y} - (\mu_1 - \mu_2)\}^2}{U^2} \cdot \frac{mn}{m+n} =: F \sim F(1, m+n-2)$$

7 章の演習問題

[1] X の分布関数を $F_X(x)$, X_n の分布関数を F_n とすると，仮定より，$x \neq c$ の

とき $\lim_{n\to\infty} F_n(x) = F_X(x)$ であるから,

$$\liminf_{n\to\infty} P(|X_n - c| \leqslant \varepsilon) \geq \liminf_{n\to\infty} \{P(X_n \leqslant c+\varepsilon) - P(X_n \leqslant c-\varepsilon)\}$$
$$\geq F_X(c+\varepsilon) - F_X(c-\varepsilon) = 1$$

[2] 関数 g の点 c における連続性と仮定の X_n の確率収束性より

$$P(|g(X_n) - g(c)| < \varepsilon) \geq P(|X_n - c| < \delta)$$
$$= 1 - P(|X_n - c| \geq \delta) \to 1 \quad (n \to \infty)$$

[3] $c > 0$ の場合に示せば十分である. $0 < \varepsilon < c$ となる ε を任意に固定する. $x \in \mathbb{R}$ について事象を

$$A = \{X_n Y_n \leqslant x, |Y_n - c| \leqslant \varepsilon\}, \quad B = \{X_n Y_n \leqslant x, |Y_n - c| > \varepsilon\},$$
$$C = \{X_n Y_n \leqslant x\}$$

と定める. このとき, $C = A \cup B$ かつ $A \cap B = \varnothing$ であることに注意する. 仮定 $Y_n \xrightarrow{P} c$ より $P(B) \to 0 \ (n \to \infty)$ になる. つぎに事象 A の確率は

$$P(X_n \leqslant x/(c+\varepsilon), |Y_n - c| \leqslant \varepsilon) \leqslant P(A) \leqslant P(X_n \leqslant x/(c-\varepsilon), |Y_n - c| \leqslant \varepsilon)$$

と評価できるから, X_n の分布関数 F_{X_n} について

$$F_{X_n}(x/(c+\varepsilon)) - P(|Y_n - c| > \varepsilon) \leqslant P(A) \leqslant F_{X_n}(x/(c-\varepsilon))$$

が成立する. 定理 7.1 の (1) の証明に倣って, x/c を X の分布関数 F_X の連続点とすると, 高々可算個の不連続点を除く $\varepsilon > 0$ について $x/(c\pm\varepsilon)$ も F_X の連続点になる. したがって仮定の $X_n \xrightarrow{\mathcal{L}} X, Y_n \xrightarrow{P} c$ より, 直ちに不等式

$$F_X(x/(c+\varepsilon)) \leqslant \liminf_{n\to\infty} P(A) \leqslant \limsup_{n\to\infty} P(A) \leqslant F_X(x/(c-\varepsilon))$$

が従う. ここで $\varepsilon \to 0$ とすれば, $P(A) \to F_X(x/c) = F_{cX}(x) \ (n \to \infty)$ となり, したがって $P(C) \to F_{cX}(x) \ (n \to \infty)$ となるので結局 $X_n Y_n \xrightarrow{\mathcal{L}} cX$ が導かれる.

[4] $a_n = 1/n \to 0 \ (n \to \infty)$ に注意して, $x = 0$ 以外の x に対しては, $n \to \infty$ のとき

$$F_n(x) \to F(x) = \begin{cases} 0 & (x < 0) \\ 1 & (x \geq 0) \end{cases}$$

である．$x = 0$ のとき，定義より $F_n(0) = 0$ は $F(0) = 1$ には収束しない．しかし，点 $x = 0$ は F の連続点ではないことに注意する．したがって $P_C(F) = \{0\}$ として，$F_n(x) \to F(x), \forall x \in P_C(F)$ が成り立つから $F_n \Rightarrow F$ $(n \to \infty)$ である．すなわち，上述の分布関数 F をもつ確率変数を X と書くことにすれば，確率変数 X_n はこの X に法則収束する．

[5] 各 $x \geq 0$ ごとに，関数の極限

$$\lim_{n\to\infty} \left(1 - \frac{x}{n}\right)^n = \lim_{n\to\infty} \left\{\left(1 + \frac{x}{(-n)}\right)^{(-n)/x}\right\}^{(-x)} = e^{-x}$$

に注意して，すべての x において，$n \to \infty$ のとき

$$F_n(x) \to F(x) = \begin{cases} 0 & (x < 0) \\ 1 - e^{-x} & (x \geq 0) \end{cases}$$

である．この分布関数 $F(x)$ をもつ確率変数を X とすると，確率変数 X_n は X に法則収束する．i.e. $X_n \xrightarrow{d} X$ である．一方，この F は指数分布 $Ex(1)$ の分布関数であるから，$X \sim Ex(1)$．ゆえに X_n は指数分布 $Ex(1)$ に法則収束する．

[6] 極限 $\lambda_n \to \infty$ の下で，$M_{Y_n}(t) \to e^{t^2/2}$ $(\lambda_n \to \infty)$ となる．ゆえに連続定理を適用して $Y_n \xrightarrow{d} X$ が導かれる．

[7] 収束の位相の強弱関係から，$X_n \to c$ $(P) \Longrightarrow X_n \xrightarrow{d} c$ は明らかである．逆向きを示す．確率変数 X_n の分布関数を F_n として，任意の $\varepsilon > 0$ に対して

$$P(|X_n - c| \geq \varepsilon) = P(X_n \geq c + \varepsilon) + P(X_n \leq c - \varepsilon)$$
$$= 1 - F_n(c + \varepsilon -) + F_n(c - \varepsilon)$$

極限の確率変数 $X \equiv c$ の分布関数を F とするとき，

$$\lim_{n\to\infty} F_n(c - \varepsilon) = F(c - \varepsilon) = 0, \quad \lim_{n\to\infty} F_n(c + \varepsilon) = F(c + \varepsilon) = 1$$

であるから，$P(|X_n - c| \geq \varepsilon) \to 1 - 1 + 0 = 0$ $(n \to \infty)$ が導かれる．

[8]　$E(S_n) = \sum_k p_k$, $V(S_n) = \sum_k p_k(1-p_k) \leqslant n/4$ であるから $V(S_n)/n^2 \to 0$ が成り立つ．ゆえにチェビシェフの大数の弱法則より

$$\frac{S_n - E(S_n)}{n} \to 0 \quad (P) \qquad (n \to \infty)$$

[9]　最大確率の下方評価を用いる．$P((X_n - E(X_n)) \leqslant 2c) = 1$ であるから命題 7.5 より直ちに

$$1 - \frac{(\varepsilon + 2c)^2}{\sum_{k=m+1}^{m+n} \sigma_k^2} \leqslant P\left(\max_{1 \leqslant k \leqslant n} |Y_{m+k} - Y_m| \geq \varepsilon\right) \to 0 \ (n, m \to \infty)$$

を得る．したがって

$$\infty > (\varepsilon + 2c)^2 \geq \lim_{n,m \to \infty} \sum_{k=m+1}^{m+n} \sigma_k^2 = \lim_{m \to \infty} \sum_{k=m+1}^{\infty} \sigma_k^2$$

[10]　$H_c(x) = F(x+c) - G(x+c)$ と置く．定義から $\varphi_F(t) = \int e^{itx} dF(x)$ であるから，$e^{-itc}\{\varphi_F(t) - \varphi_G(t)\}/(-it) = \int H_c(x) e^{itx} dx$ が成り立つ．したがってフビニの定理により積分順序を交換して計算を進めて

$$\int_{-T}^{T} \frac{\varphi_F(t) - \varphi_G(t)}{-it} e^{-itc}(T - |t|) dt$$
$$= \int_{-T}^{T} \int_{-\infty}^{\infty} H_c(x) e^{itx}(T - |t|) dx dt = \int_{-\infty}^{\infty} \int_{-T}^{T} e^{itx}(T - |t|) H_c(x) dt dx$$
$$= 2T \int_{-\infty}^{\infty} \frac{\sin^2 x}{x^2} H_c\left(\frac{2x}{T}\right) dx$$

を得る．したがってこの式より直ちに積分不等式

$$\int_0^T \left|\frac{\varphi_F(t) - \varphi_G(t)}{t}\right| dt \geq \left|\int_{-\infty}^{\infty} \left(\frac{\sin x}{x}\right)^2 H_c\left(\frac{2x}{T}\right) dx\right| \equiv |I|$$

が得られる．ここで $\delta = \dfrac{1}{2M} \sup_x |F(x) - G(x)|$ と置いて，積分の下方限界値を求めて，$|I| \geq 2M\delta(\pi/2 - 6/T\delta)$ であるから評価式

$$\int_0^T \left|\frac{\varphi_F(t) - \varphi_G(t)}{t}\right| dt \geq 2M\delta \left(\frac{\pi}{2} - \frac{6}{T\delta}\right)$$

を得るが，これから求める評価式が従う．

[11] 特性関数のモーメント展開式を評価して

$$\left|\varphi_{X_k}\left(\frac{t}{s_n}\right)\right|^2 \leq 1 - \frac{t^2 \sigma_k^2}{s_n^2} + 2^{2+\delta} \left|\frac{t}{s_n}\right|^{2+\delta} E|X_k|^{2+\delta}$$

$$\leq 1 - \left(\frac{t\sigma_k}{s_n}\right)^2 + 8\left|\frac{\gamma_k t}{s_n}\right|^{2+\delta} \leq \exp\left(-\left(\frac{t\sigma_k}{s_n}\right)^2 + 8\left|\frac{\gamma_k t}{s_n}\right|^{2+\delta}\right)$$

を得る．ゆえに，$36|t|^\delta \leq (s_n/\Gamma_n)^{2+\delta}$ に注意して

$$\left|\varphi_n^*\left(\frac{t}{s_n}\right)\right|^2 \leq \exp\left(-t^2 + 8\left|\frac{t\Gamma_n}{s_n}\right|^{2+\delta}\right) \leq e^{-t^2 + 2t^2/9} \leq e^{-2t^2/3}$$

が得られる．したがって，標準正規分布の特性関数との差を考えて

$$\left|\varphi_n^*\left(\frac{t}{s_n}\right) - e^{-t^2/2}\right| \leq e^{-t^2/3} + e^{-t^2/2} \leq 2e^{-t^2/3} \leq 16\left|\frac{t\Gamma_n}{s_n}\right|^{2+\delta} e^{-t^2/3}$$

8 章の演習問題

[1] 度数分布表は次のようになる．たとえば，中央値は 168 である．ヒストグラムは省略する．

表 2 証券の終値の度数分布表

証券の終値　(円)	度数	累積度数
51 ～ 100	7	7
101 ～ 150	12	19
151 ～ 200	4	23
201 ～ 250	6	29
251 ～ 300	7	36
301 ～ 350	4	40
351 ～ 400	2	42

[2] （ヒント）身長の平均は $\bar{x} = 158.8$ であり，平均歩幅の平均 $\bar{y} = 69.4$ である．また $s_x^2 = 30.56$, $s_y^2 = 14.44$ であるから，$s_x = 5.5281$, $s_y = 3.8000$ である．散布図は省略．

[3] （ヒント）兄の体重の平均は $\bar{x} = 58.5$，弟の体重の平均は $\bar{y} = 59.1$．また $s_x^2 = 4.76$, $s_y = 5.69$ となり，共分散は $s_{xy} = 3.72$ と計算される．これより相関係数 $r = r_{xy} = 0.7148$ である．散布図は省略．

9 章の演習問題

[1] 尤度関数 $L(\lambda) \equiv L(x_1, \cdots, x_n; \lambda)$ の対数をとって微分をして，最尤推定値 $\hat{\lambda} = \bar{x} = \sum_{i=1}^{n} x_i/n$ を得る．ゆえに求める最尤推定量は $\hat{\lambda}(X_1, \cdots, X_n) = \bar{X} = \dfrac{1}{n}\sum_{i=1}^{n} X_i$

[2] 上の [1] と同様にして，最尤推定量は $\hat{\lambda}(X_1, \cdots, X_n) = n/\left\{\sum_{i=1}^{n} X_i\right\} = \left\{\bar{X}\right\}^{-1}$
(標本平均の逆数)

[3] 尤度関数 $L(\theta)$ が 1 を取る θ の範囲は
$$\max_i x_i - \frac{1}{2} \leqslant \theta \leqslant \min_i x_i + \frac{1}{2}$$
である．ゆえにこの区間内のどの θ の値でも $L(\theta)$ の最大値 1 を与えることになってしまい，結局 θ の最尤推定量 $\hat{\theta}$ は無数に存在する．

[4] 最尤推定量は $\hat{p} \equiv \hat{p}(X_1, \cdots, X_n) = \{\bar{X}\}^{-1} = 1/\left\{\sum_{i=1}^{n} X_i\right\}$

[5] $\bar{x} = \dfrac{332}{100} = 3.32$ であるから，上の問題 [4] の結果を用いて $\hat{p} = 1/3.32 = 0.3$ を得る．

[6] $\hat{\lambda} = \dfrac{1}{n}\sum_{i=1}^{n} X_i = \bar{X}$

[7] $\hat{\lambda} = 1/\bar{X}$

[8] 統計量 $T(X) = g_1(X)$ がとる値 $\{t_i\}_i$ は $t_i = g_1(x_i)$, $i = 1, 2, \cdots$ と書ける．$g_1(X)$ の確率関数を $q_\theta(t) \equiv q(t; \theta)$ と表すとき，簡単な変形により

$$q_\theta(t_i) = P_\theta(g_1(X) = t_i) = \sum_{\{x_j : g_1(x_j) = t_i\}} p_\theta(x_j) = \exp\{A(t_i) + a_0(\theta) + a_1(\theta) y_i\}$$

の形に書き換えられる．これより $g_1(X)$ の分布が指数型であることがわかる．

[9] たとえば，草間時武「統計学」(サイエンス社) の 3 章，3.4 節の定理 3.3 の証明 (p.56) を参照せよ．

[10] たとえば，草間時武「統計学」(サイエンス社) の 3 章，3.4 節の定理 3.4 の証明 (p.57) を参照せよ．

[11] 例題 9.7 の (2) のやり方に習えばよい．

[12] 無作為標本 $X = (X_1, X_2, \cdots, X_n)$ の F 情報量は $I_X(\theta) = n/\{\theta(1-\theta)\}$ であるから，不偏推定量 $\hat{\theta} = \hat{\theta}(X)$ についてクラメール・ラオの情報不等式 $V_\theta(\hat{\theta}) \geq \theta(1-\theta)/n$ が成り立つ．その等号成立条件

$$\sum_{i=1}^{n} \frac{\partial}{\partial \theta} \log p(X_i, \theta) = \frac{n(\bar{X} - \theta)}{\theta(1-\theta)}$$

より $\hat{\theta}(X) = \bar{X}$ とすればその条件が成立する．ゆえに標本平均 $\bar{X}$ は θ の UMVU 推定量である．

10 章の演習問題

[1] 定理 10.1 を適用して母平均 μ の 95%の信頼限界を計算する．求める母平均 μ に対する信頼係数 95%の信頼区間は (119.04, 128.96) [cm] である．

[2] 定理 10.2 より，信頼度 95%の信頼区間は (118.26, 129.74) [cm] である．

[3] 定理 10.2 から，求める信頼度 95%の信頼区間は (128.42, 140.81) [mmHg] である．

[4] 信頼区間は (54.038, 286.349) である．

[5]　定理 10.5 を利用する．標本数を $n = 14,000$ 以上にすればよい．

[6]　一般の母集団からの標本に対する母平均の区間推定法を考える．A 高校生徒の平均学習時間 μ の信頼度 95%の信頼区間は (19.664, 23.136) となる．ほぼ 19.7 時間から 23.1 時間の間であることがわかる．

[7]　サンプル数が少ないので，母比率の小標本の区間推定のケースに当たる．2 項分布と F 分布の関係を用いた精密法を適用する．求める信頼度 95%の信頼区間は (0.158, 0.755) となる．

[8]　求める信頼度 95%の信頼区間は $0.091 < p < 0.512$ である．

[9]　求める信頼度 95%の信頼区間は $0.308 < p < 0.898$ である．

[10]　定理 10.9 を用いる．合併標本分散値を求める必要がある．実際，$\hat{\sigma}^2 = 2.107$ となる．ゆえに母平均の差の 95%の信頼区間は $(-3.266, -0.020)$ となる．

[11]　この問題では定理 10.10 を用いる．まず等価自由度 ϕ^* を求める．$\phi^* = 10.742$．つぎに t 分布の 5 % 点を補間法により求める．$t_{\phi^*}(0.05) = 2.208$．ゆえに求める母平均差の 95%の信頼区間は $(-3.341, 0.055)$ である．
　　[注]　上の問題 [10] の等分散で求めた場合と比較すると，[10] では区間幅が 3.246 であったが，[11] では区間幅は 3.396 となっている．区間幅が広いという意味では，非等分散の方が等分散より劣る結果となっている．

[12]　(1)　母平均の信頼区間は (40.682, 46.302)
　　(2)　母分散の信頼区間は (32.759, 106.708)

[13]　(1)　$n = 500$ を大標本として母比率の推定を行う．信頼度 95 % で信頼区間は (0.52, 0.60)．したがって支持率は信頼度 95 % で 52 % 〜 60 % の間程度である．
　　(2)　標本数を 1506 人以上にする必要がある．

[14]　(1)　$n = 1000$ を大標本として母比率の推定を行う．信頼度 95 % で信頼区間は (0.33, 0.39)．したがって支持率は信頼度 95 % で 33 % 〜 39 % の間程度である．
　　(2)　標本数を 2213 人以上にする必要がある．

[15] 定理 10.9 を用いる．合併標本分散は $\hat{\sigma}^2 \approx 0.0776$．母平均差の信頼度 95%の信頼区間は $(-0.65, -0.15)$．このことは鎮痛剤 A より B の方が効果がより長く続くことを意味する．ゆえに鎮痛剤 A より B の方がより効くと言える．

[16] 後半に関しては定理 10.10 を適用して考えればよい．ここでは前半のみ解答する．前半の問題については定理 10.9 を適用する．合併標本分散は $\hat{\sigma}^2 = 70.816$．母平均の差に関する信頼度 95%の信頼区間は $(-21.34, -16.66)$．かくして A の測定値より B の方が大きいのであるから，炎症マーカー値の少ない A 薬の方がより効くと言える．

11 章の演習問題

[1] 仮説を $H_0 : \mu = 300$, $H_1 : \mu \neq 300$ とし，棄却域は $W = (-\infty, -1.960) \cup (1.960, \infty)$．このとき検定統計量 T の実現値は $t = \dfrac{297.5 - 300}{6/\sqrt{15}} = -1.614$ となり，帰無仮説 H_0 は棄却されない．

[2] 仮説として $H_0 : \mu = 0.100$ [mm] (厚さに変わりはない)，$H_1 : \mu \neq 0.100$ [mm] を立てる．検定統計量 T の実現値は $t = \dfrac{0.1032 - 0.100}{0.0024/\sqrt{30-1}} = 7.180$ となり，$t \in W$ であるから帰無仮説 H_0 は棄却される．したがってその日の製品の厚みは規格はずれであるとみなされる．

[3] 仮説 $H_0 : \mu = 56.5$, $H_1 : \mu \neq 56.5$ を立てて両側検定を行う．t 分布表から $t_9(0.05) = 2.2622$．検定統計量 T の実現値は $t = \dfrac{60.32 - 56.5}{3.54/\sqrt{10-1}} = 3.237$ であり，$t \in W$ となって仮説 H_0 は棄却される．

[4] 一般母集団の母平均検定だが，大標本なら $T^* = (\bar{X} - \mu_0)/\sigma\sqrt{n} \sim N(0,1)$ と考えてよい．σ^2 を標本分散 S^2 で置き換えて，統計量 $T = (\bar{X} - \mu_0)/(S/\sqrt{n}) \sim N(0,1)$ を用いて，H_0「$\mu = 130$」として有意水準 5% で検定する．T の値 -2.038 は棄却域 $W = (-\infty, -1.960) \cup (1.960, \infty)$ 内にあるので H_0 を棄却する．

[5] 仮説 $H_0 : \mu_A = \mu_B$ (A, B で作られるジャムの重量に差がない)，$H_1 : \mu_A \neq \mu_B$ を立てる．有意水準 $\alpha = 0.01$，正規分布表より $z(0.005) = 2.58$．

$$t = \frac{371.1 - 369.8}{\sqrt{\dfrac{15.72}{100} + \dfrac{16.03}{150}}} = 2.53$$

したがって t の値は棄却域に属さない．すなわち，機械 A, B によって重量に差がないとみられる．

[6]　(1)　信頼区間は $(-4.8, 7.8)$

(2)　仮説 $H_0 : \mu_1 = \mu_2$ (男女差がない), $H_1 : \mu_1 \neq \mu_2$ を立てる．棄却域は $W = (-\infty, -1.96) \cup (1.96, \infty)$．

$$t = \frac{103 - 101}{\sqrt{\dfrac{15^2}{40} + \dfrac{15^2}{35}}} = 0.576$$

したがって t は棄却域に属さない．ゆえに仮説 H_0 は採択される．

[7]　定理 11.8 を用いる．仮説 $H_0 : \mu_1 = \mu_2, H_1 : \mu_1 > \mu_2$ を立てて，右片側検定を行う．自由度 $\phi = 11$, $t_{11}(0.05) = 2.2010$, $W = (2.2010, \infty)$, $t = 2.828 \in W$. よって仮説 H_0 は棄却される．

[8]　分散未知の平均値の検定である．A, B 両産地の石炭の平均を μ_A, μ_B として，A 産地のほうが B 産地のものより品位が高いと言えるかを検定するので，仮説 $H_0 : \delta = \mu_A - \mu_B = 0, H_1 : \delta < 0$ を立てて，片側検定する．等分散の仮定のもと，自由度 $\phi = m + n - 2 = 11$.

$$t = \frac{|\bar{x} - \bar{y}|}{\sqrt{\dfrac{m s_x^2 + n s_y^2}{\phi} \cdot \left(\dfrac{1}{m} + \dfrac{1}{n}\right)}}$$

また $t_\phi(0.01) = 2.718$ で，$t = 2.778 > 2.718$. $t \in W$ より仮説 H_0 は棄却される．

[9]　まず仮説 $H_0 : \sigma_1^2 = \sigma_2^2, H_1 : \sigma_1^2 \neq \sigma_2^2$ を立てて，等分散検定を行う．$u_2^2 > u_1^2$ に注意してエフ検定統計量を $F = U_2^2 / U_1^2$ とする．その実現値を求めて $f = 1.8 < F_7^8(0.05) = 3.7257$ であるから，$f \in W^c$. ゆえに有意水準 5% で等分散とみなしてよい．つぎに等分散の仮定のもと，仮説 $H_0 : \mu_1 = \mu_2, H_1 : \mu_1 < \mu_2$ を立てて，左片側検定を行う．検定統計量

$$T = \frac{\bar{X} - \bar{Y}}{\hat{\sigma}^2 \sqrt{\frac{1}{m} + \frac{1}{n}}}$$

は t 分布 $t(15)$ に従う．棄却域は $W = (-\infty, -t_{15}(2 \times 0.05))$．$t$ 分布表から $t_{15}(0.10) = 1.7530$, T の実現値は $t = -2.85$ となり，H_0 は棄却される．

[10] (1) 正規母集団の (大学の男子学生の) 母平均 μ 区間推定で，大学生の母分散の代わりに全国の母分散 $\sigma^2 = 5.0^2$ を使用した場合，信頼区間は $(171.42, 173.38)$．

(1)′ 上の (1) と全く同じで今度は大学生の母分散は未知と考えて，標本から推定して不偏分散 U^2 を用いる場合を考える．このとき信頼区間は $(171.37, 173.43)$．

(2) $n = 100$ を大標本とみなして，母分散既知：$\sigma^2 = (5.0)^2$ を利用して，正規母集団の母平均の検定を行う．仮説 $H_0 : \mu = 171.3$, $H_1 : \mu \neq 171.3$ を立てて，棄却域は $W = (-\infty, -1.96) \cup (1.96, \infty)$．$t = \dfrac{172.4 - 171.3}{5.0/\sqrt{100}} = 2.2 > 1.96$ となり，H_0 は棄却される．

[11] 工業製品であるから，内容量 X は正規分布に従うとして，2 つの正規分布の母平均の差の検定を用いる．仮説 $H_0 : \mu_1 = \mu_2$, $H_1 : \mu_1 \neq \mu_2$ を立てて，両側検定を行う．棄却域は $W = (-\infty, -1.96) \cup (1.96, \infty)$．

$$t = \frac{250.82 - 251.43}{\sqrt{\dfrac{0.52}{20} + \dfrac{0.66}{20}}} = -2.51 < -1.96$$

となり，H_0 は棄却される．ゆえに機械 A, B で差がある．

[12] (1) $H_0 : \mu = \mu_0 = 50$, $H_1 : \mu \neq \mu_0$．$\alpha = 0.05$．母分散 $\sigma^2 = 10^2$ 既知の正規母集団の母平均の両側検定．$1.96 > t = 1.59 \in W^c$ となり，仮説 H_0 は採択される．つまり，この中学校の 1 年生の知能は平均並みである．

(2) 母分散が未知の場合，推定量である不変分散 U^2 を用いる．検定統計量としては

$$T = \frac{\bar{X} - \mu}{U/\sqrt{n}} \sim t(n-1)$$

を利用する．仮説 $H_0 : \mu = \mu_0$, $H_1 : \mu \neq \mu_0$ を立てて，有意水準 $ga = 0.05$．$n = 44$, $t_{43}(0.05) = 2.01798$ (t 分布表において線形補間法を用いて計算する)．棄却域は

$W = (-\infty, -2.01) \cup (2.02, \infty)$. データから不偏分散 U^2 の実現値 u^2 を求めるが，ここでは仮に $u = 12.56 \, (> 10)$ を取って試算してみる．$t = 1.2675 < 2.02$．よって仮説 H_0 を採択する．したがってこの中学校の 1 年生の知能は平均的であると結論される．

[13] (1) (a) 59.49, 65.0 (b) 118.6, 58.5 (c) 135.5, 65.0
(d) 仮説 $H_0 : \mu_1 = \mu_2, H_1 : \mu_1 < \mu_2$ を立てて左片側検定を行う．n_A, n_B をそれぞれ A グループと B グループの標本数として，帰無仮説 H_0 の下では，母平均の差 $\delta = \mu_1 - \mu_2 = 0$ であるから

$$T = \frac{\bar{X} - \bar{Y}}{\sqrt{\left(\frac{1}{n_A} + \frac{1}{n_B}\right) \frac{(n_A - 1)U_A^2 + (n_B - 1)U_B^2}{n_A + n_B - 2}}} \sim t(n_A + n_B - 2)$$

危険率 $\alpha = 0.05$，棄却域は $W = \{T < -1.7459\}$．$t = -1.1875$ は棄却域に入らない．ゆえに仮説：$\mu_1 = \mu_2$ は棄却されない．今回はこの症例からは A, B どちらがより効果的であるか判断できない結果となった．

(2) 信頼区間は $[-15.35, 4.33]$ である．これは同じような臨床試験を 100 回行ったとすると，そのうち 95 回は差 δ がこの区間に入ることを意味している．区間が原点 0 を跨いで正負の両方の域に及んでいるので，やや負よりではあるが，この結果から直ちに A の方が B より優れていると結論付けるのは難しい．

(3) 少なくとも全症例数を 76 例以上にする必要がある．

[14] 仮説 $H_0 : \rho = 0, H_1 : \rho \neq 0$ を立てて両側検定する．定理 11.14 を用いる．$t_6(0.05) = 2.4469$，棄却域は $W = (-\infty, -2.4469) \cup (2.4469, \infty)$．このとき標本相関係数 R の実現値は $r = 0.784$ となるので，検定統計量 T の実現値は

$$t = \frac{0.784 \times \sqrt{8-2}}{\sqrt{1 - (0.784)^2}} = 3.097$$

仮説 H_0 を棄却する．2 科目の得点には相関がある．

[15] α 粒子の数がポアソン分布 $Po(\lambda)$ に従うという仮説 H_0 を検定する．λ がその最尤推定値 $\hat{\lambda} = \bar{x} = 4.2$ として，期待度数をポアソン分布表から求める．母数 λ を 1 個推定したので，自由度は $(8-1) - 1 = 6$ (カテゴリーは条件に従って度数が 5 以下のところは合併してすべてのセルで 5 以上となるように調整したため，$k = $

8 になっている）．$\chi_6^2(0.05) = 12.5916$, $t = 6.28$．ゆえに $t \in W^c$ となって仮説 H_0 は採択される．つまり，単位時間に放出される α 粒子の数はポアソン分布に従うと考えてよい．

[16] 仮説 H_0：「喫煙と肺ガンは無関係である」を立てて検定する．検定統計量 T の実現値を計算すると

$$t = \frac{2930 \times (1418 \times 120 - 1345 \times 47)^2}{1465 \times 1465 \times 2763 \times 167} = 33.84$$

$\chi_1^2(0.005) = 7.87944$．仮説 H_0 は棄却される．ゆえに有意水準 0.5 ％ で喫煙者に肺ガンが多いと言える．

[17] $x = (x_1, \cdots, x_n)$ に対して，

$$p_\theta(x) = \theta^{\sum\limits_{i=1}^n x_i} (1-\theta)^{n - \sum\limits_{i=1}^n x_i}$$

であるから

$$\log \frac{p_{\theta_1}(x)}{p_{\theta_0}(x)} = n \log \frac{1-\theta_1}{1-\theta_0} + \left(\sum_{i=1}^n x_i\right) \log \frac{\theta_1(1-\theta_0)}{\theta_0(1-\theta_1)}$$

を利用して

$$\varphi_0(x) = \begin{cases} 1, & \sum\limits_{i=1}^n x_i > c \\ \eta, & \sum\limits_{i=1}^n x_i = c \\ 0, & \sum\limits_{i=1}^n x_i < c \end{cases}$$

なる関数 φ_0 に対して $\varphi_0(X)$ が求める UMP 検定である．

参考文献および引用文献

確率・統計関係

[1] 磯貝英一・宇野 力:「要点明解・統計学」培風館 (2006)
[2] 伊藤正義・伊藤公紀:「わかりやすい数理統計の基礎」森北出版 (2002)
[3] 草間時武:「統計学」サイエンス社 (1980)
[4] 田栗正章・藤越康祝・柳井晴夫・C.R. ラオ:「やさしい統計入門・視聴率調査から多変量解析まで」講談社 (2007)
[5] 立花俊一・田川正賢・成田清正:「エクササイズ確率・統計」共立出版 (2004)
[6] 長尾壽夫:「統計学への入門」共立出版 (1992)
[7] 中村 忠・山本英二:「理工系確率統計（データ解析のために）」サイエンス社 (2002)
[8] 橋本智雄:「基礎課程・統計学」共立出版 (2004)
[9] 服部哲也:「理工系の確率・統計入門」学術図書出版社 (2006)
[10] 吉野 崇・岡安隆照:「基礎課程・数理統計学」培風館 (1995)
[11] 石井博昭・塩出省吾・新森修一:「確率統計の数理」裳華房 (1995)
[12] 稲垣宣生・吉田光雄・山根芳知・地道正行:「データ科学の数理・統計学講義」裳華房 (2007)

数理統計関係

[1] 赤平昌文:「統計解析入門」森北出版 (2003)
[2] 杉本典夫:「医学・薬学・生命科学を学ぶ人のための多変量解析入門」プレアデス出版 (2009)
[3] 鈴木雪夫:「統計学」朝倉書店 (1999)
[4] 竹内 啓:「数理統計学」（データ解析の方法）東洋経済新報社 (1995)
[5] 丹後俊郎:「臨床検査への統計学」朝倉書店 (2002)
[6] 南風原朝和:「心理統計学の基礎・統合的理解のために」有斐閣アルマ (2005)

[7] 宮原英夫・白鷹増男：「医学統計学」朝倉書店 (1992)
[8] 柳川 堯：「統計数学」近代科学社 (1990)
[9] 山内光哉：「心理・教育のための統計法」(第2版) サイエンス社 (2007)
[10] 吉田朋広：「数理統計学」朝倉書店 (2006)
[11] 稲垣宣生：「数理統計学」(改訂版) 裳華房 (2003)
[12] 阿部剛久・筑紫みさを：「理工・医歯薬系の統計学要論」(増補版) 共立出版 (2005)
[13] 石居 進：「生物統計学入門（具体例による解説と演習）」培風館 (2007)

確率論関係

[1] 伊藤雄二：「確率論」朝倉書店 (2002)
[2] 笠原勇二：「明解・確率論入門」数学書房 (2010)
[3] 武田一哉：「確率と確率過程」オーム社 (2010)
[4] 土井 誠：「理工系の確率論」東海大学出版会 (2004)
[5] 伏見正則：「確率と確率過程」講談社 (1987)
[6] 松尾 博：「情報から見た確率論」森北出版 (1989)
[7] S. ロス：「初等確率論教程」(原田他訳) 現代数学社 (1983)

洋書

[1] P.G. Hoel : "Introduction to Mathematical Statistics." (4th Edition) John Wiley & Sons, Inc., New York, (1971)
[2] A. Gut : "Probability." Springer Texts in Statistics Series. Springer Science+Business Media, Inc., New York, (2005)
[3] Y.-S. Chow and H. Teicher : "Probability Theory." Springer Texts in Statistics Series. Springer-Verlag, New York, (2003)
[4] A.N. Shiryaev : "Probability." (Second Edition) Springer-Verlag, New York, (1996)
[5] S. Siegel : "Nonparametric Statistics for the Behavioral Sciences." McGraw-Hill, New York, (1956)
[6] C.R. Rao : "Linear Statistical Inference and Its Applications." John Wiley & Sons, Inc., New York, (1977)
[7] B.W. Bolch and C.J. Huang : "Multivariate Statistical Methods for Business and Economics." Prentice-Hall, Inc., Englewood Cliffs, (1974)

その他

[1] 海老原円：「線形代数」（テキスト　理系の数学 3）数学書房 (2010)
[2] 小池茂昭：「微分積分」（テキスト　理系の数学 2）数学書房 (2010)
[3] 道工 勇：「教育評価に関連する統計技法」日本数学教育学会誌, 第 89 巻, 第 12 号, pp.21–36 (2007)
[4] 道工 勇：「教育評価における統計解析」日本数学教育学会誌, 第 91 巻, 第 2 号, pp.59–68 (2009)
[5] 伊藤清三：「ルベーグ積分入門」（数学選書 4）裳華房 (1970)
[6] L.N. Bolshev, B.V. Gladkov and M.V. Scheglove : "Tables for the calculations of R- and Z-distributions." Theory of Probability and its Applications, Vol.6, 410–419 (1961)
[7] Y. Fujino : "Approximate binomial confidence limits." Biometrika Vol.67, No.3, 677–681 (1980)

付録：数表

1. 2項分布表

付表1　2項分布表

$${}_nC_x p^x (1-p)^{n-x}$$

n	x	.05	.10	.15	.20	.25	.30	.35	.40	.45	.50	
5	0	.7738	.5905	.4437	.3277	.2373	.1681	.1160	.0778	.0503	.0312	5
	1	.2036	.3280	.3915	.4096	.3955	.3602	.3124	.2592	.2059	.1562	4
	2	.0214	.0729	.1382	.2048	.2637	.3087	.3364	.3456	.3369	.3125	3
	3	.0011	.0081	.0244	.0512	.0879	.1323	.1811	.2304	.2575	.3125	2
	4	.0000	.0004	.0022	.0064	.0146	.0284	.0488	.0768	.1128	.1562	1
	5	.0000	.0000	.0001	.0003	.0010	.0024	.0053	.0102	.0185	.0312	0
6	0	.7351	.5314	.3771	.2621	.1780	.1176	.0754	.0467	.0277	.0156	6
	1	.2321	.3543	.3993	.3932	.3560	.3025	.2437	.1866	.1359	.0938	5
	2	.0305	.0984	.1762	.2458	.2966	.3241	.3280	.3110	.2780	.2344	4
	3	.0021	.0146	.0415	.0819	.1318	.1852	.2355	.2765	.3032	.3125	3
	4	.0001	.0012	.0055	.0154	.0330	.0595	.0951	.1382	.1861	.2344	2
	5	.0000	.0001	.0004	.0015	.0044	.0102	.0205	.0369	.0609	.0938	1
	6	.0000	.0000	.0000	.0001	.0002	.0007	.0018	.0041	.0033	.0156	0
7	0	.6983	.4783	.3206	.2097	.1335	.0824	.0490	.0280	.0152	.0078	7
	1	.2573	.3720	.3960	.3670	.3115	.2471	.1848	.1306	.0872	.0547	6
	2	.0406	.1240	.2097	.2753	.3115	.3177	.2985	.2613	.2140	.1641	5
	3	.0036	.0230	.0617	.1147	.1730	.2269	.2679	.2903	.2918	.2731	4
	4	.0002	.0026	.0109	.0287	.0577	.0972	.1442	.1935	.2388	.2734	3
	5	.0000	.0002	.0012	.0043	.0115	.0250	.0466	.0774	.1172	.1641	2
	6	.0000	.0000	.0001	.0004	.0013	.0036	.0084	.0172	.0320	.0547	1
	7	.0000	.0000	.0000	.0000	.0001	.0002	.0006	.0016	.0037	.0078	0
8	0	.6634	.4305	.2725	.1678	.1001	.0576	.0319	.0168	.0084	.0039	8
	1	.2793	.3826	.3847	.3355	.2670	.1977	.1373	.0896	.0548	.0312	7
	2	.0515	.1488	.2376	.2936	.3115	.2965	.2587	.2090	.1569	.1094	6
	3	.0054	.0331	.0839	.1468	.2076	.2541	.2786	.2787	.2568	.2188	5
	4	.0004	.0046	.0185	.0459	.0865	.1361	.1875	.2322	.2627	.2734	4
	5	.0000	.0004	.0026	.0092	.0231	.0467	.0808	.1239	.1719	.2188	3
	6	.0000	.0000	.0002	.0011	.0038	.0100	.0217	.0413	.0703	.1094	2
	7	.0000	.0000	.0000	.0001	.0004	.0012	.0033	.0079	.0164	.0312	1
	8	.0000	.0000	.0000	.0000	.0000	.0001	.0002	.0007	.0017	.0039	0
9	0	.6302	.3874	.2316	.1342	.0751	.0404	.0207	.0101	.0046	.0020	9
	1	.2985	.3874	.3679	.3020	.2253	.1556	.1004	.0605	.0339	.0176	8
	2	.0629	.1722	.2597	.3020	.3003	.2668	.2162	.1612	.1110	.0703	7
	3	.0077	.0446	.1069	.1762	.2336	.2668	.2716	.2508	.2119	.1641	6
	4	.0006	.0074	.0283	.0661	.1168	.1715	.2194	.2508	.2600	.2461	5
	5	.0000	.0008	.0050	.0165	.0389	.0735	.1181	.1672	.2128	.2461	4
	6	.0000	.0001	.0006	.0028	.0087	.0210	.0424	.0743	.1160	.1641	3
	7	.0000	.0000	.0000	.0003	.0012	.0039	.0098	.0212	.0407	.0703	2
	8	.0000	.0000	.0000	.0000	.0001	.0004	.0013	.0035	.0083	.0176	1
	9	.0000	.0000	.0000	.0000	.0000	.0000	.0001	.0003	.0008	.0020	0
10	0	.5987	.3487	.1969	.1074	.0563	.0282	.0135	.0060	.0025	.0010	10
	1	.3151	.3874	.3474	.2684	.1877	.1211	.0725	.0403	.0207	.0098	9
	2	.0746	.1937	.2759	.3020	.2816	.2335	.1757	.1209	.0763	.0439	8
	3	.0105	.0574	.1298	.2013	.2503	.2668	.2522	.2150	.1665	.1172	7
	4	.0010	.0112	.0401	.0881	.1460	.2001	.2377	.2508	.2384	.2051	6
	5	.0001	.0015	.0085	.0264	.0584	.1029	.1536	.2007	.2340	.2461	5
	6	.0000	.0001	.0012	.0055	.0162	.0368	.0689	.1115	.1596	.2051	4
	7	.0000	.0000	.0001	.0008	.0031	.0090	.0212	.0425	.0746	.1172	3
	8	.0000	.0000	.0000	.0001	.0004	.0014	.0043	.0106	.0229	.0439	2
	9	.0000	.0000	.0000	.0000	.0000	.0001	.0005	.0016	.0042	.0098	1
	10	.0000	.0000	.0000	.0000	.0000	.0000	.0000	.0001	.0003	.0010	0
		.95	.90	.85	.80	.75	.70	.65	.60	.55	.50	x/p

出典：立花俊一・田川正賢・成田清正著「エクササイズ確率・統計」共立出版 (1996) p.199 から引用転載．

2. ポアソン分布表

付表 2　ポアソン分布表 (その 1)

$$e^{-\lambda}\frac{\lambda^k}{k!} \quad (k=0, 1, 2, \cdots)$$

k \ λ	0.05	0.10	0.15	0.20	0.25	0.30	0.35	0.40
0	0.95123	0.90484	0.86071	0.81873	0.77880	0.74082	0.70469	0.67032
1	.04756	.09048	.12911	.16375	.19470	.22225	.24664	.26813
2	.00119	.00452	.00968	.01637	.02434	.03334	.04316	.05363
3	.00002	.00015	.00048	.00109	.00203	.00333	.00504	.00715
4			.00002	.00005	.00013	.00025	.00044	.00072
5					.00001	.00002	.00003	.00006

k \ λ	0.45	0.50	0.55	0.60	0.65	0.70	0.75	0.80
0	0.63763	0.60653	0.57695	0.54881	0.52205	0.49659	0.47237	0.44933
1	.28693	.30327	.31732	.32929	.33933	.34761	.35427	.35946
2	.06456	.07582	.08726	.09879	.11028	.12166	.13285	.14379
3	.00968	.01264	.01600	.01976	.02389	.02839	.03321	.03834
4	.00109	.00158	.00220	.00296	.00388	.00497	.00623	.00767
5	.00010	.00016	.00024	.00036	.00050	.00070	.00093	.00123
6	.00001	.00001	.00002	.00004	.00005	.00008	.00012	.00016
7					.00001	.00001	.00001	.00002

k \ λ	0.85	0.90	0.95	1.0	1.1	1.2	1.3	1.4
0	0.42741	0.40657	0.38674	0.36788	0.33287	0.30119	0.27253	0.24660
1	.36330	.36591	.36740	.36788	.36616	.36143	.35429	.34524
2	.15440	.16466	.17452	.18394	.20139	.21686	.23029	.24167
3	.04375	.04940	.05526	.06131	.07384	.08674	.09979	.11278
4	.00930	.01111	.01313	.01533	.02031	.02602	.03243	.03947
5	.00158	.00200	.00249	.00307	.00447	.00625	.00843	.01105
6	.00022	.00030	.00039	.00051	.00082	.00125	.00183	.00258
7	.00003	.00004	.00005	.00007	.00013	.00021	.00034	.00052
8			.00001	.00001	.00002	.00003	.00006	.00009
9							.00001	.00001

k \ λ	1.6	1.8	2.0	2.2	2.4	2.6	2.8	3.0
0	0.20190	0.16530	0.13534	0.11080	0.09072	0.07427	0.06081	0.04979
1	.32303	.29754	.27067	.24377	.21772	.19311	.17027	.14936
2	.25843	.26778	.27067	.26814	.26127	.25105	.23838	.22404
3	.13783	.16067	.18045	.19664	.20901	.21757	.22248	.22404
4	.05513	.07230	.09022	.10815	.12541	.14142	.15574	.16803
5	.01764	.02603	.03609	.04759	.06020	.07354	.08721	.10082
6	.00470	.00781	.01203	.01745	.02408	.03187	.04070	.05041
7	.00108	.00201	.00344	.00548	.00826	.01184	.01628	.02160
8	.00022	.00045	.00086	.00151	.00248	.00385	.00570	.00810
9	.00004	.00009	.00019	.00037	.00066	.00111	.00177	.00270
10	.00001	.00002	.00004	.00008	.00016	.00029	.00050	.00081
11			.00001	.00002	.00004	.00007	.00013	.00022
12					.00001	.00002	.00003	.00006
13							.00001	.00001

付表 2　ポアソン分布表 (その 2)

λ / k	3.2	3.4	3.6	3.8	4.0	4.2	4.4	4.6	4.8
0	0.04076	0.03337	0.02732	0.02237	0.01832	0.01500	0.01228	0.01005	0.00823
1	.13044	.11347	.09837	.08501	.07326	.06298	.05402	.04624	.03950
2	.20870	.19290	.17706	.16153	.14653	.13226	.11884	.10635	.09481
3	.22262	.21862	.21247	.20459	.19537	.18517	.17431	.16307	.15169
4	.17809	.18582	.19122	.19436	.19537	.19442	.19174	.18753	.18203
5	.11398	.12636	.13768	.14771	.15629	.16332	.16873	.17253	.17475
6	.06079	.07160	.08261	.09355	.10420	.11432	.12373	.13227	.13980
7	.02779	.03478	.04248	.05079	.05954	.06859	.07778	.08692	.09586
8	.01112	.01478	.01912	.02412	.02977	.03601	.04278	.04998	.05752
9	.00395	.00558	.00765	.01019	.01323	.01681	.02091	.02554	.03068
10	.00126	.00190	.00275	.00387	.00529	.00706	.00920	.01175	.01472
11	.00037	.00059	.00090	.00134	.00192	.00269	.00368	.00491	.00643
12	.00010	.00017	.00027	.00042	.00064	.00094	.00135	.00188	.00257
13	.00002	.00004	.00007	.00012	.00020	.00030	.00046	.00067	.00095
14	.00001	.00001	.00002	.00003	.00006	.00009	.00014	.00022	.00033
15				.00001	.00002	.00003	.00004	.00007	.00010
16						.00001	.00001	.00002	.00003
17								.00001	.00001

λ / k	5.0	5.5	6.0	7.0	8.0	9.0	10	11	12
0	0.00674	0.00409	0.00248	0.00091	0.00034	0.00012	0.00005	0.00002	0.00001
1	.03369	.02248	.01487	.00638	.00268	.00111	.00045	.00018	.00007
2	.08422	.06181	.04462	.02234	.01073	.00500	.00227	.00101	.00044
3	.14037	.11332	.08924	.05213	.02863	.01499	.00757	.00371	.00177
4	.17547	.15582	.13385	.09123	.05725	.03374	.01892	.01019	.00531
5	.17547	.17140	.16062	.12772	.09160	.06073	.03783	.02242	.01274
6	.14622	.15712	.16062	.14900	.12214	.09109	.06306	.04109	.02548
7	.10444	.12345	.13768	.14900	.13959	.11712	.09008	.06458	.04368
8	.06528	.08487	.10326	.13038	.13959	.13176	.11260	.08879	.06552
9	.03627	.05187	.06884	.10140	.12408	.13176	.12511	.10853	.08736
10	.01813	.02853	.04130	.07098	.09926	.11858	.12511	.11938	.10484
11	.00824	.01426	.02253	.04517	.07219	.09702	.11374	.11938	.11437
12	.00343	.00654	.01126	.02635	.04813	.07277	.09478	.10943	.11437
13	.00132	.00277	.00520	.01419	.02962	.05038	.07291	.09259	.10557
14	.00047	.00109	.00223	.00709	.01692	.03238	.05208	.07275	.09049
15	.00016	.00040	.00089	.00331	.00903	.01943	.03472	.05335	.07239
16	.00005	.00014	.00033	.00145	.00451	.01093	.02170	.03668	.05429
17	.00001	.00004	.00012	.00060	.00212	.00579	.01276	.02373	.03832
18		.00001	.00004	.00023	.00094	.00289	.00709	.01450	.02555
19			.00001	.00009	.00040	.00137	.00373	.00840	.01614
20				.00003	.00016	.00062	.00187	.00462	.00968
21				.00001	.00006	.00026	.00089	.00242	.00553
22					.00002	.00011	.00040	.00121	.00302
23					.00001	.00004	.00018	.00058	.00157
24						.00002	.00007	.00027	.00079
25						.00001	.00003	.00012	.00038
26							.00001	.00005	.00017
27								.00002	.00008
28								.00001	.00003
29									.00001
30									.00001

出典：立花俊一・田川正賢・成田清正著「エクササイズ確率・統計」共立出版 (1996) p.200-201 から引用転載．

3. 正規分布表

付表 3 標準正規分布表

$$x \to \int_0^x \frac{1}{\sqrt{2\pi}} e^{-z^2/2} dz = p$$

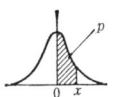

x	0.00	0.01	0.02	0.03	0.04	0.05	0.06	0.07	0.08	0.09
0.0	.0000	.0040	.0080	.0120	.0160	.0199	.0239	.0279	.0319	.0359
0.1	.0398	.0438	.0478	.0517	.0557	.0596	.0636	.0675	.0714	.0753
0.2	.0793	.0832	.0871	.0910	.0948	.0987	.1026	.1064	.1103	.1141
0.3	.1179	.1217	.1255	.1293	.1331	.1368	.1406	.1443	.1480	.1517
0.4	.1554	.1591	.1628	.1664	.1700	.1736	.1772	.1808	.1844	.1879
0.5	.1915	.1950	.1985	.2019	.2054	.2088	.2123	.2157	.2190	.2224
0.6	.2257	.2291	.2324	.2357	.2389	.2422	.2454	.2486	.2517	.2549
0.7	.2580	.2611	.2642	.2673	.2704	.2734	.2764	.2794	.2823	.2852
0.8	.2881	.2910	.2939	.2967	.2995	.3023	.3051	.3078	.3106	.3133
0.9	.3159	.3186	.3212	.3238	.3264	.3289	.3315	.3340	.3365	.3389
1.0	.3413	.3438	.3461	.3485	.3508	.3531	.3554	.3577	.3599	.3621
1.1	.3643	.3665	.3686	.3708	.3729	.3749	.3770	.3790	.3810	.3830
1.2	.3849	.3869	.3888	.3907	.3925	.3944	.3962	.3980	.3997	.4015
1.3	.4032	.4049	.4066	.4082	.4099	.4115	.4131	.4147	.4162	.4177
1.4	.4192	.4207	.4222	.4236	.4251	.4265	.4279	.4292	.4306	.4319
1.5	.4332	.4345	.4357	.4370	.4382	.4394	.4406	.4418	.4429	.4441
1.6	.4452	.4463	.4474	.4484	.4495	.4505	.4515	.4525	.4535	.4545
1.7	.4554	.4564	.4573	.4582	.4591	.4599	.4608	.4616	.4625	.4633
1.8	.4641	.4649	.4656	.4664	.4671	.4678	.4686	.4693	.4699	.4706
1.9	.4713	.4719	.4726	.4732	.4738	.4744	.4750	.4756	.4761	.4767
2.0	.4772	.4778	.4783	.4788	.4793	.4798	.4803	.4808	.4812	.4817
2.1	.4821	.4826	.4830	.4834	.4838	.4842	.4846	.4850	.4854	.4857
2.2	.4861	.4864	.4868	.4871	.4875	.4878	.4881	.4884	.4887	.4890
2.3	.4893	.4896	.4898	.4901	.4904	.4906	.4909	.4911	.4913	.4916
2.4	.4918	.4920	.4922	.4925	.4927	.4929	.4931	.4932	.4934	.4936
2.5	.4938	.4940	.4941	.4943	.4945	.4946	.4948	.4949	.4951	.4952
2.6	.4953	.4955	.4956	.4957	.4959	.4960	.4961	.4962	.4963	.4964
2.7	.4965	.4966	.4967	.4968	.4969	.4970	.4971	.4972	.4973	.4974
2.8	.4974	.4975	.4976	.4977	.4977	.4978	.4979	.4979	.4980	.4981
2.9	.4981	.4982	.4982	.4983	.4984	.4984	.4985	.4985	.4986	.4986
3.0	.4987	.4987	.4987	.4988	.4988	.4989	.4989	.4989	.4990	.4990
3.1	.4990	.4991	.4991	.4991	.4992	.4992	.4992	.4992	.4993	.4993

4. カイ2乗分布表

付表4　カイ2乗（χ^2）分布表

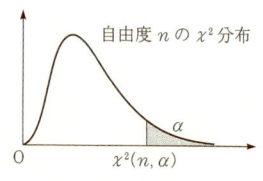

自由度 n の χ^2 分布

$\chi^2(n, \alpha)$

（α, n から $\chi^2(n, \alpha)$ を求める表）

	·995	·99	·975	·95	·90	·75	·50	·25	·10	·05	·025	·01	·005
1	0.0⁴393	0.0³157	0.0³982	0.0³393	0.0158	0.102	0.455	1.323	2.71	3.84	5.02	6.63	7.88
2	0.0100	0.0201	0.0506	0.103	0.211	0.575	1.386	2.77	4.61	5.99	7.38	9.21	10.60
3	0.0717	0.115	0.216	0.352	0.584	1.213	2.37	4.11	6.25	7.81	9.35	11.34	12.84
4	0.207	0.297	0.484	0.711	1.064	1.923	3.36	5.39	7.78	9.49	11.14	13.28	14.86
5	0.412	0.554	0.831	1.145	1.610	2.67	4.35	6.63	9.24	11.07	12.83	15.09	16.75
6	0.676	0.872	1.237	1.635	2.20	3.45	5.35	7.84	10.64	12.59	14.45	16.81	18.55
7	0.989	1.239	1.690	2.17	2.83	4.25	6.35	9.04	12.02	14.07	16.01	18.48	20.3
8	1.344	1.646	2.18	2.73	3.49	5.07	7.34	10.22	13.36	15.51	17.53	20.1	22.0
9	1.735	2.09	2.70	3.33	4.17	5.90	8.34	11.39	14.68	16.92	19.02	21.7	23.6
10	2.16	2.56	3.25	3.94	4.87	6.74	9.34	12.55	15.99	18.31	20.5	23.2	25.2
11	2.60	3.05	3.82	4.57	5.58	7.58	10.34	13.70	17.28	19.68	21.9	24.7	26.8
12	3.07	3.57	4.40	5.23	6.30	8.44	11.34	14.85	18.55	21.0	23.3	26.2	28.3
13	3.57	4.11	5.01	5.89	7.04	9.30	12.34	15.98	19.81	22.4	24.7	27.7	29.8
14	4.07	4.66	5.63	6.57	7.79	10.17	13.34	17.12	21.1	23.7	26.1	29.1	31.3
15	4.60	5.23	6.26	7.26	8.55	11.04	14.34	18.25	22.3	25.0	27.5	30.6	32.8
16	5.14	5.81	6.91	7.96	9.31	11.91	15.34	19.37	23.5	26.3	28.8	32.0	34.3
17	5.70	6.41	7.56	8.67	10.09	12.79	16.34	20.5	24.8	27.6	30.2	33.4	35.7
18	6.26	7.01	8.23	9.39	10.86	13.68	17.34	21.6	26.0	28.9	31.5	34.8	37.2
19	6.84	7.63	8.91	10.12	11.65	14.56	18.34	22.7	27.2	30.1	32.9	36.2	38.6
20	7.43	8.26	9.59	10.85	12.44	15.45	19.34	23.8	28.4	31.4	34.2	37.6	40.0
21	8.03	8.90	10.28	11.59	13.24	16.34	20.3	24.9	29.6	32.7	35.5	38.9	41.4
22	8.64	9.54	10.98	12.34	14.04	17.24	21.3	26.0	30.8	33.9	36.8	40.3	42.8
23	9.26	10.20	11.69	13.09	14.85	18.14	22.3	27.1	32.0	35.2	38.1	41.6	44.2
24	9.89	10.86	12.40	13.85	15.66	19.04	23.3	28.2	33.2	36.4	39.4	43.0	45.6
25	10.52	11.52	13.12	14.61	16.47	19.94	24.3	29.3	34.4	37.7	40.6	44.3	46.9
26	11.16	12.20	13.84	15.38	17.29	20.8	25.3	30.4	35.6	38.9	41.9	45.6	48.3
27	11.81	12.88	14.57	16.15	18.11	21.7	26.3	31.5	36.7	40.1	43.2	47.0	49.6
28	12.46	13.56	15.31	16.93	18.94	22.7	27.3	32.6	37.9	41.3	44.5	48.3	51.0
29	13.12	14.26	16.05	17.71	19.77	23.6	28.3	33.7	39.1	42.6	45.7	49.6	52.3
30	13.79	14.95	16.79	18.49	20.6	24.5	29.3	34.8	40.3	43.8	47.0	50.9	53.7
40	20.7	22.2	24.4	26.5	29.1	33.7	39.3	45.6	51.8	55.8	59.3	63.7	66.8
50	28.0	29.7	32.4	34.8	37.7	42.9	49.3	56.3	63.2	67.5	71.4	76.2	79.5
60	35.5	37.5	40.5	43.2	46.5	52.3	59.3	67.0	74.4	79.1	83.3	88.4	92.0
70	43.3	45.4	48.8	51.7	55.3	61.7	69.3	77.6	85.5	90.5	95.0	100.4	104.2
80	51.2	53.5	57.2	60.4	64.3	71.1	79.3	88.1	96.6	101.9	106.6	112.3	116.3
90	59.2	61.8	65.6	69.1	73.3	80.6	89.3	98.6	107.6	113.1	118.1	124.1	128.3
100	67.3	70.1	74.2	77.9	82.4	90.1	99.3	109.1	118.5	124.3	129.6	135.8	140.2

出典：石井博昭・塩出省吾・新森修一著「確率統計の数理」裳華房 (1995) p.190 から引用転載.

5. スチューデントの t 分布表

付表5　t 分布表

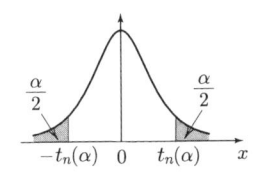

α \ n	0.50	0.25	0.10	0.05	0.025	0.01	0.005
1	1.00000	2.4142	6.3138	12.706	25.452	63.657	127.32
2	0.81650	1.6036	2.9200	4.3027	6.2053	9.9248	14.089
3	0.76489	1.4226	2.3534	3.1825	4.1765	5.8409	7.4533
4	0.74070	1.3444	2.1318	2.7764	3.4954	4.6041	5.5976
5	0.72669	1.3009	2.0150	2.5706	3.1634	4.0321	4.7733
6	0.71756	1.2733	1.9432	2.4469	2.9687	3.7074	4.3168
7	0.71114	1.2543	1.8946	2.3646	2.8412	3.4995	4.0293
8	0.70639	1.2403	1.8595	2.3060	2.7515	3.3554	3.8325
9	0.70272	1.2297	1.8331	2.2622	2.6850	3.2498	3.6897
10	0.69981	1.2213	1.8125	2.2281	2.6338	3.1693	3.5814
11	0.69745	1.2145	1.7959	2.2010	2.5931	3.1058	3.4966
12	0.69548	1.2089	1.7823	2.1788	2.5600	3.0545	3.4284
13	0.69384	1.2041	1.7709	2.1604	2.5326	3.0123	3.3725
14	0.69242	1.2001	1.7613	2.1448	2.5096	2.9768	3.3257
15	0.69120	1.1967	1.7530	2.1315	2.4899	2.9467	3.2860
16	0.69013	1.1937	1.7459	2.1199	2.4729	2.9208	3.2520
17	0.68919	1.1910	1.7396	2.1098	2.4581	2.8982	3.2225
18	0.68837	1.1887	1.7341	2.1009	2.4450	2.8784	3.1966
19	0.68763	1.1866	1.7291	2.0930	2.4334	2.8609	3.1737
20	0.68696	1.1848	1.7247	2.0860	2.4231	2.8453	3.1534
21	0.68635	1.1831	1.7207	2.0796	2.4138	2.8314	3.1352
22	0.68580	1.1816	1.7171	2.0739	2.4055	2.8188	3.1188
23	0.68531	1.1802	1.7139	2.0687	2.3979	2.8073	3.1040
24	0.68485	1.1789	1.7109	2.0639	2.3910	2.7969	3.0905
25	0.68443	1.1777	1.7081	2.0595	2.3846	2.7874	3.0782
26	0.68405	1.1766	1.7056	2.0555	2.3788	2.7787	3.0669
27	0.68370	1.1757	1.7033	2.0518	2.3734	2.7707	3.0565
28	0.68335	1.1748	1.7011	2.0484	2.3685	2.7633	3.0469
29	0.68304	1.1739	1.6991	2.0452	2.3638	2.7564	3.0380
30	0.68276	1.1731	1.6973	2.0423	2.3596	2.7500	3.0298
40	0.68066	1.1673	1.6839	2.0211	2.3289	2.7045	2.9712
60	0.67862	1.1616	1.6707	2.0003	2.2991	2.6603	2.9146
120	0.67656	1.1559	1.6577	1.9799	2.2699	2.6174	2.8599
∞	0.67449	1.1503	1.6449	1.9600	2.2414	2.5758	2.8070

出典：P.G. ホーエル著／浅井 晃・村上正康訳「初等統計学改訂版」培風館 (1970) から引用転載．

6. エフ分布表

付表6　F 分布表 (1) 5%点

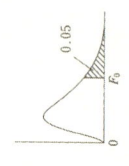

n_1, n_2: $P(F \geq F_0) = 0.05 \to F_0$

自由度 n_1, n_2

n_2 \ n_1	1	2	3	4	5	6	7	8	9	10	12	15	20	24	30	40	60	120	∞
1	161	200	216	225	230	234	237	239	241	242	244	246	248	249	250	251	252	253	254
2	18.5	19.0	19.2	19.2	19.3	19.3	19.4	19.4	19.4	19.4	19.4	19.4	19.4	19.5	19.5	19.5	19.5	19.5	19.5
3	10.1	9.55	9.28	9.12	9.01	8.94	8.89	8.85	8.81	8.79	8.74	8.70	8.66	8.64	8.62	8.59	8.57	8.55	8.53
4	7.71	6.94	6.59	6.39	6.26	6.16	6.09	6.04	6.00	5.96	5.91	5.86	5.80	5.77	5.75	5.72	5.69	5.66	5.63
5	6.61	5.79	5.41	5.19	5.05	4.95	4.88	4.82	4.77	4.74	4.68	4.62	4.56	4.53	4.50	4.46	4.43	4.40	4.36
6	5.99	5.14	4.76	4.53	4.39	4.28	4.21	4.15	4.10	4.06	4.00	3.94	3.87	3.84	3.81	3.77	3.74	3.70	3.67
7	5.59	4.74	4.35	4.12	3.97	3.87	3.79	3.73	3.68	3.64	3.57	3.51	3.44	3.41	3.38	3.34	3.30	3.27	3.23
8	5.32	4.46	4.07	3.84	3.69	3.58	3.50	3.44	3.39	3.35	3.28	3.22	3.15	3.12	3.08	3.04	3.01	2.97	2.93
9	5.12	4.26	3.86	3.63	3.48	3.37	3.29	3.23	3.18	3.14	3.07	3.01	2.94	2.90	2.86	2.83	2.79	2.75	2.71
10	4.96	4.10	3.71	3.48	3.33	3.22	3.14	3.07	3.02	2.98	2.91	2.85	2.77	2.74	2.70	2.66	2.62	2.58	2.54
11	4.84	3.98	3.59	3.36	3.20	3.09	3.01	2.95	2.90	2.85	2.79	2.72	2.65	2.61	2.57	2.53	2.49	2.45	2.40
12	4.75	3.89	3.49	3.26	3.11	3.00	2.91	2.85	2.80	2.75	2.69	2.62	2.54	2.51	2.47	2.43	2.38	2.34	2.30
13	4.67	3.81	3.41	3.18	3.03	2.92	2.83	2.77	2.71	2.67	2.60	2.53	2.46	2.42	2.38	2.34	2.30	2.25	2.21
14	4.60	3.74	3.34	3.11	2.96	2.85	2.76	2.70	2.65	2.60	2.53	2.46	2.39	2.35	2.31	2.27	2.22	2.18	2.13
15	4.54	3.68	3.29	3.06	2.90	2.79	2.71	2.64	2.59	2.54	2.48	2.40	2.33	2.29	2.25	2.20	2.16	2.11	2.07
16	4.49	3.63	3.24	3.01	2.85	2.74	2.66	2.59	2.54	2.49	2.42	2.35	2.28	2.24	2.19	2.15	2.11	2.06	2.01
17	4.45	3.59	3.20	2.96	2.81	2.70	2.61	2.55	2.49	2.45	2.38	2.31	2.23	2.19	2.15	2.10	2.06	2.01	1.96
18	4.41	3.55	3.16	2.93	2.77	2.66	2.58	2.51	2.46	2.41	2.34	2.27	2.19	2.15	2.11	2.06	2.02	1.97	1.92
19	4.38	3.52	3.13	2.90	2.74	2.63	2.54	2.48	2.42	2.38	2.31	2.23	2.16	2.11	2.07	2.03	1.98	1.93	1.88
20	4.35	3.49	3.10	2.87	2.71	2.60	2.51	2.45	2.39	2.35	2.28	2.20	2.12	2.08	2.04	1.99	1.95	1.90	1.84
21	4.32	3.47	3.07	2.84	2.68	2.57	2.49	2.42	2.37	2.32	2.25	2.18	2.10	2.05	2.01	1.96	1.92	1.87	1.81
22	4.30	3.44	3.05	2.82	2.66	2.55	2.46	2.40	2.34	2.30	2.23	2.15	2.07	2.03	1.98	1.94	1.89	1.84	1.78
23	4.28	3.42	3.03	2.80	2.64	2.53	2.44	2.37	2.32	2.27	2.20	2.13	2.05	2.01	1.96	1.91	1.86	1.81	1.76
24	4.26	3.40	3.01	2.78	2.62	2.51	2.42	2.36	2.30	2.25	2.18	2.11	2.03	1.98	1.94	1.89	1.84	1.79	1.73
25	4.24	3.39	2.99	2.76	2.60	2.49	2.40	2.34	2.28	2.24	2.16	2.09	2.01	1.96	1.92	1.87	1.82	1.77	1.71
26	4.23	3.37	2.98	2.74	2.59	2.47	2.39	2.32	2.27	2.22	2.15	2.07	1.99	1.95	1.90	1.85	1.80	1.75	1.69
27	4.21	3.35	2.96	2.73	2.57	2.46	2.37	2.31	2.25	2.20	2.13	2.06	1.97	1.93	1.88	1.84	1.79	1.73	1.67
28	4.20	3.34	2.95	2.71	2.56	2.45	2.36	2.29	2.24	2.19	2.12	2.04	1.96	1.91	1.87	1.82	1.77	1.71	1.65
29	4.18	3.33	2.93	2.70	2.55	2.43	2.35	2.28	2.22	2.18	2.10	2.03	1.94	1.90	1.85	1.81	1.75	1.70	1.64
30	4.17	3.32	2.92	2.69	2.53	2.42	2.33	2.27	2.21	2.16	2.09	2.01	1.93	1.89	1.84	1.79	1.74	1.68	1.62
40	4.08	3.23	2.84	2.61	2.45	2.34	2.25	2.18	2.12	2.08	2.00	1.92	1.84	1.79	1.74	1.69	1.64	1.58	1.51
60	4.00	3.15	2.76	2.53	2.37	2.25	2.17	2.10	2.04	1.99	1.92	1.84	1.75	1.70	1.65	1.59	1.53	1.47	1.39
120	3.92	3.07	2.68	2.45	2.29	2.17	2.09	2.02	1.96	1.91	1.83	1.75	1.66	1.61	1.55	1.50	1.43	1.35	1.25
∞	3.84	3.00	2.60	2.37	2.21	2.10	2.01	1.94	1.88	1.83	1.75	1.67	1.57	1.52	1.46	1.39	1.32	1.22	1.00

n_1, n_2 は $F \geq 1$ となるように定める。

付表6　F 分布表 (2) 2.5%点

自由度 n_1, n_2 : $P(F \geqq F_0) = 0.025 \to F_0$

n_1 \ n_2	1	2	3	4	5	6	7	8	9	10	12	15	20	24	30	40	60	120	∞
1	648	800	864	900	922	937	948	957	963	969	977	985	993	997	1001	1006	1010	1014	1018
2	38.5	39.0	39.2	39.2	39.3	39.3	39.4	39.4	39.4	39.4	39.4	39.4	39.4	39.5	39.5	39.5	39.5	39.5	39.5
3	17.4	16.0	15.4	15.1	14.9	14.7	14.6	14.5	14.5	14.4	14.3	14.3	14.2	14.1	14.1	14.0	14.0	13.9	13.9
4	12.2	10.6	9.98	9.60	9.36	9.20	9.07	8.98	8.90	8.84	8.75	8.66	8.56	8.51	8.46	8.41	8.36	8.31	8.26
5	10.0	8.43	7.76	7.39	7.15	6.98	6.85	6.76	6.68	6.62	6.52	6.43	6.33	6.28	6.23	6.18	6.12	6.07	6.02
6	8.81	7.26	6.60	6.23	5.99	5.82	5.70	5.60	5.52	5.46	5.37	5.27	5.17	5.12	5.07	5.01	4.96	4.90	4.85
7	8.07	6.54	5.89	5.52	5.29	5.12	4.99	4.90	4.82	4.76	4.67	4.57	4.47	4.41	4.36	4.31	4.25	4.20	4.14
8	7.57	6.06	5.42	5.05	4.82	4.65	4.53	4.43	4.36	4.30	4.20	4.10	4.00	3.95	3.89	3.84	3.78	3.73	3.67
9	7.21	5.71	5.08	4.72	4.48	4.32	4.20	4.10	4.03	3.96	3.87	3.77	3.67	3.61	3.56	3.51	3.45	3.39	3.33
10	6.94	5.46	4.83	4.47	4.24	4.07	3.95	3.85	3.78	3.72	3.62	3.52	3.42	3.37	3.31	3.26	3.20	3.14	3.08
11	6.72	5.26	4.63	4.28	4.04	3.88	3.76	3.66	3.59	3.53	3.43	3.33	3.23	3.17	3.12	3.06	3.00	2.94	2.88
12	6.55	5.10	4.47	4.12	3.89	3.73	3.61	3.51	3.44	3.37	3.28	3.18	3.07	3.02	2.96	2.91	2.85	2.79	2.72
13	6.41	4.97	4.35	4.00	3.77	3.60	3.48	3.39	3.31	3.25	3.15	3.05	2.95	2.89	2.84	2.78	2.72	2.66	2.60
14	6.30	4.86	4.24	3.89	3.66	3.50	3.38	3.29	3.21	3.15	3.05	2.95	2.84	2.79	2.73	2.67	2.61	2.55	2.49
15	6.20	4.77	4.15	3.80	3.58	3.41	3.29	3.20	3.12	3.06	2.96	2.86	2.76	2.70	2.64	2.59	2.52	2.46	2.40
16	6.12	4.69	4.08	3.73	3.50	3.34	3.22	3.12	3.05	2.99	2.89	2.79	2.68	2.63	2.57	2.51	2.45	2.38	2.32
17	6.04	4.62	4.01	3.66	3.44	3.28	3.16	3.06	2.98	2.92	2.82	2.72	2.62	2.56	2.50	2.44	2.38	2.32	2.25
18	5.98	4.56	3.95	3.61	3.38	3.22	3.10	3.01	2.93	2.87	2.77	2.67	2.56	2.50	2.44	2.38	2.32	2.26	2.19
19	5.92	4.51	3.90	3.56	3.33	3.17	3.05	2.96	2.88	2.82	2.72	2.62	2.51	2.45	2.39	2.33	2.27	2.20	2.13
20	5.87	4.46	3.86	3.51	3.29	3.13	3.01	2.91	2.84	2.77	2.68	2.57	2.46	2.41	2.35	2.29	2.22	2.16	2.09
21	5.83	4.42	3.82	3.48	3.25	3.09	2.97	2.87	2.80	2.73	2.64	2.53	2.42	2.37	2.31	2.25	2.18	2.11	2.04
22	5.79	4.38	3.78	3.44	3.22	3.05	2.93	2.84	2.76	2.70	2.60	2.50	2.39	2.33	2.27	2.21	2.14	2.08	2.00
23	5.75	4.35	3.75	3.41	3.18	3.02	2.90	2.81	2.73	2.67	2.57	2.47	2.36	2.30	2.24	2.18	2.11	2.04	1.97
24	5.72	4.32	3.72	3.38	3.15	2.99	2.87	2.78	2.70	2.64	2.54	2.44	2.33	2.27	2.21	2.15	2.08	2.01	1.94
25	5.69	4.29	3.69	3.35	3.13	2.97	2.85	2.75	2.68	2.61	2.51	2.41	2.30	2.24	2.18	2.12	2.05	1.98	1.91
26	5.66	4.27	3.67	3.33	3.10	2.94	2.82	2.73	2.65	2.59	2.49	2.39	2.28	2.22	2.16	2.09	2.03	1.95	1.88
27	5.63	4.24	3.65	3.31	3.08	2.92	2.80	2.71	2.63	2.57	2.47	2.36	2.25	2.19	2.13	2.07	2.00	1.93	1.85
28	5.61	4.22	3.63	3.29	3.06	2.90	2.78	2.69	2.61	2.55	2.45	2.34	2.23	2.17	2.11	2.05	1.98	1.91	1.83
29	5.59	4.20	3.61	3.27	3.04	2.88	2.76	2.67	2.59	2.53	2.43	2.32	2.21	2.15	2.09	2.03	1.96	1.89	1.81
30	5.57	4.18	3.59	3.25	3.03	2.87	2.75	2.65	2.57	2.51	2.41	2.31	2.20	2.14	2.07	2.01	1.94	1.87	1.79
40	5.42	4.05	3.46	3.13	2.90	2.74	2.62	2.53	2.45	2.39	2.29	2.18	2.07	2.01	1.94	1.88	1.80	1.72	1.64
60	5.29	3.93	3.34	3.01	2.79	2.63	2.51	2.41	2.33	2.27	2.17	2.06	1.94	1.88	1.82	1.74	1.67	1.58	1.48
120	5.15	3.80	3.23	2.89	2.67	2.52	2.39	2.30	2.22	2.16	2.05	1.94	1.82	1.76	1.69	1.61	1.53	1.43	1.31
∞	5.02	3.69	3.12	2.79	2.57	2.41	2.29	2.19	2.11	2.05	1.94	1.83	1.71	1.64	1.57	1.48	1.39	1.27	1.00

付表 6 F 分布表 (3) 1%点

自由度 $n_1, n_2 : P(F \geq F_0) = 0.01 \to F_0$

n_2 \ n_1	1	2	3	4	5	6	7	8	9	10	12	15	20	24	30	40	60	120	∞
1	4052	5000	5403	5625	5764	5859	5928	5982	6022	6056	6106	6157	6209	6235	6261	6287	6313	6339	6366
2	98.5	99.0	99.2	99.2	99.3	99.3	99.4	99.4	99.4	99.4	99.4	99.4	99.4	99.4	99.5	99.5	99.5	99.5	99.5
3	34.1	30.8	29.5	28.7	28.2	27.9	27.7	27.5	27.3	27.2	27.1	26.9	26.7	26.6	26.5	26.4	26.3	26.2	26.1
4	21.2	18.0	16.7	16.0	15.5	15.2	15.0	14.8	14.7	14.5	14.4	14.2	14.0	13.9	13.8	13.7	13.7	13.6	13.5
5	16.3	13.3	12.1	11.4	11.0	10.7	10.5	10.3	10.2	10.1	9.89	9.72	9.55	9.47	9.38	9.29	9.20	9.11	9.02
6	13.7	10.9	9.78	9.15	8.75	8.47	8.26	8.10	7.98	7.87	7.72	7.56	7.40	7.31	7.23	7.14	7.06	6.97	6.88
7	12.2	9.55	8.45	7.85	7.46	7.19	6.99	6.84	6.72	6.62	6.47	6.31	6.16	6.07	5.99	5.91	5.82	5.74	5.65
8	11.3	8.65	7.59	7.01	6.63	6.37	6.18	6.03	5.91	5.81	5.67	5.52	5.36	5.28	5.20	5.12	5.03	4.95	4.86
9	10.6	8.02	6.99	6.42	6.06	5.80	5.61	5.47	5.35	5.26	5.11	4.96	4.81	4.73	4.65	4.57	4.48	4.40	4.31
10	10.0	7.56	6.55	5.99	5.64	5.39	5.20	5.06	4.94	4.85	4.71	4.56	4.41	4.33	4.25	4.17	4.08	4.00	3.91
11	9.65	7.21	6.22	5.67	5.32	5.07	4.89	4.74	4.63	4.54	4.40	4.25	4.10	4.02	3.94	3.86	3.78	3.69	3.60
12	9.33	6.93	5.95	5.41	5.06	4.82	4.64	4.50	4.39	4.30	4.16	4.01	3.86	3.78	3.70	3.62	3.54	3.45	3.36
13	9.07	6.70	5.74	5.21	4.86	4.62	4.44	4.30	4.19	4.10	3.96	3.82	3.66	3.59	3.51	3.43	3.34	3.25	3.17
14	8.86	6.51	5.56	5.04	4.69	4.46	4.28	4.14	4.03	3.94	3.80	3.66	3.51	3.43	3.35	3.27	3.18	3.09	3.00
15	8.68	6.36	5.42	4.89	4.56	4.32	4.14	4.00	3.89	3.80	3.67	3.52	3.37	3.29	3.21	3.13	3.05	2.96	2.87
16	8.53	6.23	5.29	4.77	4.44	4.20	4.03	3.89	3.78	3.69	3.55	3.41	3.26	3.18	3.10	3.02	2.93	2.84	2.75
17	8.40	6.11	5.18	4.67	4.34	4.10	3.93	3.79	3.68	3.59	3.46	3.31	3.16	3.08	3.00	2.92	2.83	2.75	2.65
18	8.29	6.01	5.09	4.58	4.25	4.01	3.84	3.71	3.60	3.51	3.37	3.23	3.08	3.00	2.92	2.84	2.75	2.66	2.57
19	8.18	5.93	5.01	4.50	4.17	3.94	3.77	3.63	3.52	3.43	3.30	3.15	3.00	2.92	2.84	2.76	2.67	2.58	2.49
20	8.10	5.85	4.94	4.43	4.10	3.87	3.70	3.56	3.46	3.37	3.23	3.09	2.94	2.86	2.78	2.69	2.61	2.52	2.42
21	8.02	5.78	4.87	4.37	4.04	3.81	3.64	3.51	3.40	3.31	3.17	3.03	2.88	2.80	2.72	2.64	2.55	2.46	2.36
22	7.95	5.72	4.82	4.31	3.99	3.76	3.59	3.45	3.35	3.26	3.12	2.98	2.83	2.75	2.67	2.58	2.50	2.40	2.31
23	7.88	5.66	4.76	4.26	3.94	3.71	3.54	3.41	3.30	3.21	3.07	2.93	2.78	2.70	2.62	2.54	2.45	2.35	2.26
24	7.82	5.61	4.72	4.22	3.90	3.67	3.50	3.36	3.26	3.17	3.03	2.89	2.74	2.66	2.58	2.49	2.40	2.31	2.21
25	7.77	5.57	4.68	4.18	3.85	3.63	3.46	3.32	3.22	3.13	2.99	2.85	2.70	2.62	2.54	2.45	2.36	2.27	2.17
26	7.72	5.53	4.64	4.14	3.82	3.59	3.42	3.29	3.18	3.09	2.96	2.81	2.66	2.58	2.50	2.42	2.33	2.23	2.13
27	7.68	5.49	4.60	4.11	3.78	3.56	3.39	3.26	3.15	3.06	2.93	2.78	2.63	2.55	2.47	2.38	2.29	2.20	2.10
28	7.64	5.45	4.57	4.07	3.75	3.53	3.36	3.23	3.12	3.03	2.90	2.75	2.60	2.52	2.44	2.35	2.26	2.17	2.06
29	7.60	5.42	4.54	4.04	3.73	3.50	3.33	3.20	3.09	3.00	2.87	2.73	2.57	2.49	2.41	2.33	2.23	2.14	2.03
30	7.56	5.39	4.51	4.02	3.70	3.47	3.30	3.17	3.07	2.98	2.84	2.70	2.55	2.47	2.39	2.30	2.21	2.11	2.01
40	7.31	5.18	4.31	3.83	3.51	3.29	3.12	2.99	2.89	2.80	2.66	2.52	2.37	2.29	2.20	2.11	2.02	1.92	1.80
60	7.08	4.98	4.13	3.65	3.34	3.12	2.95	2.82	2.72	2.63	2.50	2.35	2.20	2.12	2.03	1.94	1.84	1.73	1.60
120	6.85	4.79	3.95	3.48	3.17	2.96	2.79	2.66	2.56	2.47	2.34	2.19	2.03	1.95	1.86	1.76	1.66	1.53	1.38
∞	6.63	4.61	3.78	3.32	3.02	2.80	2.64	2.51	2.41	2.32	2.18	2.04	1.88	1.79	1.70	1.59	1.47	1.32	1.00

7. z 変換表

付表 7 z 変換表

(1)

$$r \;\to\; H(r) = \frac{1}{2}\log\frac{1+r}{1-r}$$

r	.00	.01	.02	.03	.04	.05	.06	.07	.08	.09
.0	.000	.010	.020	.030	.040	.050	.060	.070	.080	.090
.1	.100	.110	.121	.131	.141	.151	.161	.172	.182	.192
.2	.203	.213	.224	.234	.245	.255	.266	.277	.288	.299
.3	.310	.321	.332	.343	.354	.365	.377	.388	.400	.412
.4	.424	.436	.448	.460	.472	.485	.497	.510	.523	.536
.5	.549	.563	.576	.590	.604	.618	.633	.648	.662	.678
.6	.693	.709	.725	.741	.758	.775	.793	.811	.829	.848
.7	.867	.887	.908	.929	.950	.973	.996	1.020	1.045	1.071
.8	1.099	1.127	1.157	1.188	1.221	1.256	1.293	1.333	1.376	1.422
.9	1.472	1.528	1.589	1.658	1.738	1.832	1.964	2.092	2.298	2.647

(2)

$$H(r) = \frac{1}{2}\log\frac{1+r}{1-r} \;\to\; r$$

z	.00	.01	.02	.03	.04	.05	.06	.07	.08	.09
.0	.0000	.0100	.0200	.0300	.0400	.0500	.0599	.0699	.0798	.0898
.1	.0997	.1096	.1194	.1293	.1391	.1489	.1586	.1684	.1781	.1877
.2	.1974	.2070	.2165	.2260	.2355	.2449	.2543	.2636	.2729	.2821
.3	.2913	.3004	.3095	.3185	.3275	.3364	.3452	.3540	.3627	.3714
.4	.3800	.3885	.3969	.4053	.4136	.4219	.4301	.4382	.4462	.4542
.5	.4621	.4699	.4777	.4854	.4930	.5005	.5080	.5154	.5227	.5299
.6	.5370	.5441	.5511	.5580	.5649	.5717	.5784	.5850	.5915	.5980
.7	.6044	.6107	.6169	.6231	.6291	.6351	.6411	.6469	.6527	.6584
.8	.6640	.6696	.6751	.6805	.6858	.6911	.6963	.7014	.7064	.7114
.9	.7163	.7211	.7259	.7306	.7352	.7398	.7443	.7487	.7531	.7574
1.0	.7616	.7658	.7699	.7739	.7779	.7819	.7857	.7895	.7932	.7969
1.1	.8005	.8041	.8076	.8110	.8144	.8178	.8210	.8243	.8275	.8306
1.2	.8337	.8367	.8397	.8426	.8455	.8483	.8511	.8538	.8565	.8591
1.3	.8617	.8643	.8668	.8692	.8717	.8741	.8764	.8787	.8810	.8832
1.4	.8854	.8875	.8896	.8917	.8937	.8957	.8977	.8996	.9015	.9033
1.5	.9051	.9069	.9087	.9104	.9121	.9138	.9154	.9170	.9186	.9201
1.6	.9217	.9232	.9246	.9261	.9275	.9289	.9302	.9316	.9329	.9341
1.7	.9354	.9366	.9379	.9391	.9402	.9414	.9425	.9436	.9447	.9458
1.8	.94681	.94783	.94884	.94983	.95080	.95175	.95268	.95359	.95449	.95537
1.9	.95624	.95709	.95792	.95873	.95953	.96032	.96109	.96185	.96259	.96331
2.0	.96403	.96473	.96541	.96609	.96675	.96739	.96803	.96865	.96926	.96986
2.1	.97045	.97103	.97159	.97215	.97269	.97323	.97375	.97426	.97477	.97526
2.2	.97574	.97622	.97668	.97714	.97759	.97803	.97846	.97888	.97929	.97970
2.3	.98010	.98049	.98087	.98124	.98161	.98197	.98233	.98267	.98301	.98335
2.4	.98367	.98399	.98431	.98462	.98492	.98522	.98551	.98579	.98607	.98635
2.5	.98661	.98668	.98714	.98739	.98764	.98788	.98812	.98835	.98858	.98881
2.6	.98903	.98924	.98945	.98966	.98987	.99007	.99026	.99045	.99064	.99083
2.7	.99101	.99118	.99136	.99153	.99170	.99186	.99202	.99218	.99233	.99248
2.8	.99263	.99278	.99292	.99306	.99320	.99333	.99346	.99359	.99372	.99384
2.9	.99396	.99408	.99420	.99431	.99443	.99454	.99464	.99475	.99485	.99495

	.0	.1	.2	.3	.4	.5	.6	.7	.8	.9
3	.99505	.99595	.99668	.99728	.99777	.99818	.99851	.99878	.99900	.99918
4	.99933	.99945	.99955	.99963	.99970	.99975	.99980	.99983	.99986	.99989

出典：長尾寿夫著「統計学への入門」共立出版 (1992) p.177 から引用転載.

あ と が き

　本書の後半では，数理統計学の初歩的理論に相当する統計技法を単純なものからより複雑なものへと段階を分けて解説した．第1段階の入門レベルでは統計のしくみを，分布が統計の要であるという「意」を込めて，簡潔に紹介した．それへの準備として統計学の基礎をなす所謂「確率」の部分 (本書の前半に当たる) を，その理論的背景にある解析学の「測度」や「ルベーグ積分」には触れずに，駆け足で記述した．これ以降の統計に関する初級・中級レベルの各部分は，大学において「線形代数」や「微分積分学」の基礎数学を一通り履修した学部1,2年生を対象とした授業科目「数理統計学」(半期) で講義すべき標準的内容に対応している．第2段階の初級レベルでは推定の初歩について述べた．少数の例だけに的を絞り，推定の考え方とその手法を用いると統計的にどんな主張ができるのかに力点をおいて解説した．続く中級レベルは初級レベルの続編的な内容で，一般の状況にした分推定の手続きが少し複雑になるもの，およびサンプルが少ないため発想の転換が求められ，正規分布から離れて全く別の分布が関与するものについて解説した．例で取り上げた問題は，この2編においてそれぞれ対をなしていて，対比して理解が得やすいように工夫したつもりである．統計用語で言えば，1つは正規母集団の母平均の区間推定問題で，母分散が既知と未知の場合である．いま1つは母比率の区間推定問題で，大標本と小標本の場合となっている．それに続く発展レベルでは検定を扱った．初学者は検定の発想を取り違えやすいので，肩慣らしの意味で，問題に取りかかる前に簡単な例でそのエスプリを語った．内容としては少し偏りがあるのではという批判を承知の上で，多少執筆者の趣味嗜好に任せて，適合度検定と独立性の検定などを詳しく解説した．共にカイ2乗検定で整合性があり，全体としてはわかりやすかったのではないかと思っている．いずれにしても，全編を通じて筆者が最も強調したかったことは，「確率分布の理解が統計の理解を深めるカギとなる」ということである．これに加えて若干少し高度な統計理論を浅い程度ではあるがちりばめた．統計の入門書としては，この辺りが限界であろうと考えている．本書で述べた事項は統計の基礎のほんの一部分でしかないばかりか，分野的視野に立って見れば，統

計学のほんの入り口の部分に過ぎない．この他に，多変量解析，実験計画法，標本調査法，ノンパラメトリック法，等々と，本格的な理論の広大な領域が広がっている．この小稿が読者諸氏の統計の理解への一助となり，さらには統計への関心をより高めるきっかけになることを心より願っている．

　理工学への統計の応用では，有意水準で奇異な現象は切り捨てて本質的な部分のみを抽出したり，モデルの単純・簡素化を計ることで効率の良い更なる解析が可能になる場合も多い．しかしながら，理論的に統計処理がきちんとできることと，実際における統計の実践的応用との間にはかなり大きな隔たりが横たわっていることもまた事実である．そのことをしっかり認識した上で，統計を良き道具として活用され実績を上げられんことを切に希望する．

　本書では多くの例を引用させて頂いた．多年の経験と研鑽の産物であるこれら珠玉の例題なくしては，本稿の目的を達成することは不可能であったであろう．また説明の都合上，一部修正して記述させて頂いた．そのため本来の意図とは懸け離れたり，思わぬ誤りに陥っている箇所があるかも知れない．それらはすべて浅学の筆者の責任である．その点は平にご容赦頂きたい．本書は主に埼玉大学教育学部の数学専攻生向けの授業科目「数理統計学」および全学向けの関連科目に対して，筆者が 20 年近く講義してきた数種類の授業用講義ノートを中心にまとめたものである．また本書に記載されている例題等の一部は，平成 19 年度〜平成 22 年度にかけての教員免許更新講習や地域貢献の一環としての大学の出張講義・公開講座等で使用した原稿に基づいている．上記研修・講座に参加の諸氏からは後に沢山の励ましの文面を頂戴した．どれだけ本書準備中の精神的支えになったか計り知れない．ここに感謝したい．最後に，膨大な原稿のミスプリのチェックなどに関して研究室に所属するゼミの学生諸君にお手伝い頂いたが，とくに大学院生の三澤美香子氏には多いに手助け頂いたことを付記しておく．

索　引

● 記号

$\varnothing$　1
$\setminus$　2
$\perp\!\!\!\perp$　21
$\sim$ (e.g. $X \sim B$)　31
1_A　53

● A

acceptance region　311
addition theorem　5
admissible　248
almost surely　177
a.s.　177
asymptotic mean　201
asymptotic variance　201, 257
asymptotically unbiased estimator　257

● B

Bayes　19
$B_E(\alpha, \beta)$　157
Behrens-Fisher's problem　293, 324
$Ber(p)$　107
Bernoulli　91
Bernoulli distribution　107
Bernoulli trial　107
Berry-Esseen　209
Beta distribution　157
bias　245
binomial distribution　107
binomial trial　107
$\mathfrak{B}^n$　56
$B(n, p)$　107
$\mathfrak{B}^1$　56
Borel-Cantelli　405

● C

Cauchy distribution　162
$C_b(S)$　178
central limit theorem　201
Chebyshev　193
chi-square statistic　244
$C(\mu, \sigma)$　162
complete　238
confidence coefficient　259
confidence interval　259
consistent estimator　256
continuity theorem　186
correlation coefficient　77, 223
covariance　76, 222
$\mathrm{Cov}(X, Y)$　76
Cramér-Rao　252
Cramer-Wold　205
critical region　311
$C(X, Y)$　76
$Cy(a)$　68

● D

D　57

De Moivre-Laplace   203
deviation score   135
discrete   11
distribution   29
$\tilde{D}$ 242
$D_{T(X)}$ 242

● E

efficient estimator   252
estimate   227
estimator   226
event   1
$E(X)$ 64
expectation   64
$Ex(\lambda)$ 125
exponential distribution   125
exponential type distribution   238

● F

$\mathfrak{F}$ 2
factorization theorem   236
$F(\alpha, \beta, \gamma; x)$ 98
F-distribution   151
$\langle f, \nu_n \rangle \to \langle f, \nu \rangle$ 178
Fisher   342
Fisher information   250
$F(m, n)$ 151
$F_{(m,n)}(\alpha)$ 154
frequency function   30
$f(x)$ 31
$F(x)$ 33
F_X 33
$F_{X_n} \Rightarrow F_X$ 178
F_{XY} 38
$F(x, y)$ 38

● G

$Ga(\alpha, \beta)$ 141
Λ 184
Gamma distribution   141
Gamma function   140
$\nu_n \xrightarrow{w} \nu$ 178
Gaussian distribution   129
generalized distribution function   184
generate   88
generating function   88
geometric distribution   116
$G(p)$ 116
$G_X(s)$ 88
$G(z)$ 88

● H

Helly   185
$HG(n, L, M)$ 119
hypergeometric distribution   119

● I

i.i.d.   55
inadmissible   248
interval estimation   259
$I_X(\theta)$ 250

● J

J 60
joint distribution function   38

● K

Khintchine   194
Kolmogorov   2, 196
Kronecker   404

● L

law   29

Lebesgue 177, 399
Liapunov 208
likelihood function 227
Lindeberg-Feller 206
Lindeberg-Lévy 202
LMVU 249
$L_N(\mu, \sigma)$ 166
log-normal distribution 166
loss of information 250
lower bound 259
L^p-収束 182
$L(\theta)$ 227
$L_T(\theta)$ 250

● M

maximum likelihood estimate 228
maximum likelihood estimator 228
Me 217
mean 64
mean squared error 248
method of moments 233
minimal sufficient statistic 242
minimum chi-square estimator 244
Mo 218
moment generating function 92
MSE 248
multinomial distribution 122
multivariate central limit theorem 205
$\text{Mult}(n, p_1, p_2, \cdots, p_k)$ 122
$M_X(t)$ 92

● N

$N(0,1)$ 35, 129
$n(A)$ 1
$NB(n,p)$ 117
$N(\mu, \sigma^2)$ 129

normal distribution 129

● O

Ω 1
ω 1
$(\Omega, \mathfrak{F})$ 2
$(\Omega, \mathfrak{F}, P)$ 2

● P

$P(A)$ 1
$P(A|B)$ 16
parameter 235
parameter space 235
partition 242
$P(\cdot|B)$ 16
$P_C(F)$ 178
p_i 30
$p_{i\cdot}$ 40
p_{ij} 39
$p_{\cdot j}$ 40
point estimation 226
Poisson 30
Poisson distribution 111
$Po(\lambda)$ 111
population 214
power 378
power function 382
probability 2
probability generating function 88
probability measure 2
probability model 2
probability space 2
probability trial 1
Prokhorov 185
$\mathfrak{P}(S)$ 179
P_θ 235

P_X 29
$p(x)$ 30
p_X 40
$p(x,y)$ 40
p_Y 40

● R

random sampling 214
Range 218
Rao-Blackwell 241
relatively compact 184
ρ 77
$\rho(X,Y)$ 77

● S

S 218
S^2 56
sample 1, 214
sample size 214
sample space 1
sampling 214
scatter diagram 221
Schefé 188
σ 73
σ^2 73
Slutsky 181
standard deviation 73, 219
statistic 235
statistical test 376
strong law of large numbers 195
Student's t-distribution 146
sufficient statistic 235

● T

t-distribution 146
test 380

test function 380
test statistic 303
testing statistical hypothesis 376
θ 235
Θ 235
$\hat{\theta}$ 228
tight 184
$t(n)$ 146
Toeplitz 405
trial 14
two-sample problem 285

● U

u^2 219
$U(0,1)$ 36
$U(a,b)$ 123
UMVU 249
unbiased estimator 245
uniform distribution 123
uniformly minimum variance unbiased estimator 249
uniformly most powerful test 384
upper bound 259

● V

variance 73
$V(X)$ 73

● W

weak law of large numbers 193
Weibull distribution 164
Welch 293, 325
Wilson-Hilferty 144
$W(\lambda, \alpha)$ 164

● X

$X = X(\omega)$ 27

X^{-1}　29
$\bar{x}$　217
$\mathfrak{X}$　237
$X_n \xrightarrow{d} X$　178
$X_n \xrightarrow{v} X$　178
$X_n \xrightarrow{P} X$　177
$X_n \to X$ a.s.　176
$X_n \to X(P)$　177

● Y

Yates　370

● ア行

アーラン分布　141
粗い　242
イエーツの補正式　370
一様最強力検定　384
一様最小分散不偏推定量　249
一様分布　123
一様密度関数　36
一致推定量　256
一般化された分布関数　184
因子分解定理　236
上側 100α ％ 点　144
ウェルチ検定　293, 325
n 次元確率ベクトル　47
n 次元ボレル集合族　56
n 次元離散型確率ベクトル　50
エフ検定　332
エフ検定統計量　332
F 情報量　250
エフ分布 (F 分布)　151
LMVU 推定量　249

● カ行

階級　215

階級値　215
概収束　176
解析的である　93
カイ 2 乗統計量　244
乖離　73
ガウス分布　129
確率　2
確率関数　30, 40
確率空間　2
確率実験　1
確率収束　177
確率測度　2
確率の連続性　10
確率分布　29
確率分布 (2 変量の)　40
確率分布関数　33
確率変数　27
確率母関数　88
確率密度関数　31
確率モデル　2
過去を記憶しない分布　128, 171
仮説検定　376
可測空間　2
片側検定　310
偏り　245
加法定理　5
完全加法族　2
完全劣加法性　8
完備　238
完備統計量　238
ガンマ関数　140, 157
ガンマ分布　141
幾何的確率　2
幾何分布　116
棄却域　304, 311
危険率　259

期待値　64
基本事象　1
帰無仮説　303
逆数補間法　155
級　215
級間隔　215
共通事象　6
共分散　76, 222
局所最小分散不偏推定量　249
許容的　248
近似式 (Wilson-Hilferty の)　144
緊密　184
空事象　1
空集合　1
区間推定　259
クラス　215
クラメール＝ウオルドの方法　205
クラメール・ラオの不等式　252
クロネッカーの補題　404
検出力　378
検出力関数　382
検定　380
検定関数　380
検定統計量　303
コイン投げ　34
公理的定義　2
コーシーの積分定理　397
コーシー分布　68, 162
コルモゴロフ　2
　　—の大数の強法則　198
　　—の不等式　196

●サ行

最強力検定　384
サイコロ投げ　12
最小カイ 2 乗推定量　244

最小十分統計量　242
再生性 (2 項分布の)　110
再生性 (ポアソン分布の)　113
最頻値　218
最尤推定値　228
最尤推定法　228
最尤推定量　228
最尤法　228
算術的確率　2
散布図　221
散布度　217
サンプル　214
シェフェの定理　188
σ-集合族　2
試行　12
試行実験　1
事後確率　20
事象　1
事象族　2
指数型分布　238
指数分布　125
指数密度関数　36
事前確率　20
実現値　215
実験的確率　2
指標関数　53
弱収束　178
修正最小 2 乗推定量　245
収束定理 (ルベーグの)　399
十分統計量　235
周辺分布関数　39
周辺密度関数　43, 52
受容域　311
条件付き確率　16
条件付き確率測度　16
条件付き頻度　42

条件付き分布関数　43
条件付き密度関数　43
乗法公式　18
情報量損失　250
信頼下限　259
信頼係数　259
信頼上限　259
信頼度　259
推定値　226
推定量　226
スターリングの公式　147
スチルチエス積分　70
スラツキーの定理　181
正規分布　129
正規密度関数　35
生成する　88
正の関係　79
正の相関　80, 221
積の公式　17
積率　91
積率母関数　92
絶対連続な分布関数　51
全確率の公式　17
漸近正規推定量　257
漸近的に　201
漸近不偏推定量　257
漸近分散　201, 257
漸近平均　201
全事象　1
全数調査　214
相関がない　222
相関係数　77, 223
相関図　221
相対コンパクト　184
相対度数分布表　215
相対累積度数分布表　215

測度空間　2

●タ行
第1種の誤り　304
第1種ベータ分布　157
対数正規分布　166
大数の強法則　195
大数の弱法則　193
第2種の誤り　304
代表値　216
対立仮説　304
互いに独立(確率変数の)　41, 48
互いに独立(事象の)　21
多項分布　122
多変量中心極限定理　205
単純仮説　380
チェビシェフの大数の弱法則　193
チェビシェフの不等式　190
中央値　217
柱状図　215
中心極限定理　201
超幾何関数　98
超幾何分布　119
対をなすデータ　328
定義関数(集合の)　53
t分布　146
テプリッツの補題　405
点推定　226
等価自由度　294
統計的確率　2
統計的検定　376
統計量　215, 235
同時確率分布　40
同時分布関数　38, 47
同時密度関数　40, 52
特性値　216

独立性 (事象の) 21
度数 215
度数多角形 215
度数分布表 215
ド・モアブル＝ラプラスの中心極限定理 203
ド・モルガンの法則 4

●ナ行
2 項試行 107
2 項分布 107
2 次元確率ベクトル 38
2 次元データ 221
2 次元分布関数 38
2 標本問題 285
2 変量正規分布 44

●ハ行
パスカル分布 117
範囲 218
p 値 375
非許容的 248
ヒストグラム 215
非復元抽出 214
非復元抽出法 14
微分可能性定理 393
標準正規分布 35, 129
標準偏差 73, 219
標本 1, 214
標本空間 1
標本抽出 214
標本調査 214
標本の大きさ 214
非ランダム検定 381
ヒンチンの大数の弱法則 194
フィッシャー情報量 250

フィッシャー変換 342
復元抽出 214
復元抽出法 12
複合仮説 380
負の関係 79
負の相関 80, 222
負の 2 項分布 117
不偏推定量 245
不偏標本分散 247
不偏分散 219, 247
不連続修正 139
不連続補正 139
プロホロフの定理 185
分割 17, 242
分散 73, 219
分布 29
分布関数 33
分布収束 178
平均収束 (p 次) 182
平均値 64, 217
平均 2 乗誤差 248
ベイズの公式 19
平方和 218
ベータ関数 155, 157
ベリー＝エシーンの定理 209
ヘリーの定理 185
ベルヌーイ試行 91, 107
ベルヌーイの大数の弱法則 194
ベルヌーイ分布 107
ベーレンス・フィッシャーの問題 293, 324
偏差 73, 218
偏差値 57, 135, 220
変数変換公式 61
変量 215
ポアソン分布 30, 111

457

―の再生性　60
法則　29
法則収束　178
母関数　88
母集団　214
母集団分布　214
母数　235
母数空間　235
ほとんど確実に　177
ポリア分布　117
ボレル・カンテリの補題　200, 405
ボレルの大数の強法則　200
ボンフェローニの不等式　8

●マ行
密度関数　31, 52
無記憶性　128, 171
無限母集団　214
無作為抽出　214
無相関　80
メジアン　217
モード　218
モーメント　91
モーメント推定法　233
モーメント法　233

●ヤ行
ヤコビ行列式　60
有意水準　303
UMP 検定　384
UMVU 推定量　249
有界収束定理　400
有限母集団　214
有限劣加法性　7
有効推定量　252
尤度関数　227

余事象　2

●ラ行
ラオ＝ブラックウェルの定理　241
リアプノフの条件　208
リアプノフの定理　208
離散型確率分布　30
離散型確率ベクトル　50
離散型確率変数　30
離散型確率モデル　11
離散的　11
離散的モデル　11
離散変量　215
離散連続混合型　45
両側検定　310
リンデベルグ＝フェラーの定理　206
リンデベルグ＝レヴィの中心極限定理　202
累積度数分布表　215
累積分布関数　33
ルベーグ確率空間　177
ルベーグ測度　177
ルベーグの収束定理　399
連続型確率分布　31
連続型確率ベクトル　52
連続修正　139
連続性 (確率の)　10
連続性定理　393
連続定理　186
連続変量　215
連続補正　139

●ワ行
ワイブル分布　164
和事象　5

道工 勇
どうく・いさむ

略歴
1978年　東京理科大学理学部卒業.
1983年　筑波大学大学院博士課程数学研究科入学.
現　在　埼玉大学教育学部教授　理学博士.
　　　　東京学芸大学大学院連合学校教育学研究科博士課程（兼職）
専　門　確率論.
所属学会　日本数学会(統計数学分科会)　日本統計学会.

テキスト理系の数学 9
確率と統計
かくりつ　とうけい

2012年10月15日　第1版第1刷発行

著者　　道工 勇
発行者　横山 伸
発行　　有限会社　数学書房
　　　　〒101-0051　東京都千代田区神田神保町1-32-2
　　　　TEL　03-5281-1777
　　　　FAX　03-5281-1778
　　　　mathmath@sugakushobo.co.jp
　　　　http://www.sugakushobo.co.jp
　　　　振替口座　00100-0-372475
印刷
製本　　モリモト印刷
組版　　永石晶子
装幀　　岩崎寿文

ⓒIsamu Doku 2012　　Printed in Japan
ISBN 978-4-903342-39-9

テキスト理系の数学
泉屋周一・上江洲達也・小池茂昭・德永浩雄 編

1. リメディアル数学　泉屋周一・上江洲達也・小池茂昭・重本和泰・德永浩雄 共著 ● 2,200 円
2. 微分積分　小池茂昭 著 ● 2,800 円
3. 線形代数　海老原 円 著 ● 2,600 円
4. 物理数学　上江洲達也 著 ● 2,700 円
5. 離散数学　小林正典・德永浩雄・横田佳之 共著
6. 位相空間　神保秀一・本多尚文 共著 ● 2,400 円
7. 関数論　上江洲達也・椎野正寿 共著
8. 曲面－幾何学基礎講義　古畑 仁 著
9. 確率と統計　道工 勇 著 ● 4,200 円
10. 代数学　津村博文 著
11. ルベーグ積分　長澤壯之 著
12. 多様体とホモロジー　秋田利之・石川剛郎 共著
13. 常微分方程式と力学系　島田一平 著
14. 関数解析　小川卓克 著

2012年9月現在